Supply Chain Management

Springer
*Berlin*
*Heidelberg*
*New York*
*Barcelona*
*Hongkong*
*London*
*Mailand*
*Paris*
*Tokio*

A. Kuhn, B. Hellingrath

# Supply Chain Management

Optimierte Zusammenarbeit in der Wertschöpfungskette

Mit 97 Abbildungen

Springer

Prof. Dr.-Ing. Axel Kuhn
Dr.-Ing. Bernd Hellingrath

Fraunhofer Institut Materialfluss
und Logistik
Joseph-von-Fraunhofer Str. 2 - 4
44227 Dortmund



ISBN 3-540-65423-2 Springer-Verlag Berlin Heidelberg New York

Die Deutsche Bibliothek - CIP-Einheitsaufnahme
Kuhn, Axel: Supply Chain Management: Optimierte Zusammenarbeit in der Wertschöpfungskette/
Axel Kuhn; Bernd Hellingrath. - Berlin; Heidelberg; New York; Barcelona; Hongkong; London;
Mailand; Paris; Tokio: Springer, 2002
ISBN 3-540-65423-2



Springer-Verlag Berlin Heidelberg New York
ein Unternehmen der BertelsmannSpringer Science+Business Media GmbH

http://www.springer.de



Satz: Datenerstellung durch Autoren
Einbandgestaltung: de'blik, Berlin
SPIN: 10695912 Gedruckt auf säurefreiem Papier 68/3020hu - 5 4 3 2 1 0

# Vorwort

Auch wenn es der eine oder andere schon nicht mehr hören mag: das Handlungsumfeld der meisten Unternehmen hat sich in den letzten zehn Jahren grundlegend gewandelt. Es ist dynamischer, unvorhersehbarer, turbulenter geworden. Der Wettbewerbsdruck ist enorm gestiegen, nicht zuletzt durch die Internationalisierung der Märkte. Eine Vielzahl in- und ausländischer Unternehmen kämpft mit ihren Produkten um die Konsumenten und bietet ihnen ein immer größer werdendes, fast unüberschaubares Angebot an. Das Ziel, möglichst als Erster die Bedürfnisse der Konsumenten zu befriedigen, führte in den letzten Jahren zu einem Wettlauf, der in immer kürzer werdende Produktlebenszyklen mündet. Diese Entwicklungstendenzen führen dazu, dass die Produkte und die dahinter stehenden Wertschöpfungsketten mehr und mehr von den Konsumentenwünschen gesteuert werden. Der wettbewerbsentscheidende Faktor, dem Käufer sein individuelles Produkt so schnell als möglich zu liefern, kann aber nicht mehr alleine von den letzten Gliedern der Kette, den Endproduzenten oder dem Handel, umgesetzt werden. Die Unternehmen der gesamten Wertschöpfungskette müssen Hand in Hand arbeiten, um den Kundenbedarf hinsichtlich Produktauswahl, Verfügbarkeit und Preis bei gleichzeitig rationellem Ressourceneinsatz und möglichst geringen Beständen zu befriedigen. Keine leichte Aufgabe.

Die gesamte Wertschöpfungskette mitsamt der darin stattfindenden Produktions- und Logistikprozesse zu betrachten, wird im Supply Chain Management (SCM) propagiert, das auch in Deutschland in letzter Zeit vermehrt Aufmerksamkeit erhält. Was ist Supply Chain Management? SCM ist ein ganzheitliches Managementkonzept, das – ausgehend vom Endkunden – das geschäftsprozess- und unternehmensübergreifende Management von Material-, Geld- und Informationsströmen in Wertschöpfungsnetzwerken umfasst. SCM ist eine völlig neue Art zu denken (und setzt von daher auch ein Umdenken in den Köpfen voraus). SCM ist ein faszinierender Ansatz, um von einer unternehmensinternen Binnenbetrachtung wegzukommen und den Blick auf unternehmensübergreifende, wertschöpfende Prozesse zu lenken, die dem Kunden Nutzen bringen. Die Abläufe zwischen den Partnern bleiben auf diese Weise nicht mehr unberücksichtigt. Die Folge: Unternehmen erzielen ein Optimum nicht länger nur aus der Sicht des einzelnen Unternehmens, sondern über das ganze Netz hinweg. Und erst diese globale Sicht erlaubt es, gegenüber seinen Kunden mit international wettbewerbsfähigen Leistungen und Preisen aufzutreten. SCM strebt also die Gestaltung, Lenkung und Weiterentwicklung der gesamtem Wertschöpfungskette an. Neue Technologien und Systeme richtig eingesetzt, steigern den Unternehmenserfolg, indem die Wertschöpfungskette auf die Kundenbedürfnisse einerseits und die Effizienzsteigerung in der Leistungserstellung andererseits ausgerichtet wird. Dies alles sind wichtige Aspekte beim Thema Supply Chain Management.

In diesem Fachbuch stellen wir Ihnen unser Säulenkonzept vor mit seinen drei Bausteinen für Ihren Erfolg. Ziel der Geschäftsprozessoptimierung im SCM ist die bestmögliche Zusammensetzung und Abstimmung aller Einflussfaktoren, die für einen Geschäftsprozess relevant sind. Neben dem Erfolgsfaktor Kooperation, der Zusammenarbeit mit den strategisch richtigen Partnern, bestimmt die zielorientierte Einführung und Anpassung der IT den Unternehmenserfolg. Mit einer gemeinsam durchdachten Strategie und einer gründlichen Vorbereitung und einer Umsetzung im Change Management schafft jedes Unternehmen, davon sind wir überzeugt, erfolgreich den Anschluss in den Wettbewerb der Zukunft, wenn nicht mehr einzelne Unternehmen, sondern komplette Supply Chains auf den Märkten miteinander konkurrieren werden.

Bei der Manuskripterstellung haben wir übrigens sehr bewusst darauf hingearbeitet, dass die gewählten Abschnitte des Buches auch unabhängig voneinander gelesen und verstanden werden können. Denn wer in unserer schnelllebigen Zeit möchte ein Buch über Supply Chain Management vollständig erarbeiten müssen, um die Kernaussagen zum SCM-Implementierungsprozess verstehen zu können. Deswegen wird sich der Leser, der dieses Fachbuch in der Reihenfolge seiner Kapitel vollständig lesen wird, über einige Wiederholungen von wichtigen Aussagen wundern. Ihn bitten wir, einfach darüber hinwegzulesen. Der eilige Leser oder derjenige, der wiederholt zu unserem Buch greift, wird für einige redundante Textpassagen dankbar sein, unter anderem dafür, dass er nicht so viele Verweise nachblättern muss.

Für die Mitarbeit an diesem Manuskript möchten wir uns bei allen ehemaligen und jetzigen Mitarbeiter am Fraunhofer-Institut Materialfluss und des Lehrstuhls für Fabrikorganisation der Universität Dortmund bedanken. Ihre Forschungs- und Entwicklungsarbeiten haben die Grundlage für diese Arbeit gelegt, vor allem die Forschungsergebnisse des Sonderforschungsbereiches 559 der Universität Dortmund „Modellierung großer Netze der Logistik", gefördert durch die Deutsche Forschungsgesellschaft, waren sehr wertvoll. Insbesondere sind wir Herrn Dr. Martin Kühling und Herrn Frank Laakmann zu Dank verpflichtet, für die zahlreichen wertvollen Diskussionen und Anregungen die zu diesem Manuskript geführt haben. Für die unermüdliche Hilfe beim Erstellen und Korrigieren der druckfertigen Vorlage danken wir ebenfalls Herrn Rohn, Frau Unger und Frau Dittmar.

Dortmund im April 2002

Prof. Dr.-Ing. Axel Kuhn
Dr.-Ing. Bernd Hellingrath

# Inhaltsverzeichnis

**Teil 1 Supply Chain Management – Bedeutung und Idee ................................ 1**
1 Von der Peitsche zum Uhrwerk ................................................................ 1
1.1 Die Veränderungstreiber ......................................................................... 1
1.2 Kurze Zwischenfrage: Gibt es die ultimative Organisationsform? ......... 6
1.3 Die Vernetzung mittelständischer Zulieferbetriebe – aufgrund weitere Veränderungstreiber ................................................................................ 7
2 Die Ziele und Grundgedanken von Supply Chain Management ................... 9
2.1 Was ist Supply Chain Management? – Eine pragmatische Definition . 10
2.2 Effekte und Verbesserungspotenziale .................................................... 15
2.3 Kleiner Exkurs zum Thema Wertschöpfung ........................................... 16
2.4 Der Peitscheneffekt in der Supply Chain ............................................... 17
2.5 Wertarchitekturen neu rekombinieren ................................................... 20
3 Die drei Säulen des SCM – ein pragmatischer Lösungsansatz .................... 22
3.1 Die erste Säule: Partnerschaftliches, prozessorientiertes Kooperationsmanagement in Wertschöpfungsketten ................................ 23
3.2 Die zweite Säule: Das Re-Design der Kernprozesse .............................. 27
3.3 Die dritte Säule: Die Rolle der IT – Enabler und Katalysator ............... 29
3.4 SCM-Konzepte realisieren – die vier Phasen ......................................... 31
4 Highlights aus diesem Kapitel – Was uns wichtig erscheint ........................ 32

**Teil 2 Kooperation(en) im Logistik-Netzwerk gestalten ................................ 37**
1 Cooperate to compete .................................................................................. 37
1.1 Kooperationen eingehen – Motive und Potenziale ................................. 37
1.2 Chancen und Risiken – nicht zu unterschätzen ...................................... 44
1.3 Einsatzbereiche verschiedener Kooperationsformen – gemeinsam sind wir stark ................................................................................................. 45
1.4 Die geeignete Lösungsstrategie auswählen – drei Grundtypen ............. 48
1.5 Modelle (Varianten) der Zusammenarbeit – die konkrete Umsetzung eines SCM-Konzeptes ............................................................................ 50
1.6 Prozessorientierung – Grundlage der Kooperationsgestaltung .............. 56
2 Kooperationen etablieren und betreiben – der Kooperationslebenszyklus... 59
2.1 Kooperationen initiieren (Phase 1) – auf der Suche nach den richtigen Partnern ................................................................................................. 61
2.2 Kooperationen auf- und ausbauen (Phase 2) – das Bündnis gewinnt Konturen ................................................................................................ 63
2.3 Kooperationen betreiben (Phase 3) – der Weg in den Markt ................ 67

2.4 Kooperationen auflösen (Phase 4) – den geordneten Ausstieg planen ..69
3 Erfolgsfaktoren für stabile, erfolgreiche Kooperationen ..... 71
3.1 Eine Kooperationskultur des Vertrauens schaffen – auf das richtige Klima kommt es an ..... 73
3.2 Information und offene Kommunikation – die Rolle der soft facts ..... 77
3.3 Ein gemeinsames Zielsystem vereinbaren – die Rolle der hard facts .... 79
4 Highlights aus diesem Kapitel – Was uns wichtig erscheint ..... 83

**Teil 3 Das Re-Design von Kernprozessen ..... 87**
1 Die prozessorientierte Ausrichtung der Unternehmensorganisation ..... 87
1.1 Prozessinnovationen sichern den Wettbewerbsvorsprung ..... 90
1.2 Prozessorientierung und die Tradition der Funktionsorientierung ..... 90
1.3 Prozessorganisation und Netzwerkorganisation – Organisationsformen für das Supply Chain Management ..... 91
2 Geschäftsprozesse unternehmensübergreifend optimieren ..... 95
2.1 Potenziale der Prozessorientierung in der Logistik ..... 97
2.2 Das Reengineering der Supply Chain – mit sechs Bausteinen die Grundlagen schaffen ..... 99
2.3 Ausgewählte Ansätze der Prozessmodellierung – auf dem Weg zu einer Standardisierung der Supply Chain ..... 102
3 Das Prozesskettenmanagement ..... 119
3.1 Konzepte zur Umsetzung einer prozessorientierten Organisation ..... 119
3.2 Prozesskettenmanagement – die Synthese aus zwei unterschiedlichen Ansätzen ..... 120
4 Highlights aus diesem Kapitel – Was uns wichtig erscheint ..... 122

**Teil 4 Die Rolle der IT – „Enabler" für Supply Chain Prozesse ..... 125**
1 Die Entwicklung der informationstechnischen Unterstützung – eine Skizze vorab ..... 125
1.1 Klassische Systeme: PPS und MRP – Was leisten diese? ..... 127
1.2 ERP-Systeme ..... 128
1.3 Advanced Planning Systems (APS) – on the top of ERP ..... 128
1.4 Grenzen der gängigen Lösungen oder Warum reichen PPS- und ERP-Systeme nicht mehr aus? ..... 129
2 Anforderungen an integrative IT-Lösungen beim SCM ..... 134
2.1 Beherrschung der Komplexität logistischer Netzwerke ..... 136
2.2 Unterstützung der Dynamik von logistischen Netzwerken ..... 136
2.3 Schaffen von Transparenz und Visibilität über die gesamte SC ..... 136
2.4 Marktgängige SCM-Tools ..... 140
3 Das Aufgabenmodell für IT-Systeme des SCM ..... 142
3.1 Gestaltung: Die strategische Ebene ..... 143
3.2 Die taktische und operative Planung: Supply Chain Planning (SCP) .. 144
3.3 Der exekutive Betrieb: Supply Chain Execution (SCE) ..... 152
4 Die Zukunft: E-Supply Chain Management ..... 156
4.1 Verknüpfung von E-Business und SCM ..... 158

4.2 Elemente des E-Business für das SCM ... 159
4.3 Das Zusammenspiel von E-Business und SCM ... 169
5 Highlights aus diesem Kapitel – Was uns wichtig erscheint ... 171

**Teil 5 SCM im Unternehmen implementieren ... 175**
1 Die Gestaltung der Kooperation – die Phase 1 ... 175
1.1 Der Projektanstoß – sollen, wollen, müssen wir kooperieren? ... 176
1.2 Eine Vision entwickeln ... 177
1.3 Geeignete Lösungsstrategien auswählen ... 179
1.4 Vor- und Nachteile einer Kooperation prüfen – mit der unternehmensspezifischen Kooperationsbilanz ... 180
1.5 Strategische Partner suchen – mit wem wollen wir kooperieren? ... 184
1.6 Gemeinsam das Ziel ins Visier nehmen – das Zielsystem entwickeln 185
1.7 Die Erfolgskriterien und Performancemaße festlegen ... 189
1.8 Die Projektorganisation aufbauen und die Ergebnisse kommunizieren ... 191
2 Die Gestaltung der Prozesse – die Phase 2 ... 196
2.1 Wo alles beginnt – die Ist-Situation der Prozesse und Strukturen analysieren ... 196
2.2 Wo alles hinführen soll – die SCM-Prozesse und Strukturen neu konzipieren ... 210
3 Die Gestaltung der IT – die Phase 3 ... 236
3.1. Eine integrierte IT-Konzeption entwickeln ... 236
3.2 Die notwendige IT auswählen und Einführungsvorbereitungen treffen ... 242
4 Die Umsetzung des SCM-Konzepts – die Phase 4 ... 247
4.1 Das SCM-Konzept im Change Management umsetzen ... 247
4.2 Das SCM-System umsetzen ... 252
4.3 Die Aufgabenträger trainieren ... 256
4.4 Das SCM-Konzept kontinuierlich bewerten ... 258
5 Highlights aus diesem Kapitel – Was uns wichtig erscheint ... 264

**Teil 6 Ein Ausblick ... 269**
1 Die Erfolgsfaktoren mobilisieren ... 269
2 Veränderungstreiber der Logistik ... 271
3 Künftige Handlungsbausteine für die Logistik ... 276
4 Erfolgsfaktoren, Veränderungstreiber und Handlungsbausteine vernetzen 280

**Literaturhinweise ... 283**

# Teil 1 Supply Chain Management – Bedeutung und Idee

## 1 Von der Peitsche zum Uhrwerk: Supply Chain Management – mehr als ein Schlagwort?

Lassen Sie uns offen sein: Wenn Sie und Ihr Geschäft alle Zeit der Welt haben, keinen Druck auf Ihre Gewinnmargen und viele Wettbewerbsvorteile, dann brauchen Sie keinen neuen kritischen Blick auf Ihr Geschäft zu werfen, um neue Möglichkeiten zu entdecken. Wenn Sie jedoch zu den Führungskräften gehören, die permanent herausgefordert sind, Kosten einzusparen, neue Geschäftsfelder zu erschließen oder für Wachstum Ihres Bereiches zu sorgen, dann sind Sie hier genau richtig. Herausgefordert wurden Sie in der jüngsten Vergangenheit durch eine ganze Reihe von Veränderungstreibern, die Ihr Geschäft so anstrengend, aber auch so aufregend machen.

### 1.1 Die Veränderungstreiber

**Treiber Nr. 1: Alles beginnt an den Märkten, alles beginnt beim Kunden**
Die Märkte spielen verrückt. Eine durchaus zutreffende Beschreibung des Geschehens, das seit geraumer Zeit im Wirtschaftsleben zu beobachten ist. Explosion und Zerfall von Aktienkursen, konjunkturelle Berg- und Talfahrten, astronomische Gewinne und dramatische Verluste: Wetter- und Unternehmenslagen wechseln mit atemberaubender Geschwindigkeit. Einmal sind die Unternehmen der „New Economy" bestaunte Wunder, dann wieder geplatzte Seifenblasen. Nichts scheint mehr sicher, nur wenig hat Bestand. Trotz aller Wirrungen scheint es so, als ließen sich in dem unüberschaubaren Gemenge doch Kräfte, Trends ausmachen, die für die Entwicklung (oder zumindest für wesentliche Teilentwicklungen) verantwortlich sind. Hier sind an erster Stelle die Märkte zu nennen, an zweiter Stelle die Informationstechnologie und an dritter Stelle deren Zusammenspiel. Viele kluge Menschen haben sich darüber den Kopf zerbrochen, wohin sich Wirtschaft und Gesellschaft im postindustriellen Zeitalter entwickeln. Die Wirklichkeit bietet uns tagtäglich neues Anschauungsmaterial.

Also: Alles beginnt an den Märkten, die heute in hohem Maße von Informations- und Kommunikationstechnik durchdrungen sind. Und zwar horizontal durch die modernen Kommunikationsmedien, hauptsächlich das Internet. Und zunehmend auch vertikal, entlang der Wertschöpfungsketten. Die horizontale Durchdringung führt zu einer tiefgreifenden Veränderung des Verbraucherverhaltens, die vertikale zu einer tatsächlichen Neuerfindung oder einem „Redesign“ von Produkten, Geschäftsmodellen und Geschäftsprozessen.

Die horizontale Durchdringung bringt zum Ausdruck, dass heute praktisch jeder Verbraucher über die entsprechenden Massenmedien auf elektronischem Wege erreichbar ist und dass ein immer größer werdender Teil auch auf elektronischem Wege konsumiert, bestellt, verhandelt, bezahlt usw. Das hat eine ganze Reihe von Konsequenzen. Zunächst werden Angebote praktisch lückenlos vergleichbar.

Eine wichtige Konsequenz dieser Wirtschaftsform ist die enorme Zunahme an Geschwindigkeit, mit der interagiert wird. Die elektronische Bestellung stößt Aktivitäten in der Wertschöpfungskette an, die zu zeitnahen produzierenden und logistischen Verrichtungen führen – wiederum elektronisch gesteuert. Die „elektronische Supply Chain“ schließt sich. Dabei bezieht sich die Beschleunigung nicht nur auf den Lieferverkehr im Sinne des „Efficient Consumer Response (ECR)“, sondern vor allem auf die vorgelagerten Prozesse der Produkt- und Leistungsentwicklung, die eng mit der Wertschöpfung verzahnt sind.

Der Markt ist der Ausgangspunkt aller wirtschaftlichen Dinge. Dieser Ansicht neigt die überwiegende Mehrzahl der Ökonomen zu. Und nicht nur dieser. Kaum noch ein Betriebspraktiker, dem heute nicht die überragende Bedeutung des Marktes für sein Tun im Unternehmen bekannt wäre. Nicht selten wird „Markt“ förmlich gleichgesetzt mit „Wertschöpfung“, wie dies auch in der gängigen Definition des Bruttosozialprodukts zum Ausdruck kommt, in welchem die am Markt gegen Geld getauschte Wertschöpfung summiert wird. Aber was passiert am Markt, was sind seine Eigenschaften und Gesetze? Ohne in die Domäne der Betriebs- und Volkswirtschaft eindringen zu wollen, müssen wir doch einige Klärungen herbeiführen, wie wir „Markt“ verstehen wollen, wodurch das Marktgeschehen heute und in Zukunft geprägt ist und welche Folgerungen für unseren eigentlichen Themenbereich, das SCM, zu ziehen sind.

Ganz abstrakt formuliert ist der Markt der reale oder virtuelle „Ort“, an dem Angebot und Nachfrage zusammentreffen. Hier findet ein direkter oder mittelbarer Austausch statt. Nach herkömmlicher Vorstellung ist das Wesen dieses Austausches, dass das Produktangebot eines Herstellers auf die Nachfrage eines Kunden trifft, der ersterem den Wert des Produktes vergütet. Es ist nur noch schwer nachvollziehbar, wie diese holzschnittartige Ansicht in die Welt gelangte, denn so einfach war es mit Sicherheit noch nie. Selbst die primitivste Form eines wirklichen Marktes vermittelt einen ganz anderen Eindruck: Informations- und Materialströme, Interaktionen und Einflüsse bilden ein komplexes Gemenge, das nur schwer in ein erklärungskräftiges Modell zu packen ist. Verbürgt ist allerdings die Präsenz von „geschöpften“ Werten, Produkten oder Dienstleistungen, auf der „Tauschplattform“ Markt. Produkterstellung und deren Distribution wird erst durch die Existenz von Märkten überhaupt vorstellbar. Demzufolge nehmen alle Aktivitäten, die mit der Erstellung, der Distribution und dem Verkauf von Produkten oder Dienstleistungen zu tun haben, am Markt ihren Ausgang und erreichen dort, im Umkehrschluss, ihr Ziel. Dies ist unsere Auffassung.

**Treiber Nr. 2: Der Wechsel von Push- zu Pull-Märkten**
In der Vergangenheit, als es noch Verkäufermärkte gab, hatten die Hersteller im Liefersystem das Sagen, v. a. wenn man bei seinen Kunden eine Loyalität zum Markenartikel erreicht hatte. Das Liefersystem „drückte" reichlich Produkte über den Handel zum Verkauf an Kunden, die positiv eingenommen waren. Diese Tage sind vorbei. Seit einigen Jahren sind diese Weltanschauungen ins Wanken geraten – denn der Kunde sagt heute, *was* er will, *wie* er es will und *wann* er es will. Die Kontrolle ist zu ihm übergewechselt. Man spricht von Käufermärkten. Jetzt steuern Nachlieferungsinformationen den Warenstrom zu den Regalen. Da man keine Extrabestände mehr unterhalten muss, kann man Kosten reduzieren. Oder sagen wir besser: *könnte* man. Denn viele Unternehmen haben ihr Denken bzw. ihre Liefersysteme noch nicht an diese Veränderungen in den Warenströmen angepasst. Schaut man sich in den Unternehmen einmal kritisch um, wird man schnell feststellen, dass viele Systeme noch immer auf lange Produktionsläufe ausgerichtet sind, unabhängig vom Sog der aktuellen Nachfrage. Man begnügt sich mit der Lagerung der Überschussproduktion in Lagern, anstatt flexible Systeme auszuarbeiten, die eine Anpassung an die jeweils aktuelle Anforderungen in der SC ermöglichen würden.

Bei vielen Unternehmen stößt man deshalb auf Vorräte, die wochenlang nicht gebraucht werden. Ein übler Fehler, denn das heutige Liefersystem muss auf Flexibilität umgestellt werden. Dies bedeutet nichts anderes, als dass der Hersteller seine Umrüstzeiten so stark wie nur irgend möglich verkürzen muss, um so schnell wie möglich ein nachgefragtes Erzeugnis herzustellen. Stattdessen stellen viele das Produkt her, für das man die Maschinen gerade eingerichtet hat. Fragt man nach, nennen Unternehmen eine Vielzahl von Gründen, weshalb sie den Übergang zu einem Pull-System scheuen. Als eine der Hauptschwierigkeiten entpuppte sich, dass sie nicht fähig sind, den Nachschub direkt nach dem Verbrauch zu generieren. In anderen Worten: sie sind so in ihrem traditionellen Prognosesystem verhaftet, dass sie nichts ändern *können.*

Viele Unternehmen sind seit einiger Zeit bemüht, den traditionellen „Push" des Produkts zum Endkunden in ein „Pull" durch das Netzwerk als Reaktion auf Kundenkäufe zu verwandeln. Denn über Jahre hinweg orientierten sich Versorgungsketten am Produktionskonzept, niedrigsten Stückkosten und dem Push-Prinzip. Wurden Verbesserungen durchgeführt, so konzentrierte man sich bei kürzeren Durchlaufzeiten meist auf das Verhältnis von Stück zu Zeit. Das Ergebnis: geringere Stückkosten. Das Vertriebskonzept bestand darin, diese Mengen zum Verbraucher/ Kunden zu „pushen". Bestände, die sich ansammelten, wurden als Puffer in Lagerhäusern oder Distributionszentren vorgehalten. Warum? Damit kontinuierlich gepusht werden konnte.

Keine Frage, dass viele Unternehmen mit dieser Situation nicht glücklich waren und sind. Es galt, die Kosten zu beseitigen, die durch diese Bestände entstanden (und noch immer entstehen). Die Stoßrichtung: eine engeren Verbindung zwischen tatsächlichem Verbrauch und Produktion zu knüpfen. Hier kommt die Funktion der IT als „Enabler" ins Spiel. Indem man wachsende Datenbestände (statt: Warenbeständen!) und daraus abgeleitet konkrete Informationen, was die Kunden wann wo gekauft haben, verwendet, kann man Produkte und DL durch das Netz

„ziehen". Und dieses Netz funktioniert mit den niedrigsten Lagerbeständen, geringsten Verlusten. Das Motto lautet: schnelle Reaktion. Man strebt danach, ein System aufzubauen, das nur die Produkte produziert und liefert, die tatsächlich auch gefragt sind! Der Fokus: Konzentration auf das, das tatsächlich nachgefragt wird.

Der wirkliche Wandel besteht darin, dass dort, wo früher Waren durch einen Distributionskanal zu den Verkaufsflächen und Regalen des Einzelhandels „geschoben" wurden, nun der tatsächliche Konsum zu den Verkaufsstellen *zieht.*

**Treiber Nr. 3: Komplexität und Dynamik**

Wir haben es heute mit einem globalem Wettbewerb zu tun, einer Internationalisierung der Technikentwicklung und Forschung, immer kürzeren Produktlebenszyklen, (stark) schwankender differenzierter Nachfrage, kurzen Reaktionszeiten, kürzesten Durchlaufzeiten, kleinsten Lagerbeständen, um die Nachfrage zu decken, geringsten Lieferstückkosten und Preisen, die die Kunden zufrieden stellen. Es geht um nichts anderes als den bewussten „Kampf" um die „Beherrschung der immer schnelleren Bewegung von Märkten und die eigene optimale Positionierung darin" (Warnecke u. Braun 1999, S. 3). Eine Rückkehr zu stabilen Verhältnissen wird es nicht mehr geben. Im Gegenteil: es ist zu vermuten, dass die neuen Technologien, dass die Informations- und Kommunikationstechnologie die Prozesse eher beschleunigen wird, dass die Turbulenzen zunehmen werden.

Ohne uns in die schwierige Diskussion, was Komplexität sei und wie man sie beherrschen könne, einmischen zu wollen, sei nur soviel gesagt: In der Industrie und ihrem Handlungsumfeld haben wir es mit überaus komplexen Systemen und Prozessen zu tun. Dies dürfte niemand ernsthaft leugnen. Diese Prozesse besitzen einen hohen Grad an Eigendynamik und sind meist irreversibel. Sie kennen die Folgen komplexer Situationen: Sie sind undurchsichtig, die unternehmerische Entscheidungsfindung wird erschwert, wenn nicht überhaupt unmöglich gemacht. Gestatten Sie uns ein Beispiel aus dem Alltag, um den Sachverhalt zu illustrieren: Sie sitzen abends um 21 Uhr in einem Straßencafé und beobachten eine Kreuzung, an der rechts vor links gilt. Dort geht es relativ ruhig zu, alles ist normal, nichts Außergewöhnliches zu bemerken, alles ist übersichtlich. Von links nähern sich jetzt Fußgänger, Sie hören auch die Geräusche eines Motorrads und warten gespannt, was passiert. Der Fahrer hält an, lässt die zwei jungen Leute über die Straße gehen, fährt weiter. Alles ist wieder ruhig. Kurz darauf fahren vier Pkws, jeder aus einer anderen Richtung kommend, auf die Kreuzung zu. Gleichzeitig nähern sich Fußgänger aus drei Richtungen. Einer der Fahrer, der eigentlich Vorfahrt gehabt hätte, weiß offensichtlich nichts von der Regel „rechts vor links". Er wartet, will dem, der links von ihm steht, die Vorfahrt lassen – da überholt ein junger Mann auf einem Motorroller unbemerkt das Auto und streift beinahe einen der Fußgänger.

Unvorhersehbare Entwicklungen, wie sie in dem obigen Beispiel geschildert wurden, kennen Sie sicherlich auch aus Ihrem Arbeitsumfeld. Komplexe Situationen können weder modelliert, noch simuliert, noch vorhergesehen werden – man muss ständig mit Überraschungen rechnen. Sie sind mit dem Kundenwunsch nach kürzeren Lieferzeiten konfrontiert; die Produktlebenszyklen werden immer kürzer;

Mass Customization tut ein übriges, Ihr Unternehmen will sich global positionieren, Sie haben Produktions- und Logistikaufgaben ausgelagert und arbeiten mit anderen Unternehmen entlang der SC zusammen. Hier „richtig“ zu planen, ist eine gewaltige Herausforderung.

Der Aspekt *Planung* ist das eine. Komplexität auf *organisatorischer Ebene* zu erfassen ist ein Wahrnehmungsproblem. Und den größten Fehler, den man begehen kann, ist zu leugnen, dass es Komplexität gibt. Wenn wir also komplexe Situationen erfassen wollen, stehen wir vor einem Problem, das wir uns durch unser westliches Bildungssystem eingehandelt haben: Man hat uns getrimmt, Ausschnitte bzw. Teilaspekte zu betrachten, nie das Ganze, nicht seine Vernetzung, nicht die Interdependenzen. Diese sogenannte „analytische“ Vorgehensweise hindert allerdings, übergeordnete Strukturen zu erkennen. Ein bedrohliches Defizit im Zeitalter steigender Komplexität.

Die Lösung: Die Gestalt komplexer Strukturen lässt sich aus der Distanz oder durch bewusst flüchtige Betrachtung (aus den Augenwinkeln heraus) eher erkennen als durch eingehende Untersuchung. Ein Paradox? Wohl eher eine Erfahrung. Wer in komplexen Situationen übergeordnete Strukturen wahrnehmen will, darf nicht „durch ein Mikroskop auf einen Ausschnitt der Wirklichkeit blicken“ (Warnecke u. Braun 1999, S. 6), sondern muss durch ein Makroskop spähen: durch ein umgedrehtes Fernglas.

Übertragen wir diese Erkenntnis auf unser Thema, so bedeutet dies nichts anderes, als dass die uns vertraute Betrachtung von Unternehmens*ausschnitten* (seien es Abteilungen, seien es Funktionen o. ä.) oder *Teil*prozessen tödlich ist. Sie führt zu Fehlinterpretationen und völlig falschen Einschätzungen. Verlassen Sie also für kurze Zeit Ihren (vielleicht vertrauten) Betrachtungsrahmen und nehmen Sie übergeordnete, lies: unternehmens*übergreifende* Strukturen ins Visier. Sie ahnen, worauf wir abzielen. Auf die Wertschöpfungskette, die beim Lieferanten (des Lieferanten des Lieferanten) beginnt und beim Kunden (des Kunden des Kunden) endet. Doch ehe wir uns der Supply Chain nähern, noch ein kurzes Wort zum Phänomen der Dynamik.

**Treiber Nr. 4: Die Rolle der Dynamik**

Als ob es nicht genügen würde, dass alles um uns herum komplexer wird, wird alles auch noch dynamischer. Sie werden ein Lied davon singen können. Dynamik bedeutet nicht immer: „gewünscht“, oft wird ein dynamischer Markt eher als „Turbulenz“ empfunden. Und Turbulenzen, sofern nicht selbst von Ihrem Unternehmen erzeugt, sind eher unangenehm. Wesentliches Kennzeichen steigender Dynamik ist die abnehmbare Vorhersehbarkeit von Veränderungen im industriellen Umfeld. Zweifellos auch eine Nebenwirkung der Komplexität. Weitere Indizien sind bekannt, wir haben sie schon genannt.

Greifen wir einen Aspekt heraus: aufgrund der Dynamisierung verkürzten sich die Planungshorizonte der Unternehmen in der Vergangenheit drastisch (siehe Abb. 1). Es gibt Extremfälle, wo der Planungshorizont im Stundenbereich liegt (beispielsweise wenn der Teile-LKW im nicht vorhergesehenen Stau steckt) und mit Sicherheit Turbulenzen erzeugen wird. Wenn dann der Hubschrauber startet, ist dies nicht Folge schlechter Planung, sondern Folge gestiegener Dynamik.

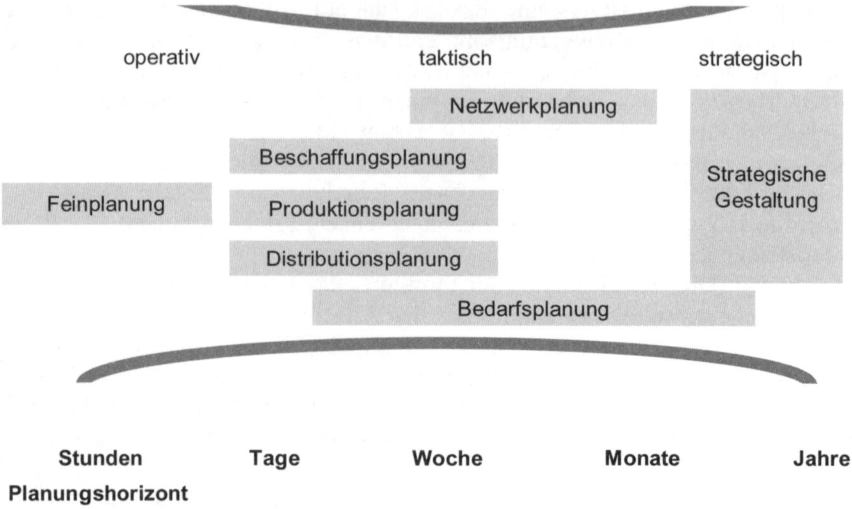


**Abb. 1.** Zeithorizonte der Planung

## 1.2 Kurze Zwischenfrage: Gibt es die ultimative Organisationsform?

### Von der „Maschine" zum Netzwerk

Ausgehend von unseren Überlegungen, Komplexität und Dynamik betreffend, muss man feststellen, dass Unternehmen zunehmend vor der Herausforderung stehen, Handlungsmaximen entwickeln zu müssen, ohne das Umfeld dieser Handlungen genau zu kennen und Antworten auf Fragen zu finden, die oftmals noch nicht einmal klar gestellt sind.

Der permanente Anpassungsdruck kann von den Unternehmen jedenfalls nicht genommen werden. Unternehmen müssen ständig verändert, entwickelt und angepasst werden. Eine optimale, die „ultimative" Organisationsform kann und wird es nicht geben. Die Organisation, die jeweils gestaltet wird, ist immer abhängig von den Erfolgspotenzialen, die man erschließen will. Anders gesagt: nur *die* Organisationsform hat ihre Berechtigung, die dem Umfeld bestens angepasst ist: dem Markt, seinen Kunden. Die neuen Gegebenheiten erfordern im Grunde genommen eine Umkehr, eine Abkehr von den Strategien, die sich im letzten Jahrzehnt bewährt haben. Und es geht um einen Wandel der *Denkmuster*, die Organisationen ebenso zugrunde liegen wie dem Verhalten eines jeden einzelnen.

Es ist noch gar nicht so lange her, da wurde auch im Wirtschaftsleben die allgemeine Gültigkeit eines Kausalitätsprinzips unterstellt. Ursachen und Wirkungen waren wohldefiniert, alles war plan- und beherrschbar. Diese Sichtweise ist eng verknüpft mit der „Maschinen-Metapher", also der Auffassung, die Organisation eines Unternehmens entspräche derjenigen einer komplizierten Maschine. Das Leitbild solcher Unternehmen war der Massenartikel, der hochspezialisiert produziert wurde. Dies umzugestalten war das erklärte Ziel mehrerer Programme, aufgelegt unter dem Oberbegriff „Schlanke Organisation", Varianten sind Lean Management oder Business Reengineering. Man baute Hierarchieebenen ab, orientierte sich mehr an Prozessen und Wertschöpfungsverläufen und war bemüht, die Flexibilität zu erhöhen.

Die nächste Sichtweise auf ein Unternehmen war die des Organismus, die eine dynamische und vorausschauende (nicht reaktive) Entwicklung von Organisationen impliziert. Man betrachtete nun Unternehmen als dynamische, organische, offene Systeme. Die „Maschinenmetapher" wurde durch eine „Organismusmetapher" ersetzt. Sicherlich kennen Sie den Begriff des „Agilen Unternehmens". Die Frage lautete damals, wie wohl der nächste Transformationsschritt aussehen würde. Ein übergreifender Trend der vergangenen Jahre ist zweifellos der zur Dezentralisierung. Die Parole lautete: große, schwerfällige, in ihren Strukturen fest zementierte Unternehmen, in kleine, dezentrale Organisationseinheiten umzubauen, um schnell und selbstständig auf Veränderungen am Markt und auf Störungen reagieren zu können. Diese Dezentralisierung konventioneller Unternehmen führte und führt noch immer zu einem Gebilde, das eher einem Zusammenschluss kleiner Unternehmen ähnelt. Hier nimmt dieser Zusammenschluss durch übergreifende Leistungserstellung Gestalt an, es bildet sich eine völlig *neue Wertschöpfungsstruktur* heraus: *das Netzwerk.*

## 1.3 Die Vernetzung mittelständischer Zulieferbetriebe – aufgrund weitere Veränderungstreiber

In den für die Konjunktur wichtigen Schlüsselbranchen Automobil- und Maschinenbau hat sich eine Sonderform unternehmensübergreifender Zusammenarbeit herausgebildet: das Zuliefernetzwerk. Auch Zuliefernetzwerke haben sich in der jüngeren Vergangenheit unter dem Druck der globalen Ereignisse verändert, denken Sie an

- die unübersehbaren Konzentrationstendenzen (nicht nur in diesen beiden Branchen);
- die Beschleunigung aller Unternehmensprozesse;
- das Verdichten der Informationsflüsse und
- die Herausforderung, Komplettlösungen anbieten zu müssen, um wettbewerbsfähig zu bleiben.

Lassen Sie uns einen Blick auf diese vier zentralen Veränderungstreiber werfen.

**Treiber Nr. 5: Wenn die Kunden immer weniger werden**
Alle Betriebe, die Automobilhersteller beliefern, hatten in der jüngsten Vergangenheit ein Problem: die Anzahl der Abnehmer ist im Schrumpfen begriffen. Die Konzentrationstendenzen in dieser Branche sind signifikant und sie werden, katalysiert durch die Effekte der Globalisierung, künftig eher noch stärker werden. Dies legen die Fälle DaimlerChrysler, Ford-Volvo etc. nahe. Dies ist die eine Seite: der geringer werdenden Anzahl an Abnehmern von Zulieferteilen. Die andere Seite: eine Zunahme der Wettbewerber in einem Segment aufgrund die Möglichkeit der weltweiten Beschaffung (global sourcing). Die Konkurrenz ist buchstäblich überall. Als Konsequenz daraus wird sich unseres Erachtens die Aufspaltung des unternehmerischen Mittelstands in Nischenanbieter und Global Players nicht aufhalten lassen. Die Gruppe der letzteren besteht aus Zulieferunternehmen, die den neuen Anforderungen technologisch, finanziell und organisatorisch gewachsen sind.

**Treiber Nr. 6: Wenn Unternehmensprozesse sich beschleunigen**
Nicht nur die Automobilbauer, auch Unternehmen aus anderen Branchen sehen sich an ihren Märkten ebenfalls mit nachhaltigen Änderungen konfrontiert. Sie kennen das Stichwort von „den Schnellen und den Toten". Immer neue, wechselnde Kundenwünsche führen zu einer Beschleunigung aller Unternehmensprozesse. Natürlich reichen die Autohersteller diesen Druck an ihre Lieferanten weiter, unter anderem, indem sie sich selbst auf ihre Kernkompetenzen konzentrieren und vermehrt Module und komplette Systeme einkaufen. Für die Zulieferer heißt das, dass sie immer komplexere Bauteile immer schneller liefern müssen, um im Geschäft zu bleiben. Die Zulieferer sind der Forderung nach schneller Umsetzung von Innovationen ausgesetzt, und mit dem Einsatz neuer Technologien und neuer Konzepte gehen sie darauf ein.

**Treiber Nr. 7: Wenn Informationsflüsse sich verdichten**
Die informationstechnische Anbindung an die Abnehmer führt zu einer weiteren Verkürzung der Prozesszeiten in der Beschaffung. Die Informationsflüsse verdichten sich weiter. Hieraus folgt vor allem, dass die Dispositionsspielräume der Lieferanten immer kleiner werden: wenn das System eine Lieferung anstößt, hat diese sofort zu erfolgen, ungeachtet der Materialsituation. Dieser Sachverhalt führt fast zwangsläufig dazu, dass zwischen Informations- und Materialfluss Abweichungen entstehen. Das belegt die tägliche Beschaffungspraxis in der Automobilindustrie. So meldet das System nicht selten Teile als verfügbar, die physisch gar nicht vorhanden sind – Notfallhandlungen sind die logische Folge. Der Hubschrauber, der wegen einer Kiste dringend benötigter Teile das Montagewerk anfliegt, ist keine moderne Erfindung, sondern Wirklichkeit. Im Zuge der unerlässlichen Perfektionierung der Lieferkette werden die Lieferanten noch enger in die Systeme eingebunden, mit der Konsequenz, dass weitere Freiheitsgrade verloren gehen, insbesondere hinsichtlich Planung und Steuerung. In die gleiche Richtung weisen die Aspekte „Flexibilität bei Bestelländerungen" und „räumliche Nähe zu Abnehmern". Was nützt es, wenn die Informationen mit Lichtgeschwindigkeit fließen, das Material aber am Stuttgarter Dreieck steht.

Umweltgerechte Zulieferstrategien stehen mit den EU-Gesetzen zur Fahrzeugentsorgung in ursächlichem Zusammenhang. Die Schleifen der Kreislaufwirtschaft umschließen die gesamte Wertschöpfungskette. Mehr noch: wie in anderen Fällen auch werden die Automobilhersteller nichts unversucht lassen, um die Lasten „nach unten“ umzuverteilen.

**Treiber Nr. 8: Wenn man gezwungen wird, Komplettlösungen anzubieten**
Das „Angebot an Komplettlösungen“ führt zu dem, was auch „Systembeschaffung“ genannt wird. Ein Beispiel aus der Automobilindustrie ist das Front-End, das mittlerweile als komplettes System geliefert und montiert wird. Die unterschiedlichen Komponenten, die in ein solches System integriert sind, machen eine ebenso frühzeitige wie reibungslose Abstimmung der Lieferanten notwendig. Beginnend mit dem Engineering, über Produktion und Logistik bis zum technischen Service müssen alle Tätigkeiten eng verzahnt werden: eine enorme Herausforderung für die Zulieferbetriebe.

Die Zulieferer reagieren auf diese neuen Anforderungen mit neuen Strategien, um dem steigenden Druck standhalten zu können: So vielseitig sich die Unternehmen der Zulieferindustrie zeigen, so vielschichtig sind auch die Strategien, den verschärften Anforderungen gerecht zu werden und/ oder Wachstumschancen zu ergreifen. Die strategische Ausrichtung hängt dabei vor allem vom Know-how der Unternehmen aber auch von den Anforderungen und Kompetenzen des Kunden ab.

Sie sehen – es gibt also eine gewaltige Anzahl an Veränderungstreibern, denen man sicherlich noch den einen oder anderen hinzufügen könnte. Wir wollen es dabei bewenden lassen und richten nun unser Augenmerk auf die Frage, welche Ziele und Grundgedanken das Supply Chain Management in diesem Zusammenhang verfolgt.

# 2 Die Ziele und Grundgedanken von Supply Chain Management – Warum Unternehmen ihre Wertschöpfung neu gestalten müssen

Fachbücher haben einen entscheidenden Nachteil: entweder sie führen ein Schlagwort im Titel und wirken wie Teile einer Modeströmung. Oder sie verzichten auf ein Schlagwort, und niemand nimmt sie wahr. Das allerdings das Thema „Supply Chain Management“ nicht mehr sei als ein solches Schlagwort, ist ein, wenn auch populärer, Irrtum.

Andererseits könnte man auch vermuten, dass sich hinter „Supply Chain Management“ nicht mehr verbirgt als ein weiterer „trendiger“ Organisationsansatz, der den einschlägigen Beratungsfirmen eine gute Konjunktur beschwert. Manches Unternehmen mag glauben, es könnte unter dieser Modewelle hindurchtauchen, weil in Kürze ohnehin die nächste kommt. Doch weit gefehlt: „Supply Chain Management“ ist mehr als ein Schlagwort. SCM wird die industrielle Wertschöpfung, die

Logistik, das Bestandsmanagement tiefgreifend und nachhaltig wandeln – in nahezu allen Branchen bei nahezu allen Betrieben.

## 2.1 Was ist Supply Chain Management? – Eine pragmatische Definition

Supply Chain Management ist die integrierte prozessorientierte Planung und Steuerung der Waren-, Informations- und Geldflüsse entlang der gesamten Wertschöpfungskette vom Kunden bis zum Rohstofflieferanten mit den Zielen

- Verbesserung der Kundenorientierung,
- Synchronisation der Versorgung mit dem Bedarf,
- Flexibilisierung und bedarfsgerechte Produktion,
- Abbau der Bestände entlang der Wertschöpfungskette (siehe Abb. 2).

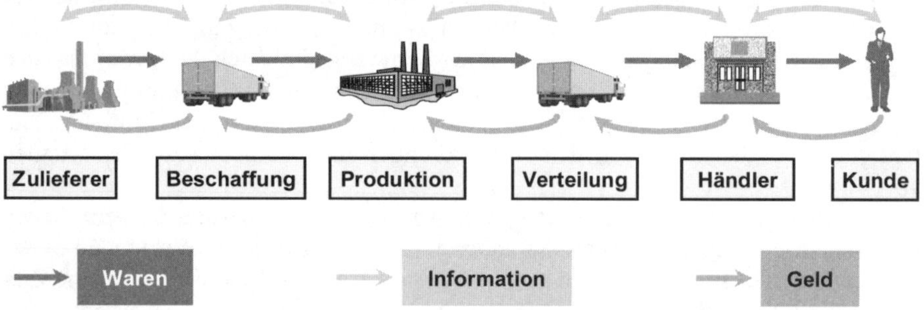


**Abb. 2.** Eine kurze Definition von Supply Chain Management

**Warum integrierte prozessorientierte Planung?**
Weil ohne Integration heutzutage nichts mehr läuft! Denken Sie an das Thema Produktentwicklung. Warum integriert man in den erfolgreichen Unternehmen Mitarbeiter aus den verschiedensten Unternehmensbereichen in interdisziplinär zusammengesetzte Teams? Weil es nur durch Integration möglich ist, Wissen und Erfahrung aus ganz unterschiedlichen Bereichen zusammenzubringen, gemeinsame Entscheidungen zu treffen, kurze Regelkreise zu haben etc. In der Supply Chain wird dieser Aspekt an mehreren Stellen relevant: im Zusammenhang mit partnerschaftlicher Zusammenarbeit (hier haben Sie unternehmensübergreifende Zusammenarbeit; Teams, die aus Repräsentanten eines jeden Unternehmens zusammengesetzt sind), im Zusammenhang mit der Rolle der IT (um Informations- und Materialflüsse zu koordinieren). Oder denken Sie an die Integration von Vertrieb und Produktion, damit diejenigen, die früher am Ende der Kette kamen, nun früher wissen, was und wie viel sie produzieren müssen. Die Philosophie des SCM kann man in diesem Zusammenhang in einem einzigen Satz ausdrücken (siehe Abb. 3): „Die Optimierung des Gesamtsystems ist besser als die Optimierung von Teilsystemen". In der Abbildung sehen Sie innerhalb des Trichters auch sechsmal

das Wörtchen „gemeinsam“. Dies ist Prinzip. Nämlich der Hinweis auf eine unserer Meinung nach wichtigen Säulen des SCM.

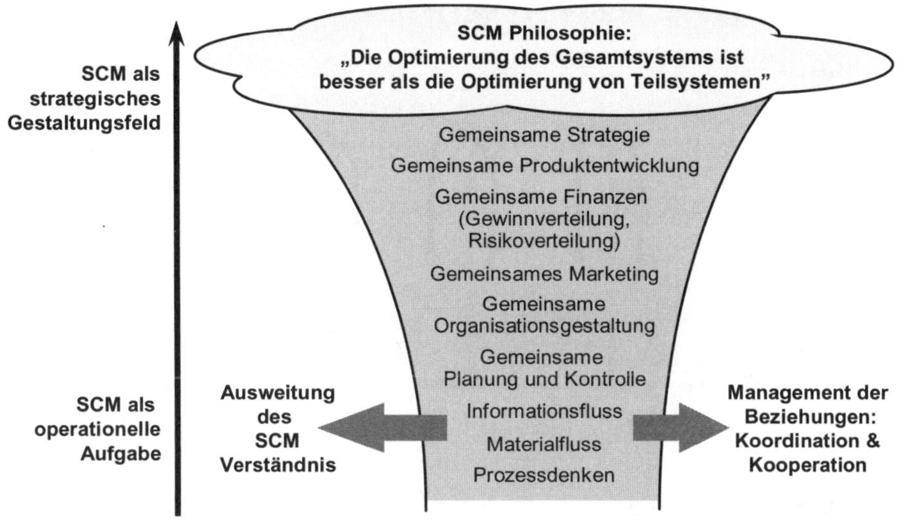


**Abb. 3.** Bestandteile der SCM-Philosophie

**Warum „prozessorientiert“?**

Weil Funktionsorientierung „out“ ist. Definitiv. Wer heutzutage dynamisch, wandlungsfähig, mit seinen Produkten schnell am Markt sein oder schnell auf Veränderungen reagieren möchte, der ist gut beraten, in Prozessen zu denken (und seine Organisation auch so aufzustellen). Leider muss man konstatieren, dass Logistik noch heute in vielen Unternehmen als „Funktionslogistik“ gesehen wird. Man unterscheidet in Bestell- und Prognoseaktivitäten, Transport- und Lageraktivitäten, die relativ unabhängig voneinander operieren. Oder anderes Beispiel: Haben Sie schon einmal versucht, in einem großen Unternehmen den „Verantwortlichen“ ans Telefon zu bekommen? Dann ist es Ihnen vielleicht mehr als einmal so ergangen, daran gescheitert zu sein. Weil jeder, den Sie am Apparat hatten, nur für einen Teil „verantwortlich“ war, aber niemand für das Ganze. Für ein Produkt, für eine Dienstleistung, was auch immer. Eben das typische Resultat von Denken in „Königreichen“ (siehe Abb. 4).

**Vom Denken in Königreichen zu Denken in Werströmen**

„Wo immer es ein Produkt für einen Kunden gibt, gibt es auch einen Wertstrom. Die Herausforderung liegt darin, ihn zu sehen.“ (Rother u. Shook 2000, S. III) Der Begriff „Wertstromdesign“ ist vielleicht neu in Ihrem Wortschatz. Vielleicht aber auch nicht. Dann wissen Sie, dass man unter einem „Wertstrom“ alle Aktivitäten versteht, seien sie wertschöpfend oder nichtwertschöpfend, die notwendig sind, um ein Produkt durch die Hauptflüsse zu bringen, die für jedes Produkt entscheidend sind: den Entwicklungsstrom vom Produktkonzept bis hin zum Produktionsstart (time to market) und den Fertigungsstrom vom Rohmaterial bis in die Hände des Kunden (time to customer). Eine Wertstromperspektive einzunehmen bedeutet, das *Gesamtbild* anzuschauen, nicht nur einzelne (Fertigungs-) Prozesse. Es bedeutet das *Ganze* zu verbessern, nicht nur einzelne Teile.

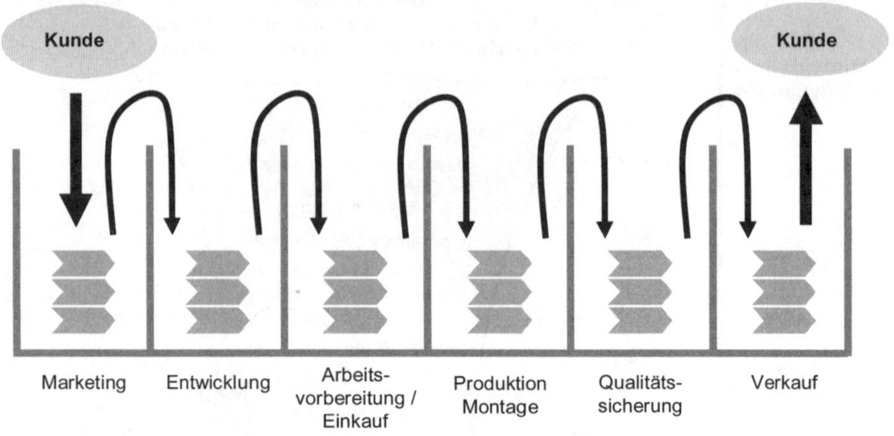


**Abb. 4.** Denken in „Königreichen"

Was ist ein Wertstrom? Nehmen Sie beispielsweise eine Produktfamilie. Wenn Sie versuchen, den Wertstrom hier nachzuvollziehen, werden die Grenzen Ihres eigenen Unternehmens schnell überschritten. Und da Unternehmen noch immer meist nach Abteilungen und Funktionen aufgebaut sind (anstatt nach dem Fluss der wertschöpfenden Schritte), werden Sie vielleicht feststellen, dass niemand für den *gesamten* Wertstrom zuständig ist. Selten findet man eine Fabrik, bei der eine einzelne Person über den vollständigen Material- und Informationsfluss Bescheid weiß.

Durch Wertstromdesign wird der Wust von Ereignissen in einem Layout plötzlich aus der Perspektive des produkteigenen Wertstroms und dessen Kunden verständlich. Vielleicht schauen Sie sich einmal in Ihrer Fabrik um. Addieren Sie für jeden Prozess im Wertstrom die Wertschöpfungszeiten oder die Verarbeitungszeit. Der Vergleich von gesamter Wertschöpfungs- oder Verarbeitungszeit mit der gesamten Durchlaufzeit versetzt manch einem dann einen Schock. Bei einem Unternehmen kann es durchaus vorkommen, dass die gesamte Verarbeitungszeit für ein Werkstück beispielsweise nur 188 Sekunden beträgt (etwas mehr als drei Minuten). Aber dieses Werkstück braucht 23,6 Tage, um das Werk zu durchlaufen.

Und dies sind nur die Prozesse *innerhalb* eines Unternehmens der Supply Chain. Bei einer Prozess- bzw. Wertstromorientierung ist jedes Zwischenlager zunächst einmal grundsätzlich in Frage zu stellen, weil es den Materialfluss unterbricht. Sie können sich nun vielleicht besser vorstellen, welches Optimierungspotenzial Sie vorfinden, wenn Sie sich mit allen Ihren Partnern einmal Gedanken darüber machen, was Sie an Zeit und an Kosten einsparen könnten, wenn Sie die Material- und Informationsflüsse unternehmens*übergreifend* angehen und redesignen würden. Damit Ihre Wertschöpfung in Fluss kommt und im Fluss bleibt.

**Wenn Prozesse die falschen Dinge herstellen**
Die folgenschwerste Ursache für Verschwendung liegt in der Überproduktion. Das heißt, man produziert mehr, früher und schneller, als es der nächste Prozess eigentlich benötigt. Überproduktion verursacht nicht nur einen zu hohen Bestand und das darin gebundene Kapital. Die Menge von Teilen muss irgendwo gelagert werden. Dafür benötigt man Lagerplatz. Sie müssen hin- und herbewegt werden. Dafür benötigt man Mitarbeiter und Einrichtungen. Womöglich werden sie noch sortiert und nachbearbeitet. Überproduktion führt letzten Endes, so paradox es klingen mag, zu einer Mangelsituation. Denn die Prozesse sind damit beschäftigt, die falschen Dinge herzustellen. Oder anders gesagt: Sie benötigen zusätzliche Manpower und Maschinenkapazitäten, da Sie Arbeitskräfte und Maschinen für etwas aufwenden, das gar nicht benötigt wird. Dadurch verlängert sich die Gesamtdurchlaufzeit, und Ihre Reaktionsfähigkeit auf Kundenanforderungen wird herabgesetzt. Von Flexibilität keine Spur. Sie entschuldigen, wenn wir dies so drastisch zeichnen, aber wir sind überzeugt, dass es in Ihrem Unternehmen an einigen Stellen vielleicht nicht so, aber ähnlich aussehen könnte.

**Warum „Planung und Steuerung"?**
Weil es um eine umfassende Betrachtung geht. In anderen Worten: bei SCM geht es um Aufgaben der Gestaltung, der Planung und der Steuerung. SCM kümmert sich um alle drei (siehe Abb. 5). Das umfassendes Konzept des SCM berücksichtigt die Gestaltung von Netzwerken, die Planung der Aktivitäten und die ganzheitliche Überwachung und Steuerung dieser Aktivitäten. Dies ist der erste Teilaspekt. Der zweite: beim SCM gibt es auch noch den Rückfluss von der Steuerung zur Planung und von der Planung zur Gestaltung. Mit anderen Worten: ein weiterer Vorteil dieses Ansatz liegt darin, Erfahrungen systematisch zu nutzen.

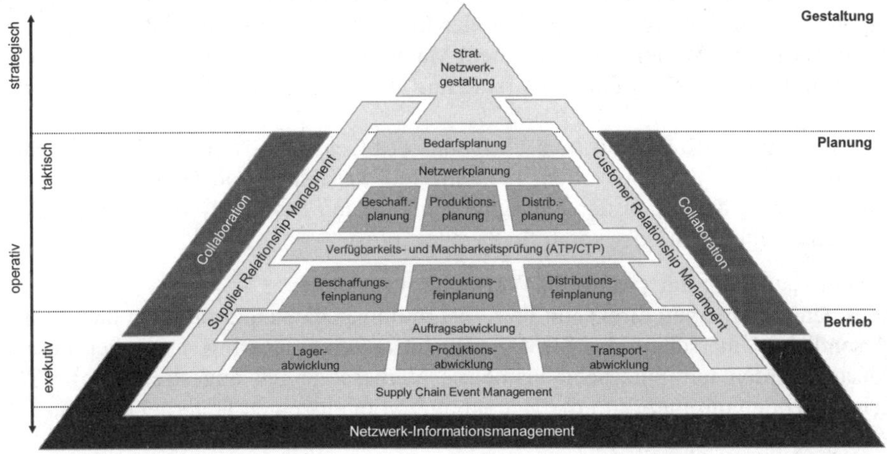


**Abb. 5.** Aufgaben der Gestaltung, Planung und Steuerung des Supply Chain Management

**Warum „Waren-, Informations- und Geldflüsse"?**
Bei dem Begriff Materialfluss denkt man zunächst einmal an die Bewegung von Material durch die Fabrik. Zu Recht. Denn auf dieser Ebene werden Elemente von

Montage- und Fertigungsprozessen sowie die sie verbindenden Materialflussbeziehungen betrachtet. Hier greift man die Summe aller physischen Vorgänge im eigenen und zwischen den Unternehmen auf, die für die Erzeugung von Gütern innerhalb einer SC erforderlich sind. Man hat es hier mit einer Folge von Materialfluss-, Fertigungs- und Montageaktivitäten zu tun, die erforderlich ist, um ein bestimmtes Geschäftsziel innerhalb einer SC durch Umwandlung, Transport oder Speicherung von Materie zu erreichen. Elementare Betrachtungsobjekte sind:

- Güter (Stoffe, Material, Teile, Fertigfabrikate)
- Betriebsmittel ( Produktionsmittel und Arbeitsmittel für den Materialfluss) und
- Infrastruktur.

Es gibt jedoch noch einen zweiten Fluss: den Informationsfluss, der dorthin gelangen muss, wo Entscheidungen getroffen werden und der jedem Prozess angibt, was als nächstes geschehen soll. Material- und Informationsfluss sind zwei Seiten einer Medaille. Man muss beide verstehen und darstellen können. Im SCM kommt dem Informationsfluss eine größere Bedeutung zu als dem Materialfluss. Denn die zentrale Frage lautet: „Wie können wir die Informationen so fließen lassen, dass ein Prozess nur das herstellt/ ordert etc., was der nächste Prozess benötigt und nur dann, wenn er es benötigt?" Unseres Erachtens wird die Informationstechnologie der Logistik künftig verstärkt als Träger der gesamten Geschäftsprozessabwicklung Einsatz finden (siehe hierzu auch in Teil 4 die Ausführungen zum Thema E-Business). Hierzu wird ein vorauseilender, begleitender und rückgekoppelter Informationsfluss gefordert. Neue Anwendungsfelder zeichnen sich bereits ab, wie z.B. Digital-Broadcasting, Identifizierungstechniken, Mobilkommunikation, Telematik oder Visualisierungstechniken. Der zunehmenden Vernetzung der Unternehmen in Transport-, Produktions- und Handelsverbünden muss eine geeignete Infrastruktur von Netzwerken der I&K-Technologie zugrunde liegen. Auf dieser Basis sind Modelle für einen dem Materialfluss vorauseilenden überbetrieblichen Informationsfluss eine Unterstützung für die gesamte Geschäftsprozessabwicklung.

Und es gibt noch einen dritten Fluss: den des Geldes. Alle an der Supply Chain beteiligten Unternehmen wollen, müssen Geld verdienen und Gewinne machen. Dies bedeutet, dass auch der Zeitraum/-punkt, wann das Geld vom Kunden über die Kette weiterfließt oder vorab fließt, relevant ist.

**Warum „entlang der gesamten Wertschöpfungskette"?**

Dies hängt zum einen direkt mit dem Integrationsgedanken zusammen und ist der wesentliche Unterschied des SCM zu Business Reeingineering. Denn bei diesem Ansatz werden nur unternehmensinterne Verbesserungen angestrebt. Bei SCM geht es jedoch um mehr um die Betrachtung vom einzelnen Unternehmen hin zur gesamten Kette und schließlich zum Netzwerk.

Zum anderen geht es eindeutig darum, Mehrwert für den Kunden zu schaffen. Mehrwert ist einer der schwierigsten Begriffe, die neu zu definieren wären. In der Massenproduktion bedeutete er „gestiegene Kosten". Gebrauchte man teure Ressourcen, spezielle Maschinen und beschäftigte man hochqualifizierte Arbeitskräfte, um ein Produkt herzustellen, so wurde dies alles gebucht unter „einer hohen

Mehrwert schaffenden Aktivität“. Anders heute. In unserer globalen Wettbewerbssituation wird Mehrwert dadurch geschaffen, dass die Betriebsergebnisse des Kunden eine „Bereicherung“ erfahren. Dabei spielt es keine Rolle, ob diese Lösung höhere Kosten verursacht. Unternehmen können auf zwei Arten Mehrwert für den Kunden schaffen: Sie können die Kosten des Kunden für Arbeitsprozesse, Lagerbestand senken oder die Marktdurchdringung des Kunden, seinen Marktanteil der seine Fähigkeit zum Eintritt in neue Märkte erhöhen.

Darum geht es im Grunde genommen bei unserem Thema, oder wie Riggs und Robbins es formulieren: „Das ist es, was Supply Chain Management im Kern charakterisiert: einen Prozess, in dem alle Facetten des eingekauften Materials und dessen aktuelle Nutzung geprüft werden. Darüber hinaus meint SCM, die Ressourcen der Hauptzulieferer mit den strategischen Zielen Ihres Unternehmens zu verbinden, um die Wettbewerbsfähigkeit zu stärken“. (Riggs u. Robbins 1999, S. 4f) Und man darf hinzufügen: auch die Integration des Kunden und seiner Bedürfnisse, der in dieser Definition völlig ausgeblendet wird. SCM bedeutet nicht eine kurzfristige Hauruck-Aktion, und – voilà – schon haben Sie Ihren Profit verbessert. Weit gefehlt. Supply Chain Management ist ein disziplinierter systematischer Verbesserungsprozess. Eines ist klar: Mehrwert für den Kunden zu schaffen, verlangt eine engere Verbindung von Lieferanten und Kunden als „distanzierte Transaktionen, die wir in der Massenproduktion anstrebten“ (Goldmann et al. 1996, S. 204).

## 2.2 Effekte und Verbesserungspotenziale

Umfragen und Untersuchungen zeigen, dass in einigen Fällen die Potenziale des SCM tatsächlich enorm sind. So konnten bei den Besten der Besten Bestände durch reduzierte Sicherheitsbestände zwischen 20 und 50 Prozent reduziert werden. Man erzielte eine Gewinnsteigerung von bis zu 30 Prozent entlang der gesamten Wertschöpfungskette, wobei die Kosten um 20 Prozent reduziert werden konnten. Diese Zahlen sind natürlich Bestwerte. Will man seriös an die Dinge herangehen, erscheint es realistisch, deutlich kleinere Werte anzunehmen. Weitere Effekte sind

- Reduktion der Kapitalbindung (bis zu 25%),
- mehr Planungssicherheit durch bessere Planungsdaten,
- schnellere Reaktion auf sich verändernde Märkte,
- effizientere Kapazitätsausnutzung.

An dieser Stelle wollen wir auch ausdrücklich betonen, dass man SCM nicht als Wundermittel für Bestandssenkungen verkaufen sollte. Denn: Bestandssenkungen bringen zwar etwas, aber eben nur einmal. Bessere Kundenzufriedenheit hingegen bringt immer wieder etwas, nämlich höhere Marktanteile, steigende Umsätze bei gleichzeitig besserer Rendite.

## 2.3 Kleiner Exkurs zum Thema Wertschöpfung

„Value chain" (Wertschöpfungskette) ist ein Begriff, der bekanntlich einen Prozess beschreibt, bestehend aus einer Folge von Schritten, die zueinander in Beziehung stehen, wobei jeder Schritt eine gewisse Wertschöpfung bis zum Endprodukt hinzufügt. Die Wertschöpfungskette eines Geschäftsprozesses z. B. beginnt häufig mit Rohstoffen, die mit Hilfe einer speziellen Technologie bearbeitet werden können. Dies kann eine Prozesstechnologie sein oder eine bestimmte Art der Transformation des Rohmaterials in eine neue Form. Hersteller übernehmen gewöhnlich den nächsten Schritt in der Kette. Hier kommen wir zu einem Wertschöpfungsschritt, der eine bestimmte Technologie nutzt, um verkaufsfähige Produkte herzustellen. Das Marketing ist der nächste Schritt, der dem Produkt die Wertschöpfung, Positionierung, Werbung, den Unique Selling Point, was immer Sie wollen, hinzufügt. Jedenfalls alles, was das Produkt braucht, damit der Nutzen dem Kunden kommuniziert wird. Dies gelangt durch den nächsten Schritt, Aufgabe der Logistik, entweder direkt oder durch diverse Kanäle über den Handel indirekt zum Kunden. Auch der Verkauf ist selbstverständlich ein wichtiges Element für die Erfassung und Identifizierung der Kundenbedürfnisse.

Und obgleich wir uns bewusst sind, dass wir stark simplifiziert haben, dass die Dinge in der Unternehmensrealität komplexer sind, so zeigt dieses Modell doch eines deutlich: dass jeder Schritt Mehrwert bis zum endgültigen Output hinzufügt, für den zu bezahlen der Kunde auch bereit ist. Maximale Effektivität im Prozess bedeutet in diesem Falle nichts anderes, als dass jede Aufgabe und jede Funktion im Prozess so effektiv wie möglich ist. Spezifische Aufgaben oder Funktionen sind nur dann produktiv, wenn sie demjenigen direkt einen Wert hinzufügen, was am Ende herauskommen soll. Ein Beispiel: das richtige Rohmaterial zu beschaffen, in der richtigen Qualität und es dorthin zu schaffen, wo es bearbeitet wird, fügt ganz eindeutig einen Mehrwert im Geschäftsprozess hinzu. Eine Bestellung ausfüllen hingegen, Muster zur Probe bestellen, Anforderungslisten an Lieferanten faxen usw.: diese Aktivitäten fügen definitiv keinen Mehrwert hinzu. Man mag einwenden, dass dies jedoch notwendig sei, um an Rohstoffe zu kommen. Aber eines ist dennoch eindeutig: Mehrwert wird auf diese Weise nicht generiert.

**Die Rolle der einzelnen Unternehmen der Wertschöpfungsketten – der Status Quo**

Sieht man sich die Rolle der einzelnen Unternehmen einmal genauer an (siehe Abb. 6), so wird man feststellen, das zwar jedes Unternehmen innerhalb einer Wertschöpfungskette eine Produktions- bzw. Mehrwertleistung (z. B. Verpackung) erbringt. Diese Leistungserbringung erfordert jedoch (wertvolle) Zeit und ist häufig Störungen (Maschinenausfälle, Transportverzögerungen usw.) ausgesetzt. Weiterhin kann man konstatieren, dass jedes Unternehmen meist seine eigenen Ziele verfolgt (Bestandsminimierung, Erhöhung der Lieferbereitschaft, gleichmäßige Kapazitätsauslastung, Durchlaufzeitverringerung usw.). Diese Ziele stehen miteinander in Konflikt (z. B. Lieferbereitschaft und gleichmäßige Kapazitätsauslastung). Darüber hinaus bestehen Zielkonflikte zwischen Zielen unterschiedlicher Unternehmen (z. B. Kapazitätsauslastung eines Lieferanten und der

Wiederbeschaffungszeit beim Hersteller). Jedes Unternehmen in der Wertschöpfungskette fällt seine eigenen, isolierten Entscheidungen bezüglich Nachfrageabschätzung, Produktionsplanung, Beschaffungsplanung usw. und hat eigene Systeme zur Leistungsbewertung (Servicegrad, Termintreue). Wie Sie unschwer erkennen können: von Integration kann keine Rede sein. Fazit: Zeitverbrauch, Störungsanfälligkeit, Zielkonflikte und Entscheidungsautonomie der Unternehmen führen zu einem hochgradig dynamischen (d. h. sich ständig ändernden und nicht gewünschten) Verhalten der Wertschöpfungskette.

**Abb. 6.** Die Rollen der einzelnen Unternehmen der Wertschöpfungsketten

## 2.4 Der Peitscheneffekt in der Supply Chain

Die unternehmensinterne isolierte Betrachtung der Prozesse führt, wie man in der Praxis sehen kann, zu gesamtsystemrelevanten Problemen. In den traditionellen Bestandsmanagementsystemen, bei der jedes Unternehmen seinen eigenen Bedarf plant und Bestellungen an die jeweils nächste Stufe liefert, treten erhebliche Schwankungen in der Kette auf. Denn durch die lokale Optimierung, durch nicht abgestimmtes Drehen an unterschiedlichen Stellschrauben in der Wertschöpfungskette und durch ungenügende Informationsweitergabe zwischen den Kettenpartnern kommt es sehr häufig zum sogenannten „Peitscheneffekt“. So führen kleine Änderungen des Bedarfes beim Endkunden zu immer größeren Schwankungen in den Bedarfen, je weiter man die logistische Kette zurückverfolgt. Der exakte Verlauf des Peitschenendes ist für den Betrachter der Kette nicht genau zu berechnen, da sich mehrere Effekte gegenseitig überlagern und dabei oft aufschaukeln. Abb. 7 verdeutlicht diesen Sachverhalt. Dieser Effekt hat mehrere Ursachen, die im folgenden kurz dargestellt werden, und wurde empirisch in mehreren Wertschöpfungsketten nachgewiesen (Lee et al. 1997).

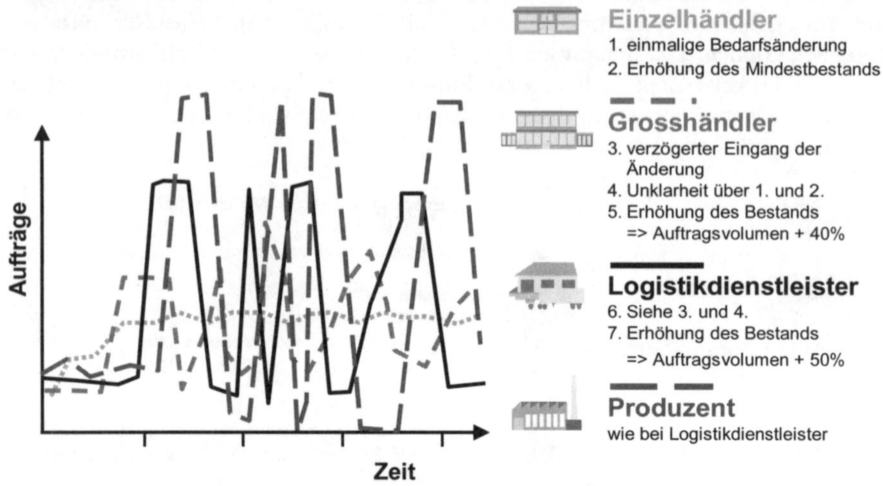


**Abb. 7.** Die Nachfrageverstärkung entlang der Wertschöpfungskette (Peitscheneffekt/ Bullwhip-Effekt)

**Nachfrageverstärkung durch verzögerten Informationsfluss – der Forrester-Effekt**

1958 betrachtete Forrester (Forrester 1958) den Belieferungsprozess zwischen Herstellern, Groß- und Einzelhändlern und stellte die Ineffizienz von isolierten Prozessen fest. Das Indiz: hohe Produktionsschwankungen bei relativ geringen Nachfrageschwankungen aufgrund zeitlicher Verzögerungen zwischen Kundennachfrage, Bestellung und Lieferung. Als Lösung dieses Problems schlug Forrester ein „Supply Chain Management" vor, bei dem die verschiedenen Aktivitäten in der Kette integrativ geplant werden sollten. Oder anders ausgedrückt: Unternehmen benötigen Zeit, um Nachfrageänderungen festzustellen. In dieser Zeit hat sich der Warenausgangsbestand anders entwickelt als erwartet: Entweder hat der Bestand zugenommen (es wurde weniger bestellt als erwartet) – oder er hat abgenommen (weil mehr Bestellungen eintrafen als erwartet). Um die Bestandszunahme bzw. -abnahme auszugleichen, müssen die Unternehmen Bestellmengen bei ihren Lieferanten überproportional zur Nachfrageschwankung ändern. Die Kapazitätsschwankung (= Auslastung) geht mit der Nachfrageschwankung einher (siehe Abb. 8). Zwei Ursachen kann man für dieses Phänomen nennen: Zum einen sind es die Verzögerungen in der Übermittlung und Verarbeitung der Auftragsinformationen sowie die Verzögerungen in der Fertigung und Auslieferung des Produktes. Zum anderen sind es die Entscheidungen in der Materialwirtschaft zur Anpassung an die veränderte Nachfragesituation.

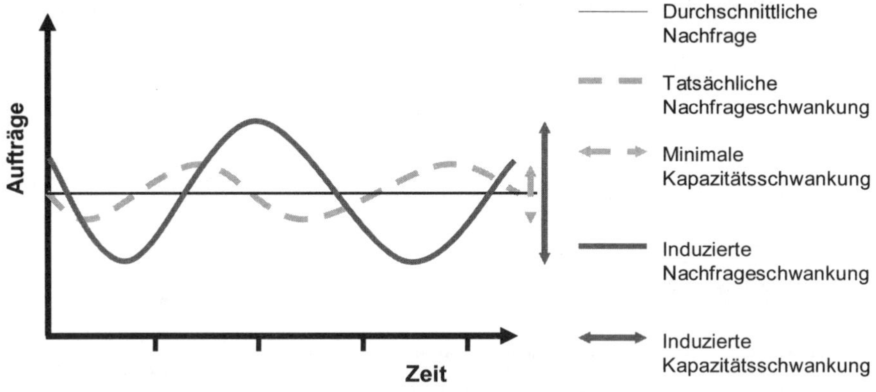


**Abb. 8.** Nachfrageverstärkung durch den Forrester-Effekt

**Nachfrageverstärkung durch Sicherheitsdenken und Losgrößen**

Lieferanten reagieren auf Veränderungen im Bestellverhalten (Vergrößerung der Bestellmenge, Verkürzung der Bestellintervalle) und insbesondere bei zu geringen oder ausgefallenen Lieferungen häufig dadurch, dass sie ihren Sicherheitsbestand erhöhen. Dies bedeutet, dass die Lieferanten bei ihren Lieferanten entsprechend mehr (bzw. öfter) bestellen. Dadurch können sich kleine (und gegebenenfalls auch nur einmalige Änderungen) erheblich verstärken. So wird beispielsweise aus einer Erhöhung von 100 auf 150 Paletten in zwei Stufen eine Nachfrage von 300 Paletten (entspricht 100 Prozent Sicherheitsbestand) erzeugt. Selbst kleine Erhöhungen des Sicherheitsbestands können sich so bei vielstufigen Wertschöpfungsketten erheblich potenzieren. Unterschiedliche Losgrößen sind eine weitere Ursache für die Auftragsverstärkungen, da in der Regel zur vollen Losgröße aufgerundet wird. Auswirkungen dieser Auftragsverstärkung sind schnell beschrieben:

- Kurzzeitige Bestandserhöhung
- ggf. Lieferschwierigkeiten
- anschließende Verringerung der Bestellmenge bzw. Verlängerung der Bestellperioden, weil
- die Lager durch die zu große Bestellung noch gefüllt sind;
- erhebliche Schwankungen des Auftragsvolumens

**Nachfrageverstärkung durch unterschiedliche Bestellperioden – der Burbidge-Effekt**

In der Unternehmenspraxis ist es noch immer gang und gäbe, dass Bestellungen gesammelt und in „Batches“ an den Lieferanten weitergeleitet werden. Statt eines kontinuierlichen Bestellprozesses hat man einen periodischen (wöchentlichen, zweiwöchentlichen, monatlichen) Vorgang. Diese unterschiedlichen, nicht synchronisierten Bestellperioden erhöhen die Variabilität der Bestelleingänge beim Vorlieferanten, führen zu einer höheren Maximalkapazitätsauslastung und höheren notwendigen Sicherheitsbeständen (siehe Abb. 9). Dieser Effekt ist auch als Burbidge-Effekt bekannt (Burbidge 1996).

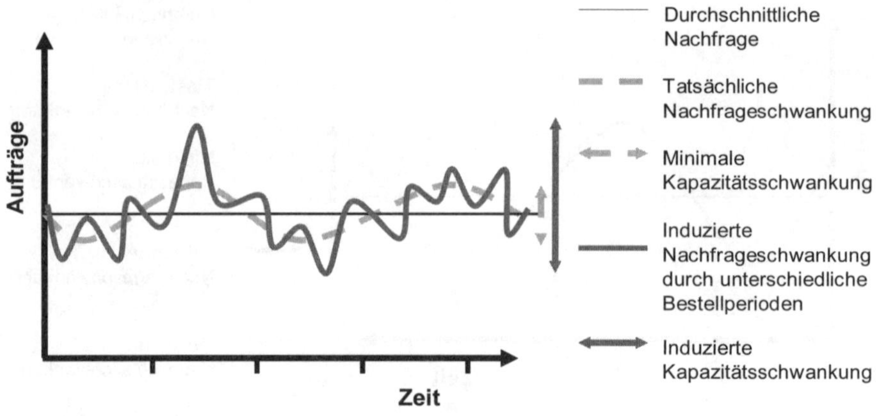


**Abb. 9.** Nachfrageverstärkung durch den Burbidge-Effekt

**Auswirkung der Nachfrageverstärkung auf kundenferne Unternehmen**
Die Nachfrageschwankungen führen zu größeren Beständen bzw. Kapazitätsschwankungen. Die durchschnittlichen Bestände sind erheblich größer als für die Erfüllung des Endkundenbedarfs nötig. Das führt zu höheren Bestandskosten (Lagerkosten, Kapitalbindung). Oft können Aufträge aber auch nicht termingerecht erfüllt werden. Dies führt zu längeren Lieferzeiten und dadurch häufig zum Verlust von Kunden. Diese Effekte werden immer stärker je weiter die Unternehmen vom Endkunden entfernt sind, über dessen konkreten Bedarf sie kaum oder gar nicht informiert sind. Endkundenferne Unternehmen sind kaum über den tatsächlichen Kundenbedarf orientiert. Die Folgen: Kurzarbeit und Sonderschichten wechseln sich ab oder große Sicherheitsbestände werden aufgebaut.

Als grundlegende Gesetzmäßigkeiten kann man damit festhalten: Falls die Nachfrage nach Produkten über eine Kette von bestandsgesteuerten Lagern erfolgt, wird die Nachfragevarianz mit jedem Kettenelement steigen. 2. Falls die Nachfrageverstärkung in einer Wertschöpfungskette möglich ist, dann wird sie auch tatsächlich auftreten. Um diese unerwünschten Effekte zu vermeiden, bietet sich ein völlig neues Denkmodell an: nämlich das des Supply Chain Management.

## 2.5 Wertarchitekturen neu rekombinieren

Die Botschaft der anhaltenden Fusionswelle scheint klar: Nur Branchenriesen überleben, weil sie im knallharten Wettbewerb den Ton angeben können. Doch Management-Theoretiker diskutieren längst ein anderes Erfolgsmodell: „Dekonstruktion". Die Strategie der Zukunft liegt in der Kunst des Zerlegens. Denn gängige Denkmuster greifen im Zeitalter des Internet schon lange nicht mehr. Künftig reicht es nicht mehr aus, sich in der eigenen Industrie tapfer zu schlagen, sich am bisher wohl definierten Wettbewerb zu messen und als einer der Ersten am Ziel zu sein. Völlig neue Unternehmenstypen werden die alte Ordnung aufmischen. Und gefährlich ist es in diesem Zusammenhang, wenn Unternehmen an ihrer etablierten Wettbewerbslogik festhalten. „Unter Dekonstruktion versteht man das Zerlegen und die neuartige Zusammensetzung der vorhandenen Wirtschafts- und Organisationsstrukturen, die ein Geschäft bestimmen. Ziel ist es, Geschäftsalternativen, die in bestehenden Strukturen verborgen und daher unbekannt waren, plötzlich freizusetzen und zum Ausgangspunkt eines neuen Geschäftsverständnisses zu machen. Hierin liegt die Radikalität der Innovation. Das Neue entsteht unmittelbar im Veränderungsprozess von Destruktion zur Konstruktion." (Oetinger 2000, S. 256ff.)

Das klingt nach Revolution. Und scheint in völligem Gegensatz zur laufenden, weltweiten Neustrukturierung ganzer Industriezweige zu stehen, die auf Größenvorteile und auf Marktmacht hinausläuft. Was meint Dekonstruktion, auf unser Thema bezogen? Nichts anderes als die Frage, wie man tradierte (lies: konventionelle) Wertschöpfungsketten geschickt zerlegt (nicht etwa zerstört!) und anschließend neu kombiniert. Nicht Größe oder Marktanteile werden künftig über den Wettbewerbserfolg entscheiden, sondern die Kreativität (und die Ausdauer), „Wertarchitekturen neu zu rekombinieren". Dazu gehört Mut. Und Ausdauer.

**Die Integration der Wertschöpfungsprozesse**

Eines der ehernen Gesetze des Wirtschaftslebens lautet: „Haust du meine Tante, hau ich deine Tante!" Will heißen: Die Härten, die Markt und Marketing einem Produzenten zumuten, wird dieser konsequent an seinen Lieferanten weiterreichen. Wenn er welche hat – und praktisch jedes Unternehmen hat welche. Das Spiel geht also wie folgt:

- Regel 1: Meine Kunden erwarten Verfügbarkeit jeder denkbaren Ware zu jeder denkbaren Zeit an jedem denkbaren Ort.
- Regel 2: Ich bin der Kunde meines Lieferanten.

Wir beginnen zu ahnen, warum Supply Chain Management wichtig ist, beschäftigt es sich doch mit der Integration der Wertschöpfungsprozesse, vom Lieferanten des Lieferanten (des Lieferanten usw.) bis zum Kunden des Kunden (des Kunden usw.). Es ist eigentlich wie beim Staffellauf. Der Schlussläufer muss warten, bis er den Stab bekommt und hofft, dass ihn seine Vorgänger sicher und vor allen Dingen schnell um die Bahn tragen. Beim SCM-Konzept geht es letzten Endes also u. a. darum, dass ein Prozess nur das herstellt, was der nächste Prozess benötigt und erst dann, wenn er es benötigt. Nicht nur im Unternehmen selber, sondern auch bei den Partnerunternehmen in den vor- und nachgelagerten Stufen. Wir versuchen, alle Prozesse im Verbund zu sehen – vom Endkunden zurück zum Rohmaterial, in einem gleichmäßigen Fluss, ohne Umwege, der die kürzesten Durchlaufzeiten, höchste Qualität und die niedrigsten Kosten erzeugt (siehe Abb. 10). Unser Konzept wollen wir Ihnen auf den nächsten Seiten detaillierter vorstellen.

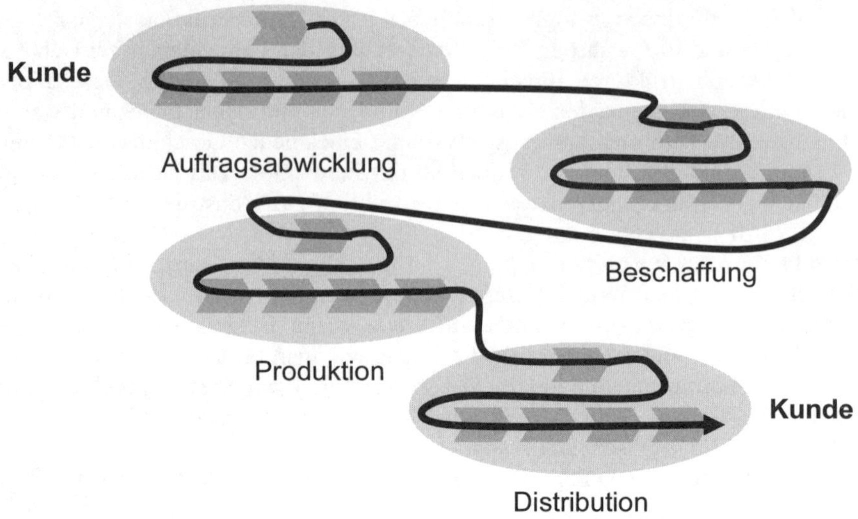


**Abb. 10.** Vom „Denken in Königreichen" zum „Denken in unternehmensübergreifenden Prozessen"

# 3 Die drei Säulen des SCM – ein pragmatischer Lösungsansatz

SCM beschreibt die Planung und Steuerung der gesamten Logistikkette innerhalb eines Unternehmens und über die beteiligten Unternehmen. Dies beinhaltet die integrierte Bearbeitung aller Aktivitäten, angefangen von der Prognose der Kundenbedürfnisse, die Auftragsverteilung und logistische Warenversorgung, die Produktion bis hin zum Teile- und Rohstoffeinkauf. Damit werden alle wichtigen logistischen Aufgaben (Beschaffung, Produktion, Absatz, Distribution, Transport) abgedeckt. Drei Grundbausteine, gewissermaßen die Säulen, bilden das Fundament für ein erfolgreiches Supply Chain Management (siehe Abb. 11):

- Die Integration aller Partner der Wertschöpfungskette in die übergreifenden Aufgaben durch ein prozessorientiertes Kooperationsmanagement (dargestellt in Teil 2);
- Das Re-Design von Kernprozessen und die ganzheitliche, prozessorientierte Gestaltung und Steuerung aller Flüsse von Informationen, Materialien und Finanzmitteln in der Wertschöpfungskette (dargestellt in Teil 3);
- Der Einsatz moderner IT-Systeme mit zwei fundamentalen Funktionen, nämlich Koordination (Planung und Steuerung der Prozesse der Wertschöpfungskette) und Kommunikation (durch Abbau der Informationsbarriere zwischen Unternehmen und den angestammten Planungs- und Steuerungsbereichen, dargestellt in Teil 4). Ziel der Koordination ist es, Optimierungsverluste, die sich

aufgrund mangelnder Abstimmung voneinander abhängiger Entscheidungen ergeben, zu verhindern.

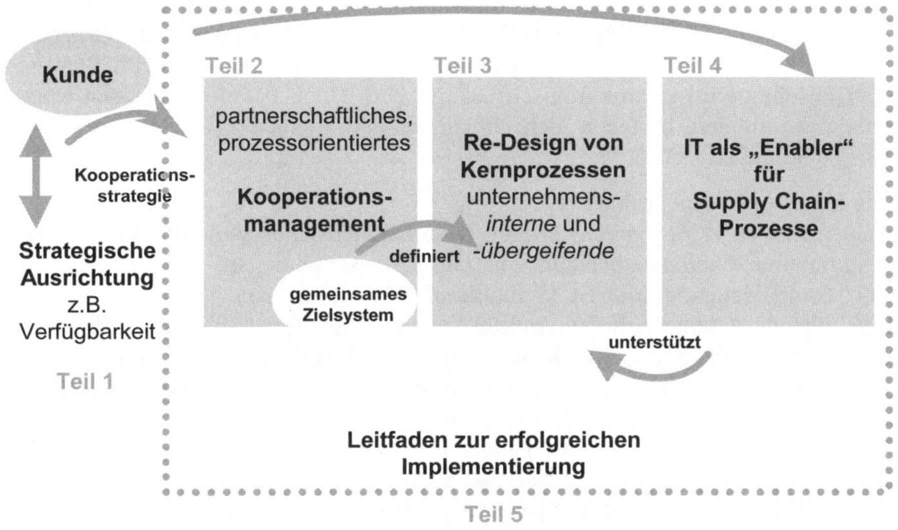


**Abb. 11.** Das 3-Säulen-Konzept des Supply Chain Management

Mit diesem Konzept hoffen wir, die derzeitigen Sorgen der Unternehmen wenn nicht ganz auszuräumen, so doch die eine oder andere wichtige Frage klären zu können, was SCM ist, was es leistet, wie man es erfolgreich implementiert. Doch kommen wir nun zu den drei zentralen Säulen.

## 3.1 Die erste Säule: Partnerschaftliches, prozessorientiertes Kooperationsmanagement in Wertschöpfungsketten

Wenn es in Ihrem Unternehmen bereits interne Kooperation gibt, dann werden Sie Aufgaben zusammengelegt und ausgedehnt haben. Dies ist eine wirksame Maßnahme, um Schnittstellen einzusparen. In einem kooperativen Unternehmen sollte es keine Trennung zwischen Marketing und Entwicklung geben. Das gesamte Aufgabengebiet ist ein Bereich (oder falls doch nicht: dann sollten zumindest interdisziplinär zusammengesetzte Teams dafür sorgen, dass eine funktionsübergreifende Integration stattfindet).

**Der Paradigmenwechsel bei Kunden-Lieferanten-Beziehungen**
Spätestens hier stellt sich die Frage: Warum muss eigentlich kooperiert werden? Vorrangiges Ziel eines jeden Unternehmens ist es, Produkte und Dienstleistungen so schnell und erlöswirksam wie nur irgend möglich auf den Markt zu bringen. Die Strategie, um dieses Ziel zu erreichen: existierende Ressourcen auszuschöpfen – und zwar völlig unabhängig davon, wo sich diese räumlich befinden und wer sie besitzt. Diese Möglichkeit, auf Ressourcen zuzugreifen, gelingt nur, wenn Part-

nerschaften und Kooperationen über verschiedene Unternehmen hinweg existieren. Poirier und Reiter (1997) sind zu Recht der Ansicht, dass Partnerschaft der „unverzichtbare Bestandteil" einer funktionierenden Supply Chain sei. Beachten Sie bitte den Begriff „Partnerschaft". Wer ein dominantes Paradigma zu früh in Frage stellt, muss damit rechnen, dass er von den etablierten intellektuellen und akademischen Kreisen misstrauisch beäugt wird. Doch Paradigmen, auch Managementparadigmen, bestehen nicht auf immer und ewig. Dafür steht der Begriff des „Paradigmenwechsels".

**Das Konzept Partnerschaft**

Sieht man sich in der gegenwärtigen Unternehmenslandschaft um, so wird man „traditionelle Wettbewerbsnatur von Geschäftsbeziehungen" (Poirier u. Reiter 1997 S. 40) sehen. Damit SCM funktioniert, benötigt man jedoch ein Konzept ganz eigener Natur, ein Schmiermittel, damit der Motor läuft. Dieses „Schmiermittel" ist u.E. Partnerschaft. Denn nur auf diese Basis wird es möglich sein, Unternehmen dazu zu befähigen, entlang einer wie auch immer gearteten Kette zu arbeiten und miteinander die Optimierung anzustreben.

Kooperationen sind in der Vergangenheit oft bearbeitet, häufig missverstanden und oft missbraucht worden. Oder anderes gesagt: Man hat Etikettenschwindel betrieben. Hersteller haben ihre Zulieferer geknebelt. Vieles, was unter dem Deckmäntelchen Kooperation daherkam, war nichts anderes, als der unverblümte Versuch, die Lufthoheit über seine „Partner" zu bekommen. Wer verfolgt hat, was in „kooperativen Verbünden" in Zeiten von Rezession und schlechter Auftragslage vor sich ging, wird vermutlich zustimmen. Nach außen wird suggeriert, man habe nach Jahren engster Zusammenarbeit eine Partnerschaft entwickelt. Dies entpuppt sich schnell als Schimäre: ein Partner dominiert (traditionell) die Beziehung. Sobald sich die Gelegenheit ergibt, drücken Hersteller ihre Lieferanten an die Wand. Im heutigen turbulenten, von globaler Konkurrenz geprägten Umfeld betrachten viele Unternehmen ihre Lieferanten (noch immer) als lästiges Übel, dem sämtliche Kostenkonzessionen abzuringen sind.

**Ein gemeinsames Zielsystem entwickeln**

Dies ist der Ausgangspunkt aller Überlegungen: „Wo kann für unser Unternehmen, indem wir gemeinsam etwas ändern, ein Vorteil entstehen?" Am Anfang des Weges zu einer vertrauensvollen Zusammenarbeit unterschiedlicher Unternehmen steht die Definition eines gemeinsamen Zielsystems und die Bestimmung von Verbesserungspotenzialen. Hierdurch wird ein gemeinsames Verständnis der Aufgaben erlangt und insbesondere gegenseitiges Vertrauen aufgebaut. Dies ermöglicht es im nächsten Schritt, den Partnern Einblicke in die für die Kooperation relevanten Abläufe und auch Daten des eigenen Unternehmens zu gewähren. Die einzelnen Schritte für den Aufbau einer vertrauensvollen Zusammenarbeit wird durch ein Kooperationsmanagement gewährleistet, das für die erfolgreiche Einführung von SCM in der überbetrieblichen Unternehmenspraxis zwingend erforderlich ist.

**Traditionelle Machtkämpfe aufgeben und Denkgewohnheiten ändern**
Unternehmen, die sich mit den Herausforderungen eines sich ändernden Unternehmensumfelds, mit sich ändernden Konsumverhalten und mit kritischer werdenden Kunden auseinander setzen, müssen überlegen, wie sie sich ganz auf den Endkunden konzentrieren können. Es ist in Unternehmen bekannt (auch in der Produktentwicklung), dass man heutzutage Kundenerwartungen nicht nur nicht erfüllen, sondern sogar übertreffen muss. Um dies zu realisieren, müssen Unternehmen die traditionellen Machtkämpfe aufgeben, die für die meisten Lieferketten kennzeichnend sind. Denn seien wir einmal ehrlich: häufig besteht die „Partnerschaft" darin, einem Lieferanten nach dem Motto „Ich gewinne – du verlierst!" das weitestgehende Zugeständnis abzuringen. Von Partnerschaft keine Spur. Stattdessen sind die Besten der Besten bestrebt, ein effizientes Liefernetzwerk zu schaffen: von der Rohstoffquelle bis zur Ladenkasse. Ziel sollte es sein, sämtlichen Gliedern der Kette zu ermöglichen, vernünftige Erträge ihrer Bemühungen zu erwirtschaften.

Um dies zu erreichen – dies machen die Besten vor – muss man die existierenden Netzwerke umformen, indem man alle seine Vorstellungskräfte mobilisiert und die kreativsten Köpfe in sein Team integriert. Die Messlatte hängt nämlich hoch: das beste System der Zukunft für den Kunden zu schaffen! Um dorthin zu kommen, ist es allerdings ein steiniger Weg. Denn noch immer kennzeichnet die heutige Situation eine Gegnerschaft, die auf Eigeninteresse beruht. Dies in kooperative, gegenseitig zuträgliche, partnerschaftliche Beziehungen umzuwandeln, ist kein geringes Unterfangen. Aber es kann gelingen. Wenn man folgende Spielregeln beachtet.

Ein exzellentes Netz baut auf dem grundlegenden Element Vertrauen und dem Konzept der Partnerschaft auf. Wo beides nicht vorhanden ist, wird Supply Chain Management nicht funktionieren. Aber was ist „Partnerschaft"? Ist Partnerschaft mehr als nur „kooperatives Zusammenarbeiten"? Wir glauben schon. Partnerschaft meint eine Verbindung von Unternehmen, die zu ihrem beiderseitigem Nutzen handeln. Viel ist im Zusammenhang mit Kooperationen über Sinn und Zweck von Kooperationsverträgen geschrieben worden. Getty, der US-amerikanische Unternehmer, hat es einmal treffend auf den Punkt gebracht: „Wenn Sie jemandem vertrauen, brauchen Sie keinen Vertrag. Wenn Sie jemandem nicht vertrauen, nützt auch kein Vertrag der Welt etwas."

In letzter Konsequenz bedeutet Partnerschaft, auf Verträge zu verzichten. Viele erfolgreiche Supply Chains, bei denen es um eine partnerschaftliche Zusammenarbeit geht, verzichten auf umfangreiche Verträge und beschränken sich, wenn überhaupt, auf kurze und knapp gehaltene Absichtserklärung . Etwas vereinfacht gesagt: lange Vertragstexte sind schlecht, kurze Vereinbarungen gut. Denn die Unternehmenspraxis lehrt, dass die Supply Chains am besten funktionieren, wo nicht schriftlich fixiert wird, was im Falle einer Auflösung zu geschehen hat, wer mit welchen Repressalien zu rechnen hat. Anders formuliert: Viele Unternehmen sind der Ansicht, dass Verträge die erste Form der Misstrauenserklärung sind. Umgekehrt sind Verträge auch nicht im mindesten Garant dafür, dass Supply Chains funktionieren. Im Gegenteil. Wir haben in der Praxis häufig erlebt, dass gerade dort, wo sich Unternehmen das erste Mal treffen und ihren Vertrag ausfeilen, das zweite Mal schon mit ihren Anwälten an einem Tisch sitzen. Hier ist das Scheitern vorgezeichnet. Gestatten Sie deshalb einen kleinen Exkurs in den Bereich der Partnerschaft zwischen zwei Menschen. Was dies mit unserem Thema zu tun hat? Sehr viel, wie wir meinen.

**These 1: Die Chemie muss stimmen**
Zuneigung ist nicht rational. Viele sprechen beim Thema Kooperation vom berühmten „Nasenfaktor". Zuneigung ist ein Gefühl, das einfach da ist, noch ehe man das erste Wort gesprochen hat.

*Lektion:* Vergessen wir eines nicht: Bei Supply Chains kooperieren nicht Unternehmen, sondern Menschen. Und dort, wo die Chemie nicht stimmt, kann man sich lange über Vertrauen und gemeinsame Ziele und das Bewältigen von schwierigen Zeiten unterhalten. Diese Kooperation wird nie erfolgreich sein. Deshalb der Tipp: verlassen Sie sich bei der Auswahl Ihrer Kooperationspartner (siehe Teil 2) nicht allein auf Checklisten oder Methoden (obgleich hilfreich und gut). Hören Sie auch auf Ihr Gefühl, lassen Sie im Zweifelsfall Ihren Bauch entscheiden.

**These 2: Hart an sich arbeiten**
Nach dem ersten halben Jahr, wenn die erste Euphorie verschwunden ist, schwindet auch die anfängliche Blendung. Die Augen sehen wieder. Und das ist (manchmal) ernüchternd. Da ist plötzlich ein Mensch mit Fehlern und Schwächen, der auch seine „Schattenseiten" zeigt. Jetzt kommt die kritischste Zeit: die Zeit der Arbeit. Nur wenn beide bereit sind, Schritte aufeinander zuzugehen, wird die Glut erhalten bleiben.

*Lektion:* Bis Sie die geplante/ gewünschte Qualität in Ihrer Supply Chain erreicht haben werden, können schnell ein oder zwei Jahre ins Land gehen. Jahre harter Arbeit. Eventuell auch Jahre voller Rückschläge. Die Dinge laufen manchmal nicht so wie geplant. Viele unprofessionelle oder auf Eigennutz ausgerichtete Supply Chains beenden hier ihre „partnerschaftliche" Zusammenarbeit. Dabei wäre langer Atem gefragt (vorausgesetzt, die Basis stimmt!).

**These 3: Der Trauschein – trügerische Sicherheit**
Liebe lässt sich nicht erkaufen. Und schon gar nicht vertraglich absichern. Ob mit oder ohne Trauschein: Liebe muss immer wieder neu entfacht werden. Die Eheschließung setzt aber ein durchaus positives Zeichen: dass man willens ist, durch „dick und dünn" zu gehen.

*Lektion:* Warum kooperieren und nicht fusionieren? Weil fusionieren eben weder geplant noch gewollt ist. Unternehmen bedeutet ihre Unabhängigkeit noch etwas. Vor allem aber fürchten sie sich vor allem Unproduktiven. Partnerschaft ist auf Vertrauen gegründet und braucht deshalb eigentlich keinen Vertrag. Und wo man dennoch einen unterschreibt, sollte man sich nicht in Sicherheit wiegen, dass nun nichts mehr schief gehen könnte.

**These 4: Sie müssen auch Kompromisse eingehen können**
Partnerschaft heißt immer, auch Abstriche machen zu müssen. Wer das nicht kann, ist eigentlich nicht fähig zu einer Beziehung. Eigener Verzicht ist aber immer auch zugleich Wertschätzung für den Partner, ein probates Mittel, um positive Signale zu setzen.

*Lektion:* Supply Chains sind ein gemeinsamer Weg. Interessenkonflikte sind deshalb nicht auszuschließen. Das fängt beim gemeinsamen Zielsystem an. Auf welche Ziele einigt man sich? Ist ein Unternehmen bereit, für sich eine suboptimale Lösung in Kauf zu nehmen, wenn dadurch das Gesamtziel optimal wird? Wie werden Gewinne die bei einem Partner anfangen geteilt? Und wie verteilt man das Risiko? Dies sind Fragen, zu denen es u.U. genauso viele Meinungen wie Partner gibt.

*Fazit:* beim Thema SCM haben wir es, richtig verstanden, mit einer neuen Qualität der Beziehung(en) zu tun, die nicht nur bilateral, sondern multilateral sind.

**Tipp: Kooperationen erst einmal intern beginnen**
Empirische Studien haben belegt, dass Unternehmen, die bereits über Erfahrungen beim unternehmensinternen Kooperieren verfügen, sich nicht nur leichter tun, wenn es um das Kooperieren mit externen Partnern geht. Sie sind auch am Markt die Gesuchteren und insgesamt die Erfolgreicheren. Wer unternehmensübergreifend, partnerschaftlich kooperieren möchte, ist deshalb gut beraten, innerhalb seines Unternehmens anzufangen. Oder anderes formuliert: in wessen Unternehmen Bereiche oder Abteilungen nicht gewohnt sind, zusammenzuarbeiten, wird es auch kaum schaffen, übergreifend zu kooperieren. Denn wie soll eine überbetriebliche Kooperation gelingen, wenn die eigene Organisation interne Kooperation behindert, wenn nicht sogar unterbindet? Wir hatten es an anderer Stelle bereits einmal gesagt: Wo Mitarbeiter ihr Wissen wie in Silos einschließen und ihre Infos wie ihren eigenen Augapfel hüten; wo Abteilungsleiter ihren Bereich sorgsam abschirmen und um Zuständigkeiten rangeln: da wird es schwer fallen, in Sachen Optimierung der Supply Chain voranzukommen.

## 3.2 Die zweite Säule: Das Re-Design der Kernprozesse

**Mit den Augen des Kunden auf die Prozesse sehen**
Peter Drucker konstatierte in einem seiner zahlreichen Bücher, dass ein „Vorreiter des Wandels die Daseinsberechtigung jedes Produktes, jeder Dienstleistung, jedes Prozesses, jedes Marktes, jedes Distributionskanales, jedes Kunden und jedes Endverbrauchers überprüft“. (Drucker 1999, S. 112) Dies geschieht, im Idealfall, in regelmäßigen Abständen. Lautet die Antwortet „Nein“, muss sich eine Organisation von Ballast befreien. Sie wird sich verändern müssen. Veränderungen beginnen häufig damit, dass redundante bzw. nicht wertschöpfende Prozesse bzw. Transaktionen eliminiert werden. Denken Sie nur an die Qualitätskontrolle beim Eingang und beim Ausgang. Keine dieser Tätigkeiten trägt zur Kundenzufriedenheit am Ende der Kette bei. Wenn Sie bei sich im Unternehmen oder in Ihrer Supply Chain unternehmensübergreifend die einzelnen Schritte geprüft haben, beginnend bei den Kundenbedürfnissen bis hin zum Wert, den der Kunde am Ende der Kette bekommt, dann sollte das eindeutige Motto bei nichtwertschöpfenden Schritten sein: „Nicht reeingineeren, sondern eliminieren!“

**Kernprozesse definieren**

Zweites wesentliches Element des Supply Chain Managements ist die ganzheitliche, prozessorientierte Gestaltung der Flüsse von Material, Halb- und Fertigprodukten sowie von Informationen der Bedarfe und Kapazitäten über die ganze Logistikkette hinweg. Angestrebtes Ziel dieser Gestaltung ist es, für die Anforderungen einer Kundengruppe unternehmensübergreifende Geschäftsprozesse zu definieren, die rasch die Bedarfe des Kundensegments erfassen, in Kapazitätsbedarfe von Produktion und Logistik umsetzen und den Materialfluss zum Kunden hin effektiv steuern. Zusätzlich müssen diese Prozesse mit einer hohen Änderungsflexibilität ausgestattet sein, um schnell auf Änderungen des Bedarfs reagieren zu können. An dieser Stelle muss natürlich auch auf die entsprechende technische Ausgestaltung der Materialfluss-Systeme geachtet werden.

**Abgestimmte robuste Geschäftsprozesse schaffen**

Michael Hammer hat in seinem Buch „Reeingineering the Corporation“ auf eindrückliche Weise dargestellt, dass 90 Prozent (!) der meisten Geschäftsprozesse aus nichtwertschöpfenden Schritten bestehen. Das muss man sich einmal vorstellen. 90 Prozent. Sie kennen ein Prinzip, das viele mittelständische Unternehmen anwenden: Das Pareto-Prinzip, das nichts anderes besagt, dass sie mit 20 Prozent Aufwand 80 Prozent der Ergebnisse realisieren wollen. Dies ist pragmatisch. Jetzt stellen Sie sich vor, Ihre Leute erzeugen mit 80 Prozent Aufwand 20 Prozent, oder noch schlimmer: mit 90 Prozent Aufwand nur 10 Prozent der Ergebnisse.

Ehe Sie an das Optimieren von Prozessen gehen, müssen Sie die Schnittstellen bei den Partnern analysieren. Viele Unternehmen jagen noch immer Verbesserungen nach, jedes auf seine Art und mit seinem spezifischen Ziel. Nur wenige betrachten die gesamte Prozesskette. (Unter einer Prozesskette versteht man eine zeitlich und räumlich verbundene Folge betrieblicher Aktivitäten.) Wer hier exzellente Resultate erzielen möchte, ist gut beraten, alle Kettenglieder in die Partnerschaft mit einzuschließen, die Einfluss auf das beabsichtigte Endresultat haben: „... ein fehlerfreies System, das mit niedrigsten Kosten und geringem Bestand funktioniert, elektronisch so eng wie möglich verbunden ist und den Endverbraucher vollständig zufriedenstellt“ (Poirier u. Reiter 1997, S. 89)

Was ist das Ziel eines Prozess-Redesigns? Die Schaffung neuer Prozesse, um schneller zu werden. Wann haben Sie sich das letzte Mal mit Ihrem Schlüssellieferanten zusammengesetzt, um Möglichkeiten in dieser Richtung zu diskutieren? Schon lange nicht mehr? Noch gar nie? Das überrascht uns nicht. Niemand hielt, bis vor kurzem, den Supply-Fluss für einen lebenswichtigen Prozess zur Verkürzung der Durchlaufzeiten und noch mehr für eine verbesserte Profitabilität. Eine bestehende Unternehmensorganisation zu verändern – viele werden ein Lied davon singen können – ist kein einfaches Unterfangen. Hier sind reifliche Überlegungen und gründliche Vorbereitungen nötig. Veränderungen sind komplex, betreffen meist viele Mitarbeiter, und selten weiß man, dass etwas verändert werden muss ohne genau zu wissen wie.

Ändert man Prozesse, besteht immer die Gefahr, dass – leicht geändert - alte Prozesse – im Grund genommen nur kopiert werden. Das Gleiche schneller oder in weniger Schritten zu tun, ist keine Garantie dafür, dass ein effizienterer Prozess entsteht. Der Rat ist, die alten und oft ineffizienten Prozesse abzuschaffen und durch neue, effizientere zu ersetzen. Erst dann sollten IT-Systeme entworfen und implementiert werden, die die optimierten Prozesse unterstützen sollen. Also: erst sollte die Umgestaltung, die Veränderung erfolgen. Erst danach erfolgt die Anwendung der leistungssteigernden Technologie. IT ist ein mächtiges Instrument, um etablierte Strukturen, aber auch Prozesse aufzubrechen. Richtig eingesetzt, kann man Durchlaufzeiten verkürzen, Fehler verringern, Redundanzen vermeiden, Einsparungen erzielen. Aber Vorsicht! Es ist kein Allheilmittel, es muss gut eingesetzt und genutzt werden.

Die in Teil 3 beschriebene Prozessketten-Methode erlaubt Ihnen, sich alle Teilschritte in Ihren Geschäftsprozessen und den Fluss in Ihrer Supply Chain über Ihre eigene Unternehmensgrenze hinweg anzuschauen. Das Ziel dabei ist klar: Man will so viele nicht-wertschöpfende Schritte als möglich erkennen und beseitigen.

Ein „ideales" Referenzmodell der Supply Chain liefert das Supply Chain Operations Reference (SCOR)-Modell im Sinne eines standardisierten Prozess-Referenzmodells, das kontinuierlich weiterentwickelt wird. Das Ziel: mit dem SCOR-Modell soll eine einheitliche Beschreibung, Bewertung und Analyse von Supply Chains sowohl unternehmens- als auch branchenübergreifend möglich sein. Referenzmodelle haben bekanntlich die Funktion, grundsätzliche Zusammenhänge zu betrachten, wie man eine logistische Kette optimieren kann, und zwar branchen- und unternehmensneutral. Grundidee des SCOR-Modells ist, jedes Produktions- und Logistiknetz durch vier grundlegende Basisprozesse zu beschreiben, als da sind: Beschaffen, Herstellen und Liefern und Planen. Fasst man alle Ketten zusammen, so erhält man ein Gesamtmodell des Produktions- und Logistiknetzes.

## 3.3 Die dritte Säule: Die Rolle der IT – Enabler und Katalysator

Wie wir täglich handgreiflich vor Augen geführt bekommen: Märkte, gleichgültig für welches Geschäft, ändern sich täglich. „Die umfassende Durchdringung aller Facetten des Geschäftslebens durch die Informationstechnologie hat nicht nur zu einem Wandel geführt, mit dem neue Handlungsoptionen verbunden sind, sondern auch zu einer wachsenden Nachfrage nach neuen Verfahren, um dem Wandel in den Branchen und auf den Märkten entsprechen zu können." (Riggs u. Robbins 1997, S. 34). Der Weg, um sein Netz zu optimieren, ist ein mühevoller, wenngleich lohnender. Der nächste Schritt besteht darin, die tägliche Kommunikation zwischen Lieferanten, Herstellern und Logistikern zu verbessern. Dabei kann die IT eine gewaltige Hilfe sein. Denken Sie an das, was wir über die Effekte isolierter Optimierungen gesagt haben im Zusammenhang mit dem Peitscheneffekt:

- umfassende Informationsversorgung: Multiple Anpassungen an Nachfrageprognosen werden vermieden, indem die Bestell- und Nachfragemengen des Endkunden simultan an die vorausgehenden Stufen vermittelt werden. Haben alle Partnerunternehmen die exakte Information, so kann das Netz ohne große Lagerbestände (lies: ein Minimum an Sicherheitsbeständen) auf die Nachfrage reagieren. Nach unserer Erfahrung gehen unterstützende Lagerbestände sofort dramatisch zurück, wenn diese Informationen freier fließen. Und unsichere Prognosen werden vermieden.

- Kontinuierliche Bestellungen: Führen zu einer stetigen Produktionsauslastung.
- Verkürzung der Durchlaufzeiten: Je näher man an einen just-in-time Prozess gelangt, desto geringer die Ausschläge.
- Bestände durch Informationen ersetzen: Ihr Ziel muss es sein, mit Hilfe der IT die Ware „im Fließen zu halten" und Lagerphasen abzubauen. Dies ist durch eine möglichst gute Synchronisation von Abverkauf und Belieferung zu erreichen.

Dass es sich hierbei jedoch (noch) um eine Vision handelt, muss in aller Deutlichkeit gesagt werden. Nicht alles, was wünschenswert wäre, ist in der Unternehmensrealität auch schon eingesetzt. Gründe hierfür gibt es viele. Der wohl schwerwiegendste: Viele Unternehmen zögern (noch), den ihnen vor- oder nachgelagerten Gliedern in der Supply Chain Informationen zukommen zu lassen. Man darf vermuten, dass man in der Vergangenheit eben doch schlechte Erfahrungen gemacht hat, das man über den Tisch gezogen wurde, das man nicht will, dass ein Hersteller einem in die Karten sieht, dass man „gläsern" wird (weil man eben doch das eine oder andere zu verbergen hat und nicht will, dass es ans Licht kommt!); dass es mit dem viel gerühmten und viel beschworenen „Vertrauen" so weit her eben doch nicht ist.

Gestatten Sie einen kurzen Ausflug in den Bereich des Wissensmanagements: Ein funktionierendes Wissensmanagement scheitert in Unternehmen derzeit nicht daran, dass die richtigen Informationen nicht zur Verfügung stünden; oder dass man die richtige Technologie nicht hätte. Wissensmanagement scheitert – trotz aller Diskussionen – noch immer häufig daran, dass Mitarbeiter nicht gewillt sind, ihr Wissen, ihre Infos weiterzugeben. Und was unternehmensintern (noch) nicht funktioniert, funktioniert unternehmensübergreifend erst recht nicht. Hier ist Umdenken vonnöten.

Diskutiert man in Unternehmen Konzepte wie gemeinsame Transport- oder Distributionseinrichtungen, so stößt man häufig auf Skepsis. Man beurteilt das Potenzial, das in der gemeinsamen Nutzung von Daten besteht, negativ. Oder wenn man Investitionen beider Partner vorschlägt, erntet man schnell erstaunte Blicke.

Die Vision, die Potenziale entlang der gesamten Supply Chain durch eine ganzheitliche Betrachtung zu erschließen, ist nicht neu. Jedoch kann heutzutage durch die Nutzbarmachung der neuesten Informations- und Kommunikationstechnologie (IuK) dieser Leitgedanke verwirklicht werden. Als Resultat entsteht derzeit eine neue Generation von Standardsoftware, auch bekannt unter dem Namen Advanced Planning and Scheduling (APS) oder Supply Chain Management (SCM) Systeme, mit deren Hilfe eine optimale Koordination und Planung im gesamten Logistik- und Produktionsnetzwerk verwirklicht werden soll. Die IT ist unseres Erachtens dabei als Enabler zu betrachten.

Die derzeitige Diskussion des Themas Supply Chain Management konzentriert sich auf den Einsatz von IT-Systemen. Betrachtet man die oben formulierten Zielsetzungen des Supply Chain Managements, so wird deutlich, dass nur mit entsprechender Software der schnelle Informationsaustausch und die integrierte Planung über eine komplexe Kette hinweg möglich ist. Der Fokus der heute auf dem Markt angebotenen SCM-Systeme liegt auf der verbesserten Kapazitätsplanung der verschiedenen Ebenen eines Netzwerkes sowie der Verbesserung der Prognose von Kundenbedarfen. Die SCM-Systeme greifen dabei auf die in den PPS-Systemen vorhanden Daten zurück und ergänzen die von diesen Systemen angebotenen Funktionen. Die SCM-Systeme berücksichtigen bei einer simultanen Planung von Kapazität und Material verschiedene Randbedingungen von Produktion und Logistik und erlauben dem Anwender durch eine hohe Verarbeitungsgeschwindigkeit die Analyse verschiedener Szenarien. Mit der steigenden Relevanz des Themas E-Business wird augenblicklich die Integration der SCM-Software z.B. mit den Systemen des E-Procurement und E-Fulfillment verstärkt. Darüber hinaus wird die gemeinschaftliche Planung zwischen Produzenten, Zulieferern und Logistikdienstleistern vorangetrieben.

## 3.4 SCM-Konzepte realisieren – die vier Phasen

Bisher ist es in der Fachliteratur noch nicht hinreichend gelungen, den erarbeiteten wissenschaftlichen Kenntnisstand in einer für die Praxis adäquaten Form aufzubereiten. Neben diesem noch unzureichenden Transfer wissenschaftlicher Erkenntnisse in die (Unternehmens)Praxis werden aber auch umgekehrt dringende Herausforderungen wie die Erarbeitung von umfassenden Vorgehensmodellen bislang nicht hinreichend aufgegriffen und fundiert konzeptualisiert.

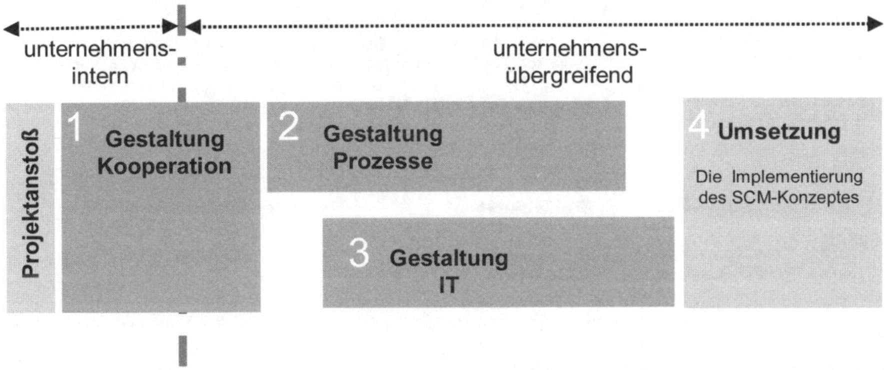


**Abb. 12.** Das phasenorientierte Vorgehensmodell zur prozessorientierten Umsetzung von SCM-Konzepten

Die skizzierte Lücke zu füllen ist der Anspruch von Teil 5. Unsere Zielsetzung war hierbei, Ihnen ein pragmatisches, praxisgerechtes Vorgehensmodell zum SCM zu präsentieren, das einen besonderen Fokus auf ein 4-Phasen-Konzept legt. Von der Vision des Managements über die Analyse der Prozesse, der Ist- und Soll-

Modellierung bis zur Umsetzung im Rahmen eines Change Managements werden wir die vier wesentlichen Phasen eines derartigen Projektes diskutieren.

Setzt man SCM-Konzepte in seinem Unternehmen um, dann sollte man sich immer vor Augen halten, dass es sich typischerweise um strategische Projekte handelt. Diese lassen sich in ihrem Ablauf in Phasen und dazugehörende Arbeitsschritte gliedern. Abb. 12 zeigt unser Phasenmodell zur prozessorientierten Umsetzung von SCM-Konzepten, aufbauend auf unserem 3-Säulenkonzept.

**Von der Kette zum Netz**

Wir haben Sie in diesem ersten Kapitel mit auf eine Reise durch das komplexe Thema Wertschöpfung, Ströme und Flüsse, SCM in seinen diversen Aspekten mitgenommen. In diesem Zusammenhang drängt sich folgender Gedanke auf: in gewisser Hinsicht ist der ganze Begriff Supply Chain Management irreführend. Vielleicht müsste SCM besser Value Chain Management heißen, „Wertschöpfungskettenmanagement". Oder noch besser vielleicht: Value Net Management, das „Management des Wertschöpfungsnetzes". Denn dass es künftig nicht mehr einzelne Unternehmen sein werden, die im Wettbewerb zueinander stehen, sondern Supply Chains bzw. den Gedanken von oben aufgreifend: Wertschöpfungsnetze – nichts wird im globalen Wettbewerb mehr so sein wie es einmal war.

Wir kommen zu Teil 2 (siehe Abb. 13), wo wir Ihnen den ersten Baustein in einem erfolgreichen SCM präsentieren. Es geht um den Paradigmenwechsel bei Kunden-Lieferanten-Beziehungen, um das Thema Kooperation und das Konzept Partnerschaft, ohne das keine Supply Chain der Welt funktioniert.

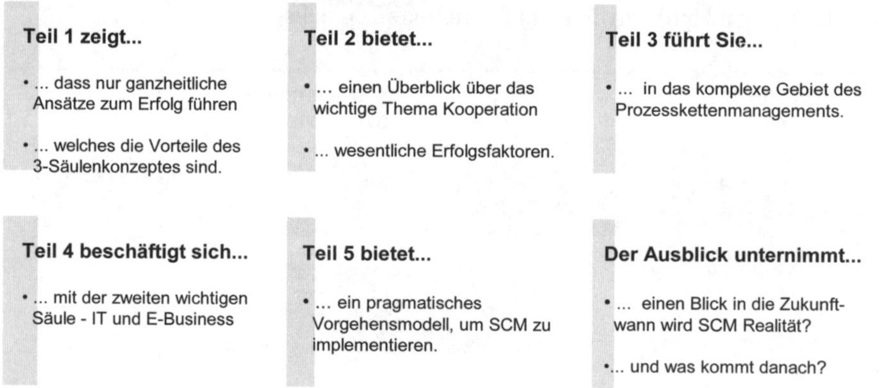


**Abb. 13.** Was Sie in diesem Buch erwartet

# 4 Highlights aus diesem Kapitel – Was uns wichtig erscheint

In diesem Kapitel werfen wir einen etwas tieferen Blick auf die Frage, welche Ursachen und Hintergründe Supply Chain Management hat und welche grundsätzlichen Kräfte die Bewegung hin zu einer integrierten Betrachtung der gesamten Wertschöpfungskette bewirkt haben und noch immer bewirken.

**Wertschöpfungsketten, die von Kundenwünschen gesteuert werden**

Das Handlungsumfeld der meisten Unternehmen hat sich in den letzten zehn Jahren grundlegend gewandelt. Der Konkurrenzdruck ist nicht zuletzt durch die Internationalisierung der Märkte enorm gestiegen. Eine Vielzahl von Firmen kämpft mit ihren Produkten um die Konsumenten und bietet ihnen ein immer größer werdendes Angebot von Produkten an, verbunden mit ergänzenden Dienstleistungen. Das Ziel der Unternehmen, mit ihren Produkten möglichst als erste die Bedürfnisse der Konsumenten zu erfüllen, führt dabei zu einem Wettlauf, der in immer kürzer werdende Produktlebenszyklen mündet. Diese Entwicklungstendenzen führen dazu, dass die Produkte und die dahinter stehenden Wertschöpfungsketten mehr und mehr von den Konsumentenwünschen gesteuert werden. Der wettbewerbsentscheidende Faktor, dem Käufer sein individuelles Produkt so schnell wie möglich zu liefern, kann aber nicht mehr alleine von den letzten Gliedern der Kette, den Endproduzenten oder dem Handel, umgesetzt werden. Die Unternehmen der gesamten Wertschöpfungskette müssen Hand in Hand arbeiten, um die Ziele der Befriedigung des Kundenbedarfs im Hinblick auf Produktauswahl, Verfügbarkeit und Preis bei gleichzeitig rationellem Ressourceneinsatz und möglichst geringen Beständen zu erreichen. Unter dem Begriff „Supply Chain Management" macht hier in jüngster Zeit ein Ansatz Furore, der genau dies verspricht: die unternehmensübergreifende Gestaltung und Optimierung der gesamten Wertschöpfungskette. SCM als strategisches Unternehmenskonzept und Methodeninventar bietet Lösungen für die Gestaltung, Lenkung und Weiterentwicklung der gesamten Wertschöpfungskette an – von der Rohstoffgewinnung bis hin zu den mit dem Produkt verbundenen Serviceleistungen beim Endverbraucher.

Ziel des Supply Chain Management ist aus strategischer Sicht das Schaffen wettbewerbsfähiger Wertschöpfungsketten. Im operativen Bereich soll sichergestellt werden, dass die Wertschöpfungsprozesse der Lieferkette effizient sind. SCM stellt v. a. die unternehmensübergreifenden kundenorientierten Prozesse in den Mittelpunkt der Betrachtung. Hierbei geht es um die unternehmensübergreifende Koordination der Waren-, Informations- und Geldflüsse über den gesamten Wertschöpfungsprozess mit dem Ziel, den Gesamtprozess sowohl zeit- als auch kostenoptimal zu gestalten. Durch unternehmensübergreifende Prozessoptimierung können Bestellungen, Lieferzeiten, Transporte und Bestände über die gesamte Lieferkette abgestimmt werden.

Beim SCM geht es um eine ganzheitliche, systemische Betrachtung: Durch Integration aller Prozesse einer Lieferkette geht es um die Optimierung des Gesamtsystems, nicht mehr um das Planen und Realisieren einzelner lokaler Suboptima. Man bewegt sich also weg von der isolierten Sicht (Unternehmen als Einzelkämpfer) hin zu einer relationalen Sicht, die Lieferanten, Hersteller, Kunden, Groß- und Einzelhändler miteinschließt.

**Die Potenziale von Supply Chain Management**

Derzeit wird in der Praxis nur in wenigen Fällen von einer vollständigen und umfassenden Umsetzung des SCM-Ansatzes mit perfekt abgestimmten Prozessen berichtet. Die Zahlen unterschiedlicher Fallbeispiele von SCM-Umsetzungen sprechen jedoch für sich: Bestandssenkungen von 60 Prozent sind möglich, Durchlaufzeiten können bis zu 50 Prozent verkürzt werden, Gewinnsteigerungen von 30 Prozent sind realisierbar, und man kann erhebliche Gesamtkosteneinsparungen erreichen. Erfolgreiche Anwender von SCM-Lösungen sehen folgende Nutzenpotenziale:

- Verbesserung der Kundenorientierung
- Verkürzung von Lieferzeiten, Reduktion von Durchlaufzeiten in Unternehmensnetzwerken;
- deutliche Verbesserung des Lieferservices;
- Reduktion von kostenintensiven Sonderaktionen (z. B. kurzfristige Veränderung des Produktionsprogrammes, Sondertransporte etc.) durch verbesserte Planung und erhöhte Transparenz;
- Reduktion von Lagerbeständen im gesamten Zuliefernetzwerk. Die Sicherheit, die bislang durch hohe Sicherheitsbestände in allen Stufen eines Unternehmensnetzwerks erzielt wurde, wird im SCM durch verbesserte Planung und erhöhte Transparenz erzielt.
- Die Prozessbeteiligten kennen die Auswirkungen ihres Handelns bei den weiteren Gliedern des Netzwerks und können somit besser zum Gesamtoptimum beitragen.

**Die unternehmensübergreifende Optimierung der Prozesse**

Um wettbewerbsfähig zu bleiben und vorhandene Vorteile weiter auszubauen, müssen die wertschöpfenden Prozesse über die gesamte Wertschöpfungskette – vom Rohstofflieferanten bis zur Serviceleistung beim Endkunden des Produktes – betrachtet werden. Die Abläufe zwischen den Partnern in diesem Netz dürfen nicht mehr unberücksichtigt bleiben, damit ein Optimum nicht länger nur aus der Sicht jedes einzelnen Unternehmens, sondern über das ganze Netz hinweg erzielt wird. Erst diese globale Sicht erlaubt es, gegenüber den Kunden mit international wettbewerbsfähigen Leistungen und Preisen aufzutreten. SCM strebt so die Gestaltung, Lenkung und Weiterentwicklung der gesamtem Wertschöpfungskette an.

Was bedeutet dies im Kern? Nichts anderes, als eine systematische Verzahnung aller Prozesse der Wertschöpfungskette über die beteiligten Unternehmen hinweg. Das Ziel: sich am künftigen Bedarf des Kunden optimiert zu orientieren und anzupassen. SCM beschreibt insbesondere die Planung und Steuerung der gesamten Logistikkette innerhalb eines Unternehmens und über die beteiligten Unternehmen hinweg. Dies beinhaltet die integrierte Bearbeitung aller Aktivitäten innerhalb der Logistikkette, angefangen von der Prognose der Kundenbedürfnisse über die Auftragsverteilung und logistische Warenversorgung, die Produktion bis hin zum Teile- und Rohstoffeinkauf und deckt damit alle wichtigen logistischen Aufgaben ab. Übergeordnetes Ziel ist die Verringerung von Beständen bei gleichzeitiger Erhöhung der Lieferbereitschaft und einer verbesserten Kapazitätsausnutzung.

**Die perfekte Ergänzung für dezentrale Geschäftsstrukturen**

SCM ist eine perfekte Ergänzung für dezentrale Geschäftsstrukturen, weil es alle Vorteile der Hebelkraft eines einzigen Unternehmens (ehemals nur erreicht durch große, zentrale Organisationen) mit allen Vorteilen lokaler Implementierung nutzt. Und dies ist nur möglich durch standardisierte Prozesse. Dies baut auf der Erkenntnis auf, dass die Standardisierung von Prozessen bisherige Organisationsstrukturen substituieren, die Business in der Vergangenheit gesteuert haben. Indem Unternehmen auf diese Art vorgehen, definieren sie ihr Geschäft neu: indem sie alles eliminieren, was nicht direkt wertschöpfend ist für den Kunden.

**Das Säulenkonzept – drei Bausteine für Ihren Erfolg**
Wir kommen in diesem einleitenden Kapitel zum eigentlichen Kern unseres Themas, wo die Fäden der Begriffe Prozessorientierung, Wertschöpfung, Material- und Informationsflüsse, value net management zusammenlaufen: Es geht um den Gedanken eines Wert-Stromes, eines Flusses, der nie ins Stocken kommen und in dem es keine Bestände geben sollte. Die richtigen Prozesse sichern dieses Fließen, die IT koordiniert.

**Säule Nr. 1: Prozessorientierte, partnerschaftliche Zusammenarbeit**
Hier geht es um das Management der Beziehungen, bzw. um einen Paradigmenwechsel im eigentlichen Sinne des Wortes: Kooperation wird noch intensiver, tendiert zu einer partnerschaftlichen Zusammenarbeit. Durch die erhöhte Transparenz in der Wertschöpfungskette wird eine objektivere und ehrlichere Kommunikation im Unternehmensnetzwerk möglich: Kooperation ersetzt Konfrontation.

**Säule Nr. 2: Das Re-Design der Kernprozesse**
Hier geht es v. a. darum, Zeit(en) zu verkürzen, schneller zu werden, alles im Fluss zu halten. Dabei helfen die Prozesskettenmethodik und die Referenzmodelle. Hier werden Kernprozesse definiert und nichtwertschöpfende Prozesse eliminiert, um partnerschaftlich abgestimmte stabile, robuste, stromlinienförmige, schlanke Geschäftsprozesse zu schaffen.

Die Gestaltung und Steuerung von Prozessketten bzw. Geschäftsprozessen wird seit langem als wichtigste unternehmerische Organisationsaufgabe betrachtet. Prozesskettenmanagement nutzt die Synergieeffekte sowohl bei der Integration einzelner Unternehmensbereiche als auch mehrerer Unternehmen in einem Netzwerk und hilft beim Abbau von Problemen an Schnittstellen und beim Informationsfluss (siehe Säule Nr. 3). Potenziale zur Optimierung liegen in der Verbesserung der organisatorischen und informatorischen Verknüpfung unterschiedlicher Unternehmen bzw. Wertschöpfungskettenpartnern.

**Säule Nr. 3: Die Rolle der IT**
Hier geht es ebenfalls um das Management der Beziehungen, aber um die Aspekte „Koordination", Schaffen von Transparenz, die Steuerung von Info- und Materialflüssen. Überspitzt formuliert, substituiert die IT in dezentralen Supply Chains konventionelle Organisationsstrukturen.

Bei einem (Wert-) Strom ist kein „push" mehr nötig, weil die Produkte alle automatisch und von ganz alleine zum Kunden fließen . Die Rohstofflieferanten sind dann quasi die Quelle, die Mündung ist der Kunde. Auf ihn steuert alles zu. Und auf diesem Weg muss man schauen, dass es keine Staubecken, keine Schleusen, keine Seitenkanäle gibt.

# Teil 2 Kooperation(en) im Logistik-Netzwerk gestalten

***„Drum prüfe, wer sich (ewig) bindet“***

## 1 Cooperate to compete

Fachbücher zum Thema Kooperationsmanagement füllen mittlerweile ganze Regale. Sinn und Zweck kann es in diesem Teil nicht sein, das komplette Thema auszubreiten – Fokussierung ist angesagt. Und zwar auf einige ausgewählte relevante Aspekte.

### 1.1 Kooperationen eingehen – Motive und Potenziale

Der Aufbau und der effiziente Betrieb von Kooperationen zwischen Unternehmen gewinnt nicht nur im Zusammenhang mit SCM immer mehr an Bedeutung, sondern stellt einen allgemeinen Trend dar, der sich in der ständig wachsenden Anzahl von Unternehmenszusammenschlüssen und überbetrieblichen Partnerschaften deutlich abzeichnet. Die wachsende unternehmens- und wirtschaftspolitische Bedeutung von Kooperationen rührt zu einem großen Teil daher, dass Kooperationen als ein adäquates Instrument angesehen werden, um dem heute herrschenden hohen Wettbewerbsdruck begegnen zu können.

Der Bedeutungszuwachs von Kooperationen begründet sich einmal durch den Abbau politischer Grenzen und zum anderen durch die Globalisierung der Märkte. Unternehmen sind vielfach gezwungen, auf großen Teilen des Weltmarktes Präsenz zu zeigen. Durch die damit einhergehende Überwindung von Standortgrenzen entsteht ein Bedarf an Ressourcen, den Unternehmen häufig alleine nicht decken können. Ein effizientes Kooperationsmanagement stellt u. E. eine der drei erfolgsbestimmenden Säulen des SCM dar. Intensive, partnerschaftliche Beziehungen entlang der gesamten logistischen Kette aufzubauen und zu pflegen sehen wir in diesem Zusammenhang als eines der wesentlichen Mittel an, um die Wünsche der Kunden unter den geänderten Marktbedingungen bestmöglich zu befriedigen. Wesensbestimmendes Merkmal ist die Notwendigkeit, bestehende Strukturen aufzulösen und gleichzeitig überbetriebliche Netzwerkorganisationen aufzubauen, indem die Ressourcen in neuen Strukturen zusammengefasst werden. Die entstehenden überbetrieblichen Kooperationen nehmen die verschiedensten Formen an. Dabei wird versucht, die Größenvorteile integrierter Unternehmen

(Finanzkraft, Marktzugang, Beschaffungspoolung etc.) mit den Vorteilen kleiner Einheiten (Flexibilität, Führbarkeit, Kundennähe etc.) zu kombinieren.

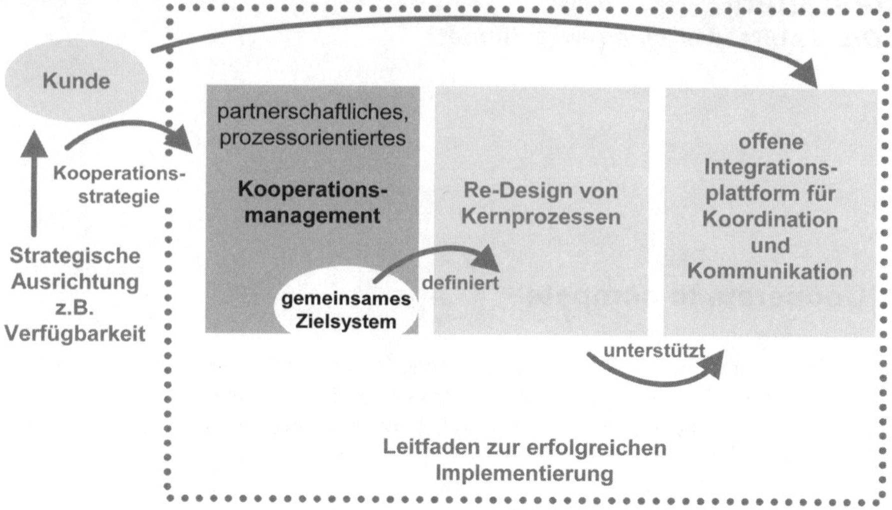


**Abb. 1.** Säule Nr. 1 – partnerschaftliches, prozessorientiertes Kooperationsmanagement

Die Kooperationspartner sind sowohl eigenständige Unternehmen als auch autonome oder teilautonome Unternehmenseinheiten, die zur Erfüllung der verschiedenen Unternehmensaufgaben ihre jeweiligen Kernkompetenzen durch Komplementärkompetenzen ergänzen. Mit der Fokussierung auf Kernkompetenz im Rahmen von SCM-Kooperationen sind folglich strategische Entscheidungen darüber verbunden, welche Tätigkeiten ein Unternehmen selbst erfüllen will und welche Komplementärkompetenzen zukünftig über Kooperationen mit Partnerunternehmen akquiriert werden sollen.

Diese Entscheidungen werden im Zusammenhang mit SCM im Rahmen eines Kooperationsmanagements abgewickelt. Der Begriff des Kooperationsmanagements wird hier im Sinne einer Kombination von möglichst effizienter Gestaltung und Betrieb von Kooperationen entlang der gesamten logistischen Kette aufgefasst. Die Gestaltung einer Kooperation bezieht sich dabei auf den Aufbau, die Weiterentwicklung und die geordnete Beendigung von Kooperationsbeziehungen. Im Rahmen des Betriebs bzw. der Aufrechterhaltung einer Kooperationsbeziehung stehen neben rein technischen (EDV-technischen) vor allem Fragen der Kultur und des Vertrauens im Vordergrund. Wir werden darauf unter Punkt 3 zu sprechen kommen.

Der Begriff „Kooperation“ stammt aus dem Lateinischen und bedeutet „Zusammenarbeit“. Hinsichtlich der beteiligten Organisationseinheiten kann grundsätzlich zwischen einer innerbetrieblichen, zwischen- und überbetrieblichen Zusammenarbeit unterschieden werden. *Innerbetriebliche* Kooperationen betreffen verschiedene Organisationseinheiten innerhalb einer Gesamtorganisation und werden von einem SCM-Konzept nur peripher berührt. (Wir hatten in Teil 1 aber dargestellt, dass Unternehmen gut beraten sind, *intern* zu beginnen.) *Zwischenbetriebliche* Kooperationen werden bilateral zwischen zwei Unternehmen, *überbetriebliche* Kooperationen zwischen mehreren Unternehmen eingegangen. Partner in überbetrieblichen Kooperation müssen nicht nur Industrieunternehmen sein. In Abhängigkeit vom Kooperationsziel können auch Verbände, Behörden oder Forschungseinrichtungen in die Kooperation einbezogen werden. Auf die zwischen- und überbetriebliche Kooperation wird bei der Gestaltung von SCM-Kooperationen das Hauptinteresse gelegt. Ausgangspunkt sind in der Praxis häufig bilaterale Beziehungen, die sich später zu einer überbetrieblichen Kooperation ausweiten. Unabhängig davon, zwischen welchen Organisationseinheiten eine Kooperation stattfindet, sind folgende Eigenschaften für Kooperationen charakteristisch:

**Wesentliche Eigenschaften von Kooperationen**

- Kooperationen zeichnen sich durch einen scheinbaren Widerspruch zwischen Autonomie und gegenseitiger Abhängigkeit aus. Dieser erklärt sich dadurch, dass die beteiligten Kooperationspartner die letztliche Entscheidung über Bei- oder Austritt selbst fällen können, ohne der Weisungsgebundenheit einer übergeordneten Instanz zu unterliegen. Sie können in diesem Sinne autonom handeln, denn sie stehen in einem Gleichordnungsverhältnis zueinander.
- Die gegenseitige Abhängigkeit zwischen den Beteiligten ergibt sich aus dem Umstand, dass die Kooperationspartner gemeinsam ein einheitliches Ziel verfolgen. Daraus entsteht die Notwendigkeit, gemeinsame Entscheidungen fällen zu müssen, um das Verhalten im Voraus koordinieren zu können.
- Die Zweckorientierung, d. h. die Verfolgung gemeinsamer Ziele, steht in allen Lebensphasen der Kooperation im Vordergrund. Ist diese nicht gegeben, kommt es entweder nicht zu einer zwischenbetrieblichen Zusammenarbeit, oder sie ist von Anfang an zum Scheitern verurteilt.
- Als weiteres entscheidendes Merkmal einer Kooperation ist die rechtliche Selbständigkeit der beteiligten Unternehmen zu sehen. Eine Kooperation besteht nur solange, wie die beteiligten Unternehmen zu dieser Partnerschaft bereit sind. Sie besteht auf einer freiwilligen Basis und kann von jedem der Partner jederzeit (mit Einschränkung auf die in einem Kooperationsvertrag getroffenen Vereinbarungen) beendet werden.

Kooperationsentscheidungen führen i. d. R. zu gemeinsamen und strukturgebenden Strategien, durch welche die beteiligten Unternehmen die verschiedensten Ziele zu erreichen versuchen. Das damit verbundene strategische Potenzial zu identifizieren und zu nutzen stellt eine bei der Umsetzung eines SCM-Konzeptes wesentliche unternehmerische Herausforderung dar.

KMU, die Kooperationen eingehen, sehen darin ein Instrument, um bestimmte Unternehmensziele zu erreichen. Dic Motive und Ziele unternehmensübergreifender Zusammenarbeit sind dabei so zahlreich und unternehmensindividuell, wie es Ziele unternehmerischen Handelns im weitesten Sinne gibt. Im Hinblick auf diese Vielfalt scheint es schwierig, alle Motive zu berücksichtigen. Um jedoch ein Minimum an Strukturierung zu erreichen, wird eine Klassifizierung von Zielkategorien vorgenommen, indem ein Oberziel definiert wird, aus dem sich die wichtigsten Teilziele ableiten lassen (s. Abb. 2). Bereits Porter (1987, S. 46) spricht davon, dass jede Strategie das Ziel verfolgen muss, die Wettbewerbssituation eines Geschäftsfeldes zu verbessern, wobei er dies auch auf Unternehmen mit mehreren Geschäftsfeldern überträgt, mit der Begründung, dass nicht ganze Unternehmen, sondern immer nur seine einzelnen Geschäftsfelder im Wettbewerb mit der Konkurrenz stehen. Rotering (1993) überträgt dieses Ziel auf die Kooperation und formuliert: „Das übergeordnete Ziel jeder zwischenbetrieblichen Kooperation besteht in einer Verbesserung der Wettbewerbssituation der beteiligten Unternehmen."

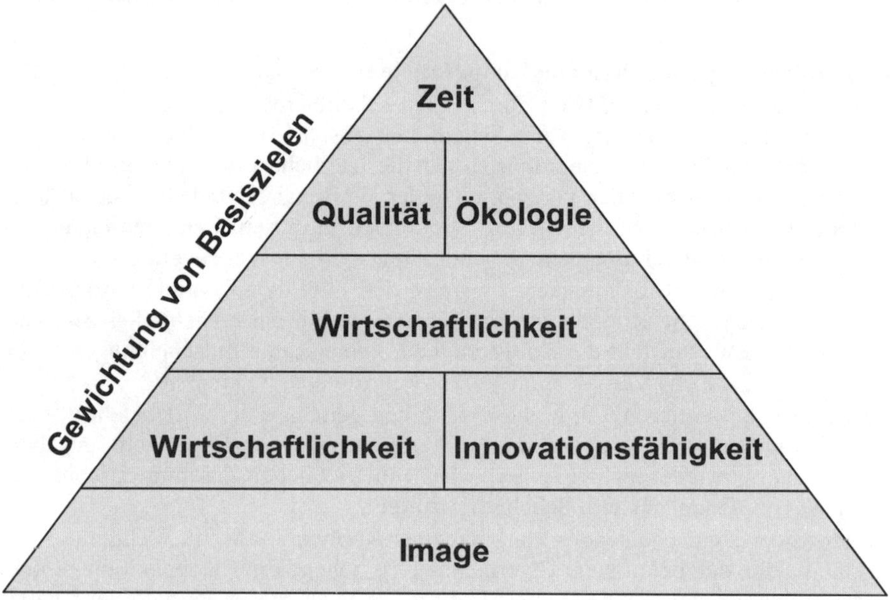


**Abb. 2.** Die Zielpyramide des einzelnen Unternehmens

In Verbindung mit den Zielsetzungen der Unternehmen sind die Potenziale der Kooperation zu sehen, da Handlungsalternativen nur durch das Erkennen von Chancen zur Zielerreichung gewählt werden. Die Kooperationsstrategie bietet dementsprechend die Potenziale zum Erreichen der Teilziele. Diese sind aus dem generellen Kooperationsziel abgeleitet (siehe Abb. 3).

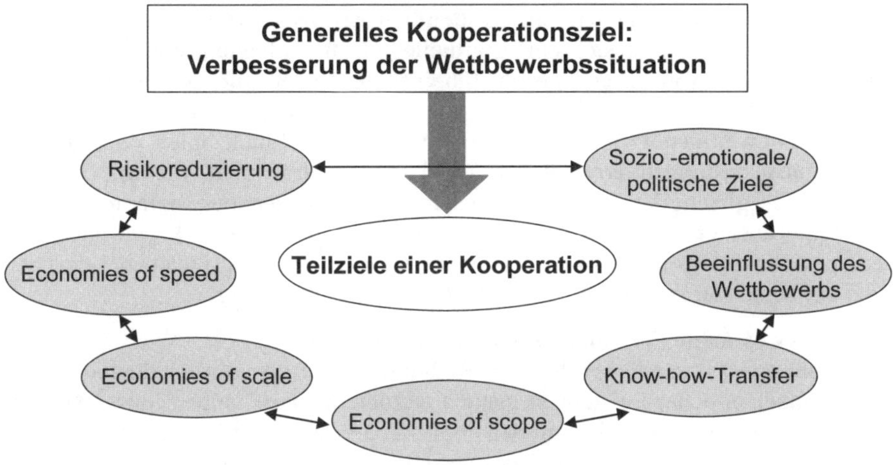


**Abb. 3.** Das Zielsystem unternehmensübergreifender Kooperation

**Risikoreduzierung**
Dieses Ziel unterteilt sich in die Reduzierung von Marktrisiken einerseits und Verteilung von Investitionsrisiken andererseits. Marktrisiken ergeben sich daraus, dass gerade kleine und mittlere Unternehmen nur in wenigen Geschäftsfeldern tätig und somit vom Absatz dieser bestimmten Produkte bzw. Dienstleistungen abhängig sind. Aber auch bei großen Unternehmen ist die Tendenz zur Konzentration auf wesentliche Kerngeschäfte zu verzeichnen. Im Fall der Automobilbranche sind dies insbesondere die Automobilhersteller und Systemlieferanten. Die schwankende und vor allem individuell betonte Nachfrage am Markt birgt ein weiteres unternehmerisches Risiko in sich. In Kooperationen haben sich zur Reduzierung dieses Marktrisikos sowohl die Diversifikation des Produkt- bzw. Leistungsspektrums durch. die komplementäre Ergänzung oder Spezialisierung der jeweiligen Kooperationspartner als auch die geographische Diversifikation gemeinsamer Absatz- und Beschaffungsmärkte durchgesetzt, um hier nur zwei Beispiele zu nennen.

**Economies of speed (Schaffung von Zeitvorteilen)**
Die Verkürzung der Produktlebenszyklen fordert nicht nur gezielte Forschungs- und Entwicklungsaktivitäten, sondern eine zusätzliche Reduktion der zeitlichen Dimension der Innovationsprozesse, um am Markt ständig mit zeitgemäßen Leistungen präsent sein zu können. Kooperationen können in hohem Maß zu dieser Zielerreichung beitragen, indem sie gemeinsam Entwicklungspotenziale wie Personal, Technologie und finanzielle Ressourcen nutzen. Die Reaktionsgeschwindigkeit kann sich dabei durch das Bearbeiten paralleler und ergänzender Aufgaben sowie durch das kurzfristige Erwerben von Know-how infolge des Austausches von Informationen und Erfahrungen verbessern.

**Economies of scale (Erzielen von Größendegressionseffekten)**
Durch Kooperation lässt sich eine „virtuelle" Größe aufbauen, die zu ökonomischen Vorteilen in vielerlei Hinsicht führen kann. Indem die unternehmerischen Ressourcen zu größeren Einheiten verknüpft werden, können durch die Abstimmung der jeweiligen Produktionsprogramme größere Stückzahlen oder bessere Maschinenauslastungen erreicht werden. Partnerunternehmen, die im Beschaffungsbereich gleiche Vorprodukte beziehen, können gegenüber Lieferanten Mengenrabatte aushandeln. Ursachen für Größendegressionseffekte liegen zudem in der Spezialisierungsmöglichkeit der Kooperationspartner begründet, bei der sich jeder auf seine Kernkompetenz konzentriert und diese einbringt.

**Economies of scope (Erzielen von Verbundeffekten)**
Die Economies of scope beruhen auf Ressourcen, die gemeinsam für die Erstellung unterschiedlicher Leistungen genutzt werden. Kapazitätsüberschuss in einem Unternehmen kann durch Zusammenarbeit herabgesetzt werden, indem diese einem anderen Partnerunternehmen, das diesen Überschuss nutzen kann, zugänglich werden. Durch die komplementäre Ergänzung von Produkt- und Dienstleistungsangeboten sowie durch die Vermeidung redundanter Marketing-, Service- und Vertriebsaktivitäten ergeben sich auf der einen Seite geringere Kosten für die Unternehmen. Auf der anderen Seite kann durch das umfassende Angebot am Markt die Kundenzufriedenheit gesteigert und evtl. Neukunden, für die der Bezug dieser Leistung eine Erleichterung bedeutet („alles aus einer Hand"), geworben werden.

**Know-how-Transfer**
Der Austausch immaterieller Faktoren, wie technologisches, führungs- oder marktbezogenes Know-how stellt ein weiteres Kooperationsziel dar. So kann ein Partnerunternehmen im Ausland seine speziellen Kenntnisse und Erfahrungen über den Markt, die Kundenbedürfnisse, aber auch über die lokalen Geschäftseigenheiten in eine Kooperation einbringen, was aufwendige Marktrecherchen überflüssig macht. Durch offenes Informationsverhalten wird es gelingen, die vorhandene Wissensbasis problemadäquat zu erweitern. Entscheidungen können auf einer breiteren Grundlage getroffen werden, was das Risiko unternehmerischen Handelns vermindert sowie durch die Reduktion von Fehlentscheidungen Kosten einspart. Bei Forschungs- und Entwicklungskooperationen steht der Austausch von technischem Know-how im Vordergrund, was zu Zeitvorteilen führt, da das Wissen gebündelt und Doppelarbeiten vermieden werden. Zusätzlich zu diesen Zeitvorteilen ergeben sich wieder Kostenvorteile, da aufgrund des gebündelten Know-hows auf den Zukauf externen Wissens verzichtet werden kann. Durch das Einbringen der besonderen Fähigkeiten der einzelnen Partner erzielen die Beteiligten Lerneffekte, indem sie durch Beobachtung der anderen bei ihrer Aufgabenerfüllung das dafür notwendige Know-how erwerben.

**Beeinflussung des Wettbewerbs**
Zur Umsetzung ihrer Strategien besitzen kleine und mittlere Unternehmen in der Gegenüberstellung mit großen Konzernen ein vergleichsweise geringes Potenzial. Dies kann durch Kooperation mit mehreren Partnern vergrößert werden. Auf horizontaler Ebene, also in Zusammenarbeit mit Konkurrenten der gleichen Wert-

schöpfungsstufe, ergeben sich die Möglichkeiten, zum einen aus der vormals ruinösen Konkurrenz eine lohnende Zusammenarbeit zu schaffen und zum anderen durch Größen- und Kostenvorteile Druck auf andere Konkurrenten am Markt auszuüben. Aber auch durch vertikale Kooperation ist eine indirekte Marktbeeinflussung möglich. Aufgrund ausgereifter Lieferanten-Abnehmer-Beziehungen, in denen bspw. Abnahmeschwankungen ausgeglichen werden und der Informationsfluss soweit gestaltet ist, dass Material- und Teilebedarfe allen zur rechten Zeit bekannt sind, lassen sich Kosten- und Zeitvorteile erzielen. Dies wird in zunehmendem Maß von den Automobilherstellern erkannt und insbesondere im Rahmen des SCM umgesetzt. Gegenüber der Konkurrenz bedeutet dies, dass aus der Kooperation vergleichbare Leistungen schneller und günstiger am Markt angeboten werden können.

**Die Aufgabenträger der Kooperation – zur Rollenverteilung**

Im engen Zusammenhang mit der organisatorischen Gestaltung der SCM-Kooperation steht die Aufgabenverteilung, die sich aus der Wahl des Kooperationsmodells ergibt. Das vorrangige Ziel von kooperierenden Unternehmen ist dabei immer die Befriedigung bestimmter Bedürfnisse, die sie alleine nicht oder schlechter befriedigen könnten. Dieses Ziel konkretisiert sich in der Unternehmensaufgabe. Da diese Aufgabe in den meisten Kooperationen jedoch zu komplex ist, als dass sie von einem einzigen Aufgabenträger gelöst werden könnte, ist eine Zergliederung der Kooperationsaufgaben in Teilaufgaben und eine Verteilung der Teilaufgaben auf mehrere Aufgabenträger erforderlich. Die Aufgabenträger können sich grundsätzlich sowohl innerhalb als auch außerhalb eines Unternehmens befinden. Ihre Position und organisatorische Zugehörigkeit ist dabei stets vom gewählten Kooperationsmodell abhängig.

Aus den einzelnen Organisationsformen der Kooperation ergeben sich nicht nur allgemeine Anforderungen an die jeweiligen Kooperationspartner, sondern auch konkrete Anforderungen für diejenigen Mitarbeiter der einzelnen Unternehmen, die an den einzelnen Aufgaben des Kooperationsbetriebes beteiligt sind (Aufgabenträger der Kooperation). In diesem Zusammenhang eröffnet die zukünftige Zusammenarbeit den beteiligten Unternehmen die Möglichkeit, durch organisatorische Maßnahmen wie z. B. der befristeten Verlagerung von Ressourcen das Leistungsprofil des Verbundes den Anforderungen, die sich aus dem Projekt ergeben, anzupassen. Fehlen z. B. einem Partner, der sonst alle Anforderungen erfüllt, die entsprechenden personellen Kapazitäten, so können geeignete Mitarbeiter für die Dauer der Kooperation diesem zur Verfügung gestellt werden. Eine weitere Möglichkeit besteht in der Zusammenfassung der Kapazitäten zweier Unternehmen, die eine Aufgabe dann gemeinschaftlich bearbeiten.

Die Unternehmen müssen sich bei der Kooperationsgestaltung darüber klar sein, dass mit zunehmender Flexibilisierung des Einsatzes ihrer Ressourcen die Bindung zwischen den Partnern zunimmt und somit auch die Kooperationsintensität steigt. Darüber hinaus ermöglicht die Verlagerung von Personal dem bereitstellenden Unternehmen einen vertieften Einblick in die Arbeitstechniken und Methoden der Partner. Nicht jedes Unternehmen ist dazu bereit.

## 1.2 Chancen und Risiken – nicht zu unterschätzen

Kooperationen zwischen Unternehmen sind nicht Selbstzweck, sondern haben immer instrumentellen Charakter. In diesem Sinne sind Kooperationen stets mit unterschiedlichen Chancen und Risiken verbunden. Als Hauptchancen werden häufig „Markterschließung“, „Kostenersparnis“, „Synergieeffekte“, „Know-how-Zuwachs“, „Zeitvorteile“ und „Vergrößerung des finanziellen Spielraumes“ genannt, als Hauptrisiken „Know-how-Preisgabe“, „finanzielle Verluste“, „Wettbewerbsrechtliche Probleme“, „Flexibilitätsverluste“ und „Zeitverluste“.

| + | - |
|---|---|
| **Synergieeffekte** | **Know-how-Preisgabe** |
| **Know-how-Zuwachs** | **einseitige Abhängigkeiten** |
| **Kostenersparnis** | **einseitige Ausnutzung des Machtgefälles** |
| **Zeitersparnis** | **ungünstige Kosten-Nutzen-Relationen** |
| **Erschließung neuer Märkte** | **Flexibilitätsverluste** |
| **gemeinsame Marketingaktivitäten** | **unterschätzter Zeitaufwand** |

**Abb. 4.** Chancen und Risiken einer Kooperation

Diese allgemeinen Chancen und Risiken können nahezu vollständig auf SCM-Kooperationen übertragen werden. Daraus erwächst direkt eine Vielzahl von Gründen, aus denen SCM-Kooperationen eingegangen werden. Je nachdem, welche Kooperationsstrategie gewählt wurde, ergeben sich weitere Gründe für eine SCM-Kooperation. Eine erschöpfende Diskussion aller Gründe und Ziele kann hier jedoch nicht geleistet werden. Es soll sich vielmehr auf die wesentlichen und am häufigsten vorkommenden Gründe und Ziele für SCM-Kooperationen im Rahmen eines umfassenden Kooperationsmanagement beschränkt werden.

Im Zusammenhang mit der Umsetzung von SCM-Konzepten spielen insbesondere die vier Hauptrisiken „Know-how-Preisgabe“, „ungünstige Kosten-Nutzen-Relationen“, „einseitige Abhängigkeiten“ und „einseitige Ausnutzung des Machtgefälles“ eine Rolle. Trotz dieser Risiken ist das Zustandekommen effizienter Kooperationen bei der Umsetzung von SCM-Konzepten zwingend erforderlich, da nur dadurch die enormen Chancen genutzt werden können. Im Vordergrund steht dabei die Tatsache, dass in Zukunft zahlreiche unternehmerische Teilaufgaben erst durch eine Kooperation ökonomisch sinnvoll erfüllt werden können. Dies kann darin begründet sein, dass ein Unternehmen entweder zur unternehmensinternen Erfüllung der betreffenden Teilaufgaben nicht über ausreichende Ressourcen verfügt (z. B. finanzielle Mittel), der für eine unternehmensinterne Erfüllung zu betreibende Aufwand in unwirtschaftlichem Verhältnis zum Wert der Leistung steht oder zur Erfüllung der Teilaufgaben sogar mehrere Unternehmen benötigt werden, wenn mit der Kooperation beispielsweise eine Machtstellung gegenüber nicht der Kooperation angehörigen Unternehmen angestrebt wird. Kann eine Teilaufgabe von einem Unternehmen allein durchgeführt werden oder wird sie bereits allein durchgeführt, können andererseits bei einer kooperativen Erfüllung dieser Teilaufgabe positive Effekte auftreten, wenn entweder weniger Ressourcen für die gleiche Leistung eingesetzt werden oder bei gleichem Ressourceneinsatz die Leistung gesteigert werden kann.

**Die Risiken nicht leugnen**

Risiken bei Kooperationen gibt es. Dies wollen wir nicht leugnen. Darüber sind auch ganze Bücher geschrieben worden. Aber wir wollen Ihnen hier keine weitere Aufmerksamkeit schenken. Bedenkenträger laufen genügend durch die Welt und durch deutsche Unternehmen. Sie kennen die Killerphrasen aus Ihrem Alltag. „Das haben wir noch nie so gemacht!“, „Das soll gut gehen!“, „Lass die nur machen!“

Wir wollen uns vielmehr auf die *Chancen* konzentrieren. Uns interessiert nicht so sehr, was alles schiefgehen kann, sondern vielmehr, was man machen muss, welches die Chancen und Erfolgsfaktoren sind, damit Kooperationen auch funktionieren. Ein kleines Beispiel: „Das Glas ist halb leer“, sagen die Pessimisten. „Nein, halbvoll“, die Optimisten. Wir halten es mit letzteren – denn alles ist eine Frage der Perspektive.

## 1.3 Einsatzbereiche verschiedener Kooperationsformen – gemeinsam sind wir stark

Sie erinnern sich an Abb. 1: Ausgangspunkt für die Initiierung von Kooperationen im Rahmen eines umfassenden SCM-Ansatzes ist das Ziel unterschiedlicher Partner, die Kundenwünsche gemeinsam möglichst umfassend und effizient zu befriedigen. Demzufolge steht auch die gemeinsame Beplanung der verschiedenen Ressourcen unterschiedlicher Partner entlang der gesamten logistischen Kette im Vordergrund. Dies setzt eine Kooperation der einzelnen Partner voraus, da sie nicht nur informationstechnisch miteinander verbunden sind, sondern auch zahlreiche Aufgaben gemeinsam oder zumindest in Abstimmung miteinander wahrnehmen müssen.

Stellt man sich nun die Frage, welche Bereiche eines Unternehmens besonders interessant für die Einrichtung von Kooperationen im Rahmen des SCM sind, so steht hier derzeit sicherlich die Beschaffung im Fokus der Konzeption und Umsetzung. Grundsätzlich kann jedoch jede Teilaufgabe eines Unternehmens Gegenstand einer Kooperation sein. Dementsprechend viele unterschiedliche Inhalte und Ausgestaltungsformen von Kooperationen sind bereits heute in der Praxis anzutreffen. Im Zusammenhang mit SCM sind hierbei insbesondere folgende Aufgabenbereiche von Bedeutung:

**Beschaffung**
Kooperationen im Bereich der Beschaffung entstehen häufig im Zusammenhang mit Entscheidungen über eine Verringerung der Fertigungstiefe oder im Zusammenhang mit dem Wunsch, die Beschaffung zu optimieren bzw. zusätzliche Potenziale und Synergien zu erschließen. Als Ergebnis dieser Strukturentscheidungen werden z. B. ausgewählte Fertigungsfunktionen an Kooperationspartner ausgelagert, die dann oft auch gemeinsam beplant und überwacht werden. Dadurch kommt es innerbetrieblich zu einer Verlagerung von Aufgaben aus der Produktion in den Verantwortungsbereich der Beschaffung.

**Einkaufsportale in verschiedenen Branchen**
In diesem Zusammenhang wird der digitale Marktplatz, werden Einkaufsportale immer wichtiger. Beispielsweise betreiben die Automobilhersteller Daimler Chrysler, Ford und General Motors seit einiger Zeit den gemeinsamen Marktplatz „Covisint", auf dem sie in Zukunft ihre Zulieferer versammeln wollen, um Roh-, Hilfs- oder Betriebsstoffe einzukaufen. Hier erzwingt die große Einkaufsmacht dieser Hersteller die Teilnahme der Zulieferer, denen sich ein erheblicher Bedarf an Neuorganisation offenbart, um die Vertriebsprozesse über den Marktplatz abwickeln zu können. Aber auch die Automobilzulieferer kreieren eigene Marktplätze, über die sie gemeinsam ihre Beschaffung vereinfachen wollen. Prominentes Beispiel ist hier der Marktplatz SupplyOn, dessen Entwicklung von Automobilzulieferern wie Bosch vorangetrieben wird. Dies betrifft jedoch nicht nur die Automobilindustrie: in fast allen Branchen werden augenblicklich derartige Marktplätze aufgebaut –, angefangen von der Chemieindustrie bis hin zum Anlagenbau. Trotz der Prognosen, die nur einer kleineren Zahl dieser Marktplätze eine Zukunft geben, etabliert sich hier doch eine immer relevanter werdende Größe in der horizontalen, aber auch vertikalen Kooperation von Unternehmen.

**COVISINT**
Die ersten Schritte ins elektronische Zeitalter für die Autoindustrie sind getan. Das Ziel, das hierbei verfolgt wird, lautet: eine komplette online-Kette vom Kunden (der ein Auto bestellt) bis hin zum untersten Lieferanten herzustellen. Die Vision: Das 10-Tage-Auto. Das heißt in anderen Worten nichts anderes, als dass ein Kunde ein neues Fahrzeug bestellt, und mit seinem Auftrag wird der Hersteller von Sitzen über die gewünschte Ausstattung informiert und auch die dahinter liegenden Teilelieferanten über die damit ausgelösten Bedarfe. Spätestens zwei Wochen nach der Bestellung kann der Käufer sein Auto in seiner Garage parken. Bis aus diesem Traum allerdings Realität wird, so schätzt man, werden noch einige Jahre vergehen.

Denn derzeit ist die elektronische Kette noch nicht durchgängig. Kunden können zwar Autos teilweise schon online bestellen. Direkte Kommunikation zum Unterlieferanten gibt es aber noch nicht. Autohersteller wie BMW kaufen lediglich Standardteile wie Büroklammern und Werkzeug online ein. Alles, was hingegen ins Auto eingebaut wird, bestellt man noch nicht über das Netz. BMW arbeitet, wie Volkswagen, derzeit erst an Systemen für den E-Einkauf. Die großen amerikanischen Autobauer GM, Ford, DC sowie der französische Hersteller Renault haben dafür gemeinsam den Marktplatz COVISINT gegründet.

Bo Anderson, Einkaufschef von GM, meinte in einem Interview (Handelsblatt vom 14. Mai 2001, S. N3), dass sein Unternehmen 2001 insgesamt für 25 Mrd. Dollar über Covisint einkaufen wolle. Weltweit kauft GM zusammen mit allen Partnerfirmen jedes Jahr für rund 140 Mrd. Dollar ein. Die Unternehmensberatung Cap Gemini Ernst & Young hat allerdings herausgefunden, dass 73 Prozent der führenden Zulieferer in Europa die Internetseite www.covisint.com gar nicht kennen. Wie es heißt, wollen die Betreiber Ford, GM und DC nun auch eine Seite für den Endkunden anbieten. Vorerst allerdings nur für Infos und nicht für den Verkauf. Zur Verfügung stehender Werbeetat: 200 Mio DM für Europa.

Eine weitere Möglichkeit ist eine Intensivierung und Verbesserung der Kooperation mit den unterschiedlichen Zulieferern. Bei dieser Form der Kooperation im Bereich der Beschaffung wird häufig die Sicherung der Leistungsversorgung angestrebt, was vor allem bei starker Abhängigkeit von Zulieferern wichtig ist.

Produkte werden heute vermehrt in Kombination mit Dienstleistungen angeboten, deren Erbringung in der Regel jedoch nicht Gegenstand des Kerngeschäfts des Produktherstellers ist. Über Kooperationen mit Dienstleistungsunternehmen werden deshalb Dienstleistungen konfiguriert und beschafft. Findet eine Kooperation beim Einkauf statt, können durch die verbesserte Marktposition der Partner gegenüber den Lieferanten und den Bezug größerer Mengen günstigere Einkaufskonditionen erreicht werden.

**Produktion**

Gegenstand einer Kooperation im Produktionsbereich kann die Abstimmung der Produktionsprogramme sein, indem sich die Partner auf die Fertigung von Produktgruppen spezialisieren. Die Produktgruppen ergeben zusammen entweder die Produktpalette, die gemeinsam auf dem Markt angeboten wird, oder die einzelnen Teile werden anschließend zu einer kompletten Komponente (Komponentenlieferanten) oder sogar zu verkaufsfähigen Produkten kombiniert. Dadurch besteht für die Partner auch die Möglichkeit zur Produktdiversifikation. Ein anderer Fall ist die kooperative Produktion sich ergänzender Produkte, wie z. B. bei Großprojekten. Zur Erzielung von Degressionseffekten werden in Produktionskooperationen häufig Produktionsanlagen gemeinsam genutzt, um somit eine optimale Kapazitätsauslastung zu gewährleisten. Dies gilt insbesondere für Betriebsmittel, die hinsichtlich der Kosten für Anschaffung und laufenden Betrieb von einem Partner allein nicht getragen werden können, sowie für neue kostenintensive Verfahren und Technologien. Dieser Bereich wird zunehmend bei der Implementierung eines umfassenden SCM-Konzeptes berücksichtigt, auch wenn die Umsetzungen hier noch in den Anfängen stecken.

**Vertrieb**

Arbeiten Unternehmen im Bereich des Vertriebs zusammen, kann sich dies darin äußern, dass sie gemeinsame Werbung und Öffentlichkeitsarbeit betreiben oder Markengemeinschaften bilden. Ebenso kann die Marktforschung und die Erschließung neuer Märkte gemeinsam durchgeführt werden. Im Bereich der Vertriebsorganisation werden häufig Vertriebskanäle gemeinsam genutzt, gemeinschaftliche Ausstellungen, Verkaufsstellen und Niederlassungen gebildet sowie gemeinsame Verkaufsaktionen und Messekooperationen realisiert. Dazu gehört auch das gemeinschaftliche Betreiben eines Außen- und Kundendienstes. Bei der physischen Distribution von Produkten kann so z. B. der Transport und die Lagerhaltung gemeinsam durch die Partner erfolgen. Der Transport kann aber auch an eigenständige, spezialisierte Logistikdienstleister übergeben werden. Bei Kooperationen zwischen Herstellern und Handel wird der Vertrieb teilweise vollständig von Handelsunternehmen durchgeführt (z. B. unterstützt durch ECR- oder VMI-Systeme). In diesem Bereich haben sich mittlerweile unterschiedliche, erfolgreiche Kooperationsformen etabliert. Trotz erheblicher Potenziale wird der Vertriebsbereich derzeit im Zusammenhang mit SCM-Konzepten nur sehr unzureichend betrachtet.

**Sonstige Bereiche**
Außer in den genannten Bereichen kann auch bei der gemeinsamen Beschaffung von Informationen und Marktdaten, bei Konjunktur- und Strukturanalysen sowie beim Benchmarking kooperiert werden. Hinsichtlich der Aus- und Weiterbildung der Mitarbeiter können Partner gemeinsame Schulungen und Veranstaltungen von Seminaren und Kursen durchführen (auch z. B. bei Schulungen bzgl. der SCM-Software). Dazu gehört auch das gemeinsame Betreiben von Ausbildungsstätten, Bildungszentren und Bibliotheken. In der Datenverarbeitung finden sowohl Kooperationen bei der Nutzung von Hardware (z. B. gemeinsames Rechenzentrum und Nutzung der DV-Anlagen des Partners) als auch bei der Entwicklung und Nutzung der SCM-Software (z. B. gemeinschaftliche Programmierung und Programmaustausch) statt. Informationssysteme unterstützen damit zum einen Kooperationen und sind zum anderen selbst Gegenstand einer Kooperation.

## 1.4 Die geeignete Lösungsstrategie auswählen – drei Grundtypen

Zum Abschluss der Ermittlung von Kooperationschancen sollte eine kritische Gegenüberstellung der Kooperationsstrategie mit anderen grundlegenden Strategiealternativen erfolgen. Mit der Kenntnis der Einsatzbereiche verschiedener Kooperationsformen sowie der spezifisch ermittelten Kooperationschancen und -risiken in Verbindung mit den Ergebnissen der unternehmensspezifischen Kooperationsbilanz sollte es dem Gestalter einer Kooperation bereits in diesem frühen Stadium des Gestaltungsprojektes möglich sein, einen Vergleich der grundlegenden Strategien vorzunehmen. Grundsätzlich können drei verschiedene *Grundstrategien* (Autonomie-, Beteiligungs- sowie Kooperationsstrategie) unterschieden werden. Diese werden im Folgenden mit ihren Vor- und Nachteilen vorgestellt. Die genannten Vor- und Nachteile können dem Leser als erste Hinweise bei der Suche nach spezifischen Vergleichskriterien dienen. Eine Empfehlung für einen Auswahlprozess bieten wir Ihnen in Teil 5 an.

**Die Autonomiestrategie**

Die Autonomiestrategie präferiert eine vollkommen *eigenständige* Problemlösung durch das Unternehmen oder eine beratende Unterstützung durch externe (öffentliche wie auch private) Institutionen wie z. B. der Industrie- und Handelskammer (IHK), der Handwerkskammer (HWK), Fachverbänden, Innungen, Forschungsinstituten etc. Diese Strategie bietet sich immer dann an, wenn das Unternehmen sich in der Lage sieht, die zu bewältigenden Aufgaben alleine zu lösen. Dies ist dann der Fall, wenn entweder die zur Problemlösung erforderlichen Ressourcen vorhanden sind bzw. beschafft werden können, oder nur geringe Widerstände bei der operativen Umsetzung der geplanten Maßnahmen zu erwarten sind. Die Vorteile der Autonomiestrategie liegen in der Beibehaltung der Eigenständigkeit. Es sind keine Abstimmungs- oder Austauschprozesse mit anderen Institutionen (Unternehmen, Banken etc.) notwendig. Auf diese Weise können mögliche Wettbewerbsvorteile alleine genutzt werden, die Gefahr der Offenlegung von Geschäftsgeheimnissen besteht nicht. Die Nachteile der Autonomiestrategie sind in dem unter Umständen hohen Zeit- und Ressourcenaufwand, dem hohen Investitionsaufwand und dem alleinigen Risiko zu sehen. Zu berücksichtigen sind hier eine mangelhafte Planung, Ausführung und Akzeptanz der Maßnahmen.

**Die Beteiligungsstrategie**

Bei einer Kapitalbeteiligung Dritter zur Realisierung strategischer Planungen spricht man von einer Beteiligungsstrategie. Häufig handelt es sich bei den sich beteiligenden Institutionen um Venture Capital-Gesellschaften, die sich Innovationsprojekten mit einer überdurchschnittlichen Erfolgserwartung anschließen. Die *Vorteile* dieser Strategie sind in der Erhöhung der Eigenkapitalbasis zu sehen. Auf diese Weise ist es möglich, auch größere Finanzierungslücken zu schließen. Gegenüber der Konkurrenz können entstehende Wettbewerbsvorteile exklusiv genutzt werden. Hinzu kommt die Projektbetreuung und die Management-Unterstützung durch die Venture Capital-Gesellschaft. Als *Nachteil* der Beteiligungsstrategie ist zum einen der Verlust der Eigenständigkeit zu sehen, da mit der Bereitstellung von Kapital auch unternehmerische Entscheidungsbefugnisse seitens der Gesellschaft verbunden sind. Darüber hinaus entstehen zum Kapitalgeber eher einseitige Abhängigkeitsverhältnisse. Nicht auszuschließen ist bei Kapitalbeteiligungen im größeren Umfang auch die Übernahme, wenn es sich beim Investor um ein größeres Unternehmen handelt. Weiterhin bleibt auch das Risiko weitestgehend allein beim Unternehmen.

**Die Kooperationsstrategie**

Diese dritte Alternative findet sich vorwiegend im SCM. Bei dieser Strategie sollen gemeinsam mit anderen Unternehmen strategische Zielsetzungen (z. B. Verfügbarkeit herstellen, siehe Abb. 1 „Das 3-Säulen-Konzept“) erreicht werden. Als *Vorteil* der Kooperationsstrategie ist in erster Linie der Umstand zu sehen, dass – eine geeignete Auswahl der Partner vorausgesetzt – keine einseitigen Abhängigkeitsverhältnisse entstehen können. Dazu ist bei der Partnerauswahl darauf zu achten, dass allen Parteien ein Nutzen aus der Partnerschaft erwächst, aus dem sich unmittelbar auch eine gegenseitige Abhängigkeit ergibt. Durch die Zusammenarbeit der beteiligten Unternehmen entstehen Synergieeffekte, aus denen sich Zeit-,

Risiko-, Kosten- sowie Ressourcenvorteile ergeben. Die Kooperationsstrategie bietet vor allem finanzschwachen Unternehmen die Möglichkeit, Wettbewerbsvorteile unter Beibehaltung der rechtlichen und wirtschaftlichen Selbständigkeit zu erreichen. *Nachteilig* ist in diesem Zusammenhang der Verlust der Eigenständigkeit – Kooperationen machen unter Umständen langwierige Koordinationsprozesse erforderlich – sowie die Gefahr der Offenlegung von Geschäftsgeheimnissen. Darüber hinaus ist es in einer Kooperation nicht mehr möglich, identifizierte Wettbewerbsvorteile exklusiv zu nutzen.

**Tabelle 1.** Die Lösungsstrategien im Überblick

| | Autonomiestrategie | Beteiligungsstrategie | Kooperationsstrategie |
|---|---|---|---|
| Definition | vollkommen eigenständige Problemlösung oder Unterstützung durch beratende Institutionen (IHK, HWK, Fachverbände, Innungen, Forschungsinstitute etc.) | Defizitausgleich durch Kapitalbeteiligungen zur Schließung von Finanzierungslücken und/ oder Projektbetreuung und Management-Unterstützung durch Venture Capital-Gesellschaft | gemeinsame Erarbeitung und Nutzung von Lösungen zu Dienstleistungsdefiziten |
| Vorteile | Beibehaltung der Eigenständigkeit<br>Keine Gefahr der Offenlegung von Geschäftsgeheimnissen<br>Alleinige Schaffung/ Nutzung von Wettbewerbsvorteilen | Ausgleich von DL-Defiziten trotz fehlender Eigenkapitalbasis<br>Alleinige Schaffung/ Nutzung von Wettbewerbsvorteilen | Keine einseitigen Abhängigkeitsverhältnisse<br>Nutzung von Synergieeffekten - Zeitvorteile<br>Verteiltes Risiko<br>Chance für finanzschwache Unternehmen |
| Nachteile | Hoher Zeit- und Ressourcenaufwand<br>Hoher Investitionsaufwand<br>Alleiniges Risiko | Verlust der Eigenständigkeit<br>Einseitige Abhängigkeitsverhältnisse<br>Gefahr der Übernahme durch größeren Beteiligungspartner<br>Alleiniges Risiko | Verlust der Eigenständigkeit<br>Gefahr der Offenlegung von Geschäftsgeheimnissen<br>Keine alleinige Nutzung der Wettbewerbsvorteile<br>Höherer Koordinations- und Abstimmungsaufwand |

## 1.5 Modelle (Varianten) der Zusammenarbeit – die konkrete Umsetzung eines SCM-Konzeptes

Spricht man allgemein über Formen der Kooperation, so werden i. d. R. drei Kooperationsformen unterschieden. Man spricht von *horizontalen*, *vertikalen* und *komplementären* Kooperationen. Diese wollen wir in einem einzigen Absatz kurz definieren – damit Sie im Folgenden wissen, worüber wir sprechen.

**Horizontale Kooperation**
Bei der horizontalen Kooperation handelt es sich um eine Verbindung von Partnern desselben Gewerks bzw. Gewerbes, die auf der gleichen Marktstufe mit einem gleichen oder ähnlichen Tätigkeitsbereich angesiedelt sind. Hier ist häufig eine ursprüngliche Konkurrenzsituation der kooperierenden Unternehmen anzutreffen. Dennoch bieten sich vielfältige Einsatzmöglichkeiten wie Einkaufs- oder Transportgemeinschaften für diese Form der zwischenbetrieblichen Zusammenarbeit.

**Vertikale Kooperation**
Als eine vertikale Kooperation werden Verbindungen von Unternehmen auf verschiedenartigen, aufeinander folgenden Produktions- und/ oder Handelsstufen der gleichen Branche verstanden. Charakteristisch für diese Form der Zusammenarbeit ist damit die Anordnung der Partner entlang der Wertschöpfungskette eines Produktes oder einer Dienstleistung. Wie der Begriff „Supply Chain" schon deutlich macht, ist diese Form der Zusammenarbeit beim SCM am häufigsten zu finden.

**Komplementäre Kooperation**
Als komplementäre Kooperationen werden die Zusammenschlüsse mehrerer Unternehmen zu einem Kooperationsverbund verstanden, die aus unterschiedlichen Branchen stammen bzw. verschiedene Gewerke betreiben und deren Einzelleistungen sich zu einem neuen Leistungsangebot verbinden. Diese komplementären Kooperationen sind aber mehr als Vorläufer möglicher zukünftiger virtueller Unternehmen zu sehen.

Diese grundsätzlichen, allgemeinen Organisationsformen der Kooperation sind für eine konkrete Umsetzung eines SCM-Konzeptes zu *allgemein* und *abstrakt*. Es bedarf im konkreten Fall vielmehr eines *konkreten* Modelles, an dem sich das Management einer Kooperation orientieren kann. Aufbauend auf den grundsätzlichen Formen und Strategien der Kooperation sollen im folgenden deshalb unterschiedliche Modelle (Varianten) der Zusammenarbeit vorgestellt werden, die als Leitlinie für die Realisierung einer Kooperation dienen können.

**Zukaufvariante**

Von einer Zukaufvariante spricht man, wenn sich die Partner zusammenschließen, um gemeinsam eine Auftragsvergabe an einen Dritten vorzunehmen. Dieser Schritt bietet sich immer dann an, wenn keines der Mitglieder des Kooperationsverbundes in der Lage ist, das Anforderungsprofil einer bestimmten Aufgabe hinreichend zu erfüllen. Dabei müssen nicht nur fehlende fachliche Voraussetzungen als Grundlage zu einer solchen Entscheidung dienen, auch zeitliche oder organisatorische Gründe können den Ausschlag geben.

**Tabelle 2.** Die Zukaufvariante

| Anwendungsfelder | Vorteile | Chancen | Risiken |
|---|---|---|---|
| sind vor allem horizontale, aber auch teilweise komplementäre Kooperationen auf Gebieten, die zwar von zentraler Bedeutung für die Abwicklung von SCM-Kooperationen sind, jedoch nicht den Kernkompetenzen eines Unternehmens zugeordnet werden können. Diese Aufgaben werden häufig an Dritte vergeben. Das klassischste Anwendungsfeld in diesem Zusammenhang ist der Zukauf von Logistikdienstleistungen. | Der Zugriff auf Spezialisten bewirkt eine deutliche Arbeitsentlastung und möglicherweise auch reduzierten Kosten- und Organisationsaufwand | erhebliche Arbeitsentlastung der Partner im Kooperationsverbund;<br>Möglichkeit, sich nur auf eine Kontrollfunktion zu beschränken;<br>Gelegenheit, die Risiken, die mit der Abwicklung einer jeden Aufgabe verbunden sind, an den Auftragnehmer weiterzuleiten. | Die Risiken, die mit der Vergabe bestimmter Aufgaben (-pakete) an Externe verbunden sind, zeichnen sich durch mögliche zeitliche Abstimmungsprobleme, unterschiedliche Auffassungen hinsichtlich Qualität und Ausführung, die in mehreren Gesprächen erst abgeglichen werden müssen, sowie Eigenständigkeitsverlusten aus. Darüber hinaus kann es passieren, dass der Fremdauftrag letztendlich mit höheren Kosten verbunden ist als die Eigenleistung. |

**Betriebsvariante**

Unter einer Betriebsvariante wird die Einrichtung einer gemeinsamen Abwicklungsstelle zur Aufgabenabwicklung verstanden. Diese bietet sich immer dann an, wenn eine längerfristige Zusammenarbeit geplant ist.

**Tabelle 3.** Die Betriebsvariante

| Anwendungsfelder | Vorteile | Chancen | Risiken |
|---|---|---|---|
| Einkaufsgemeinschaften,<br>Lager-, Werbe- oder Transportgemeinschaften.<br><br>Anhand dieser kurzen Aufzählung wird bereits die gute Eignung dieser Variante für die Umsetzung von SCM-Kooperationen deutlich. Einige erfolgreiche Umsetzungen dieser Variante in der Praxis unterstreichen diese Aussage. | höhere Transparenz einer eigenständig operierenden Einheit hinsichtlich des eingebrachten Aufwandes und der gewonnenen Leistungen. Eine in Kooperationen häufig anzutreffende Problematik, nämlich das Reifen des notwendigen Vertrauens, kann durch das vereinfachte Controlling beschleunigt werden. | klare Trennung des Gemeinschaftsbetriebes von den Unternehmen der Kooperationspartner<br>Reduzierung des Koordinationsaufwands<br>u. U. ergeben sich auch Wachstumspotenziale, so dass der Gemeinschaftsbetrieb auch externe Kunden bedienen kann.<br>Mit der Festlegung von allgemein gültigen Marktpreisen für die gegenüber den Kooperationspartnern erbrachten Leistungen kann der Verdacht, dass einer der Partner einseitig Kosten- oder Leistungsvorteile aus dem Gemeinschaftsunternehmen ziehen könnte, entkräftet werden.<br>Möglichkeit, mit dem Betrieb einen neuen, gemeinsamen Kompetenzträger aufzubauen. | hoher Gründungsaufwand,<br>die zwangsläufig erforderliche langfristige und enge Bindung<br>Notwendigkeit einer Etablierung einer eigenen Führung des Gemeinschaftsunternehmens |

**Beauftragungsvariante**

Kennzeichnend für die Beauftragungsvariante ist die exklusive Übertragung bestimmter Aufgabenumfänge auf den jeweils bestgeeigneten Kooperationspartner. Die weite Verbreitung dieser Realisierungsvariante ist auf das häufig anzutreffende Motiv der Bündelung der gegenseitigen Stärken der Partner zurückzuführen.

**Tabelle 4.** Die Beauftragungsvariante

| Anwendungsfelder | Vorteile | Chancen | Risiken |
|---|---|---|---|
| findet sich grundsätzlich in allen Kooperationsformen wieder; am häufigsten in vertikalen Kooperationen.<br><br>Die Anwendungsfelder sind mit denen der Betriebsvariante zu vergleichen. Begründen lassen sich diese Übereinstimmungen mit dem Entscheidungsspielraum der Kooperationspartner. Auch diese Variante ist für die Umsetzung von SCM-Kooperationen gut geeignet. | Möglichkeit, die im Rahmen einer Kooperation anfallenden Aufgaben durch einen Spezialisten ausführen zu lassen. Andere Kooperationsmitglieder werden mit dieser Aufgabe nicht belastet. | hohe Ausführungsqualität, die durch die Abwicklung durch einen Spezialisten gesichert wird; Zeitgewinn durch die Entlastung der anderen Partner; geringerer Koordinationsaufwand und Kosteneinsparungen durch die Vermeidung von Doppelarbeit.<br><br>Da die beauftragten Leistungen gleichzeitig direkt im Verbund verbleiben, sind gleichzeitig eine konstruktive Verständigung über die entsprechenden Aufgaben sowie eine hinreichende Einflussnahme gesichert. | mögliche Risiken für den beauftragten Spezialisten: Arbeit für den Kooperationsverbund kann eine Vernachlässigung des eigenen Betriebes mit sich bringen; Gefahr für die Partner, in eine einseitige Know-how-Abhängigkeit gegenüber dem Spezialisten zu geraten; Bei der Leistungsverrechnung kann das Problem entstehen, dass der Wert der vom Spezialisten ausgeführten Arbeit von ihm höher eingestuft wird als von den Kooperationspartnern und es auf diese Weise zu Abstimmungsproblemen kommt. |

**Spezialisierungsvariante**

Die Spezialisierungsvariante kann als eine besonders stark ausgeprägte Form der Beauftragungsvariante bezeichnet werden. Darunter sind Kooperationen zu verstehen, bei denen bestimmte Tätigkeitsbereiche in die Partnerbetriebe für die Dauer der Kooperation ein und andere ausgegliedert werden. Jeder Partner erfüllt die Aufgabe, auf die er sich spezialisiert hat.

**Tabelle 5.** Die Spezialisierungsvariante

| Anwendungsfelder | Vorteile | Chancen | Risiken |
|---|---|---|---|
| wechselseitige Spezialisierung in den Bereichen Einkauf, Lagerwirtschaft und Kundenbetreuung; Auch diese Anwendungsfelder prädestinieren diese Variante für bestimmte SCM-Kooperationen. | Qualitätsgewinne durch das Spezialistentum; hohe Kosteneinsparungspotenziale; Erweiterung des Sortimentspektrums. speziell bei Einkaufskooperationen. | Reduzierung der Beschaffungskosten durch größere Bezugsmengen speziell im Einkauf und der Lagerwirtschaft; Reduzierung der Lagerhaltungskosten durch eine geringere Sortimentsvielfalt; möglicher Aufbau eines größeren Leistungspektrums durch einen Zugriff auf die Waren der Kooperationspartner. | Umstellungskosten zu Beginn; höhere Abhängigkeit der Kooperationspartner; die mit der Beschränkung auf eine Tätigkeit verbundenen Opportunitätskosten; möglicher Verlust von direkten Kundenbeziehungen für einzelne Kooperationspartner. |

**Arbeitsgemeinschaftsvariante**

Unter einer Arbeitsgemeinschaftsvariante ist der Zusammenschluss mehrerer Partner mit dem Zweck der gemeinsamen Abwicklung einzelner Teilaufgaben zu verstehen. Diese Form der Zusammenarbeit wird häufig dann gewählt, wenn ein Unternehmen allein nicht die erforderlichen Ressourcen zur Aufgabenabwicklung zur Verfügung hat. Diese Variante ist für die Umsetzung von SCM-Kooperationen in einem frühen Stadium gut geeignet, da sie insbesondere einen relativ geringen Initialisierungsaufwand mit sich bringt.

**Tabelle 6.** Die Arbeitsgemeinschaftsvariante

| Anwendungsfelder | Vorteile | Chancen | Risiken |
|---|---|---|---|
| hauptsächlich in horizontalen und komplementären Kooperationen;<br>bei Erfahrungsaustauschen;<br>gemeinsame Beplanung der Ressourcen<br>gemeinsame Abwicklung der zwischenbetrieblichen Logistik | Zusammenführung der Ressourcen der Partner, um Synergieeffekte zu erzeugen. | Gewinnung von Zeitvorteilen (gerade in Phasen mit großem Zeitdruck wird häufig die Arbeitsgemeinschaftsvariante gewählt, um Konventionalstrafen noch abzuwenden)<br>einfache Leistungsverrechnung | gesamtschuldnerische Haftung aller beteiligten Partner für Leistungsmängel,<br>zwangsläufig höherer Koordinationsaufwand im Betrieb<br>Notwendigkeit der Abstimmung der Aufgabenabwicklung und des Qualitätsniveaus |

## 1.6 Prozessorientierung – Grundlage der Kooperationsgestaltung

Eine unternehmensübergreifende Kooperation stellt immer eine zeitlich befristete, auf einen konkreten Kooperationszweck ausgerichtete Zusammenarbeit zweier oder mehrerer Unternehmen dar. Diese Merkmale machen eine Kooperation zu einem Sonderfall, dem auch im Gestaltungsprozess Rechnung getragen werden sollte. Es genügt bei der Festlegung der Organisation nicht, einfache klare Regelungen zu suchen und Organisationsmodelle anzuwenden, die alle Beteiligten aus ihrer Management-Praxis kennen. Die bekannten Regelungen führen häufig zu einem Proporz-System. Leitende Positionen werden nach Machtgleichgewicht formuliert und entsprechend besetzt. Die Kooperation, die einer Innovation dienen soll, wird auf diese Weise bürokratisiert. Es entstehen starre, funktionale Strukturen (Technik, Vertrieb, Finanzwesen, Controlling), die keinen Bezug zum ursprünglichen Motiv der Zusammenarbeit besitzen (vgl. Leder 90, S. 26). Zur Sicherstellung eines Höchstmaßes an Zielorientierung müssen sich die Organisationsstrukturen daher unmittelbar aus dem Kooperationszweck und den dazu notwendigen Prozessen herleiten. Das entscheidende *Erfolgsmerkmal* ist die *Prozessorientierung* (siehe Abb. 5).

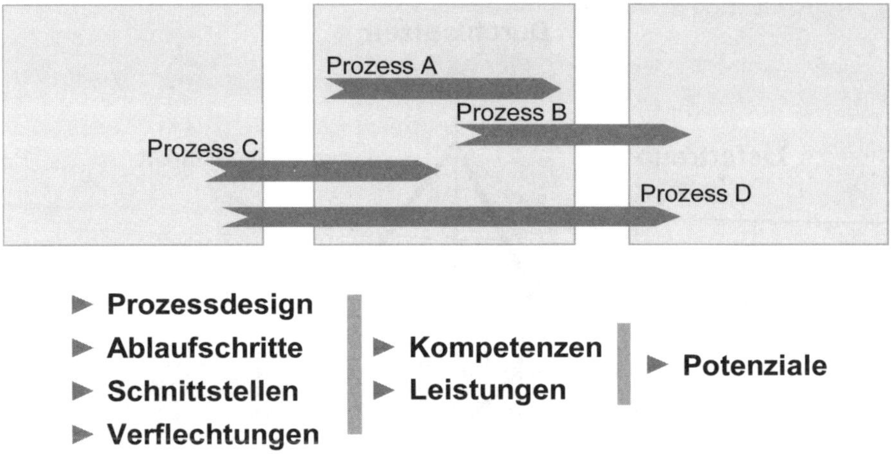


**Abb. 5.** Erfolgsmerkmal unternehmensübergreifende Prozessorientierung

**Die Ablauforganisation entwickeln**
Sie erinnern sich an Abb. 1: Die zweite Säule unseres Konzeptes ruht auf den Prozessen. Über Prozess- vs. Funktionsorientierung ist in der Fachliteratur viel geschrieben worden. Deshalb wollen wir uns in diesem Abschnitt kurz fassen und nur auf die zentralen Aspekte im Zusammenhang mit SCM Ihr Augenmerk lenken: In den 80er Jahren begannen Unternehmen sich auf neue Methoden der Leistungsverbesserung einzustellen, bei denen Prozesse im Mittelpunkt standen. Nach und nach erzielten sie Fortschritte, um ihre Prozessprobleme zu überwinden. Man siebte unnötige Arbeitsschritte aus, fasste Aufgaben zusammen oder strukturierte sie neu und machte Informationen (so weit als möglich) allen Prozessbeteiligten zugänglich. Diese Maßnahmen führten zu enormen Leistungsverbesserungen: Genannt seien die Bereiche Qualität, Zuverlässigkeit, Flexibilität, Kosten und Service. Weil man den Blick auf die Prozesse verlagert hatte.

**Kunden beurteilen Unternehmen nach deren Prozessen**
Der wichtigste Bestandteil der Prozessdefinition ist immer noch der Kunde. Wer Prozesse unter die Lupe nimmt, betrachtet sein Unternehmen aus der Sicht der Kunden. Und für die Kunden sind die Prozesse das Kernstück des Unternehmens. Interne Strukturen, Hierarchien, Abteilungen oder Führungsphilosophien sind dem Kunden völlig einerlei. Sie sehen i. d. R. nur die Produkte und Dienstleistungen eines Unternehmens. Und die werden durch Prozesse hervorgebracht. Wir hatten es in Teil 1 bereits gesagt: wir leben im Zeitalter des Kunden. Aus diesem Grund ist die Prozessausrichtung an den Bedürfnissen des Kunden heute so überlebenswichtig. In Abb. 1 sehen Sie den Kunden links oben dargestellt, von dem sich alles ableitet, auf den sich alles auszurichten hat.

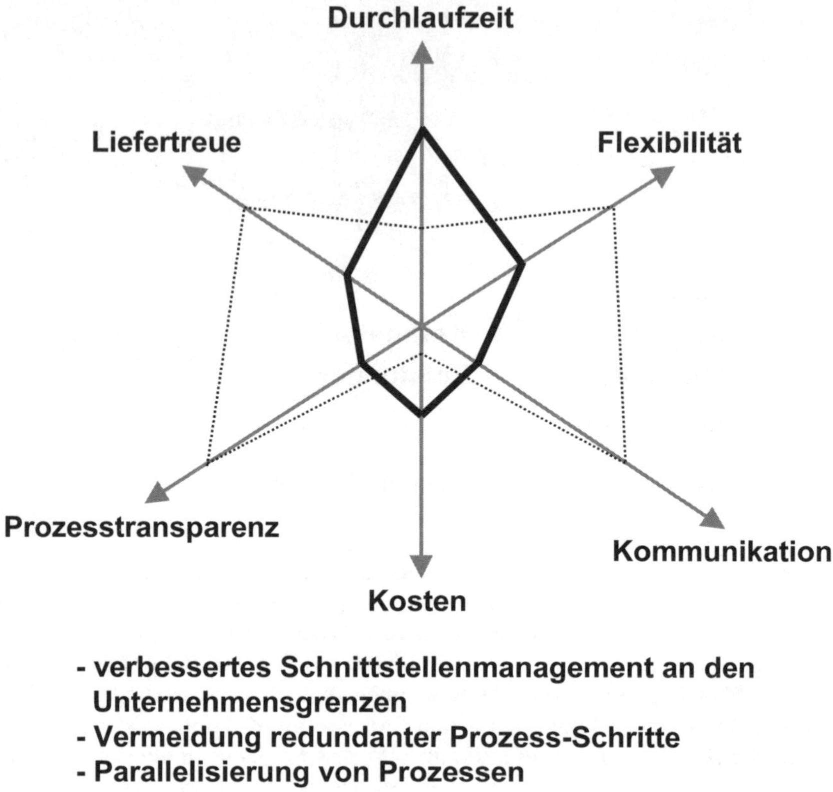


**Abb. 6.** Der Nutzen der Prozessorientierung

Mittels einer prozessorientierten Sicht auf ihr Geschäftsumfeld verfolgen erfolgreiche Unternehmen das Ziel, ihr gesamten Unternehmensaktivitäten und -ressourcen auf die kundenorientierte Optimierung von Wertschöpfungsprozessen auszurichten. Damit sind nicht mehr die Funktionsbereiche, sondern die Unternehmensprozesse Gegenstand der Optimierungsbestrebungen. Schwierig genug, wenn man Prozesse unternehmensintern optimiert. Noch schwieriger, wenn man – wie im Falle des SCM – Prozesse unternehmens*übergreifend* betrachtet. Aber gerade durch die konsequente Orientierung an diesen Prozessen wird die nötige Transparenz geschaffen. Denn auf diese Weise sind beispielsweise konkrete Aussagen möglich, wo unnötige Puffer-, Transport- und Lagerprozesse den Auftragsdurchlauf in die Länge ziehen und wo Abstimmungsaufwände und Informationsdefizite durch ein effizientes Schnittstellenmanagement reduziert werden müssen. Unternehmen, die ihre Prozesse in das Zentrum ihrer Ausrichtung stellen, müssen eine Reihe von Aspekten betrachten:

- *Man muss seine (Kern-) Prozesse identifizieren und ihnen Namen geben.* Denn jedes Unternehmen hat eigene, hochspezifische, unverwechselbare und im besten Fall nicht imitierbare Prozesse. Welches die Schlüsselprozesse sind, hängt von der Branche und den jeweiligen Produkten ab, die das Unternehmen für seine Kunden produziert. Dabei die richtigen Prozesse zu identifizieren ist keine leichte Aufgabe.
- *Mitarbeiter müssen sich der Bedeutung der Prozesse bewusst sein.* Leicht gesagt – und in der Praxis gar nicht so leicht umgesetzt. Denn häufig wissen die Mitarbeiter nicht (oder nur diffus), aus welchen Prozessen sich genau das Unternehmen zusammensetzt.
- *Prozesse müssen gemessen werden.* Um zu wissen, wie gut die Prozessleistung ist. In diesem Zusammenhang haben Unternehmen ihre Messgrößen zu definieren, um jedes ihrer Produkte beurteilen zu können. Dabei werden sich einige Messgrößen auf Aspekte beziehen, die für den Kunden relevant sind. Denken Sie nur an die Prozessgenauigkeit beispielsweise oder die Durchlaufzeit. Andere Messgrößen hingegen werden die internen Bedürfnisse des Unternehmens widerspiegeln: Denken Sie an Prozesskosten, Auslastungsgrad oder ähnliches.
- *Prozessmanagement ist das A und O bei der Prozessorientierung.* Denn einmalige Verbesserungen sind nutzlos. Es gibt keinen Prozess, der nicht noch weiter zu verbessern wäre bzw. der nicht dem sich ändernden Umfeld angepasst werden müsste.
- Im Rahmen einer ganzheitlichen Prozessorientierung empfiehlt sich auch die Analyse seiner Partner. Der Grund ist einfach: Voraussetzung für eine prozessorientierte Gestaltung der Kooperation ist zum einen eine prozessorientierte Denk- und Verhaltensweise der beteiligten Partner und zum anderen eine Darstellung des Ist-Zustandes aller Unternehmen in einer Prozesssicht. Was liegt also näher, als sein eigenes Unternehmen prozessorientiert zu analysieren?

Prozessorientierung hat in unserem Zusammenhang jedoch noch einen anderen Vorteil: Sie ermöglicht es Anwendern, eine Kooperationsarchitektur einzurichten, die ein Höchstmaß an Zielorientierung sicherstellt und sich unmittelbar aus dem Kooperationszweck und den dazu notwendigen Prozessen herleitet. Mit diesem Thema werden wir uns ausführlich in Teil 3 beschäftigen.

# 2 Kooperationen etablieren und betreiben – der Kooperationslebenszyklus

### Generelle Lebensphasen einer Kooperation

Da Kooperationen – auch wenn sie langfristig angelegt sind – stets Projektcharakter haben, können zur Bestimmung der einzelnen Phasen, die während einer Kooperation durchlaufen werden, dem Projektmanagement zugrundeliegende Phasenmodelle herangezogen werden. Diese Phasenmodelle basieren meist auf der Vorstellung eines Lebenszyklus. Sowohl in der Praxis als auch in der darauf fußenden Fachliteratur haben sich unterschiedliche Bezeichnungen und Phasengliederungen innerhalb des Lebenszyklus einer Kooperation herausgebildet. Wohl wissend, dass es unrealistisch ist, allen spezifischen Formen der Kooperation einen gleichen Weg zuzusprechen, bietet es sich dennoch an, einen groben Rahmen über den zeitlichen Verlauf zu spannen und somit eine prozessorientierte Sichtweise zu unterstützen, die gerade für das Management von Kooperationen sinnvoll ist.

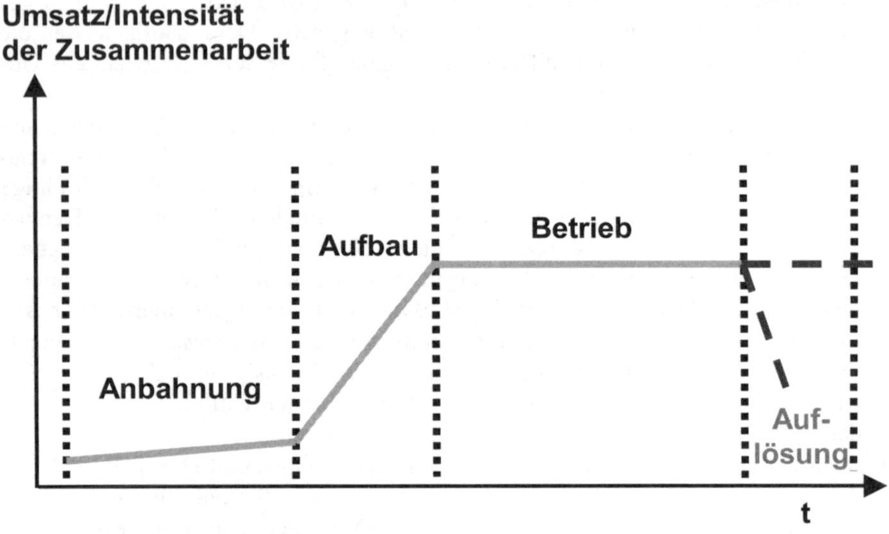


**Abb. 7.** Der Kooperations-Lebenszyklus

Dem eigentlichen Anbahnungsprozess einer Kooperation geht in der Praxis meist ein spezieller Initiativprozess voraus, in dem die Entscheidungsträger die Notwendigkeit zum Handeln erkennen. Die Initiative wird als Anregung für einen Entscheidungsprozess verstanden. Derartige Anregungen entstehen aus einem Problemdruck, einer Art Unbefriedigtsein gegenüber der gegenwärtigen Situation bzw. einer erwarteten Entwicklung, verursacht durch den Wandel von Situationsdaten oder durch die Festlegung/ Veränderung alter Ziele. Dass die meisten Zulieferunternehmen der Automobilbranche derzeit unter hohem Innovationsdruck stehen und sich ein gravierender Wandel innerhalb der Wertschöpfungskette vollzieht und bereits vollzogen hat, haben wir im Teil 1 skizziert. Es stehen verschiedene Strategiealternativen zur Verfügung, um diese Situation zu ändern. Ist eine Entscheidung gefallen, eine Kooperation eingehen zu wollen, erfolgt die Suche nach geeigneten Partnern. In der Regel gibt es zwei Möglichkeiten für den Impuls, eine Kooperation einzugehen:

**Eigeninitiative**
Nimmt ein Unternehmen Veränderungen und einen steigenden Problemdruck wahr, so bieten sich ihm verschiedene Alternativen, diesen Zustand in seinem Sinne zu verändern. Wird Kooperation als die bevorzugte Alternative angesehen,

so kann das Unternehmen aus Eigeninitiative den Anbahnungsprozess einleiten, indem es potenzielle Kooperationspartner sucht und erste Kontakte aufnimmt.

**Fremdinitiative**
Die zweite Möglichkeit, einen Anbahnungsprozess einzuleiten, geschieht über Fremdinitiative. Das Unternehmen wird von einem externen Akteur angesprochen, der hinsichtlich der institutionellen Zugehörigkeit entweder ein zukünftiges Partnerunternehmen oder ein Drittakteur (z. B. Dienstleister im Bereich des Kooperationsmanagement) sein kann. Von besonderer Bedeutung für das Fruchten dieser Initiative ist, inwieweit sich das angesprochene Unternehmen mit dieser Idee identifizieren kann und ob es evtl. selbst mit diesem Gedanken gespielt hat. Es kann sich positiv auswirken, wenn das Unternehmen bereits selbst Überlegungen zum Eingehen von Kooperationen angestellt hat.

**Unser Tipp: Kooperieren Sie nicht, wenn Sie...**
- ...über die Kooperation den eigenen Auftragsmangel beheben,
- ...eigene Schwachstellen beheben oder
- ...eine schnelle Mark machen wollen (Sie sollten für mind. 3 Jahre „Puste haben“);
- ...nicht teamfähig sind;
- ...Verantwortung nicht an Ihre Mitarbeiter delegieren wollen („loslassen“ können);
- ...nicht zu teilweisem Know-how-Transfer bereit sind oder
- ...Ihre Unternehmenszahlen – zumindest teilweise – nicht offenlegen wollen.

## 2.1 Kooperationen initiieren (Phase 1) – auf der Suche nach den richtigen Partnern

**Kooperationschancen erkennen**
Kern der ersten Phase der Kooperationsgestaltung ist es, die spezifischen Lösungspotenziale einer Kooperation zur Behebung der in einer unternehmensübergreifenden Analyse erkannten Defizite abzuschätzen. Auf der Basis dieser Analyse können die Chancen und Möglichkeiten evaluiert werden, die das Unternehmen im Hinblick auf mögliche Kooperationen sieht. Weist sich Kooperation als zielführende Maßnahme zur Korrektur der identifizierten Defizite aus, hat sich beim Unternehmen eine Kooperationsabsicht entwickelt. Das Kooperationsbewusstsein, die Erkenntnis, die gesteckten Ziele zusammen mit anderen Partnern optimal erreichen zu können, hat sich beim Initiator der Kooperation entwickelt.

Ausgehend von wesentlichen Schwachstellen, die dem Unternehmen z. B. durch eine erhöhte Anzahl von Reklamationen, einen erheblichen Auftragsrückgang, Beschwerden der Mitarbeiter oder andere Anzeichen signalisiert werden, empfiehlt sich eine gezielte Bestandsaufnahme der Ursachen dieser Schwachstellen. In einer anschließenden Zielformulierung erfolgt eine schwachstellenbezogene Zielbildung zur Ermittlung schnell ausschöpfbarer Optimierungspotenziale. Eine Kooperation hat nicht nur Vorteile – so müssen z. B. wirtschaftliche Erfolge mit den Partnern geteilt werden. Darüber hinaus ergibt sich in jedem Kooperationsprojekt ein erhöhter Koordinierungsaufwand. Es ist also wichtig, die jeweils spezifischen Vor- und Nachteile zu ermitteln und daraus die entsprechenden Chancen einer Kooperation abzuleiten.

**Der Anbahnungsprozess**

Im Vordergrund der Anbahnungsphase steht die aktive Suche nach einem oder mehreren geeigneten Kooperationspartnern. Dies erfordert unter anderem die Analyse des eigenen Kooperationsbedarfes sowie die Prüfung der Kooperationsfähigkeit der potenziellen Partner. Ein zentrales Element ist auch der *Zielbildungsprozess*, der als kontinuierlich anzusehen und auch in die nachfolgenden Phasen zu integrieren ist, da Ziele in der Regel definiert, verfeinert oder revidiert werden. Der Prozess der Zielbildung ist multipersonell, d.h. es setzen sich dabei mehrere Mitglieder der potenziellen Partnerunternehmen mit der Zieldefinition auseinander. Dabei kann es notwendig werden, Akteure aus der Umwelt wie bspw. Anteilseigner einzubeziehen. Entscheidend beeinflusst wird der Prozess durch den Grad der Zielvorstellung der einzelnen Teilnehmer und den generierten Informationen über die Partner, über das eigene Unternehmen und die Marktsituation.

**Gemeinsame Ziele definieren**

Voraussetzung für eine erfolgreiche Kooperation ist, dass gemeinsame Ziele und keine persönlichen Vorteile verfolgt werden. Die Gefahr einer einseitigen Wertsteigerung oder allgemeiner gesprochen: eines einseitigen Nutzens, ist in jedem Kooperationsprojekt gegeben. Einer solchen Fehlentwicklung lässt sich durch eine gemeinsam formulierte Zielvereinbarung,, die die spezifischen Anliegen der einzelnen Unternehmen aufnimmt,, begegnen. Dies klingt recht harmonisch, ist es in der Unternehmenspraxis häufig aber gar nicht. Denn die Herausforderung, ein Optimum über die *gesamte* Wertkette zu erzeugen, bedeutet häufig, Abstriche bei unternehmensindividuellen Zielen zu machen. Anders gesagt: Unternehmen X muss im einen oder anderen Fall mit einer suboptimalen Lösung zu leben versuchen. Dies in Treffen kontrovers auszufechten, ohne sich zu verletzen und gemeinsame Ziele zu verabschieden, ist eine Kunst, die nicht jeder beherrscht. Kommt es in dieser Phase zu unüberbrückbaren Friktionen, können die gerade erst eingegangenen Kooperationen auch schon wieder zerbrechen. Außer Spesen nichts gewesen, sagt der Volksmund.

Die Verfolgung der verabschiedeten Ziele ist für die Partnerunternehmen dann allerdings bindend. Eine eventuelle Neuausrichtung muss von allen Partnern getragen werden, sonst kann diese Situation zum Anlass genommen werden, aus der Kooperation auszusteigen. Die Entwicklung gemeinsamer Ziele dient der Eingrenzung des Kooperationsvorhabens und bildet die Grundlage für die Gestaltung der Prozesse (siehe Teil 3).

Eine weitere wichtige Aktivität der Anbahnungsphase kann mit dem Begriff Verhandlungsführung zusammengefasst werden. Erste Gespräche über Anpassungs- und Investitionsmaßnahmen sowie über das Informationsverhalten und andere Spielregeln sind Bestandteile. Ein nicht unwesentlicher Aspekt ist die Einleitung von Schritten zur Vertrauensbildung. Diese Phase endet mit der Wahl der zur Kooperation notwendigen Partner.

## 2.2 Kooperationen auf- und ausbauen (Phase 2) – das Bündnis gewinnt Konturen

**Die Kooperation konfigurieren**

Stehen die Kooperationspartner und die gemeinsamen Ziele fest, werden gemeinsam die Modalitäten der Kooperation unter Berücksichtigung der aktuellen Situation der Partner und des Marktes erarbeitet. Sie betreffen die Festlegung der Organisationsform, des entsprechenden Kooperationsmodells, der Kooperationsstrategie und der Kooperationskonditionen (wie Intensität, Dauer, Finanzierung, eventuelle vertragliche Fixierung, Ergebnisverwertung, Aufteilung von Kosten und Erlösen sowie eine genaue Abgrenzung von Zuständigkeiten und die Festlegung aller notwendigen Aufgabenträger). Des Weiteren sind detaillierte Gestaltungsentscheidungen über die Organisation und die Abläufe der Kooperation zu treffen. Zur Entscheidungsunterstützung bei der Konfiguration können z. B. Nutzwertanalysen durchgeführt werden. Aufgrund der Komplexität der Konfigurationsaufgabe gibt es jedoch kein allgemeingültiges Modell zur Bestimmung der optimalen Kooperation.

Diese Phase ist also geprägt durch intensive Vorbereitung auf die Aufnahme der Kooperation (Phase 3). Im eigentlichen Betrieb einer Zusammenarbeit werden alle anstehende Aufgaben ohne hohen Reibungsverlust bei der Koordination der Aktivitäten erledigt. Die Vorbereitungen werden begleitet von Investitions- und Anpassungsmaßnahmen wie z. B. auf dem Gebiet der Informations- und Kommunikationssysteme, Technologien, Transportsysteme und -mittel, der Weiterbildung von Mitarbeitern sowie von evtl. notwendigen Umstrukturierung der Aufbau- und Ablauforganisation. Ein vermehrter persönlicher Kontakt der Schlüsselpersonen der beteiligten Unternehmen wird erforderlich, um notwendige Informationen rechtzeitig auszutauschen und vor allem den Vertrauensaufbau zu unterstützen. Finanzierungsmaßnahmen sollten zu diesem Zeitpunkt abgesprochen sowie die Chancen und Risiken abgewogen sein. Des Weiteren ist eine intensive Betrachtung der Kompetenzen der Partner notwendig, um die Aufgaben- und Rollenverteilung möglichst effizient zu gestalten und dem Kooperationszweck anzupassen.

**Der Kooperationsvertrag – ein gegenseitiger Misstrauensbeweis?**

Es ist in der Fachliteratur schon breit diskutiert worden: dennoch gehen bei jedem Workshop und bei jeder Veranstaltung die Meinungen erfahrungsgemäß weit auseinander, wenn die Rede auf das Thema „Verträge – ja oder nein?“ kommt. Die einen sagen: ein Handschlag, eine knapp gehaltene Absichtserklärung (auf einer A4-Seite) genügten völlig. Die Skeptiker sind eher der Ansicht, dass „ohne“ gar nichts läuft. Fazit: ein Patentrezept gibt es nicht, dafür sind die Partner und die Situation, in der sie sich gerade befinden, zu unterschiedlich.

Eine Kooperation ist eine vertraglich geregelte Zusammenarbeit von

- rechtlich und
- faktisch

selbstständigen Unternehmen in einem Gemeinschaftsunternehmen.

„Vertraglich geregelt“ meint: von einer mündlichen, informellen Vereinbarung, von einem Handschlag über eine kurze Absichtserklärung (sog. Letter of Intent) bis hin zu einem formellen (ausführlichen) Kooperationsvertrag gibt es in der Praxis alle möglichen Spielarten.

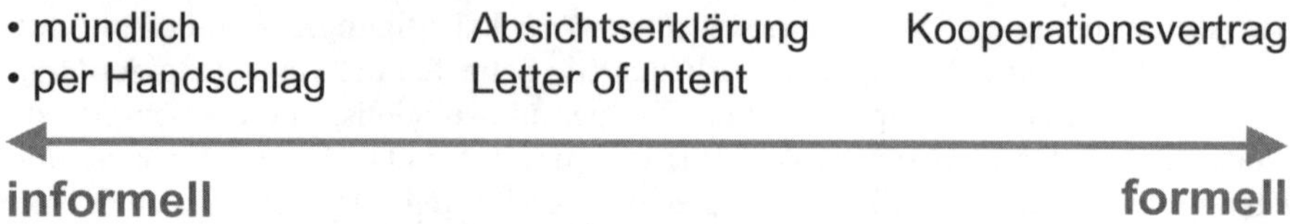


**Abb. 8.** Das Spektrum von Kooperationsvereinbarungen

Die schriftliche Fixierung der Ergebnisse der Kooperationsverhandlungen (Kooperationsvertrag) stellt im Kooperationsmanagement meist den Endpunkt der eigentlichen Kooperationsgestaltung und den Übergang zum Kooperationsbetrieb dar. Er enthält alle Vereinbarungen, die die Unternehmen während der Verhandlungen im Hinblick auf ihre Zusammenarbeit getroffen haben.

Aber wie schon gesagt: eine Kooperationsvereinbarung (Kooperationsvertrag) muss nicht immer schriftlich dokumentiert sein. Es gibt in der Praxis viele Kooperationen, die allein auf mündliche Zusagen basieren und „per Handschlag“ besiegelt worden sind. Mündliche Absprachen setzen jedoch einerseits eine bestehende Vertrauensbasis voraus, andererseits kann es im Laufe einer Kooperation immer wieder einmal zu Meinungsverschiedenheiten kommen, die sich je nach Größe des Dissens sogar zu ernsthaften, die Kooperation bedrohenden Konflikten auswachsen können.

Ein schriftlicher Kooperationsvertrag ist i. d. R. sehr detailliert ausgearbeitet. Er stellt gleichzeitig eine geeignete Dokumentation der einzelnen Vereinbarungen dar, die im Konfliktfall zur Klärung und Bereinigung geeigneter sind als mündliche Absprachen. Durch die Protokollierung gemeinsam verabschiedeter Zielvorstellungen, Vorgehensweisen, Rechte, Pflichten sowie Gewinn- und Verlustbeteiligungen können spätere Missverständnisse oder Fehlinterpretationen weitgehend ausgeschlossen werden. Der Kooperationsvertrag bildet in konfliktbehafteten Situationen eine gemeinsame Klärungsgrundlage und hilft auf diese Weise, Konfliktsituationen zu entschärfen. Daher kann die Erstellung und Unterzeichnung eines schriftlichen Kooperationsvertrages als geeignete vertrauensbildende Maßnahme verstanden werden, da sich die Partner mit ihrer Unterschrift bewusst und nach reiflicher Überlegung zur Anerkennung und Einhaltung der detailliert fixierten Vereinbarungen verpflichten.

Manche Unternehmer sind allerdings der Ansicht, dass der Kooperationsvertrag der erste Misstrauensbeweis sei. Sie erinnern sich an das Zitat des US-amerikanischen Industriellen Jean Paul Getty, der es einmal ganz lapidar so formuliert hatte: „Wenn man einem Menschen vertrauen kann, erübrigt sich ein Vertrag. Wenn man ihm nicht vertrauen kann, ist ein Vertrag nutzlos.“ Man wird diese extreme Sichtweise nicht teilen müssen. Was wir damit allerdings sagen wollen, ist dies: dass es einen Königsweg, eine Patentlösung beim Thema „Vertrag – ja oder nein!“ aus unserer Sicht nicht gibt. Allerdings gibt es ein erstaunliches Phänomen in der Praxis: nämlich dass häufig dort, wo es keine Verträge gibt, Kooperationen funktionieren und dass man dort, wo seitenlange Manifeste formuliert worden sind, selten in die Phase 3 gelangt war. Sollten Sie sich dennoch für einen Kooperationsvertrag entscheiden (was Ihr gutes Recht ist), dann empfehlen wir, insbesondere bei folgenden Punkten klare Verhältnisse zu schaffen:

**Bezeichnung der Kooperation**
Je nachdem, um welche Form der Kooperation es sich handelt, ist die eindeutige Bezeichnung der Kooperation sinnvoll, denn mit der Vergabe eines Namens besteht die Möglichkeit, den Zweck der Zusammenarbeit marktwirksam in die Öffentlichkeit zu tragen und auch das Zusammengehörigkeitsgefühl der Partner zu stärken.

**Zielsystem**
Um den Zusammenhalt der Partnerschaft nicht zu gefährden, weil falsche Erwartungen mit der Kooperation verbunden werden, sollten die verschiedenen, aus den jeweiligen Situationen resultierenden, und auf ein gemeinsames Zielsystem ausgerichteten Interessen im Vertrag dokumentiert werden. Das Zielsystem ist gemeinsam mit allen Partnern festzulegen. Die vertraglichen Inhalte sollten dem Schema "Vom Allgemeinen zum Besonderen" folgen.

**Zeitplan**
Neben der inhaltlichen Fixierung der Ziele sollte auch Klarheit über den zeitlichen Rahmen hergestellt werden. Dieser sollte den Beginn der Zusammenarbeit sowie ihre Dauer festlegen sowie Ziele zeitlich fixieren.

**Beitrags- und Zahlungsregelung**
Zur Festlegung der notwendigen Beiträge bzw. Einlagen sollte ein Investitions- und Ausgabenplan in den Vertrag aufgenommen werden. Der ermittelte Finanzbedarf ist Grundlage für die Regelung der Kooperationsfinanzierung sowie der Regelung aller Zahlungsströme. Die Erfassung aller Zahlungsströme sowie der Eigenleistungen der Partner innerhalb der Kooperation sind ihrerseits die Grundlage für eine spätere, leistungsorientierte Ergebnisverteilung.

**Organisationsregelung**
Hierbei geht es im einzelnen um die Darstellung der Rechte und Pflichten der Partner, der Geschäftsführung und um abwicklungstechnische Regelungen. Neben den im Gestaltungsprozess relevanten Punkten gehört dazu im Rahmen des Betriebs einer Kooperation insbesondere die gegenseitige Verpflichtung zur vertraulichen Behandlung von Angebotsunterlagen, Preisen und Konditionen.

**Ergebnisregelung**
Jeder Kooperationspartner versucht sicherlich einen möglichst hohen Nutzen bei einem vergleichsweise geringen Risiko aus der Zusammenarbeit zu ziehen. Die Darstellung dieser Bilanz gegenüber den Partnern fällt immer dann schwer, wenn Vor- und Nachteile quantifiziert werden sollen. Wichtig ist, dass ihre Entstehung allgemein nachvollziehbar ist. Bezüglich der Gewinn- und Verlustbeteiligung hat die Wahl der Rechtsform einen entscheidenden Einfluss.

**Vertrauensregelung**
Um eine faire Partnerschaft in der Kooperation zu gewährleisten, sollten bestimmte Umgangsformen festgelegt werden; d.h. es sind die Spielregeln zu vereinbaren, die den Vertrauensaufbau dadurch fördern, dass Missbräuche möglichst weitgehend durch Vereinbarungen und ein realistisches Sanktionswesen ausgeschlossen werden. D.h. es sind vertrauensbildende Maßnahmen zu vereinbaren. Missbräuche sollten durch entsprechende Vereinbarungen (auch Sanktionen) weitgehend ausgeschlossen werden. Dies schließt zwar einen Vertrauensbruch innerhalb der Kooperation nicht aus, den Partnern sind jedoch zumindest die Konsequenzen bekannt. Darüber hinaus macht eine Dokumentation im Kooperationsvertrag die Einstellungen der einzelnen Kooperationspartner gegenüber dem, was als Missbrauch und Vertrauensbruch verstanden werden soll deutlich.

**Auflösungsregelung**
Ein wichtiger Regelungsbereich ist die Kooperationsauflösung. Diese betrifft sowohl den individuellen Austritt als auch die kollektive Beendigung. Bei der Auflösungsregelung sind folgende Aspekte relevant: Ausscheiden eines Partners durch Ausschluss, Kündigung oder Tod, Auflösung der Kooperation sowie vermögensrechtliche Vereinbarungen.

**Konfliktregelung**
Die Aufnahme dieses Vertragsbausteines soll die Handlungsfähigkeit des Kooperationsverbundes in Konfliktsituationen ermöglichen. Bezüglich der in diesen Situationen zu treffenden – und bereits im Vertrag festzulegenden – Maßnahmen (z. B. Implementierung eines Schiedsgerichtes) kann zwischen korrigierenden und präventiven Regelungen unterschieden werden. Ebenfalls sinnvoll ist eine Klassifizierung möglicher Fragen in Mehrheits- und Konsensentscheidungen.

**Vertragsanpassung**
Genauso wie der Kooperationsverbund, der sich aus der Notwendigkeit einer bestimmten Situation gebildet hat und auch nur für die Dauer der Gültigkeit der anfänglichen Rahmenbedingungen seine Existenzberechtigung behält, muss mit einer Anpassung der Kooperationsgrundlage an eine veränderte Marktlage auch eine Modifizierung des Vertragswerkes einher gehen. Derartige Veränderungen bedürfen der Schriftform.

**Abb. 9.** Elemente eines Kooperationsvertrages

In Vereinbarungen oder Kooperationsverträgen werden Regelungen zur unternehmerischen Führung, zu Zielen und strategischer Ausrichtung bei längerer, intensiver Kooperation, zu Koordinationsmechanismen, zum Beteiligungskapital und zu Maßnahmen bei einer eventuellen Auflösung der Kooperation festgeschrieben. Gleichzeitig vereinbaren sie das Gleichgewicht zwischen den eingebrachter Leistung und Gegenleistung, den Erlösausgleich, die Interessenbewahrung und den Know-how-Schutz in der Kooperation. Oftmals werden Klauseln integriert, die den Ressourcenzugang über den eigenen hinaus regeln. Das heißt, die Partnerunternehmen sind bereit, ihre Ressourcen innerhalb der Kooperation allen zur Verfügung zu stellen, wenn dies dem Geschäftszweck der Zusammenarbeit dienlich ist. Wichtig ist das Aufnehmen einer Auflösungsregelung, in der über das Verfahren beim Ausscheiden eines Partners, über Ausschlusskriterien, Abfindungen und über das Aufteilen des Gewinns bzw. Verlustes beim Auflösen der Kooperation entschieden wird. Weiterhin kann eine Schiedsstelle, die bei schweren Konflikten hinzugezogen wird, vereinbart werden. Wenn diese nicht als notwendig anzusehen ist, sind bestimmte Spielregeln abzustimmen, die zur Konfliktlösung in Kraft treten. Die vertragliche Gestaltung von Unternehmenskooperation berührt mehrere Rechtsgebiete: das Kartellrecht, das Datenschutzgesetz, das Arbeitsrecht, Handels- und Steuerrechte und bedarf somit einer umfassenden rechtlichen Planung. Nicht alle Kooperationen sind davon betroffen.

**Die informelle Absichtserklärung (der sog. Letter of Intent, LOI)**
Die schwächste Form, Regeln der Zusammenarbeit zu definieren, sind stillschweigende Vereinbarungen oder formlose Verträge. Als Beispiel kann der Letter of Intent angeführt werden, der als informelle Kooperationsvereinbarung gilt. Er stellt eine gemeinsame Willenserklärung dar und bildet die formale Basis, um gegenseitige Rechte und Pflichten zu regeln.

Mit der gemeinsamen Verabschiedung eines Letters of Intent (LOI) können die beteiligten Unternehmen eine erste, gemeinsame Zwischenbilanz ziehen. Ausgangspunkt für die nun folgende Phase sowie die entsprechenden Detailverhandlungen bilden die potenziellen Kooperationspartner und ihre Zielvorstellungen sowie der Kooperationszweck des Initiators. Auch die Kooperationsarchitektur ist zum Teil schon fixiert, da sich mit der Anzahl der Partner die Größe des Verbundes (2-Partner-, Kleingruppen- oder Großgruppenkooperation), ihrer räumlichen Verteilung (lokale, regionale, nationale, oder internationale Kooperation) die Art und Intensität des gegenseitigen Austausches sowie ihrer Positionierung in der Wertschöpfungskette die Ausrichtung der Kooperation (horizontale, vertikale oder komplementäre Kooperation) determiniert.

- Dauer der Kooperation
- Geheimhaltungsklausel
- Gegenstand der Kooperation
- Ziele der Kooperation
- Führung der Kooperation; Vorsitz: rotierend?

**Abb. 10.** Muster für eine pragmatische Kooperationsvereinbarung (LOI)

## 2.3 Kooperationen betreiben (Phase 3) – der Weg in den Markt

Phase 3 ist insbesondere durch die Kooperationskonfiguration, die Diagnose und Entwicklung der notwendigen Kooperationskultur, die Kooperationsdurchführung und die Optimierung der Kooperationskultur gekennzeichnet.

**Die Kooperationsdurchführung**

Mit der Beendigung der Phase der Gestaltungsprozesse tritt die Kooperation nun die ihre operative Phase ein. In den täglichen Geschäftsprozessen zeigt sich, wie tragfähig eine Kooperation ist. Um eine effiziente Durchführung der Kooperation sicherzustellen und frühzeitig Fehlentwicklungen sowie Verbesserungspotenziale in den Abläufen zu erkennen, sollte man geeignete Steuerungs- und Kontrollinstrumente einsetzen.

Entscheidend für ein effizientes Kooperationsmanagement ist die Generierung von Informationen aus dem Kooperationsgeschehen Diese Informationen müssen ausgewertet und zur permanenten Weiterentwicklung der Kooperation genutzt werden. Dabei sind sowohl kurzfristige als auch langfristige Rückkoppelungen zu beachten. Kurzfristige Rückkoppelungen sind notwendig, um die Struktur und die Abläufe der Kooperation an veränderte Rahmenbedingungen oder Ziele anzupassen. Bei langfristigen Rückkoppelungen überprüfen die Partner ihren grundsätzlichen Kooperationsbedarf.

Die einzelnen Rückkopplungen in Form von Kennzahlen und Kennlinien können zu einer Bewertung der definierten Kooperationsziele und Strategien genutzt werden. Bei Abweichungen bzw. Fehlentwicklungen sind geeignete Maßnahmen zu treffen, die eine permanente Optimierung der Kooperation sicherstellen. Der Betrieb der Kooperation beginnt, wenn das Tagesgeschäft routinemäßig abgewickelt werden kann, d. h. die Prozesse der Zusammenarbeit definiert sind. Der Dynamik und Komplexität am Markt ist auch jede Kooperation ausgesetzt. In diesem veränderlichen Umfeld ist eine sensible Steuerung und eine immer wieder zu überdenkende Gestaltung notwendig. Der Umfang der dabei erforderlichen Aktivitäten richtet sich wie in den vorhergehenden Phasen nach dem Inhalt, der Intensität, dem Grad der Internalisierung, der Dauer der Kooperation, aber auch nach der Anzahl der Kooperationspartner. Diese Aktivitäten beziehen sich hauptsächlich auf das Management der interorganisationalen Zusammenarbeit. Management im funktionalen Sinn umfasst die Planung, Organisation, Führung und Kontrolle, im institutionellen Sinn wird die mit diesen Funktionen betraute Gruppe als organisationale Akteure bezeichnet. Das Management von Kooperationen übersteigt diese intern zu sehenden Aufgaben in hohem Maße, denn es geht zusätzlich um

- die Koordination der Aktivitäten in zeitlicher und räumlicher Hinsicht,
- die Verteilung der zur Erfüllung von Aufgaben und Aufträgen erforderlichen Ressourcen,
- Controlling der Kooperation,
- die Gestaltung des Informationsaustausches und der Entscheidungsfindung,
- Außendarstellung der Kooperation, wenn diese ihre Leistungen am Markt vertreibt,
- das Akquirieren von Aufträgen im Rahmen eines umfassenden Marketings,
- die Realisierung kontinuierlicher Verbesserungsprozesse, um mit der Dynamik des Marktes standzuhalten sowie interne Prozesse mit dem Resultat,
- die eventuelle Um- oder Neubesetzung von Kooperationspartnern,
- sowie um die Organisation der Beziehungen zwischen den beteiligten Unternehmen.

Ahlemeyer und Königwieser (1998) weisen darauf hin, dass die Planungs-, Organisations-, Koordinations-, Gestaltungs-, Kontroll- und Führungsaufgabe, die sich innerhalb der Betriebsphase ergeben, ein nicht zu unterschätzendes Maß an Komplexität mit sich führen. Das Management muss sich zusätzlich den Kooperationseigenheiten stellen, die sich in der Vermengung von Autonomie und Abhängigkeit, Selbstorganisation und Fremdorganisation, Vertrauen und Kontrolle ausdrücken.

## 2.4 Kooperationen auflösen (Phase 4) – den geordneten Ausstieg planen

Wird eine Kooperation beendet, sind vor allem Verteilungsfragen zu lösen. Wurden von den Partnern gemeinsame Investitionen getätigt, muss bestimmt werden, welcher der Partner sie gegebenenfalls weiter nutzt oder ob eine Aufteilung auf alle Partner vorgenommen werden kann und soll. Die bisher gemeinschaftlich erfüllten Teilaufgaben sind in Abhängigkeit vom Beendigungsgrund entweder wieder in die einzelnen Unternehmen zu reintegrieren, oder sie werden zum Gegenstand einer neuen Kooperation. Herrscht zwischen den Partnern ein ambivalentes Verhältnis, so besteht nach Beendigung der Kooperation die Gefahr des Informationsmissbrauchs durch die Partner. Die in der Kooperation gewonnenen Erkenntnisse über den Partner können in der nun wieder bestehenden Wettbewerbssituation gegen das ehemalige Partnerunternehmen verwendet werden. Um solchen Gefahren vorzubeugen, empfiehlt es sich, bereits in der Phase der Kooperationskonfiguration eindeutige Regelungen getroffen werden.

Welche Faktoren können beispielsweise zur Auflösung einer Kooperation führen? Hier spielen ökonomische und psychologische Aspekte eine Rolle:

**Ökonomische Gründe**

- Sinkende Gewinne und Umsätze, abnehmende Wirtschaftlichkeit, Produktivität und Rendite, fehlende Liquidität, Imageverluste etc. sind quantitative Kriterien.
- Qualitative Gründe liegen in der Inkompatibilität der partnerschaftlichen Leistungsfähigkeit und Aufgabenverteilung, in Lieferterminschwierigkeiten zwischen den Partnern, fehlender oder schlechter gemeinsamer Auftragserfüllung, sinkender Produktqualität etc.
- Intensive Marktveränderungen sind ein weiterer Faktor, der zur Auflösung führen kann, da sich die Kooperationspartner entweder der notwendigen Umstrukturierung oder Neuorientierung verweigern oder selbst nicht zur Bewältigung der erforderlichen Veränderungsmaßnahmen imstande sind.
- Die o.g. Ursachen wirken direkt auf die Kooperation. Der Grund für das Ausscheiden von Kooperationspartner kann aber auch im Unternehmen selbst liegen. Bspw. kann sich die Situation eines Partners dahingehend verbessern, dass für ihn ein Alleingang attraktiver wird.

**Psychologische Gründe**

- Vertrauen, das entweder nicht geschaffen werden konnte oder aufgrund unzureichender Initiative bei gemeinsamen Aktivitäten verloren gegangen ist, ist eines der Hauptursachen, die zum Scheitern einer Zusammenarbeit führen. Die Auslöser sind entweder unzureichende Kommunikation oder, Unzuverlässigkeit hinsichtlich des Einhaltens von Absprachen oder der Verstoß gegen Geheimhaltungsgrundsätze etc.
- Abnehmende Einflussmöglichkeiten oder verwehrtes Mitspracherecht bei den die Kooperation betreffenden Entscheidungen steigern den Unmut von Kooperationspartnern.
- Koordinationsschwierigkeiten bei der Terminierung gemeinsamer Absprachen:
- Aufgrund fehlender Austauschmöglichkeiten über Ziele, Strategien und Mittel entstehen größere Diskrepanzen zwischen den Kooperationsbeteiligten hinsichtlich der genannten Aspekte, was in den meisten Fällen zur Kooperationsauflösung führen kann.
- Unzufriedenheit infolge unerfüllter und nicht kommunizierter Erwartungen an die Kooperation, lassen ein Unternehmen hinsichtlich der Zusammenarbeit resignieren.
- Durch verstärkte Macht - anstatt Sachentscheidungen kann ebenfalls das Ende der Kooperation vorgezeichnet sein.

Neben dieser Auswahl an Faktoren kann auch der Ablauf eines befristeten Zeitraumes oder die Erfüllung des Zwecks der Kooperation zur Beendigung führen. Das Hauptaugenmerk in der Beendigungsphase liegt darauf, einen nach strategisch ausgewogenen, ökonomischen Prinzipien folgenden Verlauf der Auflösung zu garantieren. Um das zu erfüllen, sind Aspekte wie Regelungen im Konkursfall, Aufteilung gemeinsamer Ressourcen, Gewinnausschüttung, Richtlinien zur Übernahme der eventuell aus der Zusammenarbeit hervorgegangenen Patente oder des Kooperationskonzeptes durch bestimmte Kooperationspartner im Vorfeld zu diskutieren und festzulegen.

Mit Hilfe der folgenden Matrix (Tabelle 7) kann anhand der Höhe der Austrittskosten und der Dauer des Austritts eine Empfehlung zur Wahl einer dieser genannten Möglichkeiten gegeben werden. Dabei bleiben jedoch soziale und psychologische Aspekte unberücksichtigt.

**Tabelle 7.** Die Kooperations-Marktaustritts-Matrix

| Erwartete Austrittskosten | Dauer des Marktaustritts | |
|---|---|---|
| | Kurz | Lang |
| Gering | Verkauf der Kooperationsressourcen oder Übernahme durch einen Kooperationspartner | Senkung der Austrittsbarrieren oder Übernahme durch einen Kooperationspartner |
| Hoch | Sofortige Stillegung der Kooperation bzw. der Sachmittel | Abschöpfen der Kooperationsressourcen |

# 3 Erfolgsfaktoren für stabile, erfolgreiche Kooperationen

Wir hatten es in Teil 1 bereits betont: Kooperationen stehen und fallen mit den Menschen, die in den unterschiedlichen Unternehmen arbeiten. Neben den technischen, rechtlichen, finanziellen und organisatorischen Aspekten ist man deshalb gut beraten, u.a.. auch die personellen Gesichtspunkte innerhalb der Konstituierungsphase in seine Überlegungen mit einzubeziehen und die Kooperationsbedingungen entsprechend auszugestalten. Anders gesagt: Es geht vor allem um die Schaffung eines offenen Miteinanders. Die Partner sollten alle Aspekte, die die Kooperation berühren, offen ansprechen und diskutieren. Vertrauen erachten wir als unabdingbar, da durch Vertrauen die gegenseitige Übertragung der Kontrolle über Ressourcen und Handlungen erst möglich wird. Vertrauen wächst allerdings erst mit der Zeit Persönliche Kontakte, das konsequente Einhalten von Absprachen, hohe Integrität im Sinne von Ehrlichkeit, ein hohes Maß an Verschwiegenheit, hohe Kompetenz im zugewiesenen Aufgabenbereich, das aktive Einbringen von Ideen und Meinungen sind Kriterien für den Vertrauensaufbau. Es geht aber auch darum, sich mit den *Unterschieden* der Partner vertraut zu machen, um darauf aufbauend ein Verständnis für die Werte der anderen zu entwickeln. Arbeitet man intensiv zusammen, so wird es jedoch notwendig, sich durch gewisse Spielregeln einer einheitlichen Unternehmenskultur zu nähern, da eine auftretende Gegensätzlichkeit ein nicht zu unterschätzendes Gefahrenpotenzial in sich bergen kann. Viele KMU stehen Kooperationen noch immer stark ablehnend gegenüber. Die Gründe hierfür sind vielfältig. Zum einen wird die Gefahr der Entstehung eines Abhängigkeitsverhältnisses gesehen, das keinen Raum mehr für eigenständige Entscheidungen lässt. Andere Unternehmen befürchten eine mögliche Übernahme durch ihre Partner. Weitere Befürchtungen existieren hinsichtlich einer einseitigen Vorteilnahme sowie möglicher Konkurrenzsituationen. Sie erinnern sich an Abb. 4, wo wir Chancen und Risiken einer Kooperation aufgezählt hatten. Unrecht haben sie nicht.

Und bei vielen Kooperationskonzepten fehlt eine integrierende Betrachtung so genannter "weicher" Faktoren. Verhaltensspezifische, gruppenpsychologische, unternehmenskulturelle oder kommunikative Aspekte werden meistens untergeordnet behandelt. Darüber hinaus wird meist die Vertrauensproblematik und die damit verbundenen organisatorischen Handlungskonsequenzen in Zusammenhang mit der Kooperationsgestaltung bzw. ihrer Durchführung vernachlässigt. Vertrauen wird häufig zerstört, weil Partner das subjektive Gefühl haben, entweder zu viel geleistet, zu wenig Ertrag erzielt zu haben oder ausgenutzt worden zu sein. Wer hier schon einmal auf die Nase gefallen ist, weiß, wovon die Rede ist.

Im Zusammenhang mit der Umsetzung eines umfassenden SCM-Ansatzes spielen weiche Faktoren sowohl bei der Gestaltung von Kooperationen (Kooperationsaufbau) als auch bei der effizienten Abwicklung des Tagesgeschäftes (Kooperationsbetrieb) eine wichtige Rolle. Folgende Problemfelder lassen sich im Zusammenhang mit SCM-Kooperationen ausmachen:

- Mangelndes Vertrauen verhindert die Weitergabe von wichtigen Informationen.
- Die Kostenverteilung für Aufbau und Betrieb eines SCM-Konzeptes und der dazugehörigen Systeme erscheint den Partnern ungerecht.
- Die zur Verfügung stehenden Ressourcen, aber auch die erschlossenen Potenziale werden nicht gleichmäßig auf die Partner verteilt.
- Die Partner bewerten ihr Eigeninteresse höher als das des Verbundes. Dies macht sich z.B. durch gehäufte Inanspruchnahme von Leistungen aus Eigeninteresse bemerkbar, die zu temporären Engpässen führen können.
- Ein Unternehmen in der Kette bringt nicht die geforderte Qualität der versprochenen Leistungen.

Die große Herausforderung besteht darin, diese Problemfelder durch vertrauensbildende Maßnahmen zu entschärfen. Da Kooperationen, auch wenn sie zwischen Organisationen eingegangen werden, letztlich doch von jedem einzelnen Mitarbeiter getragen werden, spielt neben einer allgemeinen Vertrauensbasis zwischen den einzelnen Unternehmen auch die „Chemie" zwischen den tatsächlich kooperierenden Mitarbeitern für die Harmonie der Zusammenarbeit eine entscheidende Rolle. Diese beiden wesentlichen Faktoren werden in erster Linie vom Unternehmen und der dort vorhandenen „Kooperationskultur" geprägt. Es hat sich immer wieder gezeigt, dass die Ausprägung der Kooperationskultur eines Unternehmens einen entscheidenden Einfluss auf den Erfolg der Zusammenarbeit hat.

| | ja | nein |
|---|---|---|
| Ein Klima des Vertrauens und der Harmonie herrscht vor. | | |
| Die Bedürfnisse von allen Beteiligten sind geklärt. | | |
| Das gewünschte Ergebnis ist festgelegt, geklärt und definiert. | | |
| Alle Beteiligten haben sich auf das gewünschte Ergebnis verpflichtet. | | |
| Das Netzwerk ist flexibel und reaktionsfähig. | | |
| Widerstände werden nicht ignoriert, sondern kreativ genutzt. | | |
| Es herrscht Bereitschaft zu nicht vereinbartem Handeln. | | |
| Das Streben nach der Win-Win-Situation ist mehr als der Versuch, | | |
| Verlust-Situationen sind zu vermeiden. | | |
| Jeder soll, kann und darf gewinnen. | | |
| Negative Gewohnheiten werden erkannt und durchbrochen. | | |

**Abb. 11.** Voraussetzungen für Win-Win-Situationen in Kooperationen

Wenn Sie pragmatisch und schnell überprüfen wollen, ob in Ihrer Kooperation eine Win-Win-Situation vorliegt, empfehlen wir die unten abgebildete Checkliste. Lassen Sie die einzelnen Aspekte vor Ihrem geistigen Auge Revue passieren und machen Sie ein Häkchen bei ja oder nein – je nachdem. Die Auswertung ist relativ einfach gemacht: haben Sie (fast) alles mit „Ja" beantwortet, dann können Sie sich beglückwünschen. Denn in diesem Fall verfügen Sie über die richtige Basis. Wenn Sie mehr als die Hälfte mit „Nein" beantwortet haben – dann haben Sie ein echtes Problem.

## 3.1 Eine Kooperationskultur des Vertrauens schaffen – auf das richtige Klima kommt es an

Der Begriff der Kultur bezieht sich auf alles, was der Mensch als gesellschaftliches Wesen geistig und künstlerisch hervorgebracht hat und hervorbringt. Das allgemeine Verständnis des Kulturbegriffs bezeichnet damit die gemeinsame Entwicklung und Manifestation von Verhaltensweisen und Normen, die den Menschen befähigen, mit anderen eine produktive Gemeinschaft einzugehen. Bezogen auf die Zusammenarbeit mehrerer Unternehmen mit dem Ziel einer höheren Kundenzufriedenheit kann unter dem Begriff der Kooperationskultur (Stuhldreier/ Ellerkmann 2000) folgendes verstanden werden:

Kooperationskultur ist ein Maß für die Befähigung, Bereitschaft sowie das Bewusstsein eines Unternehmens und seiner Mitarbeiter, in einer partnerschaftlichen Zusammenarbeit mit anderen Unternehmen auf einem gemeinsamen Normen- und Werteverständnis komplexe Problemlösungen kundenorientiert anzubieten.

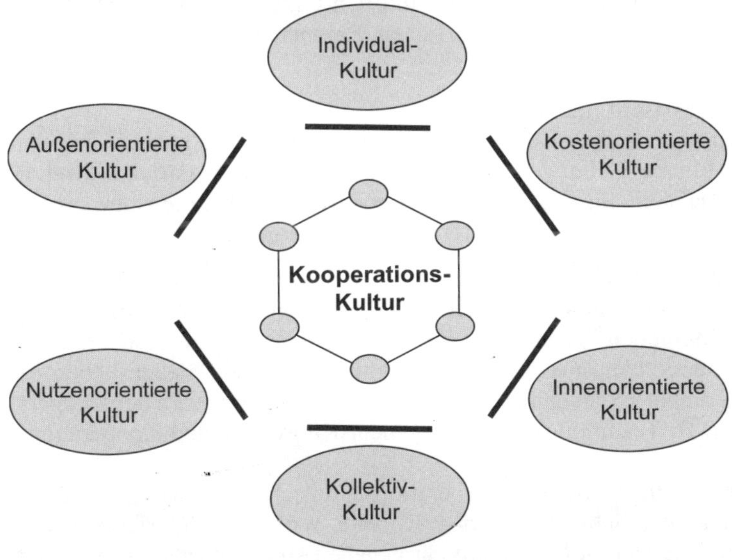


**Abb. 12.** Aspekte einer Kooperationskultur

**Die Kooperationskultur – damit die Grundvoraussetzungen stimmen**
Im Gegensatz zur schriftlich dokumentierten Strategie oder dem grafisch darstellbaren Organigramm ist die Kooperationskultur in ihrer Ganzheit schwer fassbar. Lediglich die Folgen und Erscheinungsformen des verhaltensprägend wirkenden Normen- und Wertgefüges sind in den Unternehmensbereichen und -prozessen in Form einzelner *Symptome* erkennbar. Als Beispiel für ein solches Symptom lässt sich die vorhandene (oder nicht vorhandene) Bereitschaft der Mitarbeiter, einem Kollegen oder einer anderen Abteilung zu helfen, nennen. Die Art und Weise, wie in einem Unternehmen kommuniziert wird, wie die Mitarbeiter von der Führung in Entscheidungsprozesse mit einbezogen werden, sowie das Geschäftsverhältnis und der Umgang mit Lieferanten lassen Rückschlüsse über die Kooperationskultur in einem Unternehmen zu.

Die aufgelisteten Symptome stellen nur eine Auswahl aus der kulturellen Symptomvielfalt dar. Um Ihnen die Messung und anschließende Optimierung der Kooperationskultur in Ihrem Unternehmen zu ermöglichen, müssen die verschiedenen Symptome zu *erfolgsrelevanten Merkmalen* verdichtet werden. Diese wollen wir uns im folgenden etwas näher ansehen.

**Kooperationsbereitschaft („Dürfen“)**
Die Kooperationsbereitschaft, die „Erlaubnis“ quasi, Kooperationen eingehen zu dürfen, also kooperativ zu agieren, ist eine der drei entscheidenden Grundvoraussetzungen für eine erfolgreiche Kooperationskultur. Ein Unternehmen muss dazu einen entsprechenden Handlungs- und Verhaltensrahmen schaffen, der seinen Mitarbeitern Sicherheit bezüglich Kooperationen gibt. Diese allgemeinen Verhaltensregeln für die Interaktion im Unternehmen – und damit auch die Einstellung der Unternehmensleitung gegenüber Kooperationen – dürfen nicht nur in der Unternehmensphilosophie verankert sein. Für ihre Umsetzung müssen auch die erforderlichen rechtlichen und organisatorischen Rahmenbedingungen geschaffen werden.

**Kooperationsbewusstsein („Erkennen“)**
Ein unternehmensspezifisches Kooperationsbewusstsein basiert auf der Erkenntnis, bestimmte Aufgabenstellungen nur gemeinsam mit anderen Partnern lösen zu können. Der Grundstein für ein breites und positives Kooperationsbewusstsein wird im täglichen Umgang der Mitarbeiter untereinander gelegt.

**Kooperationsfähigkeit („Können“)**
Die Kooperationsfähigkeit drückt die fachliche Kompetenz (Kenntnis und Beherrschung diverser Methoden/ Techniken) für das Management von Kooperationen entlang ihrer Lebenszyklen aus. In die Kooperationsfähigkeit fließen neben der rein fachlichen Kompetenz jedoch zahlreiche andere Erfolgskriterien der Kooperationskultur, wie z. B. Teamfähigkeit, Management-Know-how und Kooperationserfahrung ein.

Der besondere Stellenwert von Kooperationsbereitschaft, -bewusstsein und -fähigkeit wird daran deutlich, dass mit dem Können, Wollen und Dürfen alle Voraussetzungen für eine zielführende Aktivität gegeben sind. Neben diesen Grundvoraussetzungen für die Entwicklung einer geeigneten Kooperationskultur sind für die Gestaltung und den Betrieb von Kooperationen weitere Erfolgsfaktoren hilfreich (siehe Abb. 13).

**Übertragung der inneren Zielorientierung auf die Kooperation**

Die Zielorientierung, d. h. die Identifikation des Unternehmens und seiner Mitarbeiter mit den eigenen Zielen und ihre Bereitschaft, sie auch nach außen (z. B. in Kooperationsverhandlungen) zu vertreten, ist eine wichtige Voraussetzung für die Entwicklung und Verteidigung eines gemeinsamen Zielsystems (Zielkonformität).

**Kooperationsförderndes Führungsverhalten**

Der Führungsstil kennzeichnet die Art und Weise, in der die Führungsfunktion ausgeübt wird. Je nach dem Grad der Beteiligung der Mitarbeiter an der Führung lässt sich zwischen eher partizipativ und eher autoritär geführten Betrieben unterscheiden. In dem Maße, in dem die Führung bereit ist, Verantwortung zu übertragen und die Eigenständigkeit des einzelnen zu fördern, sind die Mitarbeiter in der Lage, gegenüber den einzelnen Kooperationspartnern verlässliche und schnelle Aussagen zu treffen. Erst durch verlässliche und zeitnahe Aussagen der einzelnen Kooperationspartner entsteht die Möglichkeit, dass eine Vertrauensbasis entsteht, die schließlich in einer tragfähigen Beziehung mündet.

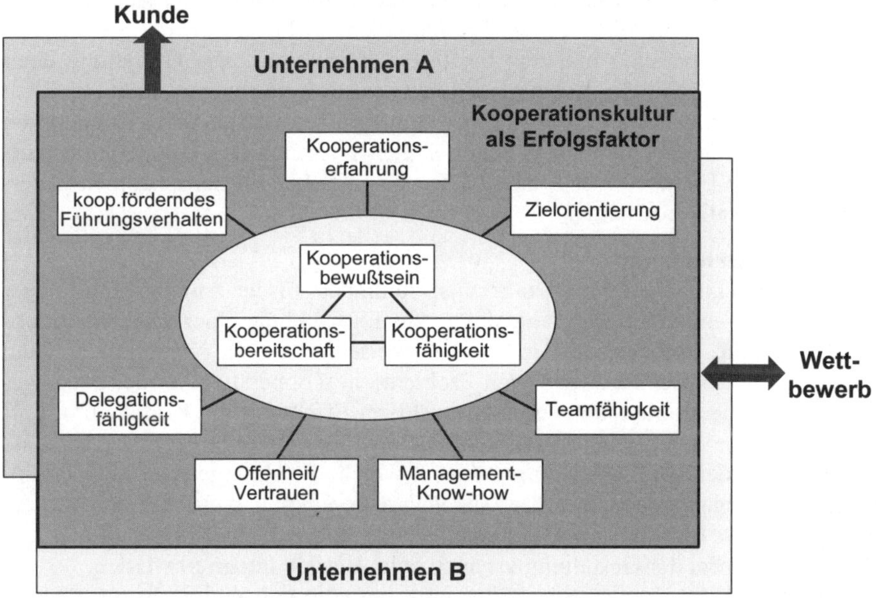


**Abb. 13.** Erfolgsfaktoren einer Kooperationskultur

**Delegationsfähigkeit**

Mit einer Kooperation begeben sich die beteiligten Unternehmen in ein gegenseitiges Abhängigkeitsverhältnis. Der damit verbundene Verlust von Eigenständigkeit und Einfluss stellt für viele Unternehmen eine hohe Hemmschwelle dar. Die

Bereitschaft, Verantwortung und damit auch Macht an die jeweils kooperierenden Stellen zu delegieren, ist deshalb ein entscheidender Erfolgsfaktor im Kooperationsprozess. Denn gerade diese Stellen sind Katalysatoren, die den Erfolg oder Misserfolg einer Kooperation maßgeblich mitbestimmen können. Demzufolge müssen an diesen Kristallisationspunkten die jeweiligen Mitarbeiter in der Lage sein, Entscheidungen schnell und selbstständig zu treffen.

**Offenheit/ Vertrauen**
Offenheit und Vertrauen sind eine wesentliche Voraussetzung für eine erfolgreiche Kooperation, in der gemeinsame Ziele und keine persönlichen Vorteile verfolgt werden. Durch eine gewissenhafte Partnersuche können Hemmschwellen abgebaut werden. Die Basis für den Erfolg einer Kooperationskultur wird im eigenen Unternehmen gelegt. In dem Maße, wie Offenheit und Vertrauen die tägliche Arbeit im Unternehmen prägen, sind die Mitarbeiter bereit, auch einem externen Kooperationspartner das erforderliche Vertrauen entgegenzubringen.

**Teamfähigkeit**
Die Bereitschaft und Befähigung, gemeinsam in einem Team an einer Aufgabenstellung zu arbeiten, ist ein entscheidender Erfolgsfaktor für die gemeinsame, unternehmensübergreifende Bewältigung von Aufgaben an den Schnittstellen der jeweils beteiligten Unternehmen und damit grundlegend für die Entwicklung einer fruchtbaren Kooperationskultur. Die Teamfähigkeit wirkt sich sowohl bei der Gestaltung einer Kooperation als auch bei ihrem Betrieb aus. Die Gestaltung einer Kooperation erfolgt in der Regel als Projekt, welches von einem überbetrieblich zusammengesetzten Team bearbeitet wird. Im täglichen Betrieb einer Kooperation werden an den unterschiedlichen Schnittstellen zwischen den Kooperationspartnern zahlreiche Elemente der Prozesskette von Mitarbeitern der einzelnen Unternehmen kooperativ bearbeitet.

**Kooperationserfahrung**
Positive Kooperationserfahrungen können zumindest in der Anfangsphase neuer Kooperationen ein wichtiger Erfolgsfaktor für Entwicklung einer fruchtbaren Kooperationskultur sein, da die Herangehensweise an neue Kooperationen dann meist offen und freier ist. Aber auch Probleme in Kooperationen oder sogar gescheiterte Kooperationen können einen positiven Effekt auf die Kooperationskultur haben, wenn sich die beteiligten Unternehmen der Ursachen für die Probleme bewusst geworden sind. Unabhängig davon, welche Erfahrungen mit Kooperationen in der Vergangenheit und der Gegenwart gesammelt wurden bzw. werden, haben sie einen Einfluss auf alle aktuellen und zukünftigen Kooperationen und müssen sowohl bei der Gestaltung als auch beim Betrieb integriert werden.

Eine entwickelte Kooperationskultur ist somit eine notwendige Voraussetzung für eine erfolgreiche unternehmensübergreifende Zusammenarbeit. Eine nicht vorhandene bzw. unterentwickelte Kooperationsbereitschaft (wollen), fehlendes Kooperationsbewusstsein (erkennen) oder mangelnde Kooperationsfähigkeit (können) führen zweifellos zu ihrem Scheitern.

Wenn ein Unternehmen seine Kultur ändern will, bedeutet dies, dass gewachsene Wertvorstellungen vieler Mitarbeiter zu korrigieren sind. Angestammte und vertraute Verhaltensweisen müssen aufgegeben bzw. angepasst werden. Der Erfolg der Veränderungsbemühungen hängt davon ab, ob und inwieweit es gelingt, änderungsunterstützende und änderungshemmende Kräfte zu identifizieren und zu beeinflussen.

Aufgrund ihrer Entstehung und Komplexität sind Verhaltensformen träge Erscheinungen. Veränderungen sind daher nur langfristig über einen Lernprozess aller Mitarbeiter zu erzielen. Sie müssen sich schrittweise entwickeln und in einem organischen Prozess wachsen. Die Veränderung der Kultur in einem Unternehmen benötigt Zeit, Geduld und Hartnäckigkeit. Eine gezielte Vorgehensweise kann allerdings die Entwicklung beschleunigen und die Erfolgsquote erhöhen. Dazu ist es allerdings erforderlich, dass sich die Mitarbeiter des Unternehmens mit den verfolgten Werten identifizieren und bereit sind, diese auch nach außen zu vertreten. Dabei wird es immer um den Aufbau langfristiger Verhandlungen gehen (siehe Abb. 14). Es kommt nicht mehr so sehr auf die Bedeutung des einzelnen Verhandlungserfolgs an, sondern darauf, die Partnerschaft zu erhalten.

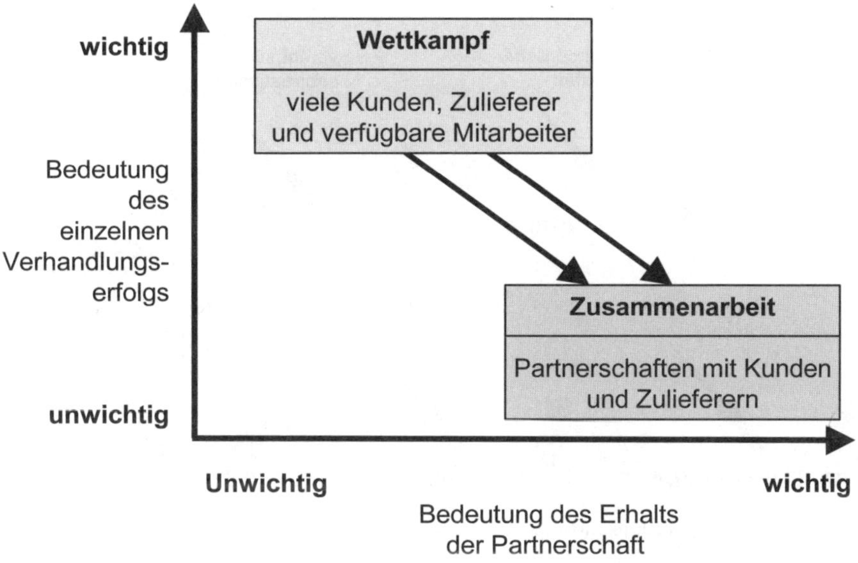


**Abb. 14:** Der Aufbau langfristiger Verhandlungen

## 3.2 Information und offene Kommunikation – die Rolle der soft facts

Kooperationen scheitern häufig nicht an der (mangelnden) Technik. Sie scheitern an den Akteuren, die in einer Kooperation arbeiten (sollen). Sie scheitern daran, weil es nie zu einer richtigen Vertrauensbasis kommt. Oder weil die Kommunikation nicht klappt. Weil einseitig informiert wird, lies: A informiert immer B, über Fax, eMail, durch Anrufe. Aber B informiert nie A. Oder viel seltener. Das geht eine Zeitlang gut. Aber das Scheitern ist dadurch vorprogrammiert. „Kommunikation“ bedeutet im übrigen auch nicht, dass Sie jeden Tag zum Hörer greifen und der Gegenstand Ihres Anrufs immer Ihre Kooperation sein muss. „Informelle“ Telefonate (bei denen Sie gerade nicht darüber sprechen) dienen häufig dazu, Vertrauen aufzubauen. Gut beraten sind Sie auch, wenn Sie Ihrem Partner einen Artikel aufs Fax legen, den Sie aus einem Wirtschaftsmagazin herausgerissen haben, weil Sie wissen, dass er sich für Thema X brennend interessiert. Wir denken im Geschäftsleben vermutlich häufig viel zu zweckorientiert. Schauen Sie sich einmal in lateinamerikanischen Ländern um, oder – viel näher – in südländischen. Da sprechen Menschen an der Bushaltestelle, im Zug, im Supermarkt miteinander. Vertrauen ist ein flüchtiges Gut. Man muss es langsam aufbauen und kann es schnell verlieren. Sprechen Sie deshalb auch mit Ihren Geschäfts- mit Ihren Kooperationspartner. Denn sich gegenseitig informieren und offen miteinander zu kommunizieren, baut letztendlich Vertrauen auf – dies ist ebenfalls ein Prozess, wenngleich ein sozialer.

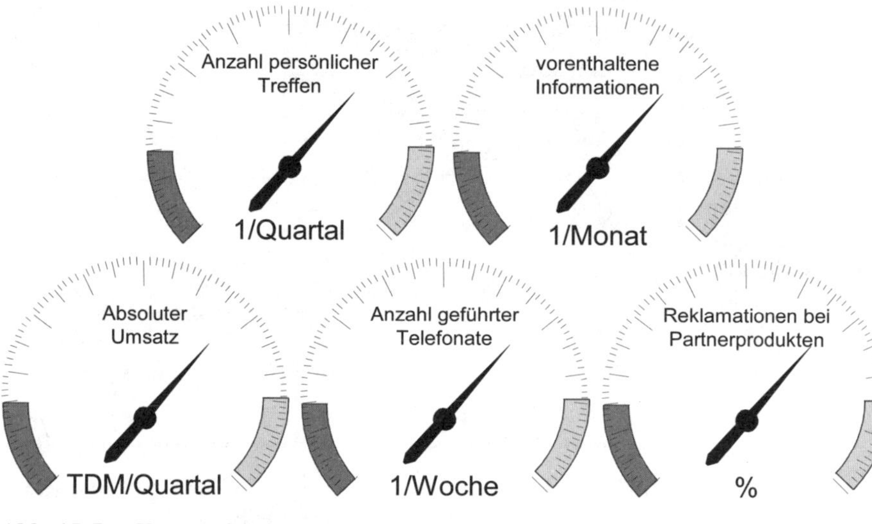


**Abb. 15.** Das Kooperationsbarometer

Jeder, der Erfahrungen mit Kooperationen gesammelt hat, wird es bestätigen: es ist eine grundlegende Erfahrung, dass Kooperationen nicht mit den IT-Systemen stehen und fallen, sondern mit den Menschen, die in einer Kooperation zusammenarbeiten. Vom „Nasenfaktor“ war in Teil 1 bereits die Rede. In keinem Unternehmen der Welt verschicken PCs Informationen oder Daten von alleine – es sind immer die Menschen, die diese Maschinen bedienen. Und wenn diese Menschen nicht wollen, werden die Partnerunternehmen lange bzw. vergebens auf die Infos warten. Es sind die Menschen, die miteinander telefonieren, die Faxe oder eMails verschicken, die auf eine gemeinsame Datenbank zugreifen, die sich in regelmäßigen oder unregelmäßigen Abständen treffen. Bei sich im Unternehmen oder auch „außerhalb der Arbeitszeit“, um miteinander zu plaudern, und zwar nicht nur über das Geschäft. Sinn und Zweck sind klar: man baut Vertrauen zueinander auf. Wer seine Partner immer rechtzeitig über gewisse Dinge informiert, aber nie von ihnen informiert wird, dürfte irgendwann stutzen. Wer täglich zum Hörer greift, um seine Partner anzurufen, selber aber nicht angerufen wird, könnte und dürfte ins Grübeln kommen. In diesem Zusammenhang ist das sog. „Kooperationsbarometer " erwähnenswert, weil absolut pragmatisch. Entwickelt in einem Kooperationsprojekt zwischen vier mittelständischen Firmen aus der Elektroindustrie, die gleichzeitig Wettbewerber (!) sind, zeigt es schnell und unproblematisch auf, ob es sich um eine „gesunde" Kooperation handelt, ob die Beziehungen in Ordnung sind (siehe Abb. 15).

## 3.3 Ein gemeinsames Zielsystem vereinbaren – die Rolle der hard facts

Die Grundlage für die Gestaltung der Prozesse bildet die gemeinsame Entwicklung eines Zielsystems. Unter einem Zielsystem ist die Gesamtheit von Zielvorgaben zu verstehen, auf deren Erreichen alle Aktivitäten in einem Unternehmen ausgerichtet sind. Die einzelnen Ziele stehen dabei in einer definierten Beziehung (Abhängigkeits- bzw. Unterstützungsverhältnis) zueinander. Eine klarere Vorstellung von diesem Begriff wird sich spätestens mit der Entwicklung eines Zielsystems für den Kooperationsverbund einstellen. Die dort formulierten Vorgaben geben die Richtung für den Kooperationsgestaltungsprozess vor. Denn erst mit der Beantwortung der Frage „Wo wollen wir hin?" ist es möglich, einen optimalen Weg zu wählen.

Die Zielfindung für ein Kooperationsprojekt stellt – dies muss man ganz deutlich sagen – immer einen Kompromiss zwischen den verschiedenen Vorstellungen der einzelnen Partner dar. Dennoch muss jedes Unternehmen für sich überprüfen, ob seine Kooperationsabsichten in ausreichendem Maße im Verbund Berücksichtigung finden bzw. in Einklang zu bringen sind.

Zu Beginn der Zielarbeit müssen die Partner mit der Festlegung des Kooperationsgegenstandes und der Ermittlung der von der Zusammenarbeit betroffenen Prozesse eine gemeinsame Eingrenzung des Kooperationsvorhabens vornehmen (Schritt 1). Die anschließende Konkretisierung der vorformulierten Zielvereinbarungen zu kooperativen Leitzielen sowie ihre Detaillierung bis auf die operative Ebene unter Angabe der Zielobjekte (Gegenstand der Zielbetrachtung), der Zieleigenschaften (Zielinhalte, -ausmaß) und des zeitlichen Bezugs gibt den notwendigen Rahmen für eine zweckorientierte Gestaltung des Kooperationsverbundes (Schritt 2). Mit der Präzisierung der Kooperationsziele bis auf Prozessebene ergibt sich eine Zielvielfalt, die auch zu Konfliktbeziehungen zwischen den einzelnen Zielen führen kann. Daher ist es notwendig, eine Gewichtung der Zielvorgaben vorzunehmen. Dies geschieht mit Hilfe der Methode des paarweisen Vergleichs, für den entsprechende Formblätter entwickelt worden sind (Schritt 3).

Die Entwicklung eines Zielsystems für einen Kooperationsverbund stellt für die beteiligten Unternehmen immer nur einen Kompromiss dar. Über den allgemeinen Zielkonsens hinaus verfolgt jeder der zukünftigen Partner auch noch *individuelle*

Ziele mit dem Kooperationsprojekt. Ihre Berücksichtigung und Abstimmung mit den Zielen des gesamten Verbundes ist ein notwendiger Schritt für jedes Unternehmen, um sicherzustellen, dass die eigenen Vorstellungen in der Zusammenarbeit ebenfalls umgesetzt werden können (Schritt 4). In der Regel ist mit der Beteiligung an einem Kooperationsprojekt auch eine Bereitstellung von Ressourcen für die Partner verbunden. Diese stehen dann dem eigenen Unternehmen nur noch eingeschränkt zur Verfügung. Diese Einflussnahme auf die eigenen Prozesse und Ziele muss auch bei der Entwicklung eines Zielsystems für die Kooperation Berücksichtigung finden (Schritt 5).

Ziele müssen, das werden Sie vermutlich genauso sehen, Sollwertvorgaben darstellen. Die Zielerreichung ist die primäre Zielfunktion. Zur Zielerreichung müssen die Ziele möglichst einfach, eindeutig, konkret, handlungsleitend und operational formuliert sein, d. h., die Ziele müssen so weit es geht quantifiziert werden, so dass die Erfüllung des Zieles an Hand einer Maß-Skala überprüft werden kann. Eine mögliche Form der *Quantifizierung* kann durch die Definition eines Kennzahlensystems erfolgen.

Zielarbeit ist ein *kontinuierlicher* Prozess, der in regelmäßigen Zyklen erfolgen muss. Die Pflege, d. h. die Überprüfung und Aktualisierung vorhandener Zielsysteme ist aufgrund der Zweckorientierung von Kooperationen für diese von besonderer Bedeutung. Sobald aufgrund veränderter Rahmenbedingungen wie z. B. dem Auftreten neuer Konkurrenten, anderer Gesetzesrahmen oder einem veränderten Kundenverhalten das ursprüngliche Motiv der Zusammenarbeit in der Form nicht mehr gegeben ist, müssen andere gemeinsam zu verfolgende Interessen an ihre Stelle treten. Gelingt dies nicht, besitzt die Zusammenarbeit keine weitere Existenzberechtigung. Um solche, aber auch weniger gravierende Veränderungen erkennen zu können, ist ein permanentes Controlling und – als Konsequenz dieser Veränderungen – eine Überprüfung und Anpassung des Zielsystems erforderlich.

**Anforderungen an die Zielarbeit**

Um eine effektive Zielarbeit (Entwicklung und Pflege eines Zielsystems) mit realisierbaren Zielen sicherzustellen, die motivieren und nicht entmutigen, sollten die folgenden Punkte berücksichtigt werden:

- Ziele sind *prozessorientiert*, d. h., sie müssen sich mit der Zielrealität in Organisationen weiterentwickeln. Daher ist eine statische Zielbetrachtung und -verfolgung unzureichend. Zielarbeit muss daher als ein permanenter bzw. zyklischer Vorgang verstanden werden.
- Ziele sind *kontextbezogen*, d. h. sie müssen eng mit dem Umfeld bzw. der Organisation verknüpft sein. Diese Anforderung wird erfüllt, wenn sich das gesamte Zielsystem aus den übergeordneten Unternehmenszielen ableiten lässt. Dies bedeutet, dass im Zielsystem kein Ziel ohne eine Anbindung an übergeordnete Ziele existieren kann.
- Ziele müssen *Sollwertvorgaben* darstellen. Die Zielerreichung ist die primäre Zielfunktion. Zur Zielerreichung müssen die Ziele möglichst einfach, eindeutig, konkret, handlungsleitend und operational formuliert sein, d. h., die Ziele müssen so weit es geht quantifiziert werden, so dass die Erfüllung des Zieles an

Hand einer Maßskala überprüft werden kann. Eine mögliche Form der *Quantifizierung* kann durch die Definition eines Kennzahlensystems erfolgen.

- Ziele müssen mit einer gewissen Wahrscheinlichkeit auch erreichbar, d.h. realistisch sein. Das Umfeld der Organisation darf das Erreichen des Ziels nicht unwahrscheinlich oder unmöglich machen.
- Ziele sollen als Orientierungsmarken für das menschliche Handeln gelten. Zur Realisierung der Ziele muss den Ausführenden ein Freiraum zur *Umsetzung* der Ziele gewährleistet werden.
- Ziele besitzen eine Steuerungsfunktion für das Handeln. Mit der Vorgabe verschiedener, aufeinander abgestimmter Zielsetzungen können komplexe, untereinander vernetzte Systeme auf ein *Gesamtoptimum* ausgerichtet werden. Aus diesem Grund sollten Ziele immer im Dialog ermittelt, geprüft und im Gesamtkontext beurteilt werden.

Jede Beschäftigung mit Zielen, und seien es nur bestandsaufnehmende Maßnahmen wie z. B. die Zielbetrachtung und -verfolgung, haben immer einen unmittelbaren Einfluss auf das Zielsystem und führen zu Veränderungen der Zielstrukturen. Häufig erfolgt die Festlegung von Zielen top-down an untergeordnete Stellen. Die dadurch entstehende Trennung der Zielentwicklung und -umsetzung führt häufig zu Akzeptanzproblemen. Aus diesem Grund ist eine Begründung/Legitimation der Ziele bzw. die Einrichtung von *Mitsprache-* und *Partizipationsmöglichkeiten* für die Ausführenden notwendig (siehe Abb. 16).

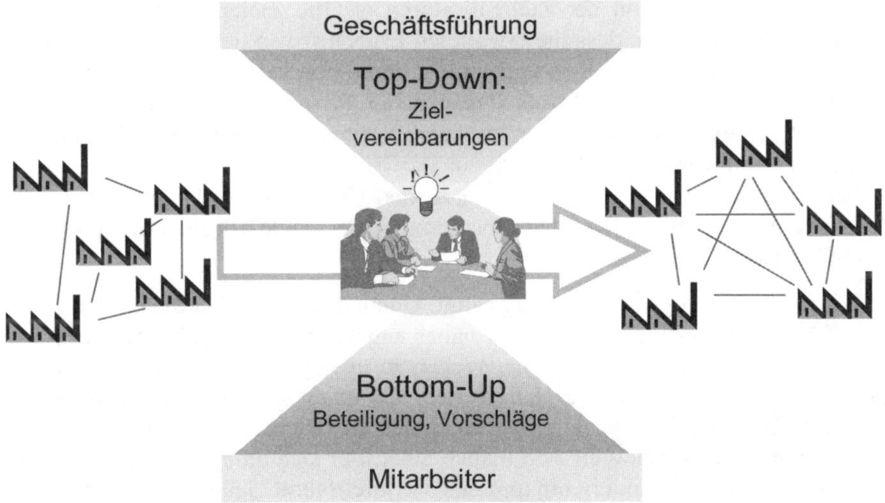


**Abb. 16.** Top-Down und Bottom-up Festlegung von Zielen

Mit zunehmender Unternehmensgröße entsteht auch eine zunehmende interne Strukturiertheit. Dies kann zeitgleich zu unterschiedlichen/ widersprüchlichen Interpretationen der Ziele führen und so ein gemeinsames Handeln erschweren. Eine möglichst reibungslose *Zielkommunikation* und kontextbezogene Zieldarstellung ist daher eine notwendige Voraussetzung für die Zielentwicklung, -abstimmung, -verfolgung und -erreichung. Mit Hilfe einer offenen Darlegung der Ziele können Missverständnisse im Voraus behoben werden.

**Probleme bei der Zielentwicklung – und wie man sie löst**

Die folgenden Probleme sind bei der Zielentwicklung in Organisationen immer wieder festzustellen und unbedingt zu vermeiden:

- Eine zu große Zahl von Beteiligten stört das Verständnis, die Umsetzung sowie die Kontrolle der Ziele.
- Durchsetzungsprobleme können auftreten, da Zielentscheider und Zielrealisatoren nicht identisch sind. Ziele werden vorgegeben und nicht mit Vertretern aller Hierarchieebenen im Unternehmen vereinbart.
- In Ziel-Workshops werden Einzelfälle und nicht abstrakte Problemstellungen thematisiert.
- Ein Teil der Ziele besitzt nur eine begrenzte Gültigkeit, da sie nicht handlungsrelevant sind (z. B. firmeninterne Führungsleitsätze).
- Im Unternehmen treten unterschiedliche Interpretationen und Entwicklungsstadien gleicher Zielvorgaben auf.
- Die Ziele besitzen einen mangelnden Konkretisierungsgrad und nur eine geringe Handlungsorientierung. Die Ziele werden nicht als Ausgangspunkt für Maßnahmen angesehen.
- Ziele werden regelmäßig, ohne vorherige Kontrolle der Zielerreichung, höher gesetzt. Eine Reaktion der Zielrealisatoren ist, die Zielentwicklung dahingehend zu beeinflussen, dass die erwarteten Ergebnisse so tief wie möglich angesetzt werden, damit gute Leistungen nicht durch höhere Ziele bestraft werden.
- Zielentwicklung wird nicht als dynamischer Prozess erkannt. Eine statische Zielbetrachtung und -verfolgung lässt eine Weiterentwicklung der Ziele mit der Zielrealität in Organisationen nicht zu.
- Bereichsziele besitzen keinen Bezug zu den Leitzielen des Unternehmens. Es erfolgt auch keine horizontale Abstimmung der Ziele zur Identifikation von Zielkonflikten.

Wir sind am Ende von Teil 2 angelangt. Und haben uns dabei die erste wesentliche Säule eines erfolgreichen SCM näher angesehen: das Thema Kooperation. Zugegeben: ein schwieriges Thema. Weil man überspitzt sagen könnte, dass die „weichen“ Faktoren gegenüber den „harten“ dominant sind. Weil es eben auf die richtigen Partner ankommt. Und die zu finden ist (auch) im Geschäfts (-Leben) nicht immer so einfach. Weil sich manch einer, der sich anfangs im besten Licht präsentiert, bald als Windei entpuppt, als Trittbrettfahrer. Jedenfalls nicht als der Partner, den man sich erhofft hatte. Bei Kooperationen haben viele Unternehmer ernüchternde Erfahrungen gemacht. „Kann ja auch nicht gut gehen“, sagen die Pessimisten. Aber glücklicherweise gibt es noch viele Optimisten – und erfolgreiche Kooperationen machen ja deutlich, dass es funktionieren kann. Wenn man sich nicht nur auf Checklisten und „technische“ Vorgehensweisen verlässt, sondern auch auf seinen gesunden Menschenverstand, sein Gefühl, seinen „Bauch“. Die Wahrheit dürfte aber, wie bei so vielem, in der Mitte liegen: nämlich einer gesunden Kombination aus dem Einsatz der Werkzeuge (die wir Ihnen in diesem Kapitel präsentiert haben und die den Aufbau und den Betrieb einer Kooperation erleichtern) und seinem Gefühl, seiner Erfahrung. „Ganz schön schwammig", werden Sie vielleicht sagen. Diesen Vorwurf lassen wir uns gerne gefallen. Wenn Sie eine bessere Antwort haben. Doch jetzt kommen wir zur zweiten Säule unseres Konzeptes, bei dem es glücklicherweise handfester zugehen wird. Hier verfügen wir über erfolgreiche Methoden und Vorgehensweisen. Der „Bauch" hat hier nichts mehr verloren. Wir kommen zum Thema Geschäftsprozess und Prozessketten, zum Aspekt Re-Design von Kernprozessen und werden über Struktur- bzw. Referenzmodelle der logistischen Kette sprechen.

## 4 Highlights aus diesem Kapitel – Was uns wichtig erscheint

**Warum überhaupt kooperieren?**
Kooperationen stellen im Allgemeinen insbesondere für kleine und mittelständische Unternehmen ein Selbsthilfe-Instrument dar, mit dem größen- und effizienzbedingte Barrieren ausgeglichen werden können. Im Zusammenhang mit der Umsetzung von SCM-Konzepten steht darüber hinaus meist die Optimierung der gesamten Logistikkette zur Verbesserung der Kundenbedürfnisse im Vordergrund. Hier gibt es bereits eine Vielzahl von Beispielen erfolgreicher und nicht erfolgreicher Kooperationen. Um eine unternehmensübergreifende Zusammenarbeit erfolgreich zu gestalten, ist ein beachtliches Know-how bei der Planung, Organisation, Führung und Kontrolle erforderlich.

**Chancen und Risiken sehen**
Chancen und Risiken einer Kooperation sind gut auszuloten. Denn Kooperationen zwischen Unternehmen sind nicht Selbstzweck, sondern haben immer instrumentellen Charakter. In diesem Sinne sind Kooperationen immer mit unterschiedlichen Chancen und Risiken verbunden. Als Hauptchancen werden häufig „Markterschließung", „Kostenersparnis", „Synergieeffekte", „Know-how-Zuwachs", „Zeitvorteile" und „Vergrößerung des finanziellen Spielraumes" genannt. Im Zusammenhang mit der Umsetzung von SCM-Konzepten spielen insbesondere die vier Hauptrisiken „Know-how-Preisgabe", „ungünstige Kosten-Nutzen-Relationen", „einseitige Abhängigkeiten" und „einseitige Ausnutzung des Machtgefälles" eine Rolle. Trotz dieser Risiken ist es bei der Umsetzung von SCM-Konzepten zwingend erforderlich, dass effiziente Kooperationen zustandekommen. Denn nur auf diese Weise können die enormen Chancen genutzt werden. In Zukunft werden zahlreiche unternehmerische Teilaufgaben erst durch eine Kooperation ökonomisch sinnvoll erfüllt werden können – weil ein Unternehmen entweder nicht über ausreichende Ressourcen verfügt (z. B. finanzielle Mittel), um die betreffenden Teilaufgaben unternehmensintern zu erfüllen oder weil der zu betreibende Aufwand in einem unwirtschaftlichen Verhältnis zum Wert der Leistung steht. Oder weil zur Erfüllung der Teilaufgaben sogar mehrere Unternehmen be-

nötigt werden (um mit der Kooperation beispielsweise eine Machtstellung gegenüber Unternehmen anzustreben, die nicht der Kooperation angehören).

**Der Kooperationslebenszyklus**
Auch Kooperationen unterliegen einem Lebenszyklus. Auch hier kann man generelle Lebensphasen unterscheiden. Sowohl in der Praxis als auch in der darauf fußenden Fachliteratur haben sich unterschiedliche Bezeichnungen und Phasengliederungen innerhalb des Lebenszyklus' einer Kooperation herausgebildet. Wohl wissend, dass es unrealistisch ist, allen spezifischen Formen der Kooperation einen gleichen Weg zuzusprechen, bietet es sich dennoch an, einen groben Rahmen über den zeitlichen Verlauf zu spannen und somit eine *prozessorientierte Sichtweise* zu unterstützen, die gerade für das Management von Kooperationen sinnvoll ist. Man unterscheidet Phase 1 „Anbahnung", Phase 2 „Aufbau", Phase 3 „Betrieb" und Phase 4 „Auflösung". Dem eigentlichen Anbahnungsprozess einer Kooperation geht in der Praxis meist ein spezieller Initiativprozess voraus, in dem die Entscheidungsträger die Notwendigkeit zum Handeln erkennen. Die Initiative wird als Anregung für einen Entscheidungsprozess verstanden. Derartige Anregungen entstehen aus einem Problemdruck, einer Art Unbefriedigtsein gegenüber der gegenwärtigen Situation bzw. einer erwarteten Entwicklung, verursacht durch den Wandel von Situationsdaten oder durch die Festlegung/ Veränderung alter Ziele.

**Die richtigen Partner wählen**
Nachdem die Chancen und Risiken für eine SCM-Kooperation ausgelotet sind und eine Entscheidung für eine entsprechende Kooperationsstrategie getroffen wurden, beginnt die Suche nach geeigneten Partnern. Die Auswahl hängt von der Situation und Position des Unternehmens sowie vom Umfang und der Art der angestrebten Kooperation ab. Grundsätzlich kommen dabei die Beteiligung an existierenden Kooperationen, die Beteiligung an neu initiierten Kooperationen und die eigenständige Initiierung einer Kooperation in Betracht. Hat man einen Pool potenzieller Kooperationspartner , so wählt man anschließend einen Partner (gegebenenfalls auch mehrere) aus. Die Auswahl sollte möglichst sorgfältig erfolgen, da sie unter Umständen eine lange Bindungswirkung hat und der Erfolg einer Kooperation auch maßgeblich von der Wahl des „richtigen" Partners abhängt. Wichtige Kriterien bei der Auswahl sind, ob der Partner die festgelegten Anforderungen erfüllt und die Ziele, die jeder mit der Zusammenarbeit verfolgt, harmonieren bzw. zumindest kompatibel und nicht konfliktär sind. Daneben ist zu beurteilen, ob der Partner Engagement zeigt (z. B. zur Umsetzung innovativer Konzepte) und zum Informationsaustausch bereit ist, der für das erfolgreiche Bestehen von Kooperationen unentbehrlich ist. Weiter ist von Bedeutung, ob der Partner zur Revidierung überkommener Denkweisen in der Lage und ob er teamfähig, zuverlässig und fair ist.. Weitere wesentliche Aspekte sind das Entgegenbringen von Offenheit und Vertrauen. Die meisten Probleme bei Kooperationen liegen bekanntlich weniger im ökonomischen als vielmehr im nicht-ökonomischen, interpersonellen Bereich.

**Vertrauen**

Ein effizientes Kooperationsmanagement stellt u. E. eine der drei erfolgsbestimmenden Säulen des SCM dar. Intensive, partnerschaftliche Beziehungen entlang der gesamten logistischen Kette aufzubauen und zu pflegen sehen wir in diesem Zusammenhang als eines der wesentlichen Mittel an, um die Wünsche der Kunden unter den geänderten Marktbedingungen bestmöglich zu befriedigen.

Vertrauen ist dabei *das* dominierende SCM-Bindeglied. Damit das volle Wertschöpfungspotenzial erreicht werden kann, bedarf es eines reibungslosen Zusammenspiels über die gesamte Lieferkette hinweg. Dafür müssen sich die Geschäftspartner künftig deutlich mehr öffnen als bisher. Durch die neue Transparenz, wenn sie denn gewollt und auch gelebt wird, haben die Partner beispielsweise Einblicke in die Geschäftsprozesse der anderen. Dies hilft, gemeinsam neue Lösungen zu generieren, Kostenstrukturen besser nachvollziehen zu können und künftig fairer miteinander umzugehen. Dies erfordert allerdings ein ungewohnt hohes Maß an Vertrauen.

Partnerschaftliche Beziehungen sind ein wichtiger Erfolgsfaktor von Kooperationen. Partner vertrauen einander. Verzichtet eine Netzwerkorganisation beispielsweise auf einen Kooperationsvertrag und stützt sich auf einen letter of Intent (LOI), so ist Vertrauen das hauptsächliche Bindeglied zwischen den Partnern. Aber auch bei rechtlich abgesicherten Netzwerken spielt die Vertrauensfrage eine große Rolle. Die Gestaltung der *Partnerbeziehungen* wird künftig an Bedeutung gewinnen. Denn es werden immer neue, sich dynamisch wandelnde Konfigurationen von Firmenbündnissen gegeneinander konkurrieren und nicht, wie bislang, Einzelunternehmen. Außerdem werden Kooperationsbeziehungen deutlich weniger fest geknüpft sein als heutige Hersteller-Lieferanten-Beziehungen.

**Gemeinsame Ziele fixieren**

Definierte Ziele sind der Schlüssel zum Erfolg. Nicht nur im eigenen Unternehmen, sondern auch in einer Supply Chain. Diese Zielvorgaben in Form von messbaren Größen sollten zu Beginn einer Zusammenarbeit gemeinsam definiert werden. Die Partnerunternehmen müssen sich in diesem Zusammenhang über den Einsatz geeigneter Verfahren und gegebenenfalls Tools einig sein, wie die Zielerreichung überprüft werden soll. Wichtig: die *Ziele* stehen dabei im Vordergrund, nicht die Werkzeuge.

**Kommunikation und Information**

Beim SCM kommt dem Informationsaustausch eine wichtige Rolle zu. Neben Informationen, die einen direkten Einfluss auf die Wertschöpfung haben (Mengen und Werte), sind bei einer offenen und häufigen Kommunikation eine Reihe weiterer sehr positiver Effekte zu verzeichnen. Begonnen damit, dass es weniger Missverständnisse, weniger Fehler geben sollte. Bis hin zum Austausch von Erwartungen der einzelnen Unternehmen dient das miteinander Kommunizieren v.a. dazu, eine Vertrauensbasis zu schaffen und auszubauen – ein wesentlicher Erfolgsfaktor für funktionierende Supply Chains (siehe auch oben beim Punkt Vertrauen).

**Dürfen, Können und Erkennen – Grundvoraussetzungen für eine Kooperationskultur**

Ein häufiger Grund für das Scheitern von Kooperationsvorhaben liegt in der mangelnden Berücksichtigung der Kulturkompatibilität zwischen den Unternehmen. Kooperationen werden, auch wenn sie zwischen Organisationen eingegangen werden, ausschließlich von ihren Mitarbeitern getragen. Daher kommt es entscheidend auf die „Chemie" zwischen den Mitarbeitern an. Diese wird in erster Linie vom Unternehmen und der dort vorhandenen Kooperationskultur geprägt. Lässt diese Kooperationskultur keine entsprechenden Spielräume für die persönliche und spezifische Ausgestaltung der Kooperationsbeziehungen, sind Kooperationsvorhaben gefährdet. Bei der Kooperationskultur gibt es *drei wichtige Grundvoraussetzungen:*

- *Kooperationsbereitschaft („Dürfen"):* Die Kooperationsbereitschaft, also die „Erlaubnis", Kooperationen eingehen zu dürfen, sich kooperativ zu verhalten, ist eine der drei entscheidenden Grundvoraussetzungen für eine erfolgreiche Kooperationskultur. Ein Unternehmen muss dazu einen entsprechenden Handlungs- und Verhaltensrahmen schaffen, der seinen Mitarbeitern Sicherheit bezüglich Kooperationen gibt. Diese allgemeinen Verhaltensregeln für die Interaktion im Unternehmen – und damit auch die Einstellung der Unternehmensleitung gegenüber Kooperationen – dürfen nicht nur in der Unternehmensphilosophie verankert sein. Für ihre Umsetzung müssen auch die erforderlichen rechtlichen und organisatorischen Rahmenbedingungen geschaffen werden.
- *Kooperationsbewusstsein („Erkennen"):* Ein unternehmensspezifisches Kooperationsbewusstsein basiert auf der Erkenntnis, bestimmte Aufgabenstellungen nur gemeinsam mit anderen Partnern lösen zu können. Der Grundstein für ein breites und positives Kooperationsbewusstsein wird im täglichen Umgang der Mitarbeiter untereinander gelegt.
- *Kooperationsfähigkeit („Können"):* Kooperationsfähigkeit umfasst die fachliche Kompetenz (Kenntnis und Beherrschung diverser Methoden/Techniken) für das Management von Kooperationen entlang ihrer Lebenszyklen. In die Kooperationsfähigkeit fließen andere Erfolgsfaktoren der Kooperationskultur (wie z. B. Teamfähigkeit, Management-Know-how und Kooperationserfahrung) mit ein.

# Teil 3 Das Re-Design von Kernprozessen – Prozessketten gestalten und optimieren

## 1 Die prozessorientierte Ausrichtung der Unternehmensorganisation – den Wandel gestalten

**Geschäftsprozesse aus Kundensicht optimieren**

Es ist eine Binsenwahrheit: Kunden müssen nicht nur gewonnen, sondern auch zufriedengestellt werden. Hierzu sind Geschäftsprozesse notwendig, die konsequent aus Kundensicht gestaltet werden. Erfolgreiche Unternehmen haben in der jüngsten Zeit gezeigt, wie man durch Built-to-order-Angebote gesamte Branchen revolutionieren kann. Unsere Kernthesen für dieses Kapitel lauten:

- Die effiziente Herstellung kundenindividueller Produkte wird in vielen Branchen der nächste Entwicklungssprung sein.
- Unternehmen müssen zusammen mit ihren Supply Chain-Partnern völlig neue Geschäftsprozesse aufbauen.
- Alle Funktionen, die nicht zu den ureigenen Kernkompetenzen gehören, können von Dritten wahrgenommen werden. Neben den Kunden und Lieferanten sind Logistikdienstleister die wichtigsten Partner am Geschäftsprozess.

Kundenorientierung ist teuer: beste Qualität, schnelle Lieferzeiten, guter Service, innovative Produkte, alles bei niedrigen Preisen. Die Quadratur des Kreises? Schaut man genauer hin, so beansprucht die Bearbeitung selbst häufig nur 10 Prozent der gesamten Durchlaufzeit eines Geschäftsprozesses. Warum? Weil hohe Transport- und Liegezeiten, mangelnde Prozesstransparenz, verbunden mit einer hohen Arbeitsteilung die nötige Produktivitäts- und Effizienzsteigerung verhindern. Das Ergebnis: überteuerte Leistungen, unzureichende Reaktionsgeschwindigkeit, Inflexibilität und unzufriedene Kunden und Mitarbeiter.

Der Wandel, den wir in Teil 1 geschildert haben, bedeutet für das Unternehmen eine Verschiebung seiner strategischen Ziele im Bereich der Logistik. Neben der Berücksichtigung der klassischen Zielgrößen Bestände, Durchlaufzeiten, Kapazitätsauslastung, Qualität und Servicegrad sind *kundenbezogene*, *humanzentrierte* und *organisationsbezogene* Zielsetzungen zu berücksichtigen (siehe Abb. 1). Die Gesamtkosten sind und bleiben natürlich die übergeordnete Zielgröße – allerdings können und müssen diese nun nicht aus einer lokalen, sondern aus einer globalen Sicht optimiert werden. Diese Unternehmensziele können jedoch nur dann erreicht werden, wenn man eine Reihe von Schwachstellen beseitigt, die häufig aus den historisch gewachsenen Strukturen der Unternehmen resultieren. Diese Strukturen, die auf den Prinzipien der Maximierung der Effizienz (siehe auch Abb. 3) einzelner Tätigkeiten oder Betriebsbereiche beruhen, sind in erster Linie durch eine *funktionale* Aufbauorganisation gekennzeichnet. Je nach Unternehmensgröße und Komplexität der Aufgaben werden die Prozesse dann durch diese statischen, funktionalen Organisationsstrukturen gelähmt.

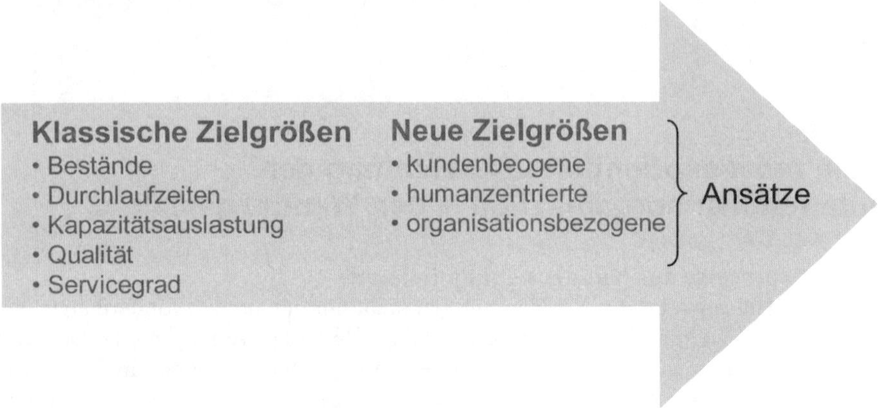


**Abb. 1.** Die Verschiebung der strategischen Zielgrößen

**Den Auftragsabwicklungsprozess reorganisieren – ein Beispiel von vielen**
Greifen wir zur besseren Veranschaulichung einfach einmal ein Beispiel aus vielen möglichen heraus: In die Abwicklung eines Kundenauftrages sind bei einer starken funktionalen Abgrenzung eine große Anzahl von Abteilungen involviert. Dadurch können sich vielfältige organisatorische Schnittstellen mit erhöhtem Abstimmungsbedarf und Medienbrüchen ergeben. Der Grund: die eingesetzten Dokumentations- und DV-Systeme passen nicht zueinander. Da jedoch die Geschwindigkeit, mit der man das Auftragsmanagement abwickeln kann, inzwischen eine wettbewerbsbestimmende Bedeutung erlangt hat, kann man durch die bereichsbezogene Optimierung einzelner Tätigkeiten nicht mehr die vom Markt erwartete Leistungsfähigkeit erreichen. Oder anders formuliert: Die Bedürfnisse der Kunden werden in einzelnen Unternehmensbereichen überhaupt nicht mehr wahrgenommen und besitzen aus diesem Grund auch kaum noch einen relevanten Einfluss. Deshalb ist eine *funktionsübergreifende* Betrachtungsweise mit durchgängigen Optimierungszielen erforderlich. Dies kann man durch die prozessorientierte Reorganisation des Auftragsabwicklungsprozesses erreichen.

Je größer eine Organisation, desto spezialisierter sind ihre Beschäftigten, desto mehr einzelne, fragmentierte Arbeitsschritte bestehen. Die Mitarbeiter schließen in einem derartigen System niemals eine Aufgabe ab, sondern konzentrieren sich lediglich auf kleine Arbeitsschritte, für die sie verantwortlich sind. Dabei verlieren sie häufig das übergeordnete Ziel aus den Augen (sofern sie es überhaupt kennen). Die Auswirkungen eines solchen Systems hat jeder schon am eigenen Leib erfahren, der versucht hat, in einem größeren Unternehmen einen kompetenten oder für eine Sache zuständigen Mitarbeiter zu finden. Karl Valentin hat dies treffend beschrieben in seinem Sketch „Der Buchbinder Wanninger". Sie kennen ihn vielleicht. Falls nicht, wollen wir ihn ganz kurz skizzieren. Karl Valentin ruft an und möchte mit dem Buchbinder Wanninger sprechen. Leider gerät er beim ersten Anruf an eine Person, die ihn nicht kennt. „Moment, ich verbinde!" Währenddessen bleibt Valentin in der Leitung hängen. Auch die zweite Stimme, die sich meldet, gehört nicht zu Wanninger. Und auch diese Person verbindet wieder. Dies geschieht unzählige Male, z. T. hat Valentin plötzlich auch wieder jemanden in der Leitung, mit dem er lange Zeit vorher schon einmal gesprochen hat. An den Buchbinder Wanninger kommt er jedenfalls nicht heran.

In diesem Sketch, der auf der Bühne zu unzähligen Lachern geführt hatte, wird auf amüsante Art und Weise, deutlich was in der Unternehmenspraxis so lustig allerdings nicht ist: Keinen der Mitarbeiter interessiert der Kunde und sein Anliegen wirklich. Keiner fühlt sich zuständig, keiner hilft wirklich, jeder verweist auf irgendeinen anderen, der vielleicht irgendetwas weiß. Vielleicht aber auch nicht. Oder vielleicht gerade dieser Kollege nicht. Dass dies für den Kunden unbefriedigend ist, liegt auf der Hand. Mit der Prozessorientierung soll dieses nicht-kundenorientierte Denken durchbrochen werden. Man will eine Ausrichtung auf die Anforderungen des Marktes und eine effizientere Bearbeitung dieser Anforderungen erreichen. „Nicht-kundenorientiertes Denken" lässt sich an einer Reihe von Symptomen festmachen. Für die gibt es falsche Lösungen, aber auch erfolgreiche Ansätze (siehe Tabelle 1).

**Tabelle 1.** Beispiele für Maßnahmen

| Symptom | falsche Lösung | richtiger Ansatz |
|---|---|---|
| hoher Kommunikationsaufwand; viele beteiligte Stellen; fragmentierter Prozess | schnelleres Netzwerk; eMail einführen; Formulare verbessern | Prozess auf wesentliche Schritte konzentrieren; beteiligte Stellen reduzieren |
| überhöhte Lagerbestände | Bestände ohne Kommunikationsverbesserung senken | Kundenbedarf genauer und zeitnah bestimmen |
| hoher Kontrollaufwand im Verhältnis zur Wertschöpfung | dezentrales Controlling einführen | Verantwortlichkeit erhöhen; motivieren; Misstrauen abbauen |

Eine unterlassene Prozessorientierung ist auch teuer. Denn sie bringt erhebliche Verluste mit sich, die sich beispielsweise in der Produktion in unverhältnismäßig hohen Liege- und Wartezeiten niederschlagen. Zahlreiche Untersuchungen in verschiedenen Unternehmen belegen, dass sich die gesamte Durchlaufzeit eines Auftrages zu 90-95 Prozent aus Liege- und Wartezeiten und nur zu 5-10 Prozent aus Bearbeitungszeiten zusammensetzt. Zudem ist zu beobachten, dass nur einer geringer Anteil der tatsächlichen Durchlaufzeit durch Arbeitspläne erfasst ist. Erfahrungen aus mittelständischen Unternehmen zeigen aber, dass die im Arbeitsplan festgehaltene Fertigungszeit nur etwa ein Drittel der gesamten Auftragsdurchlaufzeit ausmachen kann. Der Rest der Durchlaufzeit entfällt z. B. auf Projektierung, Beschaffung und Versand. Falls an einem Produkt konstruktive Änderungen oder Anpassungen erforderlich sind, können weitere Schleifen eine deutliche Verlängerung der Lieferzeit zur Folge haben. Verstärkt wird dieser Effekt durch das weit verbreitete Hierarchiedenken sowie den häufig anzutreffenden Ressortegoismus, der die ganzheitliche Sichtweise und die bereichsübergreifende Zielerreichung verhindert.

## 1.1 Prozessinnovationen sichern den Wettbewerbsvorsprung

Durch eine gut strukturierte Ablauforganisation je nach Branche kann man eine Differenzierung im Wettbewerb von bis zu zehn Jahren erreichen. „Im Vergleich dazu liefert ein neues Produkt einen Vorsprung von bis zu drei Jahren und eine neue Fertigungstechnologie von bis zu maximal fünf Jahren" (Winz u. Quint 1997, S. 12, siehe Abb. 2). Denn spätestens nach dem genannten Zeitraum von drei Jahren hat der Wettbewerb Ihr neues Produkt analysiert und als „follower" nachempfunden bzw. eine gleichwertige Fertigungstechnologie eingeführt. Nur die individuellen und gegenüber dem Wettbewerb nicht transparenten Prozesse Ihres Unternehmens bieten den nötigen Imitationsschutz im globalen Wettbewerb. Anders gesagt: die Wettbewerbsvorteile der Zukunft werden auf der Ebene der Unternehmensprozesse erzielt – und das nicht nur intern, sondern gerade unternehmensübergreifend.

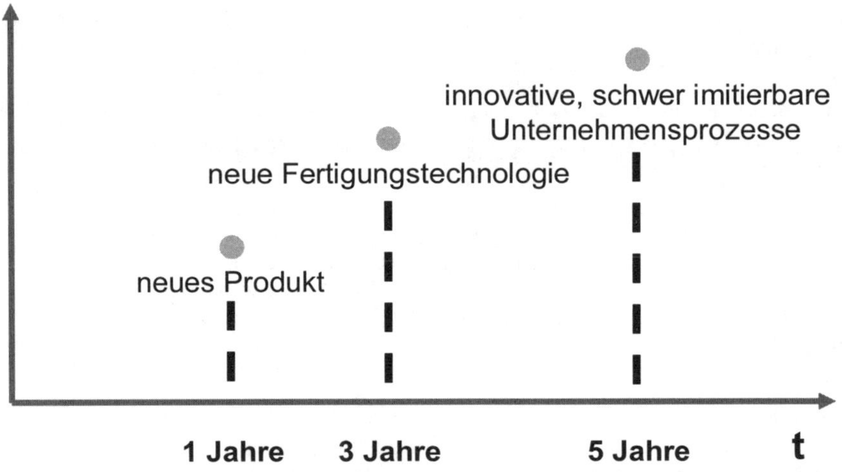


**Abb. 2.** Der zu erzielende Zeitvorsprung bei Prozessinnovationen

## 1.2 Prozessorientierung und die Tradition der Funktionsorientierung

Der amerikanischen Ingenieur Fredrick Winslow Taylor hat einen immensen Einfluss auf die Organisationslehre und Arbeitswissenschaften ausgeübt. Und seine Ansätze prägen noch heute in hohem Maße die Struktur und Abläufe vieler Unternehmen oder Volkswirtschaften. Dennoch ist sein Denken und Handeln heute überwiegend negativ belegt. Wir sind der Meinung: völlig zu Unrecht. Denn sein Ziel war die Steigerung der Effizienz industrieller Ressourcen, und durch seine Vorgehensweise wurde er zum Begründer der wissenschaftlichen Betriebsführung, auch als Scientific Management bezeichnet. Gestützt auf Experimente in der betrieblichen Praxis, ermittelte Taylor erste empirische Grundlagen für die Optimierung industrieller Abläufe. Sein Interesse galt sowohl der qualitativen und quantitativen Gestaltung einzelner Tätigkeiten als auch ihrem Zusammenwirken in ganzen Fertigungsabläufen. Taylor ging davon aus, dass für eine Optimierung zunächst die vollständige *Dekomposition* des betrieblichen Geschehens in Teilabläufe notwendig ist, um anschließend eine *ablaufoptimierte Rekombination* vornehmen zu können. Dies mag den einen oder anderen Leser verwundern. Taylor ging es in der Tat hauptsächlich um *Prozesse* und weniger um die Gestaltung von Strukturen. Sein Verdienst ist von daher in der permanenten Ablaufoptimierung durch Arbeitsanalyse zu sehen.

Indem Taylor die *Ablauforientierung* zum obersten Ziel der Organisationsgestaltung erhoben hatte, geriet er in der Folge immer mehr ins Kreuzfeuer der Kritik. Denn durch die immer weiter fortschreitende Spezialisierung ist in den Industriebetrieben bei den Mitarbeitern eine gewisse Orientierungslosigkeit und Entfremdung von ihrer Arbeit aufgekommen. Der einzelne Mitarbeiter ist nicht mehr in der Lage, den *vollständigen* Fertigungsprozess zu überblicken. Daher kann der Einzelne nicht mehr die Auswirkungen seines Handelns beurteilen. Diese Art der Spezialisierung und der Funktionsorientierung hat sich spätestens zu dem Zeitpunkt als nachteilig herausgestellt, als es für die in den Unternehmen tätigen Planer aufgrund der Komplexität der Planungsaufgaben nicht mehr möglich war, einen optimalen Fertigungsprozess zu gestalten. Besonders aufgrund der Geschwindigkeit, in der flexible Anpassungen auf veränderte Planungsparameter notwendig wurden, erkannte man, dass der industrielle Fertigungsprozess in weiten Bereichen nicht ohne die Beteiligung der in ihm tätigen Mitarbeiter zu organisieren ist.

Neue Ansätze wie z. B. das Business Reengineering haben sich ebenfalls eine Optimierung betrieblicher und überbetrieblicher Abläufe zum Ziel gesetzt. Sie beschränken sich aber nicht – wie Taylor – auf den Fertigungsprozess als den zentralen Wertschöpfungsprozess des Unternehmens. Sie versuchen vielmehr, weitere Aspekte wie z. B. die Neugestaltung der Produkte mit dem Ziel einer andersgearteten Produktion, Beschaffung oder Distribution in die Verbesserung zu integrieren. Im Fokus der Neugestaltung stehen nicht nur die Effizienzkriterien, sondern auch wettbewerbs- und kundenorientierte Kriterien.

## 1.3 Prozessorganisation und Netzwerkorganisation – Organisationsformen für das Supply Chain Management

Es ist die generelle Tendenz, dass sich die traditionelle hierarchische Organisation, die sich durch einheitliche Prinzipien und Regelungen auf Dauer auszeichnete, hin zur flexiblen Organisation auf Zeit mit informellen Arbeits- und Projektgruppen sowie Task-Forces entwickelt. Gleichzeitig setzt sich in vielen Unternehmen die

Erkenntnis durch, dass nicht mehr einzelne Unternehmen, sondern ganze Wertschöpfungsketten im Wettbewerb stehen. Für die Zukunft zeichnen sich mit der Entwicklung in Richtung prozessorientierter Netzwerkorganisationen deshalb strategisch neue Wettbewerbsbedingungen in einer neuartigen Dimension ab.

Unternehmen müssen sich daher entscheiden, ob sie ihr Unternehmen als „Palast" (d. h. mit einer strikten Arbeitsteilung zur Realisierung von Rationalisierungs- und Kostensenkungspotenzialen) oder als „Zelt" (d. h. mit flexiblen Strukturen zur schlagkräftigen Umsetzung von Strategien) organisieren wollen (s. Abb. 3).

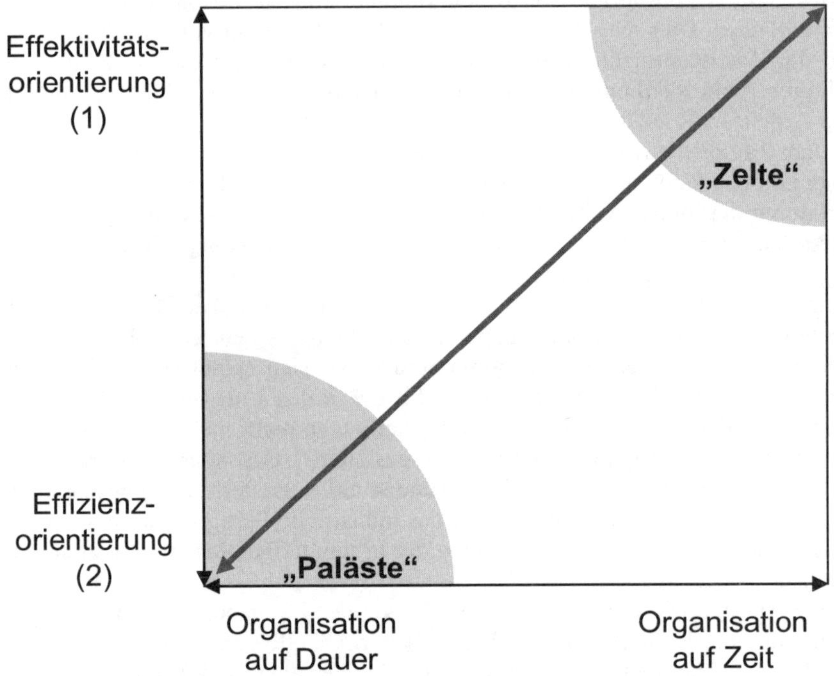


**Abb. 3.** Paläste oder Zelte – Organisation auf Dauer oder auf Zeit

Die Prozessorientierung wird geprägt durch zwei grundlegende Wesenszüge: eine am Ablauf orientierte Organisationsgestaltung und eine dynamische Betrachtung der Organisationsentstehung. In anderen Worten: die Organisation besteht nicht statisch, sondern bildet sich in einem Prozess aus. Damit entwickeln sich Organisationen zunehmend in Richtung der von Miles und Snow bereits 1984 nach empirischen Studien entworfenen Vision einer „grenzenlosen Unternehmung", die sich amöbengleich durch verschiedene Beziehungsnetzwerke bewegt und dabei mit hoher Flexibilität ihre Stärken im Entwickeln und Nutzen intersystemischer Beziehungen einsetzt, um überdurchschnittliche Erfolge zu erzielen.

Bei einer zunehmend vorhandenen Komplexität der Wirkungsbeziehungen und einer gesteigerten Dynamik der Marktbedingungen sind leistungsfähige Organisationen nicht mehr nur an Prozessen auszurichten. Vielmehr müssen Organisationen geschaffen werden, die *aus sich selbst heraus* in der Lage sind, sich neue Prozesse und Strukturen zu geben, um sich an geänderte Umweltbedingungen anzupassen. Hiermit ist gemeint, dass sich Organisationen über die einmalige und daher statische prozessorientierte Ausrichtung hinaus zu einem *sich selbst entwickelnden System* ausbilden. Das zukünftig geltende Organisationsmodell wird sich daher von den Prozessen im Sinne von parallelen oder seriellen Tätigkeitsfolgen lösen. Es wird sich zu einem *problemlösungs- und aufgabenorientierten* System wandeln. Die einzelnen Organisationseinheiten bilden dann ein Netzwerk, in dem Verantwortungs- und Kompetenzbereiche bei Bedarf einzelnen Prozessen zugeordnet oder ausgegliedert werden. Die Gestalt der Prozesse wird sich daher den Rahmenbedingungen schneller anpassen als dies in der Vergangenheit beobachtet werden konnte (Beckmann 1997, Abb. 4).

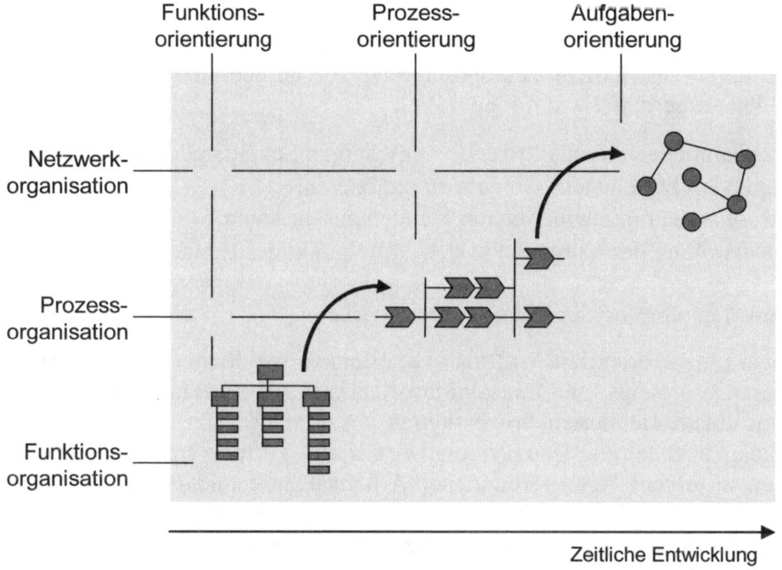


**Abb. 4.** Entwicklungslinie der Organisationsstrukturen (Beckmann 1997)

Kutschker weist darauf hin, dass bei der Reorganisation und im Hinblick auf das Management von Organisation die Prozessorientierung nicht die alleinig bestimmende Größe sein kann (Kutschker 1998). Er unterstellt, dass neben den Prozessen auch die Strukturen auf das Management einwirken. Dies sei kein Gegensatz, vielmehr handle es sich lediglich um zwei Seiten ein und derselben Medaille. Kutschker sieht in einer netzwerkbezogenen Sichtweise die Symbiose zwischen dem struktur- und prozessorientierten Ansatz. Sie sei in der Lage, die statischen, gestaltgebenden Aspekte (Struktur) mit den dynamischen, zeitverbrauchenden Aspekten (Prozesse) zu kombinieren (s. Abb. 5).

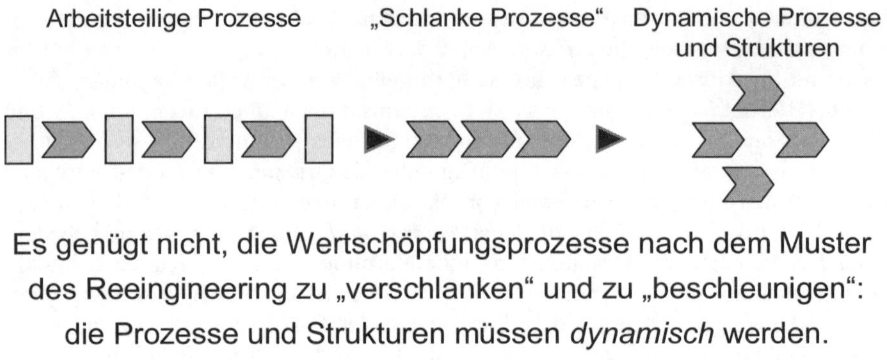


**Abb. 5.** Der Wechsel von starren zu dynamischen Prozessen

Im Mittelpunkt vieler Reorganisationen der vergangenen Jahre stand eine unternehmensinterne Geschäftsprozessoptimierung, die an den strategischen Unternehmenszielen ausgerichtet war mit dem Ziel,

- logisch zusammengehörende Prozesse mit wenigen Schnittstellen zu schaffen,
- die Komplexität bestehender Abläufe zu reduzieren,
- die Prozesse an den Bedürfnissen der Kunden auszurichten,
- die Wertschöpfung der Vorgänge in den Mittelpunkt der Betrachtung zu stellen und
- die Eigenverantwortung der Mitarbeiter zu stärken.

Denkt man prozessorientiert, will man vor allem vermeidbare (Doppel-) Arbeiten eliminieren. Vorgangs- und transaktionsorientierte Arbeitsabläufe werden systematisch zu ablauforientierten Prozessketten zusammengesetzt. Produktion und Einkauf, Finanzbuchhaltung und Personalwirtschaft, Vertrieb und Materialwirtschaft sollen zu einem Netz verbundener Arbeitsabläufe und Beziehungen zusammenwachsen. Dies war in den vergangenen Jahren der Fall, wo es um die interne Reorganisation von Prozessen ging. Die Potenziale sind hier jedoch ausgereizt. Ein „Blick über den Tellerrand“ ist jetzt vonnöten. Sie ahnen, worauf wir abzielen: auf die *unternehmensübergreifende* Optimierung der Wertschöpfung (s. Abb. 6).

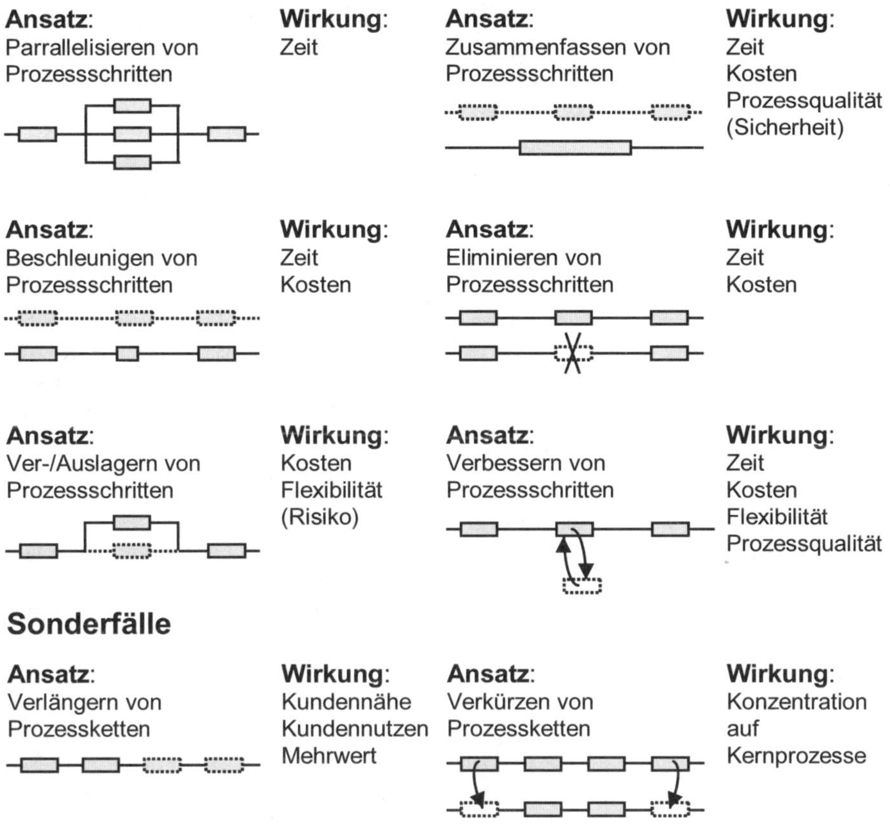


**Abb. 6.** Ansätze für Prozessoptimierungen

## 2 Geschäftsprozesse unternehmensübergreifend optimieren – „Wände" zu Kooperationspartnern abbauen

Will man Geschäftsprozesse wettbewerbsorientiert und unternehmensübergreifend neu gestalten, so ist die Analyse der Umfeldbedingungen erforderlich, die sich in vielen Bereichen und Märkten grundlegend verändert haben. Ausgangspunkt einer Reorganisation der Supply Chain sind in vielen Fällen die folgenden Fragestellungen:

**Grundsätzliche Fragestellungen bei der Reorganisation von Geschäftsprozessen**
Konnte man...

- ... in den vergangenen Jahren die Durchlaufzeit und den Lagerbestand drastisch reduzieren?

- ... die Lieferzeit und Zuverlässigkeit der Zulieferer in den vergangenen Jahren erheblich verringern?
- ... den Aufwand für Nacharbeit, Garantiefälle und Verschrottung vermindern?
- ... die Aufwendungen für das Qualitätsmanagement drastisch senken?
- ... die Produktionskosten senken?
- ... die Durchlaufzeit für die Markteinführung neuer Produkte wesentlich reduzieren?
- ... den Servicegrad für die Kunden wesentlich erhöhen?

Unter einem Geschäftsprozess verstehen wir eine Kette von Aktivitäten, die notwendig sind, um aus einer Kundenanforderung das vom Kunden gewünschte Ergebnis zu erstellen. Alle wichtigen Geschäftsprozesse überschreiten i. d. R. Abteilungsgrenzen, wodurch Schnittstellen entstehen. An jeder Schnittstelle wechseln die Bearbeiter und die Systeme. Die Folgen sind bekannt: Übermittlungs-, Transport- und Wartezeiten. Diese Schnittstellen also bilden einen maßgeblichen Einflussfaktor für Zeit, Kosten, Qualität und Flexibilität eines Geschäftsprozesses.

**Charakteristika unternehmensübergreifender Geschäftsprozesse**
Im Allgemeinen kann konstatiert werden, dass der *Abstimmungsbedarf* zwischen verschiedenen organisatorischen Einheiten und der damit verbundene Abstimmungsaufwand bei unternehmensübergreifenden Prozessen *höher* ist als bei unternehmensinternen Prozessen. Dies gilt insbesondere dann, wenn unternehmensintern durchgängige Verantwortungsbereiche und eindeutig identifizierte Prozessverantwortliche, sog. Process Owner, für alle Geschäftsprozesse festgelegt sind, so dass den Prozess betreffende, aufwändige Abstimmungsvorgänge zwischen Abteilungen entfallen und lediglich interdependente Beziehungen zwischen Prozessen koordiniert werden müssen. In der Regel ist für einen unternehmensübergreifenden Geschäftsprozess jedoch *kein* einheitlicher Verantwortungsbereich oder Process Owner definiert, für bestimmte Kooperationsformen wird dies sogar explizit ausgeschlossen. Infolgedessen muss die Abstimmung zwischen mehreren Process Ownern, die jeweils nur für einen Teil des gesamten unternehmensübergreifenden Geschäftsprozesses verantwortlich sind, erfolgen. Für diese Abstimmung sind im Rahmen der spezifischen Gestaltung entsprechende Spielregeln zwischen den Kooperationspartnern festzulegen.

Ein weiteres wesentliches Charakteristikum unternehmensübergreifender Geschäftsprozesse ist das Aufeinandertreffen unterschiedlicher *Unternehmenskulturen* und -philosophien. Diese Tatsache an sich kann ein beträchtliches Konfliktpotenzial in sich bergen. Das Schaffen einer gemeinsamen Vertrauensbasis, das Offenlegen und Austauschen von Informationen sowie das Austragen von Konflikten ist weitaus diffiziler als im unternehmensinternen Fall. Verstärkt wird dieser Effekt bei internationalen Kooperationen, in denen zusätzlich noch Länder- und Nationalitätenspezifika zu berücksichtigen sind. Befinden sich die Partnerunternehmen in unterschiedlichen Zeitzonen, kann darüber hinaus eine synchrone Abstimmung der Partner problematisch sein.

Die Logistik erlangt als integrativer Bestandteil moderner Unternehmensstrukturen eine neue Bedeutung, indem sie durch ihre bereichs- und unternehmensübergreifende Ausrichtung das prozessorientierte Management von Produktions- und Dienstleistungsbereichen unterstützt. Inhaltlicher Schwerpunkt der Logistik ist die Planung, Realisierung und der Betrieb durchgängiger Informations- und Warenflüsse über die Grenzen der Unternehmensbereiche hinweg.

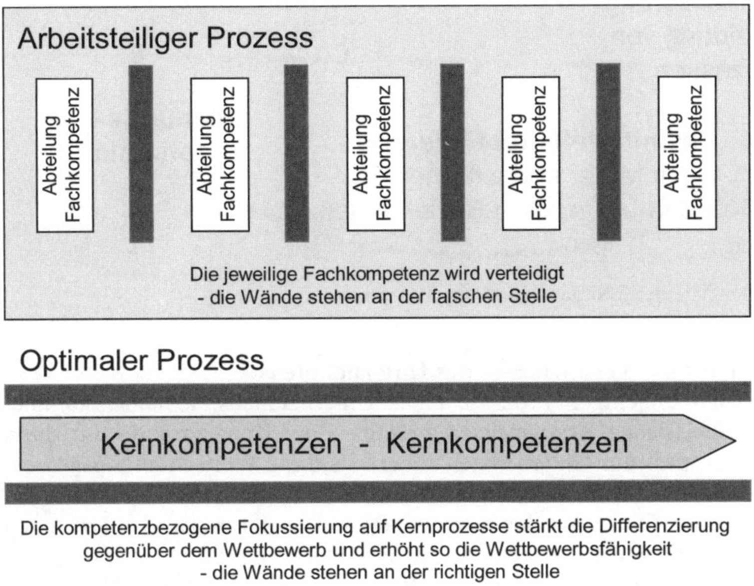


**Abb. 7.** Optimale Geschäftsprozesse als „Wand“ gegenüber dem Wettbewerb

Will man organisatorische Veränderungen initiieren, so ist ein praktikabler Ausgangspunkt, die *relevanten Kenngrößen* zu identifizieren und zu messen. Mit deren Hilfe ist es möglich, den möglichen Nutzen der Umsetzung dem notwendigen Aufwand gegenüberzustellen. In der Praxis hat es sich als brauchbar erwiesen, sich auf *wenige* und *einfach* zu messende *Kenngrößen* zu konzentrieren. Üblicherweise werden Kennzahlen aus den Bereichen Leistung, Bestand, Durchlaufzeit, Termintreue, Qualität, Flexibilität und Kosten verwendet. Für den individuellen Einsatzfall lassen sich jedem Bereich spezifische Kennzahlen zuordnen. Sie sollten sich dort an ihrer spezifischen Aussagekraft und ihren Möglichkeiten der Erfassung orientieren.

## 2.1 Potenziale der Prozessorientierung in der Logistik

Bei der Reorganisation der Geschäftsprozesse kann man Potenziale erschließen, die sich unmittelbar durch eine Vorher-Nachher-Betrachtung logistischer Kenngrößen ausdrücken lassen (siehe Abb. 8).

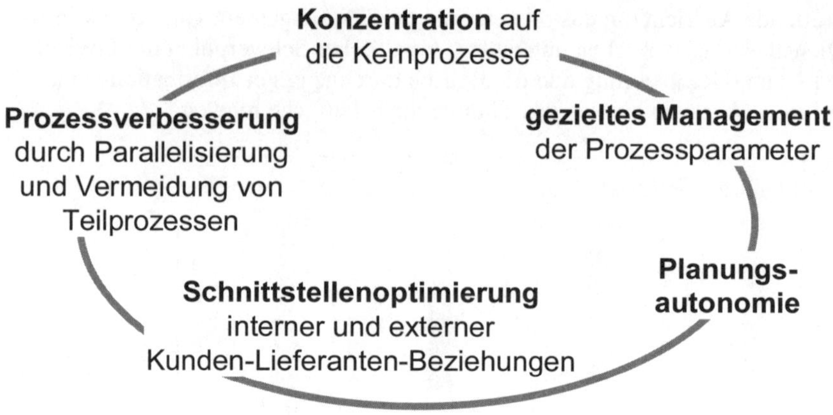


**Abb. 8.** Die Potenziale der Reorganisation von Prozessen

**Konzentration auf die Kernprozesse des Unternehmens**
Kernprozesse sind diejenigen Prozesse eines Unternehmens, in denen es über wettbewerbsentscheidende Kompetenzen verfügt. Eine Konzentration auf diese Prozesse bedeutet, dass das Unternehmen andere als diese Wertschöpfungsprozesse durch andere Unternehmen erledigen lässt und lediglich eine koordinierende Funktion übernimmt. Dies kann den Vorteil haben, dass die in dem Unternehmen verfügbare Kreativität nicht in einem zu breiten Feld gestreut werden muss, sondern auf wenige Bereiche fokussiert werden kann.

**Gezieltes Management der Prozessparameter**
Durch die Differenzierung in Haupt- oder Kernprozesse, die die wesentlichen Leistungserstellungsprozesse umfassen, wird die Voraussetzung geschaffen, Verantwortlichkeiten für die Abwicklung über den Gesamtprozess und den einzelnen Teilprozessen festzulegen. Hierdurch wird es möglich, Zielgrößen und Prozessparameter übergreifend zu steuern, denn die durchgängige Prozessverantwortung überwindet einerseits Schnittstellen zwischen Funktionsbereichen. Andererseits wird es leichter, die Objekte zu steuern, die durch den Prozess „hindurchfließen".

**Schnittstellenoptimierung interner und externer Kunde-Lieferant-Beziehungen**
Kaum ein Prozess ist völlig unabhängig von anderen oder kommt ohne Liefer- und Austauschbeziehungen mit anderen Partnern aus. Ist ein Hauptprozess definiert, müssen mit allen vor-, nach und nebengeordneten Prozessen Kooperationsvereinbarungen gefunden werden. Gegenüber einer funktionsorientierten Organisation können diese Schnittstellen mit Hilfe der Prozessorientierung drastisch reduziert werden. Damit sinkt der Gestaltungs- und Steuerungsaufwand erheblich, und die Zuverlässigkeit steigt, weil weniger Verantwortliche zu koordinieren sind.

**Planungsautonomie – sichere Aufteilung zwischen zentralen und dezentralen Planungsaufgaben**
Wesentlich für eine effiziente Organisation ist die Festlegung von Verantwortungs- und Einflussbereichen sowie ihre Einordnung in eine Planungshierarchie. Aus übergeordneten Planungen ergeben sich Zielgrößen und Rahmenbedingungen für untergeordnete Prozesse bis hin zu operativen Tätigkeiten. Planungsaufgaben ordnet man einzelnen Aufgabenträgern zu und legt die Beziehungen zwischen ihnen fest. Ziel ist eine Zuweisung möglichst vieler Planungsaufgaben nahe an operative Tätigkeiten, um die notwendige Information und Koordination zu reduzieren sowie die Verantwortung „vor Ort" zu stärken. Übergeordnete Zielgrößen sind zu berücksichtigen, die durch zentrale Planungsaufgaben gewahrt werden müssen. Nur so kann das Gesamtoptimum erreicht werden.

**Prozessverbesserung durch Parallelisierung und Vermeidung von Teilprozessen**
Durch die übergreifende Analyse einzelner Tätigkeiten werden Liege- und Wartezeiten, schlecht aufeinander abgestimmte oder sogar überflüssige Arbeitsschritte erkannt. Diese kann man anschließend in Frage stellen. Häufig werden in Teilbereichen optimierte Prozesse zugunsten des Gesamtoptimums verändert.

## 2.2 Das Reengineering der Supply Chain – mit sechs Bausteinen die Grundlagen schaffen

Die bestmögliche Gestaltung von Geschäftsprozessen ist eine immer wiederkehrende Aufgabe, um entscheidende Wettbewerbsvorteile entweder zu erlangen oder sogar auszubauen. Gegenstand des Reengineering sind sowohl die *Kernbereiche* der Supply Chain wie Beschaffung, Produktion und Distribution (direkte Bereiche) als auch *die indirekten Bereiche* der Planung, die eine unterstützende Funktion haben. Weiterhin sind die Prozesse der Produkterstellung wie Entwicklung, Konstruktion und Arbeitsvorbereitung wesentlicher Bestandteil eines umfassenden Reengineerings.

Wie bereits in Kapitel 1 beschrieben, ist die Geschäftsprozessoptimierung nach dem Kooperationsmanagement die zweite Säule eines umfassenden Supply Chain Management Konzeptes. Durch sie kann eine gemeinsame Berücksichtigung logistischer und wirtschaftlicher Aspekte in der Abwicklung unternehmerischer Abläufe erreicht werden. In diesem Zusammenhang zeigt sich, dass das seit den 80er Jahren praktizierte Business Process Engineering durch das Konzept des Supply Chain Managements eine Weiterentwicklung erfahren hat. Durch die Kombination der im Folgenden skizzierten Bausteine werden Unternehmen befähigt, effizientere Geschäftsprozesse für den Informations- und Warenaustausch zu entwerfen, um auf diese Weise einen höheren Kundennutzen zu erreichen. Mit der Optimierung von Geschäftsprozessen werden Grundlagen geschaffen, die für die Umsetzung von SCM eine unabdingbare Voraussetzung darstellen. Das Reengineering der Supply Chain beinhaltet folgende *sechs zentrale Bausteine* (siehe auch Abb. 10):

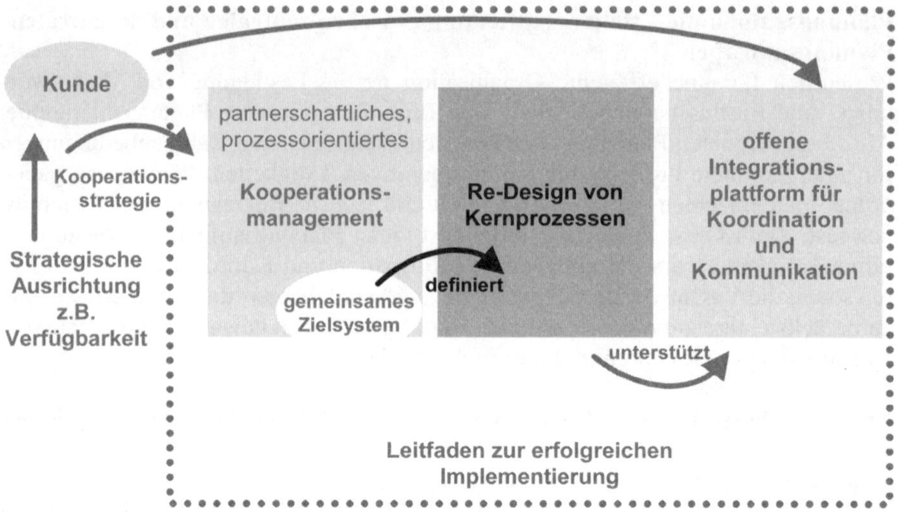


**Abb. 9.** Säule Nr. 2 – Re-Design von Kernprozessen

**Der Aufbau gemeinsamer Prozesse**
ist die Basis für ein gemeinsames Verständnis aller Partner der Supply Chain. Diese Arbeit muss von einem unternehmensübergreifend zusammengesetzten Team geleistet werden. In den allermeisten Fällen ist die logistische Kette zur Erzeugung eines Produktes von der Produktion der Rohmaterialien bis hin zur Auslieferung an den Kunden nur für wenige Beteiligte transparent. Es ist Ziel des SCM, *alle* Aufgabenträger in der Supply Chain so aufeinander abzustimmen, dass ein Gesamtoptimum erreicht werden kann. Dies kann aber nur gelingen, wenn sie eine Vorstellung über die Relevanz ihres Handelns und die Auswirkung auf andere gewinnen können.

**Die Analyse und Visualisierung der Prozesse**
erleichtert die unmissverständliche Kommunikation zwischen den Partnern der Supply Chain. Visualisieren bedeutet, sich zunächst einmal ein gemeinsames Bild zu verschaffen. Analysieren meint, im Anschluss daran Potenziale, aber auch Schwachstellen zu erkennen. Denn allein das Lippenbekenntnis, sich gegenseitig zu informieren, hat in der Vergangenheit nicht die erhoffte Transparenz schaffen können. Ein Grund hierfür war die mangelhafte methodische Unterstützung durch ein geeignetes Verfahren zur Prozessdokumentation. Obwohl inzwischen eine große Anzahl unterschiedlicher Modellierungssprachen entwickelt wurden, gelingt es nur den wenigsten Methoden, einen praktikablen Kompromiss zwischen Detaillierungsgrad und Verständlichkeit herzustellen. Es ist notwendig, genügend relevante Informationen über die SC abzubilden, ohne in der Fülle von Daten zu ertrinken.

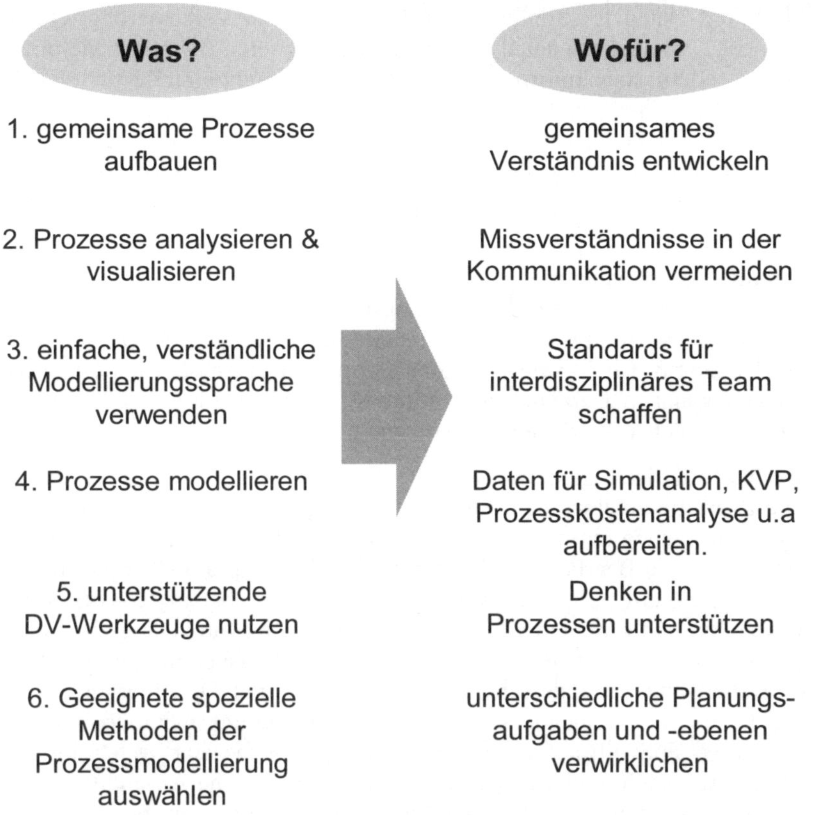


**Abb. 10.** Voraussetzungen für die Umsetzung von SCM – sechs Bausteine

**Die Auswahl einer einfachen, verständlichen Modellierungssprache**
ist aus diesem Grund für die interdisziplinären Teams der Supply Chain Integration von hoher Wichtigkeit. Soll zwischen mehreren Partnern eine SC aufgebaut werden, so empfiehlt es sich, zu Beginn der Planungsarbeiten einen gemeinsamen Standard für die Dokumentation von Prozessen und Strukturen der SC zu vereinbaren. Nur bei der Verwendung standardisierter Modellierungssprachen ist eine rasche Austauschbarkeit verteilter Planungen gewährleistet. Zwar ist es möglich, einzelne Modellierungssprachen ineinander überzuführen, doch dies ist stets mit einem hohen Aufwand und Zeitverlust verbunden. Schwerwiegender ist jedoch der häufig unterschiedliche Detaillierungsgrad, der mit den einzelnen Modellierungssprachen ausgedrückt werden kann. Hier unterscheiden sich Netzpläne, SADT-Diagramme, Petri-Netze, zeit- bzw. ereignisorientierte Prozessketten etc. erheblich voneinander.

**Die Prozessmodellierung**
beschreibt zunächst einmal die wesentlichen Aspekte der Prozesse. Mit ihrer Hilfe lassen sich die Prozesse vollständig visualisieren und detaillierte Analysen durch-

führen. Sie liefert Daten für Simulationen, kontinuierliche Verbesserung, Qualitätsmanagement, Prozesskostenanalyse, Benchmarking etc. Dabei ist sie nicht Selbstzweck, sondern stets Informations- und Dokumentationsstelle für weitere Planungsmethoden. Eine prozessorientierte Reorganisation kann nur gelingen, wenn zunächst durch Prozessmodellierung eine Transparenz geschaffen werden kann, die zur Beherrschung der Komplexität relevanter Gestaltungsparameter befähigt. Hierin liegen unseres Erachtens immense Potenziale für jedes Unternehmen.

**Unterstützende DV-Werkzeuge**
sind beim Einsatz der gewählten Modellierungsmethoden bereitzustellen, weil sie beim Visualisieren und Analysieren gute Dienste leisten. Entwürfe über die (Neu-) Gestaltung der Supply Chain sind unter den Partnern auszutauschen, sie müssen geändert oder ergänzt und erneut zur Verfügung gestellt werden. Hier kann ein gemeinsam verwendetes DV-System zeitsparend helfen.

**Spezialisierte Modellierungsmethoden**
sind angepasst an die unterschiedlichen Planungsaufgaben und -ebenen einzusetzen. Weil die Umsetzung eines SCM-Konzeptes eine sehr umfangreiche Problemstellung ist, erfolgt die Bearbeitung der zahlreichen Planungsaufgaben auf unterschiedlichen Detaillierungsebenen durch eine Vielzahl beteiligter Personen. Obgleich es verlockend wäre, auf allen Planungsebenen eine durchgängige Modellierungsmethode einzusetzen, ist ein solches Werkzeug bisher nur in Ansätzen verfügbar. Daher sind für unterschiedliche Planungs- und Detaillierungsstufen auch unterschiedliche, aufeinander abgestimmte Modellierungsmethoden zu verwenden. So ist es sinnvoll, auf einer übergeordneten Ebene eine zeitorientierte, abstrakte Prozessdarstellung wie z. B. das SCOR-Modell (siehe Abschnitt 2.3) oder das Prozesskettenmanagement (siehe Abschnitt 3) einzusetzen. Für Probleme nahe an der operativen Ausführung sind stärker formalisierte oder standardisierte Modellierungssprachen (wie z. B. das ARIS-Modell) einzusetzen. Sie erlauben eine weitgehend interpretationsfreie Darstellung von Prozessen, Zuständen und Rückflüssen. Häufig ergibt sich aus der Wahl einer ungeeigneten Modellierungsmethode das Manko, dass notwendige Informationen nicht abgebildet werden können oder dass im anderen Fall der erforderliche Detaillierungsgrad den Blick auf das Wesentliche versperrt.

## 2.3 Ausgewählte Ansätze der Prozessmodellierung – auf dem Weg zu einer Standardisierung der Supply Chain

Ehe man Modellierungssprachen für die Abbildung von Geschäftsprozessen entwickelt hatte, waren die Beteiligten in der Vergangenheit überwiegend auf die Verwendung der natürlichen Sprache und auf unformalisierte Techniken zur Dokumentation angewiesen. Sie bergen jedoch die Gefahr in sich, dass Darstellungen nicht eindeutig und somit widersprüchlich sind. Außerdem ist eine Vollständigkeit der Informationsabbildung nicht nachprüfbar und zu unscharf. Im Bereich der Konstruktion technischer Produkte ist es gelungen, eine unmissverständliche Darstellungstechnik zu entwickeln. Sie sorgt für eine unmissverständliche Kommunikation zwischen den Beteiligten am Produkterstellungsprozess. Selbst komplexe Anlagen oder Schaltungen können durch Technische Zeichnungen oder Schaltpläne bis in das kleinste Detail abgebildet werden.

Zahlreiche Modellierungssprachen zur Abbildung von Geschäftsprozessen sind deshalb für die Konzeption und Reorganisation betriebswirtschaftlicher Prozesse und der zugehörigen Informationssysteme entstanden. Einfache Modellierungstechniken wie Flussdiagramme, Netzpläne oder Organigramme sind allein nicht in der Lage, die Fülle der zu verarbeitenden Informationen im Rahmen einer Neugestaltung oder Reorganisation geeignet abzulegen und sie bei Bedarf abrufbar zu machen. Daher sind Rahmenkonzepte oder sog. Architekturen entstanden (ARIS, CIMOSA u. a.). Sie umfassen meist mehrere Komponenten, bestehend aus einem Modellrahmen, einer Vorgehenssystematik sowie Werkzeugen für die Dokumentation, Verknüpfung und den Zugriff von und auf Daten. Um eine Positionierung dieser Ansätze vorzunehmen, ist im Rahmen des Forschungsprojektes GiPP vom Fraunhofer IPA ein Schema zur Klassifizierung erarbeitet worden (siehe Abb. 11). Wir wollen Ihnen die im Zusammenhang mit unserem Thema interessantesten Ansätze kurz vorstellen.

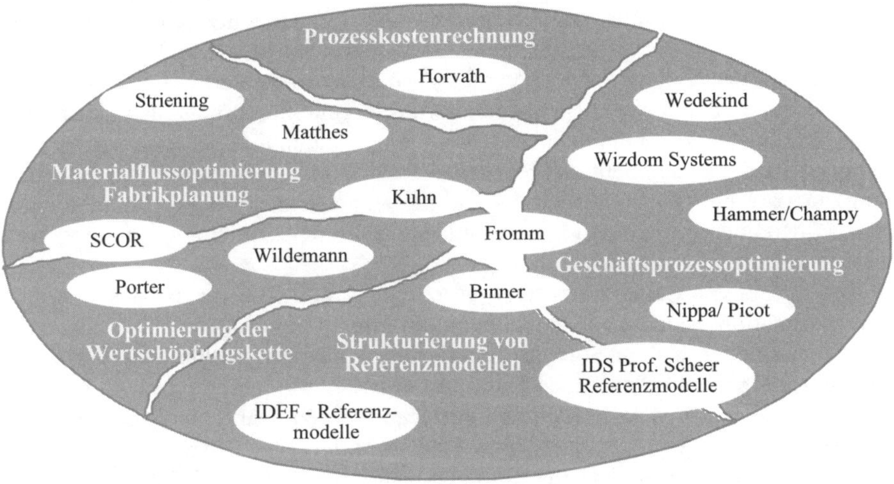


**Abb. 11.** Klassifikationsansätze von Ansätzen zur Prozessmodellierung (nach Fraunhofer IPA, Stuttgart)

## Die Wertkette nach Porter

Die von Porter entwickelte Wertkette gilt als ein weit verbreiteter und früher Ansatz für die Prozessorientierung. Porter stellt fest, dass man die Wettbewerbsvorteile eines Unternehmens nur dann nutzten kann, wenn die betrieblichen Prozesse systematisiert und damit analysierbar gemacht werden können. Dazu entwickelte er das Modell der Wertkette, das als Instrumentarium für die Prozessanalyse auf Unternehmensebene zwischen primären und sekundären Aktivitäten unterscheidet. Primäre Aktivitäten ordnete Porter betrieblichen Funktionen zu, die direkt an der

Erstellung oder Verwertung der Produkte oder Dienstleistungen beteiligt sind. Dies sind üblicherweise Eingangs- und Ausgangs-Logistik, Produktion, Marketing und Vertrieb sowie Kundendienst. Die unterstützenden oder indirekten Aktivitäten ermöglichen die kontinuierliche Ausführung direkter Aktivitäten. Sie betreffen u. a. Unternehmensinfrastruktur, Technologieentwicklung, Personalwirtschaft und Instandhaltung.

Innerhalb und außerhalb der Prozesse sind diejenigen Wechselwirkungen zu identifizieren, die Abhängigkeiten zwischen unterschiedlichen Aktivitäten charakterisieren. Als Beispiel sei die Bedeutung der Beschaffung für Fertigungskosten und -qualität genannt. Porter betonte immer wieder die Potenziale einer Neustrukturierung betrieblicher Prozesse, die sich vorrangig an den Marktbedürfnissen orientiert. Denn als „Wert" versteht er den Betrag, den die Abnehmer für die Leistungen bereit sind zu zahlen. Die relativ grobmaschigen Kategorien der Wertkette deuten den strategischen Charakter der Methode an, so dass eine top-down-Analyse für eine erste Identifikation betrieblicher Kernprozesse möglich ist.

**CIMOSA – ein Modellierungsansatz insbesondere zur Einführung von CIM-Konzepten**

Im Rahmen des von der Europäischen Union finanzierten ESPRIT-Programms wurde unter Mitwirkung von insgesamt 30 Industrieunternehmungen, DV-Anbietern und Forschungsinstituten eine Architektur für CIM-Systeme entwickelt, welche die Bezeichnung CIMOSA trägt (Computer Integrated Manufacturing Open System Architecture). Die Modellierungsarchitektur erhebt den Anspruch, auch Ergebnisse zur allgemeinen Unternehmensmodellierung (wie es für das Supply Chain Management erforderlich wäre) zu liefern. Ziel war die Entwicklung einer Architektur und Methodologie für herstellerunabhängige, standardisierte CIM-Module, die dann zu einem kundenorientierten System zusammengebaut werden können.

Der Ansatz von CIMOSA besteht darin, eine Architektur für die Beschreibung von Informationssystemen zu entwickeln, um Inhalte in Form von standardisierten Referenzmodellen bis zur Softwaregenerierung systematisch abbilden zu können. Auf dieser Konzeption aufbauend sind in CIMOSA Modellierungsmethoden eingeordnet und durch Meta-Modelle beschrieben worden. Dabei wird eine ereignisgesteuerte, geschäftsprozessorientierte Sicht verfolgt. Das CIMOSA-Konzept ist auch in den wenigen Spezialanwendungen bisher eher informationstechnisch ausgerichtet. Die direkte Aufnahme inhaltlicher Referenzmodelle zeigt, dass die CIMOSA-Architektur eine Mischung aus allgemeinen, methodischen Fragen im Zusammenhang der Entwicklung von Informationssystemen und der EDV-technischen Umsetzung ist. Die Verknüpfung mit generellen organisatorischen Problemstellungen des Supply Chain Managements ist bisher nur auf sehr einfachem Niveau möglich.

**Architektur integrierter Informationssysteme (ARIS) – ein umfassendes Modell für Geschäftsprozesse**

Das ARIS-Konzept (Architektur integrierter Informationssysteme) hat seit seiner Vorstellung 1991 im Anwendungsfeld betriebswirtschaftlicher Modelle zur Dokumentation und Entwicklung von Standardsoftware eine weite Verbreitung gefunden. ARIS stellt mit dem integrativen Ansatz des Phasenmodells (ARIS-Life-Cycle-Konzept) eine Unterteilung von Entwicklungsschritten in das strategische Anwendungskonzept, Fachkonzept, DV-Konzept und die technische Implementierung vor. Dies hat die Konzeption, Auswahl, Einführung und Dokumentation integrierter Softwaresysteme, die der Erfüllung betriebswirtschaftlicher Aufgaben dienen, vereinfacht. Der Organisationsaufwand verringert sich in jeder Phase des Life Cycle durch die Bereitstellung von Rahmenkonzepten, Tools und Methoden. Weiterhin stehen Referenzmodelle allgemeiner Geschäftsprozesse (Logistik, Leistungsentwicklung, Information und Koordination) sowie Referenzmodelle für spezielle Fragestellungen (z. B. Branchenkonzepte) zur Verfügung.

In dem ARIS-Fachkonzept werden die Geschäftsprozesse mit ihren organisatorischen und betriebswirtschaftlichen Aspekten mit dem ARIS-Geschäftsprozessmodell als zentralem Element abgebildet. Die fünf Sichten des ARIS-Hauses (Funktions-, Organisations-, Daten-, Leistungs- und Steuerungssicht) ermöglichen eine Modellierung der statischen und dynamischen Strukturen in spezifischen Ausschnitten. In den letzten Jahren wurden auch Erweiterungen des ARIS-Konzeptes hin zu einer Abbildung von Supply Chains durchgeführt.

**SCOR – ein standardisiertes Prozess-Referenzmodell der Supply Chain**

Supply Chain Management – im Sinne einer integrierten Planung und Steuerung der Prozesse in der Wertschöpfungskette – hat das Ziel, den Kundenbedarf so gut wie nur irgend möglich zu befriedigen. Mit dem Aufkommen des Themas wuchs der Bedarf, Vorgehensweisen und Prozesse einheitlich zu beschreiben und zu realisieren. Mit dem zeitlichen Vorsprung, den das Thema in den USA hat, sind dort die ersten Bemühungen um eine Standardisierung zu Ergebnissen gekommen. Im Folgenden sollen zwei herausragende Aktivitäten dargestellt werden: die des

- Supply Chain Councils (SCC) und des
- CPFR-Komitees.

Das Supply Chain Council (SCC) ist eine unabhängige gemeinnützige Vereinigung. Gegründet 1996 von den Beratungsunternehmen Advanced Manufacturing Research (AMR) und Pittiglio, Rabin Todd & McGrath (PRTM), umfasste sie anfänglich 69 freiwillige Mitgliedsunternehmen. Seit ihrer Gründung wuchs das SCC rapide und zählt inzwischen mehr als 650 Firmen und Forschungseinrichtungen zu seinen Mitgliedern, wovon ca. 100 aus Europa stammen. Ein Blick auf die Mitgliederliste zeigt, dass der Ansatz des SCC für alle Industriebranchen interessant ist: über die Produzenten und Zulieferer aus dem Computer- und Elektronikbereich (Compaq, Siemens, Nokia), dem Automobilbau (Daimler Chrysler, VDO), der Chemieindustrie (BASF, Bayer), der Lebensmittelbranche (Coca Cola, Nabisco) sowie Logistikdienstleistern (Danzas, Ryder) wird branchenübergreifend die Logistikkette vom Zulieferer über die Endproduzenten bis hin zum Lager des Handels abgedeckt. Hinzu kommen als Mitglieder Unternehmensberater und Softwarehäuser, die ihr Beratungsportfolio um die Methodik des SCC ergänzen bzw. ihre Softwareprodukte darauf abstimmen wollen.

Ziel des SCC ist es, ein „ideales“ Modells der Supply Chain zu schaffen. Hierzu wurde von den SCC-Mitgliedern das Supply Chain Operations Reference

(SCOR)-Modell als ein standardisiertes Prozess-Referenzmodell der Supply Chain definiert und kontinuierlich weiterentwickelt. Mit dem SCOR-Modell soll eine einheitliche Beschreibung, Bewertung und Analyse von Supply Chains sowohl firmen- als auch branchenübergreifend möglich sein. Ziel war und ist es, die unternehmensbezogene Flexibilität hinsichtlich sich verändernder Marktanforderungen nachhaltig zu steigern.

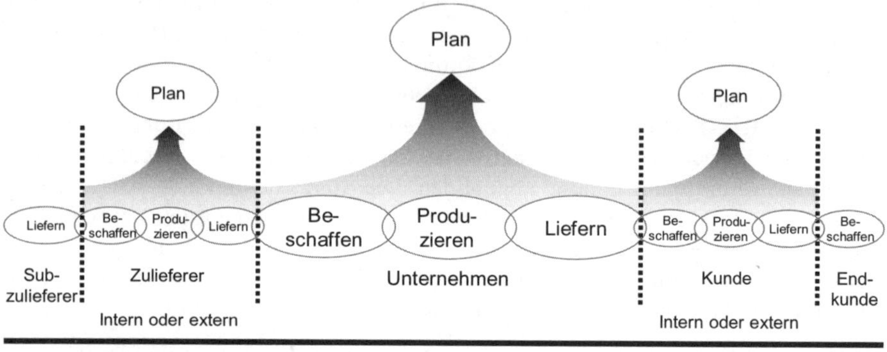


**Abb. 12.** Das SCOR-Modell (Quelle: Supply Chain Council)

Man konzentrierte sich bei der Entwicklung des Modells auf 3 Aspekte. Punkt 1: Man wollte eine Methodik entwickeln, die strategische und taktische Geschäftsziele von Unternehmen mit der operativen Produktions- und Logistikebene verbinden sollte. Punkt 2: Man wollte gemeinsame, abgestimmte Definitionen, Prozesse und Kennziffern generieren, um die Kommunikation mit Kunden, Lieferanten und weiteren Partner in der SC deutlich zu verbessern. Und Punkt 3: Man wollte ein Evaluierungskonzept entwickeln, um bei der Auswahl der Software-Tools zu unterstützen, die die Implementierung im Unternehmen sicherstellen sollten.

Referenzmodelle haben bekanntlich die Funktion, grundsätzliche Zusammenhänge zu betrachten, wie man eine logistische Kette optimieren kann, und zwar branchen- und unternehmensneutral. Grundidee des SCOR-Modells ist, jedes Produktions- und Logistiknetz durch vier grundlegende Basisprozesse zu beschreiben (s. Abb. 13). Bei jedem der ersten drei ausführenden Prozesse

- Beschaffen,
- Herstellen und
- Liefern

werden Materialien oder Produkte bearbeitet oder transportiert. Durch die Verbindung dieser Prozesse zu einer Kette werden Kunden-Lieferanten Beziehungen definiert, für die durch den vierten Basisprozess, die Planung, Angebot und Nachfrage ausbalanciert werden. Fasst man alle Ketten zusammen, so erhält man ein Gesamtmodell des Produktions- und Logistiknetzes. Ein fehlender Basisprozess, die Rücksendung von defektem oder überschüssigem Material bzw. von Leerbehältern soll in den folgenden Erweiterungen des SCOR-Modells auch berücksichtigt werden.

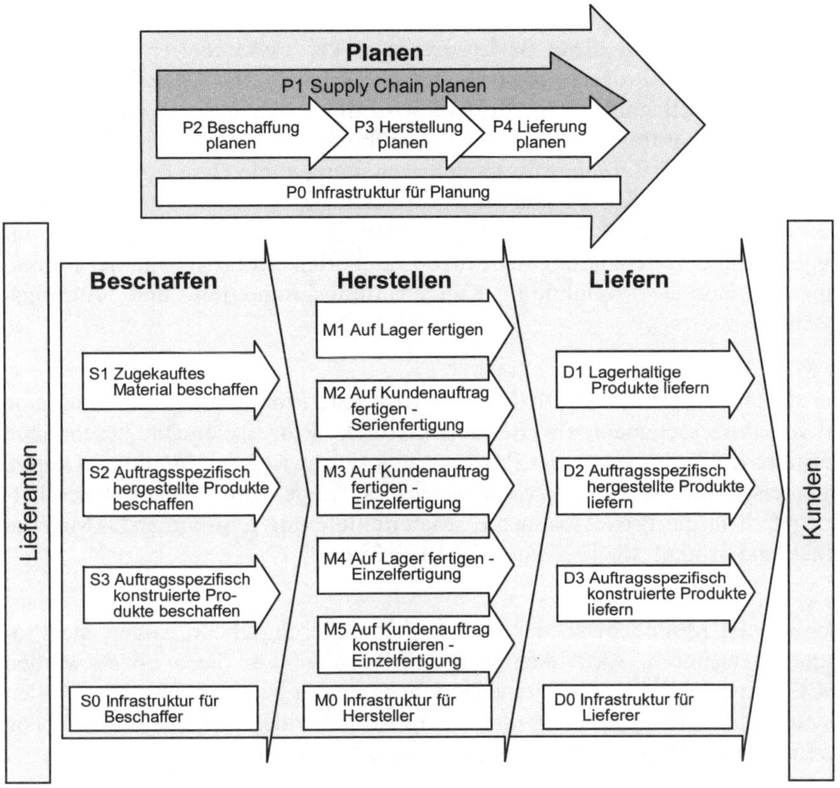


**Abb. 13.** Modellelemente von SCOR (Quelle: Supply Chain Council)

Das. SCOR-Modell bietet die Möglichkeit, mehrere Detaillierungs- und Funktionsebenen in einem Referenzmodell zu beschreiben.

Der große Vorteil des SCOR-Referenzmodelles besteht darin, dass es den Fluss von Materialien, Produkten, Informationen und finanziellen Mitteln beschreibt: vom Rohstofflieferanten zum Hersteller bis hin zum Endkunden. Das Modell bricht Geschäftsprozesse von der obersten Ebene herunter auf die vier Grund-Management-Prozesse für Logistikketten: Planen, Beschaffen, Produzieren und Liefern. Es gibt überdies noch weitere Ebenen. eine fünfte, sechste oder sogar siebte. Jede von ihnen enthält, je nach unternehmensspezifischer Anforderung, eine Vielzahl von Arbeitsschritten und Aktivitäten.

### Die vier Betrachtungsebenen des SCOR-Modells

#### Ebene 1

Die Elemente des SCOR-Modells sind auf vier Ebenen angeordnet. Auf der obersten Ebene werden der Umfang der betrachteten Supply Chain und die grundlegenden Eigenschaften der darin ablaufenden Basisprozesse (Planen, Beschaffen, Herstellen und Liefern) festgelegt.

**Ebene 2**
Die zweite Ebene bricht diese Basisprozesse in Prozesskategorien auf. Sie beschreibt, wie man die Prozesse in der Supply Chain plant, das Material beschafft, die Produkte herstellt und liefert. Ergänzt wird diese Ebene durch die Beschreibung notwendigen Infrastruktur, die zur Ausführung der Prozesse benötigt wird. Um ihre spezifischen Vorgänge zu modellieren, können die Benutzer des SCOR-Modells aus einem Baukasten von 19 Prozesskategorien (siehe Abb. 14) diejenigen Kategorien auswählen, die die Charakteristiken ihrer Prozesse am besten widerspiegeln. Die Differenzierung der Prozesskategorien erfolgt anhand der Prozesse für lagerhaltige Produktion, Kundenauftragsproduktion und Auftragskonstruktion.

**Ebene 3**
Auf der dritten Ebene des SCOR-Modells wird jede Prozesskategorie durch eine Anzahl von Prozesselementen weiter detailliert. Die Prozesselemente beschreiben die wesentlichen Teilprozesse der Prozesskategorie sowie deren Input und Output. So wird beispielsweise die Prozesskategorie „S1 Zugekauftes Material beschaffen“ aufgeteilt in die Prozesselemente „Materiallieferung terminieren“, „Material annehmen und prüfen“ sowie „Material transferieren“.

**Ebene 4**
Auf der vierten Modellebene, der sog. Implementierungsebene, sollen die Prozesselemente weiter in Aktivitäten aufgeteilt werden. Für diese Ebene werden vom SCC keine Modellierungselemente angeboten, da einerseits in vielen Fällen eine derart detaillierte Abbildung nicht nötig ist und andererseits ab dieser Ebene existierende Modellierungsverfahren gut eingesetzt werden können.

Ein wesentliches Merkmal des SCOR-Modelles ist die Bereitstellung von Kennzahlen. Auf den beiden oberen Ebenen finden sich Kennzahlen, die die Leistung der gesamten Supply Chain sowie der aus den Kategorien konfigurierten Prozesse charakterisieren. Die Kennzahlen der dritten Ebene detaillieren die Leistungsfähigkeit der Prozesse und zeigen Verbesserungsmöglichkeiten auf. In Verbindung mit einer Methode wie der Balanced Scorecard können diese Kennzahlen zur kontinuierlichen Überprüfung und Verbesserung der Performance der Supply Chain herangezogen werden. Ein großer Nutzen des SCOR-Modelles liegt in der Definition einer gemeinsame Sprache zur Kommunikation zwischen den verschiedenen innerbetrieblichen Funktionen und den außerbetrieblichen Partnern der Supply Chain. Nur bei einem gemeinsamen Verständnis der Prozesse in der Supply Chain ist eine optimierte Gestaltung der Kunden-Lieferanten Beziehungen über die gesamte Kette hinweg möglich. Die Definition von Kennzahlen für die Performance der Supply Chain im SCOR-Modell schafft die Voraussetzung für die kontinuierliche Bewertung und Optimierung der Wertschöpfungsketten. Des Weiteren ist der Vergleich der Leistungsfähigkeit einer Supply Chain innerhalb einer Branche durch ein Benchmarking erst auf Basis dieser Kennzahlen möglich.

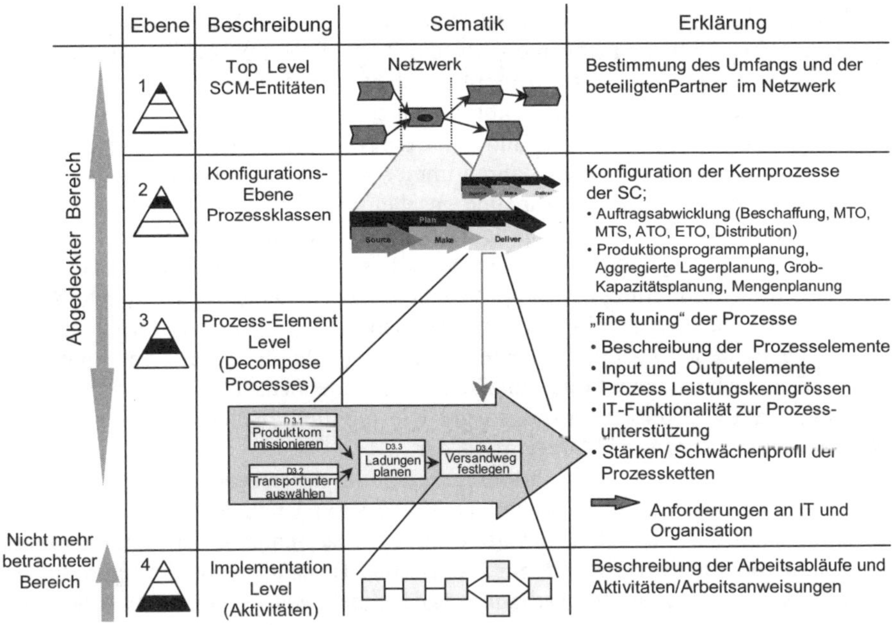


**Abb. 14.** Die Modellebenen des SCOR-Modells

Um hierfür eine Datenbasis zu schaffen, hat das SCC zusammen mit der Performance Measurement Group Befragungen bei Firmenanwendern des SCOR-Modells durchgeführt. Neben der kontinuierlichen Verbesserung des existierenden Modells beginnt das SCC gerade in branchenbezogenen Arbeitsgruppen, das SCOR-Modell z. B. für die Abläufe der Automobil-, Elektronik- oder Konsumgüterindustrie zu detaillieren – ein Schritt, der die Anwendbarkeit des Modells sicherlich weiter vereinfacht.

Die breite Akzeptanz des SCOR-Modells in den USA sowie die rasch steigende Zahl von Mitgliedern im SCC sind ein deutliches Anzeichen dafür, dass sich hier ein de-facto-Standard für die Modellierung von Supply Chains entwickelt. Mit den verstärkten Bemühungen des SCC, durch die Gründung eines European Chapter in Europa eine Anwenderbasis zu schaffen, findet das SCOR-Modell auch in Europa mehr und mehr Verbreitung.

### Planung, Prognose und Belieferung – neue Formen der Zusammenarbeit von Händler und Produzent

Die Konsumgüterindustrie sieht sich schon seit einigen Jahren mit einer massiven Veränderung ihres Handelsumfeldes konfrontiert. Da sind zunächst die Konsumenten, die beim Kauf ihrer Waren immer anspruchsvoller und wertorientierter werden, dabei aber weniger Geld ausgeben wollen. Die Händler erhöhen als Strategie zum Erhalt ihrer Margen dic Produktsortimente bei einer wachsenden Anzahl von Varianten und versuchen gleichzeitig ihre Kosten und Lagerbestände zu senken. So wird vom Handel nur das beim Produzenten nachbestellt, was an den Konsumenten verkauft wurde. Der Zulieferer schließlich lässt inzwischen auch im

Ausland produzieren, muss auf geänderte Kundenwünsche sofort in der Produktion reagieren und nimmt mehr und mehr die Rolle eines Importeurs ein. Begleitet wird dies von einem verschärften Wettbewerb auf dem globaler werdenden Markt durch den die erzielbaren Margen spürbar sinken.

Aus den oben angeführten Gründen ist die Wertschöpfungskette in der Konsumgüterindustrie in den letzten Jahren immer komplexer geworden. Diese Wertschöpfungskette kann als eine Pipeline gesehen werden, die alle Materialien von den Rohmaterialien bis zum Endprodukt beim Kunden führt und dabei sämtliche Produktions- und Logistikprozesse einschließt. In der letzten Zeit ist das Bewusstsein, dass die Optimierung der Supply Chain ein entscheidender Wettbewerbsvorteil sein kann, bei den beteiligten Unternehmen massiv gestiegen. Die integrierte Planung und Steuerung der Prozesse in der Wertschöpfungskette im Sinne des Supply Chain Management mit dem Ziel, den Kundenbedarf hinsichtlich Produktauswahl, Verfügbarkeit und Preis so gut wie möglich zu befriedigen, stellt den Weg zur Erlangung dieses Marktvorteils dar.

Untersuchungen von Wertschöpfungsketten in der amerikanischen Industrie haben gezeigt, dass hier noch erhebliche Verbesserungspotentiale liegen. So wurden ein Drittel des Ressourceneinsatzes in Prozessen entlang der Kette als nicht wertschöpfend identifiziert und ein Viertel des Bestandes von Fertigprodukten beim Händler waren zur Befriedigung des Kundenbedarfs nicht notwendig. Als Gründe wurden zum einen der Mangel an einer flussorientierten Gestaltung der Prozesse sowie nicht abgestimmte und teilweise inkonsistente Strategien über die Partner der Kette hinweg ermittelt. Die Untersuchungen zeigten damit deutlich, dass ein wesentlicher Faktor zur Ausschöpfung der Potentiale in der Supply Chain in der kooperativen Gestaltung und auch Durchführung der Prozesse zwischen allen beteiligten Partnern liegt.

Mit Konzepten wie Efficient Consumer Response (ECR), Vendor Managed Inventory (VMI) oder Quick Response wurden schon Bemühungen unternommen, die Zusammenarbeit insbesondere zwischen Produzenten und dem Handel zu verbessern. Während einige Unternehmen recht erfolgreich bei der Einführung dieser Vorgehensweisen waren, gibt es auch Händler, die sich von diesen Ansätzen wieder zurückziehen. Als Hauptproblem zeigte sich beim VMI die mangelhafte Integration der Planungs- und Ausführungssysteme zwischen Händler und Produzent. Zu oft werden Daten aus den Planungssystemen ausgedruckt und dann in das Auftragsmanagementsystem wieder eingegeben. Wichtige Informationen aus dem VMI-System, die die Produktion, die Lagerbefüllung und die Strategien zur Regalbestückung beeinflussen, werden so nicht genutzt. Auch umgekehrt werden die Informationen aus dem VMI-System nur unzureichend für eine verbesserte Produktionsplanung eingesetzt. Ist so das VMI-Konzept noch auf die Befriedigung der Kundenwünsche orientiert, gibt es beim Übergang zur Produktionsplanung einen Bruch. Resultat sind zu hohe Fertigwarenbestände oder Out-Of-Stock Situationen beim Händler. Erfolge bei der Umsetzung von VMI zeigten sich gerade bei den Firmen, die sich in einer Kooperation bemühten, ihr Wissen und ihre Fähigkeiten zusammenzufassen und aufbauend auf gemeinsamen Zielen, Prozessen und integrierten Systemen einen beiderseitigen Nutzen zu erzielen.

**Collaborative Planning, Forecasting and Replenishment (CPFR)**

Genau an dieser Stelle setzt die Initiative mit dem Namen Collaborative Planning, Forecasting and Replenishment (CPFR) an. Grundidee von CPFR ist, dass vollständig (entweder vom Händler oder vom Produzenten abgewickelte Prozesse) ein gewaltiges Verbesserungspotential enthalten, welches in der aktiven Rolle beider Parteien bei der Erzeugung und Befriedigung des Kundenbedarfs begründet ist. Dabei will man Strategien wie ECR, VMI oder Quick Response nicht ersetzen, sondern die Erfahrungen aus diesen Initiativen nutzen und um weitergehende Praktiken der Zusammenarbeit ergänzen.

Der Ursprung von CPFR lag in einem Pilotprojekt des Handelskonzerns Wal*Mart, der Ende 1995 mit dem Produzenten Warner-Lambert für ein ausgewähltes Produkt neue Wege der Zusammenarbeit von Handel und Industrie bei der Erstellung von Verkaufsprognosen suchte. Dieser Pilot zeigte selbst bei einer einfachen technologischen Lösung über das Internet beeindruckende Erfolge:

- Bestandssenkungen in der Supply Chain in der Höhe von zwei Wochen,
- eine Halbierung der Durchlaufzeiten für einen Nachfüllauftrag und
- Steigerung der Produktverkäufe.

Mit der Erkenntnis, dass ein weitgehender Nutzen nur bei einer Standardisierung der Prozesse erzielt werden kann, trat Wal*Mart an die industrieübergreifende Standardisierungsvereinigung Voluntary Interindustry Commerce Standards Association (VICS) heran. In dem daraufhin gegründeten CPFR-Komitee der VICS arbeiten neben Wal*Mart und Warner-Lambert bekannte Handels- und Konsumgüterunternehmen wie Kmart, JCPenney, Procter & Gamble, Nabisco, Levi Strauss & Co., Hewlett Packard sowie das Uniform Code Council an der Entwicklung von standardisierten Geschäftsprozessen für die kooperative Planung und Prognose zwischen Hersteller und Handel sowie deren technologische Unterstützung. Nach Erstellung der CPFR-Richtlinien im Jahr 1998 wird augenblicklich bei über 10 Kooperationen an der pilothaften Umsetzung gearbeitet, deren Ergebnisse bis Mitte des Jahres vorliegen sollen.

Im Unterschied zum SCOR-Modell werden die operativen Schritte zur Realisierung der gemeinsamen Kooperationsprozesse in einem CPFR-Prozessmodell festgelegt (siehe Abbildung 15). Am Beginn des CPFR-Prozesses steht eine Übereinkunft aller Partner über die Zielsetzungen der Zusammenarbeit, die von beiden Seiten eingesetzten Ressourcen sowie die gegenseitige vertrauliche Behandlung von Informationen. Zwei entscheidende Punkte für den Erfolg der Kooperation werden ebenfalls in dieser Übereinkunft festgelegt: dies ist zum einen die Frage, wie das Risiko überschüssiger Bestände oder nicht realisierter Verkäufe durch Out-Of-Stock-Situationen geteilt wird. Zum anderen werden gemeinsame Kennzahlen definiert, die sich an der Performance der gesamten Supply Chain orientieren. Vom CPFR-Komitee werden dazu Kennzahlen, bezogen auf den Kundenservice, die Bestände und die Prognosegenauigkeit, vorgeschlagen. Im nächsten Schritt wird ein gemeinsamer Geschäftsplan, basierend auf den jeweiligen Geschäftsstrategien für das Produkt oder die Produktgruppe, erstellt.

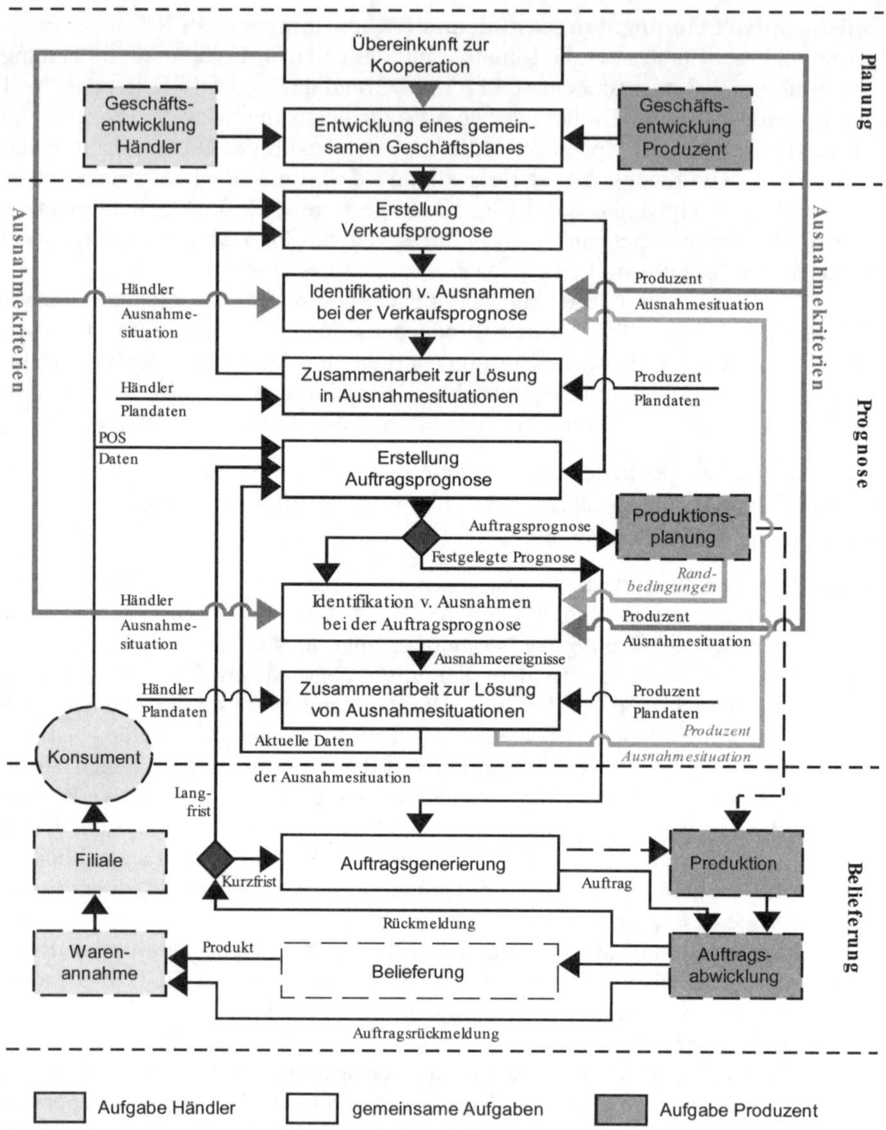


**Abb. 15.** Das CPFR-Prozessmodell (Quelle: CPFR Komitee)

Nachdem die Kooperationsziele und -randbedingungen festgelegt wurden, beginnen die Schritte zur Definition der gemeinsamen Prognoseprozesse. Zunächst wird eine Verkaufsprognose unter Berücksichtigung des gemeinsamen Geschäftsplanes erstellt. In einem Kalender werden besondere Ereignisse wie z. B. die Öffnung oder Schließung von Filialen, Marketingaktionen oder die Einführung neuer Produkte festgelegt, die den Verkauf des Produktes beeinflussen können. Des Weiteren identifizieren Händler und Produzent Ausnahmekriterien für die Verkaufsprognose, damit später automatisch Situationen erkannt werden, die besondere Aufmerksamkeit benötigen. Aufbauend auf der Verkaufsprognose wird dann eine Prognose für die Aufträge vom Händler zum Lieferanten hin erstellt, für die ebenfalls Ausnahmekriterien festgelegt werden. An dieser Stelle fließt auch das Wissen jedes Partners über die jeweiligen logistischen Fähigkeiten mit ein.

Nach diesem Schritt werden die geplanten Prozesse und Prognosen in das operative Geschäft überführt und der Belieferungsprozess gestartet. Solange die Ausnahmekriterien der Prognosen im operativen Ablauf nicht eintreten, werden automatisch die prognostizierten Bedarfe in Lieferaufträge umgesetzt, wobei in einer gemeinsam definierten Zeitspanne diese Aufträge nicht mehr geändert werden können. Trifft ein Ausnahmekriterium zu, werden die betroffenen Mitarbeiter beim Händler und beim Produzenten informiert – und eine manuelle Zusammenarbeit zur Problemlösung beginnt.

Auch von der technologischen Seite her wurden vom CPFR-Komitee existierende Standards zur Unterstützung des Prozesses bevorzugt. So kann der reine Informationsaustausch über vorhandene EDI-Standards realisiert werden, während das Internet für die Abwicklung des kooperativen Anteils der Kommunikationsprozesse genutzt wird. Dies ermöglicht es, auf vorhandenen Kommunikationsarchitekturen aufzubauen und einfach und preisgünstig zu erweitern. In der letzten Zeit haben auch die ersten Softwarefirmen begonnen, Lösungen auf Basis der CPFR-Richtlinien zu entwickeln und auf dem Markt anzubieten.

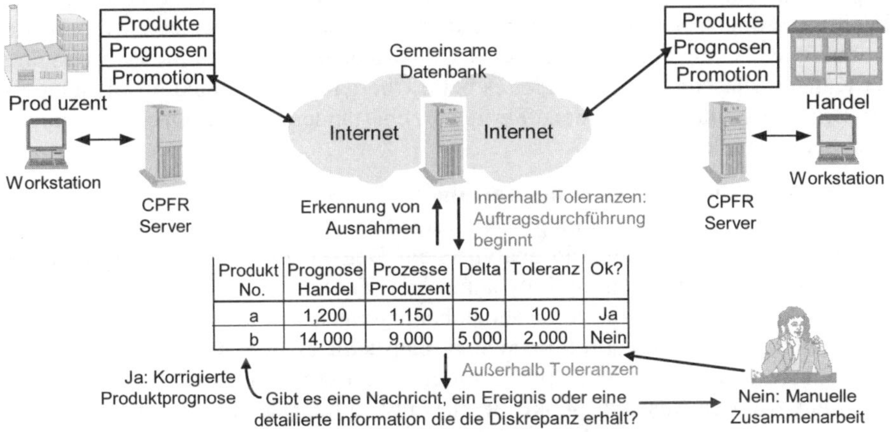


**Abb. 16.** Operativer Ablauf der CPFR-Prozesse

Mit der Einführung eines CPFR-Prozesses sind Handel und Industrie in der Lage, in Ergänzung zu schon existierenden Vorgehensweisen wie VMI oder ECR durch weitergehende Kooperation neue Wettbewerbsvorteile zu erschließen und nicht länger reaktiv auf Problemfälle einzugehen, sondern proaktiv die Kundenwünsche so gut wie möglich zu erfüllen. Den Hauptnutzen der Umsetzung von CPFR sehen die Pilotanwender in den folgenden Punkten:

- eine einzige gemeinsam genutzte Prognose der Konsumentennachfrage, auf die sich die Partner geeinigt haben;
- koordinierte Zusammenarbeit zwischen Händler und Produzent, angefangen bei einer gemeinsamen Prognose des Verkaufs bis hin zu gemeinsamer Problemlösung im operativen Geschäft;
- nicht länger reaktive Lösung von Problemfällen, sondern proaktive Erfüllung der Kundenwünsche;
- zugesicherte Bestellungen des Händlers und Lieferungen des Produzenten, basierend auf der gemeinsamen Prognose.

Für den Produzenten bedeutet insbesondere der letzte Punkt eine Orientierung weg von der lager- hin zu einer auftragsbezogenen Fertigung mit den Vorteilen der höheren Flexibilität, profitableren Kapazitätsnutzung und geringeren Beständen von Fertigwaren.

Während einige Unternehmen recht erfolgreich bei der Einführung dieser Vorgehensweisen waren, gibt es auch Händler, die sich von diesen Ansätzen wieder zurückziehen. Als Hauptproblem zeigte sich beim VMI die mangelhafte Integration der Planungs- und Ausführungssysteme zwischen Händler und Produzent. Zu oft werden Daten aus den Planungssystemen ausgedruckt und dann in das Auftragsmanagementsystem wieder eingegeben. Wichtige Informationen aus dem VMI-System, die die Produktion, die Lagerbefüllung und die Strategien zur Regalbestückung beeinflussen, werden so nicht genutzt. Auch umgekehrt werden die Informationen aus dem VMI-System nur unzureichend für eine verbesserte Produktionsplanung eingesetzt. Ist so das VMI-Konzept noch auf die Befriedigung der Kundenwünsche orientiert, gibt es beim Übergang zur Produktionsplanung einen Bruch. Resultat sind zu hohe Fertigwarenbestände oder Out-Of-Stock Situationen beim Händler.

**Die Prozesskette – das Instrumentarium**

Die Aufgaben der Neugestaltung von Geschäftsprozessen sind für die Unternehmen nicht mehr allein mit rein analytischem Denken lösbar. Weil aufgrund der beeindruckend komplexen und dynamischen Zusammenhänge innerhalb einer Supply Chain eine Vielzahl von Rahmenbedingungen und Interessen vieler Beteiligten untereinander zu koordinieren sind, empfiehlt es sich, das analytische Vorgehen durch eine integrierende prozessorientierte Betrachtungsweise ergänzt werden. Dies war der Ausgangspunkt für die Entwicklung des Prozesskettenmodells (Kuhn 1995) mit den Entwicklungszielen

- Visualisierung der logistischen Ketten, um die reale Ablauforganisation transparent zu machen,
- Bereitstellung einer systematischen Aufbereitung der Einflussfaktoren auf die Gestaltung logistischer Ketten sowie deren Wirkung auf die Unternehmensziele,
- nachhaltige Unterstützung einer effektiven Reorganisation logistischer Prozessketten.

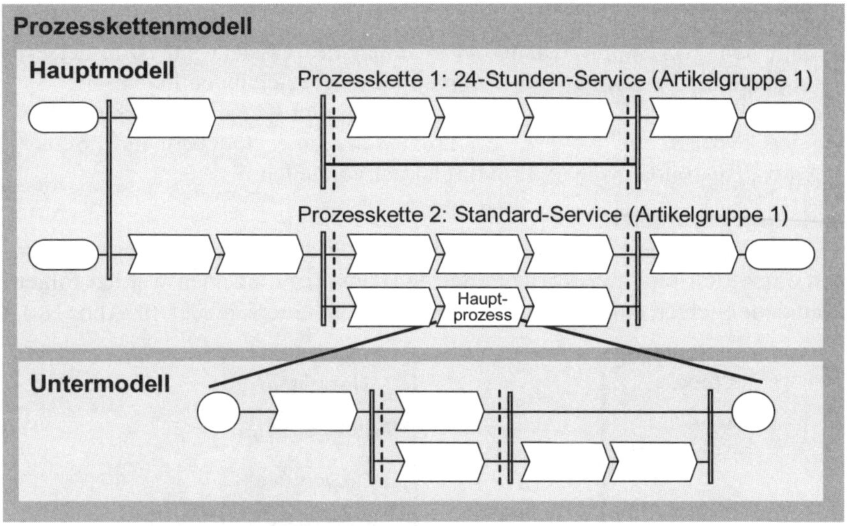


**Abb. 17.** Das Prozesskettenmodell

**Die Prozesskette als Kommunikationsmedium**

Insbesondere bei der Aufgabe, Lösungen für bereichs- und unternehmensübergreifende Wertschöpfungsketten zu erarbeiten und zu implementieren, erweist sich die Prozesskette als besonders wertvoll, weil sie ein Kommunikationsmedium darstellt,

- das unabhängig von der Hierarchieebene eine für alle Beteiligten verständliche Sprache ist und von allen benutzt werden kann
- und mit dem man Mitarbeiter mit unterschiedlichem Hintergrund koordinieren kann.

Bei der Modellierung von Geschäftsprozessen lässt man die Frage, wer die Aufgabe ausführen soll, zunächst einmal außer Betracht. Im Zentrum der Betrachtung stehen nicht Aufgaben, Positionen, Menschen und Organisationsstrukturen, sondern vielmehr die Gestaltung eines Bündels von Aktivitäten, für das unterschiedliche Inputs benötigt werden.

**Was ist ein Prozesskettenmodell?**

Um SCM-Konzepte zu visualisieren, zu analysieren und zu gestalten, beinhaltet das Prozesskettenmodell eine Modellierungssprache für logistische Prozesse und ihre relevanten Gestaltungsparameter. Sie kann zur Visualisierung und Dokumentation von Informations- und Materialflussprozessen eingesetzt werden, um sie einer Neugestaltung in definierten Schritten zugänglich machen zu können. Damit stellt es ein mächtiges Instrumentarium für die Durchführung von Reorganisationsprojekten im Bereich der inner- und überbetrieblichen Logistik dar.

Das Prozesskettenmodell hat sein Hauptanwendungsgebiet in der Konzeption logistischer Geschäftsprozesse und versteht sich durch das Prozesskettenelement mit seinen Potenzialklassen (Näheres hierzu finden Sie in Teil 5) als Modell für das Management von Supply Chains. Weil in der Prozesssicht mit Hilfe der Prozesskettenpläne die Leistungs- und Kommunikationsbeziehungen logistischer Systeme dargestellt werden kann, wollen wir Ihnen in aller Kürze die einzelnen Konstrukte der Prozesskette wie z. B. Prozesselemente, Quellen und Senken, Konnektoren, Ressourcen sowie Strukturen kurz vorstellen.

**Elemente und Parameter**
Die Sichten des Prozesskettenmodells ergeben sich aus den notwendigen Eigenschaften eines ziel- und zweckorientierten Systems. Im Einzelnen werden folgende verbundene Sichten auf das zu gestaltende System unterschieden (s. Abb. 18.):

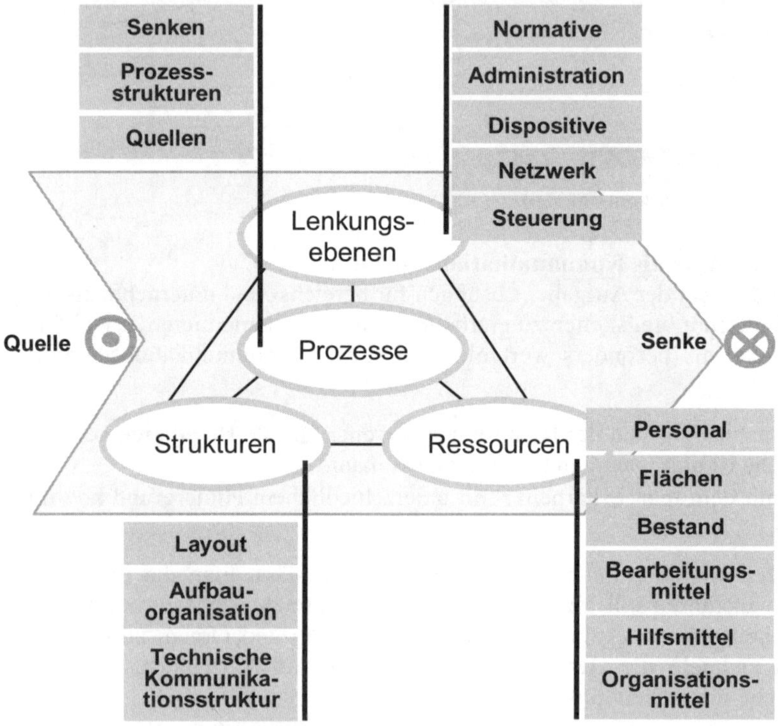


**Abb. 18.** Elemente und Einflussgrößen eines Prozesskettenmodells

Den Anforderungen heutiger Unternehmen im Bereich der Neugestaltung von Geschäftsprozessen wird die Philosophie des Prozesskettenmodells in Kombination mit der Methode des Prozesskettenmanagements gerecht. Das Prozesskettenmodell beinhaltet ein Grundmodell für Unternehmensprozesse und ist durch seine Konzeption und besondere Ausrichtung auf Informations- und Materialflussprozesse – insbesondere für die Reorganisation der Bereiche Produktion und Logistik geeignet. Welche Elemente das Prozesskettenmodell besitzt und welche Darstellungs- und Dokumentationstechniken verwendet werden, beschreiben wir ausführlicher in Teil 5.

**Was ist ein Prozess?**
Unter einem Prozess wird eine geordnete Abfolge von Aktivitäten verstanden, die einen definierten Input (Leistungsobjekte vom Lieferanten) in einen definierten Output (transformierte Leistungsobjekte an den Kunden) überführen.

Die Prozesse führen an den Objekten, die die Prozesse durchlaufen, Transformationen unter Nutzung des zur Verfügung stehenden Leistungspotenzials, den Ressourcen, durch. Objekte können sowohl materieller Art wie Materialien, Werkstücke, Produkte als auch Informationen sein. Da diese Flussobjekte typisch für logistische Prozesse sind, führen die unterschiedlichen Ausprägungen der Objekttypen zu der Unterteilung in einen Material- und Informationsfluss. Mit dem Leistungspotenzial ist z. B. die Bereitstellung von Maschinen- oder Personalkapazitäten sowie Produktions-, Lager- oder Transportflächen gemeint.

**Tabelle 2.** Die einzelnen Funktionen

| Sicht/Funktion | Erläuterung |
|---|---|
| *Prozess* | In der Prozesssicht stehen die zur Aufgabenerfüllung durchzuführenden Prozesse im Mittelpunkt der Betrachtung. Es werden die im Aufgabenmodell definierten Aufgaben, orientiert am Auftragsdurchlauf, in deren zeitlich-logischer Reihenfolge dargestellt. Die daraus resultierenden Prozessketten dokumentieren die Material- und Informationsflüsse. |
| *Quellen/Senken*: | Der Schwerpunkt dieser Sicht liegt auf den Daten und Objekten, die von den auf ihnen operierenden Prozessen bearbeitet werden. Quellen und Senken repräsentieren die Verbindungen eines Prozesses mit der Umwelt. Über sie werden Leistungsobjekte, d. h. die Gegenstände, auf die sich der Prozess bezieht, dem System zugeführt bzw. vom System abgegeben. |
| *Ressourcen* | Diese entsprechen dem vorhandenen Leistungspotenzial personeller, finanzieller und materieller Art zur Prozessdurchführung. |
| *Struktur* | Mit der Struktur wird die Menge der Verbindungen zwischen den Elementen, Aktivitäten und Leistungsobjekten bezeichnet. Gegenstände dieser Sicht sind z. B. das Fabriklayout, die Aufbauorganisation und die technische Kommunikationsstruktur. |
| *Lenkung* | Die Lenkung beschreibt die Regeln und Vorschriften zur Steuerung der Prozesse der logistischen Kette. In der Lenkungssicht werden durch die Zuweisung bestimmter Lenkungsaufgaben zu Lenkungsebenen Kompetenzen und Lenkungsspielräume definiert. Durch die Lenkungssicht erfolgt einerseits die Festlegung von selbststeuernden Elementen, wie dies Beckmann (Beckmann 1996) aufgezeigt hat, als auch die Anknüpfung an übergeordnete Regelkreise oder Steuerungen. |

Beispiele für relevante SCM-Prozesse sind der Prognoseprozess, der Auftragsabwicklungsprozess, der Produkteinführungsprozess, der Versandprozess. Die Prozesse zur Abwicklung des Kundenauftrags sind dann vollständig abgebildet, wenn der Prozesskettenplan aus dem Informationsfluss, aus dem Materialfluss und dem ihn koordinierenden Informationsfluss besteht – unter Einschluss sämtlicher Kunden und Lieferanten.

**Das Prozesskettenelement**
Das Prozesskettenelement repräsentiert einen Vorgang innerhalb einer logistischen Kette. Ein Prozesskettenelement beschreibt damit die Transformation von Input- zu Outputgrößen. Durch die Aneinanderreihung von Prozesskettenelementen und deren Verknüpfung durch ablauflogische Modellelemente werden komplexe Prozesskettenmodelle erzeugt.

**Dabei sollten folgende Punkte berücksichtigt werden:**

- Ein Außenstehender muss den Inhalt des Prozesses auch ohne eine Erläuterung verstehen können. Für unterschiedliche Adressaten im Unternehmen entsteht so eine allgemein verständliche Planungsunterlage.
- Der Prozess sollte einen abgeschlossenen Vorgang repräsentieren, so dass er gegen andere Prozesse abgegrenzt werden kann sowie Eingangs- und Ausgangsgrößen gefunden werden können.

Die Logistikprozesse werden in den Prozesskettenplänen durch die gemeinsame Darstellung der Material- und Informationsflüsse beschrieben. Die Materialflüsse können durch vier Grundtypen von Prozessen beschrieben werden:

- bearbeiten,
- prüfen,
- transportieren und
- lagern.

Eine Prozesskette kann aus beliebig vielen Elementen zusammengesetzt sein. Jedes der Prozesskettenelemente kann selbst wieder eine Prozesskette aus vielen Prozesskettenelementen besitzen. Die Eigenschaft der Selbstähnlichkeit erlaubt eine Modellierung der Prozesse auf unterschiedlichen Hierarchieebenen. Dies hat den Vorteil, dass je nach Aufgabenstellung oder Modellierungsfortschritt eine immer feinere Auflösung der Prozesskette betrachtet werden kann. Damit lässt sich die Prozesskette zunächst auf sehr grober Ebene beschreiben, um dann auf weiteren Ebenen eine Präzisierung der gesamten Prozesskette oder ausgewählter Teilbereiche vorzunehmen. In einer ersten Annäherung kann deshalb das Prozesskettenelement den Prozess „Warendistribution“ beschreiben. In weiteren Schritten werden dann die Einzelaktivitäten wie „Kommissionierung“, „Verpackung“, „Transport“ usw. modelliert. Jedes einzelne Prozesskettenelement kann als ein System interpretiert werden, aus dem sich Antworten auf die fünf folgenden Kernfragestellungen ableiten lassen (Winz u. Quint 1997):

Woher kommt der Input und wohin geht der Output des Systems?
→ Zur Beantwortung gibt es die Parameter *Quellen* und *Senken*.

Was geschieht in dem System?
→ Zur Beantwortung gibt es den Parameter *Prozesse*.

Wie sind die Prozesse in dem Gesamtsystem verbunden
→ Zur Beantwortung gibt es den Parameter *Lenkungsebenen*.

Womit führt das System die Prozesse durch?
→ Zur Beantwortung gibt es den Parameter *Ressourcen*.

Warum existieren bestimmte Beziehungssetzungen?
→ Zur Beantwortung gibt es den Parameter *Strukturen*.

Auf allen Abbildungsstufen können die Eigenschaften der Prozesse durch Nutzung aller Parameter des Prozesskettenelementes beschrieben werden.

# 3 Das Prozesskettenmanagement – ein Managementansatz für die prozessorientierte Gestaltung der Logistik

## 3.1 Konzepte zur Umsetzung einer prozessorientierten Organisation

Mit dem Ansatz des Supply Chain Managements ist nicht mehr die bereichsbezogene Sichtweise (konzentriert auf einzelne Funktionsbereiche) Gegenstand der Optimierungsbestrebungen, sondern die durchgängige Betrachtung von unternehmens*übergreifenden* Prozessen. Das Konzept des Supply Chain Management ist ein Lösungsansatz, der die bestehenden Konzepte des Reengineering aufgreift und konsequent auf die entstandenen Produktions- und Logistiknetze anwendet.

**Der revolutionäre Ansatz**
Reengineering heißt das radikale Überholen aller wichtigen Prozesse im Unternehmen. Die Fragestellung ist: „Wenn wir ganz neu starten könnten – wie würden wir es machen?" Das Mitte der achtziger Jahre in den USA entwickelte Konzept wurde insbesondere durch Michael Hammer und James Champy bekannt (Hammer u. Champy 1995). Mit einiger Verzögerung stellten auch deutsche Unternehmen die Kunden- und Prozessorientierung in den Vordergrund. Man verfolgte das Ziel, die Organisation des Unternehmens stärker als bisher an den Prozessen auszurichten.

Unter den Begriffen wie *Geschäftsprozessoptimierung* (GPO) bzw. *Business Process Reengineering* (BPR) und ihren verwandten Konzepten sind zahlreiche Methoden und Werkzeuge in Industrie und Forschung entstanden, für das ein breites Erfahrungswissen zur Verfügung steht. Kern des Reengineering ist die Umgestaltung ihrer technischen, ökonomischen, sozialen und organisatorischen Parameter, so dass sie optimal an den Wünschen der Kunden „ausgerichtet" sind. Die Anforderungen des Wettbewerbs sind damit die relevanten Kriterien für eine Bewertung möglicher Gestaltungsalternativen. Je nach Umfang des Reengineerings können die Veränderungen rasch und umfassend vollzogen werden. Dies geht dann meist mit großen (und nicht unproblematischen) Umwälzungen im Unternehmen einher.

**Der evolutionäre Ansatz**

Ein Konzept mit einem diametral entgegengesetzten Ansatz ist das im japanischen Kulturkreis entstandene *Kaizen*, das starke Parallelen zu einem kontinuierlichen Verbesserungsprozess aufweist. Kennzeichnend ist nicht die einzelne, große Veränderung, vielmehr geht es um die permanente Verbesserung in kleinen Schritten. Kennzeichnend für das Kaizen ist die Beteiligung der Mitarbeiter, die mit der Prozessdurchführung betraut sind. Sie sind die eigentliche Quelle für Verbesserungsansätze. Größere Veränderungen und Umstrukturierungen lassen sich auf diese Weise allerdings oft nicht erreichen, da mit diesem Konzept die funktionalen Strukturen und die dadurch bestehenden Schnittstellen unverändert bleiben.

## 3.2 Prozesskettenmanagement – die Synthese aus zwei unterschiedlichen Ansätzen

Weil für beide Konzepte im europäischen Raum gewisse Vorbehalte existierten, sind *Mischformen* wie das *evolutionäre Reengineering* (Gausemeier 1999) und das *Prozesskettenmanagement* (Kuhn 1995) entstanden. Sie verbinden die Vorteile eines Reengineerings, das geeignet ist, große Veränderungen durchzusetzen, mit den Gedanken des Kaizens, das durch eine breite Beteiligung der Mitarbeiter die Basis für einen nachhaltigen Erfolg der Reorganisation darstellt. Durch die konsequente Prozessorientierung ist die wichtige Transparenz über die bisher weitgehend im Verborgenen ablaufenden Prozesse, deren Ressourcenverzehr und Beitrag zur Wertschöpfung herstellbar. Mit einer detaillierten Prozessbetrachtung lässt sich z. B. für einen Produktionsbetrieb analysieren, wo unnötige Puffer-, Transport- und Lagerprozesse den Auftragsdurchlauf in die Länge ziehen und Abstimmungsaufwände und Informationsdefizite durch effizienteres Schnittstellenmanagement reduziert werden müssen. Wesentliches Gestaltungsprinzip ist das Schaffen und Verbessern interner Kunden-Lieferanten-Beziehungen. Denn auf diese Weise wird insbesondere die Qualitätsverantwortung für einen Prozess übernommen, und zwar von jemandem, der weiß, wie sich mangelnde Qualität auf die folgenden Prozesse auswirkt. Ein weiteres Argument ist, dass der Auftragsdurchlauf durch eine ganzheitliche und prozessorientierte Betrachtung, Gestaltung und Dokumentation transparent wird. Erst durch die geschaffene Transparenz kann die zum Ausgleichen und Beherrschen der Komplexität notwendige Flexibilität entstehen.

Nach Winz und Quint (1997), die einen Leitfaden zum Prozesskettenmanagement vorgestellt haben, bilden Innovation und Kaizen im Prozesskettenmanagement einen gemeinsamen dualen Ansatz, der die Verknüpfung der kundenorientierten Neugestaltung von Prozessen sowie deren anschließende kontinuierliche Verbesserung vorsieht und als das konstitutive Merkmal dieses Konzeptes bezeichnet werden kann. Das Prozesskettenmanagement geht, indem es diese duale Strategie verfolgt, weit über den herkömmlichen Ansatz des Reengineering-Konzeptes hinaus. Betrachtet man die Neugestaltung von Prozessen als Prozessinnovationen, so werden in diesem Zusammenhang die Ideen des Reengineering-Ansatzes aufgegriffen. Es hat sich gezeigt, dass diese Gestaltungsaufgabe jedoch besonders erfolgreich durch eine breite Integration aller beteiligten Partner erfolgreich gelöst werden kann. Das Prozesskettenmanagement verbindet somit die Stärken des mitarbeiterorientierten Kaizen-Konzeptes mit denen des Reengineerings. Insbesondere bei der Aufgabe, Lösungen für bereichs- und *unternehmensübergreifende* Wertschöpfungsketten zu erarbeiten und zu implementieren, muss ein Kommunikationsmittel gefunden werden, um Mitarbeiter mit unterschiedlichem Background koordinieren zu können. Genau dies leistet unser *Prozesskettenmodell* (siehe Abschnitt 2.3).

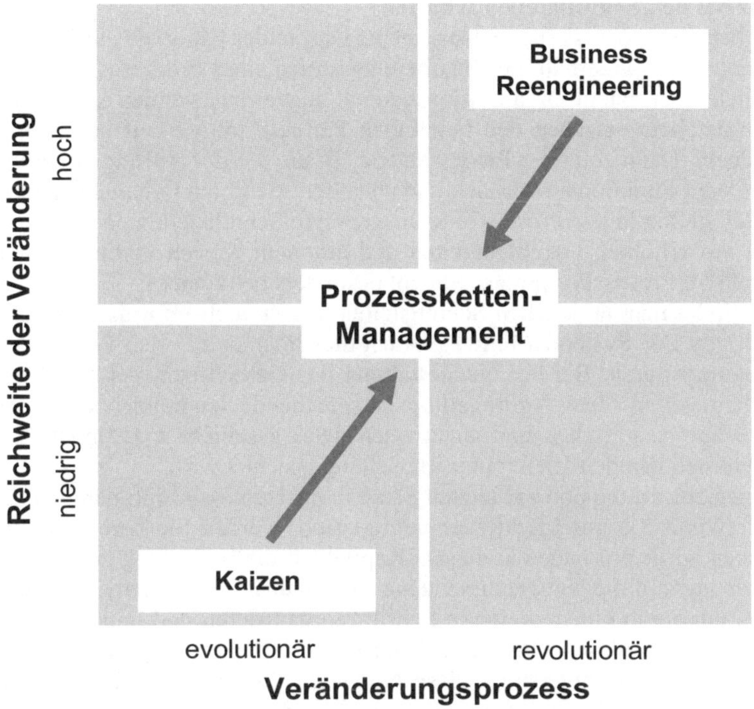


**Abb. 19.** Der duale Ansatz des Prozesskettenmanagements

**Das Konzept**

Um der Forderung nach einer integrierenden Betrachtungsweise nachzukommen, baut das Konzept des Prozesskettenmanagements auf dem Prozesskettenmodell auf und ergänzt es durch einen Vorgehensplan für eine prozessorientierte Reorganisation. Dieser Leitfaden ist insbesondere hilfreich, wenn bei der Optimierung bereichs- und unternehmensübergreifender Prozesse sowie der Erarbeitung und Implementierung von Lösungen mit einer Vielzahl von Hemmnissen gerechnet werden muss. Erforderlich ist daher ein zielorientiertes Projektmanagement, das sich aus einer klar strukturierten Vorgehensweise und einer im Unternehmen verankerten Projektorganisation, geprägt durch starke Projektführungspersönlichkeiten, zusammensetzt. Basierend auf einer Vielzahl von Prozessreorganisationen wird ein Vorgehensplan vorgestellt, der sich in zahlreichen Planungs- und Beratungsprojekten übergreifend in unterschiedlichen Branchen bewährt hat.

Grundlage der Bemühungen um eine Neuorganisation des Unternehmens ist eine grundsätzliche Hinwendung zu prozessorientierten Strukturen. Welchen Herausforderungen sich das Unternehmen und die in ihm tätigen Mitarbeiter zu stellen haben sollen, ist Gegenstand von Teil 5, wo es um die Implementierung gehen wird.

**Transparenz bei den Schnittstellen schaffen**
Eine der Stärken des Prozesskettenmanagements liegt in der Fähigkeit zur Darstellung der Schnittstellen innerhalb der Bearbeitungsstufen eines Prozesses. Da jedes Prozesskettenelement einem Organisationsbereich zugeordnet werden kann, werden die Schnittstellen zwischen den beteiligten Partnern im Verlauf der Supply Chain aufgedeckt. Dann zeigt die Prozesskette z. B. an, wo der Auftrag Abteilungen, Bereiche oder Funktionen wechselt und an andere Bearbeiter übergeben wird. Diese Wechsel stellen in der Prozesskette ausgeprägte Schnittstellen dar. Sie sind in der Regel mit erhöhten Durchlaufzeiten und erhöhten Kosten verbunden und werden deshalb im Prozesskettenmanagement besonders betrachtet.

Weiterhin findet man an solchen Schnittstellen häufig auch Informationsflüsse über Grenzen von DV-Systemen hinweg. Auch dies lässt sich in den Prozesskettenplänen dokumentieren. Bei der Neugestaltung des Geschäftsprozesses gilt es, derartige Schnittstellen, dem Auftragsfluss entsprechend, der kundenbezogenen Zielsetzungen neu zu gestalten und anzupassen. Dies geschieht z. B. indem das Prinzip der internen Kunden-Lieferanten-Beziehung beachtet wird.

Wir kommen zur dritten und zur letzten Säule in unserem Konzept: nämlich der Rolle der IT. Wenn Sie uns bis hierher gefolgt sind, werden Sie bereits ahnen, worum es gehen wird. Wir haben in diesem Kapitel auf die Bedeutung der Prozesse hingewiesen und auf die Notwendigkeit, sie zu visualisieren, zu analysieren und zu definieren, um sie in einem weiteren Schritt reorganisieren und optimieren zu können. Die IT hat in diesem Zusammenhang nun die Funktion des „Enablers“, des Befähigers. Denn sie unterstützt diese konkreten Prozesse, die Sie definiert haben, im Bereich der (notwendigen schnellen) Kommunikation oder der schnellen Durchführung von komplexen Planungsaufgaben.

## 4 Highlights aus diesem Kapitel – Was uns wichtig erscheint

Der Wandel, der sich im Umfeld der Unternehmen seit langem abzeichnet, bedeutet heute für viele Unternehmen eine Verschiebung ihrer strategischen Ziele im Bereich der Logistik. Neben der Berücksichtigung der klassischen Zielgrößen Bestände, Durchlaufzeiten, Kapazitätsauslastung, Qualität und Servicegrad sind jetzt in verstärktem Maße kundenbezogene, humanzentrierte und organisationsbezogene Zielsetzungen zu berücksichtigen. Diese Unternehmensziele kann man jedoch nur dann erreichen, wenn man eine Reihe von Defiziten beseitigt und die resultieren oftmals aus den historisch gewachsenen Strukturen. Diese Strukturen, die auf den Prinzipien der Maximierung der Effizienz einzelner Tätigkeiten oder Betriebsbereiche beruhen, sind in erster Linie durch eine funktionale Aufbauorganisation gekennzeichnet. Je nach Unternehmensgröße und Komplexität der Aufgaben werden die Prozesse durch diese statischen, funktionalen Organisationsstrukturen gelähmt.

**Dynamik durch Dynamik bewältigen**
Aber nicht Starrheit ist in Zukunft gefragt, sondern die Bewältigung der Dynamik durch Dynamik. Von daher wird die Bereitschaft, bisherige Konzepte und Unternehmensprozesse in Frage zu stellen, zu einem strategischen Imperativ. Orientiert man sich an Prozessen, werden alle Unternehmensaktivitäten und -ressourcen auf die kundenorientierte Optimierung von Wertschöpfungsprozessen ausgerichtet. Das Konzept des Business Process Reengineering war ein solcher Lösungsansatz. Und meinte das radikale Überholen aller wichtigen Prozesse im Unternehmen. Nicht mehr die Funktionsbereiche, sondern die Unternehmensprozesse wurden zum Gegenstand der Optimierungsbestrebungen. Denn: Produkte sind leicht nachahmbar und sichern nicht den notwendigen Wettbewerbsvorsprung. Nur die individuellen und gegenüber dem Wettbewerb nicht transparenten Prozesse von Unternehmen bieten den nötigen Imitationsschutz im globalen Wettbewerb. D. h. die Wettbewerbsvorteile der Zukunft werden auf der Ebene der Unternehmensprozesse erzielt – nicht nur intern, sondern unternehmensübergreifend.

**Prozessorientierung beim SCM**
Die Neugestaltung logistischer Strukturen bedingt zwangsläufig eine kritische Auseinandersetzung mit den logistischen Prozessen zwischen dem beschaffenden und den zuliefernden Unternehmen. Eine klassische funktionale, auf die eigenen Unternehmensstrukturen bezogene Prozessgestaltung reicht für eine nachhaltige Verbesserung nicht mehr aus. Vielmehr muss eine verstärkte unternehmensübergreifende Zusammenarbeit gesamtoptimale Lösungen erbringen. Hier ist das Arbeitsteam gefordert.

Mit dem Ansatz des Supply Chain Managements ist nicht mehr die unternehmensinterne, sozusagen eine binnenorientierte Sichtweise (konzentriert auf einzelne Funktionsbereiche) Gegenstand der Optimierungsbestrebungen, sondern die *durchgängige Betrachtung* von *unternehmensübergreifenden Kernprozessen.* Das Konzept des Supply Chain Management ist ein Lösungsansatz, der die Vorteile des Reengineering aufgreift (und die Nachteile zu meiden versucht) und konsequent auf die entstandenen Produktions- und Logistiknetze anwendet. Im Fokus der Neugestaltung stehen jetzt nicht nur die Effizienzkriterien, sondern auch wettbewerbs- und kundenorientierte Kriterien. Die Logistik eignet sich als integrativer Bestandteil moderner Unternehmensstrukturen durch ihre bereichs- und unternehmensübergreifende Ausrichtung in besonderem Maße dazu, ein prozessorientiertes Management von Produktions- und Dienstleistungsbereichen zu unterstützen.

**Prozesse visualisieren, analysieren und optimieren – mit Hilfe von SCOR und dem Prozesskettenmanagement**

Die Vorteile eines griffigen Modells liegen auf der Hand: es hilft, Disparates zu ordnen, zu bündeln und zu systematisieren, Prioritäten zu setzen. Es ist hilfreich, um ein enormes Spektrum zu strukturieren, Bezüge und Vernetzungen zwischen Einzelprozessen herzustellen bzw. Abhängigkeiten zu erkennen. Außerdem erleichtert ein solches Modell die Diskussionen, weil es einen verständlichen Einstieg in die Materie bietet. Das Geschäftsprozess-Referenzmodell SCOR ist Ausgangspunkt vieler weiterführender Überlegungen, wenn es darum geht, die Geschäftsprozesse unternehmensübergreifend optimieren zu wollen. Und es bietet einen gemeinsamen Bezugsrahmen, auf den sich Arbeitsteams immer wieder verständigen können.

**Vorteile des Prozesskettenmanagements**

Verbesserungen, Optimierungen tun not. Aber seien wir einmal ehrlich: in der Vergangenheit wurde zwar heftig reengineert, aber häufig mit zweifelhaftem Erfolg. Ansätze wie z. B. das Business Reengineering hatten sich eine Optimierung betrieblicher und überbetrieblicher Abläufe zum Ziel gesetzt. Man versuchte, Aspekte wie z. B. die Neugestaltung der Produkte mit dem Ziel einer andersgearteten Produktion, Beschaffung oder Distribution in die Verbesserung zu integrieren. Allerdings muss man rückblickend sagen, dass sich nach einiger Zeit der Begeisterung in den letzten Jahren mehr und mehr die Zweifel an der Wirksamkeit des Konzeptes mehrten. In den USA ist es laut McKinsey inzwischen hinlänglich bekannt, dass viele Reengineeering-Projekte Gefahr laufen, als Flop zu enden.

Die Integration der Gedanken von Innovation (lies: radikale Veränderungen wie beim Business Process Reengineering) und kontinuierlicher Verbesserung (wie beim Kaizen) bildet das konstitutive Merkmal der Philosophie des Prozesskettenmanagements. *Induktiv* bedeutet, dass durch kreatives Experimentieren mit neuen Prinzipien Lösungsmöglichkeiten generiert werden, die man erst in einem zweiten Schritt daraufhin prüft, ob sie einen Prozess leistungsfähiger machen oder ob sie überhaupt wirtschaftlich anwendbar sind. Verbesserungen nach *deduktiven* Denkmustern können nur in sehr kleinen Schritten erreicht werden. Diese Vorgehensweise entspricht dem im japanischen Kulturkreis entstandenen Kaizen, das starke Parallelen zu einem kontinuierlichen Verbesserungsprozess aufweist. Charakteristisch ist nicht die einzelne, große Veränderung, vielmehr sind es die permanenten Verbesserungen in kleinen Schritten. Kennzeichnend für das *Kaizen* ist die Beteiligung der mit der Prozessdurchführung betrauten Mitarbeiter. Sie sind die eigentliche Quelle für Verbesserungsansätze. Größere Veränderungen und Umstrukturierungen lassen sich auf diese Weise oft nicht erreichen, da mit diesem Konzept die funktionalen Strukturen und die dadurch bestehenden Schnittstellen unverändert bleiben.

Beim Prozesskettenmanagement handelt es sich also, dies kann an dieser Stelle als Resümee festgehalten werden, um die *Synthese* zweier diametral entgegengesetzter Konzepte. Es wird unterdessen erfolgreich in zahlreichen Planungs- und Beratungsprojekten quer durch alle Branchen angewendet.

# Teil 4 Die Rolle der IT – „Enabler" für Supply Chain Prozesse

## 1 Die Entwicklung der informationstechnischen Unterstützung – eine Skizze vorab

Supply Chain Management (SCM) gilt derzeit auch als größte Herausforderung für IT-Strategen. Die Grundidee: die IT als „Enabler" einzusetzen. Denn SCM hat mit dem unternehmensübergreifenden Fluss von Waren, Informationen und Geld zwischen den Partnern einer Supply Chain zu tun. Dieser Fluss ist (im Idealfall) bidirektional.

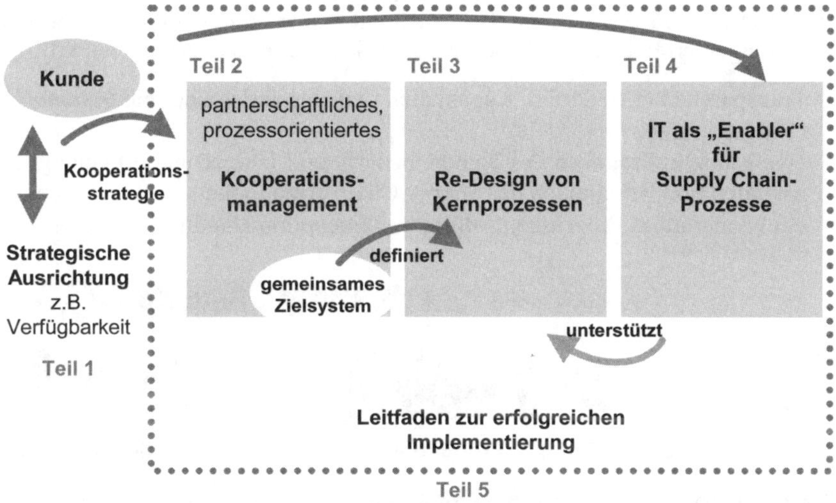


**Abb. 1.** IT - Die dritte Säule unseres Konzeptes

Ohne lange Ausflüge in das weite Feld der IT vornehmen zu wollen, so geht es in diesem Kapitel um die Betrachtung der IT als „Enabler", als „Kitt", der die einzelnen Partner der SC miteinander verbindet. Oder in den Worten von Handfield gesagt: „In mancherlei Hinsicht stellen die Informationssysteme und die Technologien, die in diesen Systemen zum Einsatz kommen, eines der grundlegenden Elemente dar, die die Organisation einer Supply Chain mit einem einheitlichen und koordinierten System verbinden. Im gegenwärtigen Wettbewerbsklima besteht wohl kein Zweifel im Hinblick auf die Bedeutung von Information und Informationstechnologie für den endgültigen Erfolg. Und vielleicht im Hinblick auf die Überlebensfähigkeit einer jeglichen SCM-Initiative." (Handfield u. Nichols 1999, S. 16)

Die Frage lautet also: wie kann man den „Fluss" weiter verbessern? Es geht um den besonders häufig diskutierten und (mehr oder weniger erfolgreich) umgesetzten Ansatz im Bereich informationstechnischer Verbesserungsmaßnahmen. Das Verständnis von SCM als Aufgabe, (Informations-, Material- und Finanz-)Flüsse möglichst optimal zu gestalten und zu steuern, um beispielweise Transparenz bei Bedarfen, Kapazitäten und Beständen über die gesamte Supply Chain zu schaffen (siehe Abb. 2), fügt sich weitgehend in ein Logistikverständnis ein, das als die „dritte Bedeutung der Logistik" bezeichnet wurde. Während Logistik sich in ihrer „ersten Bedeutung" noch auf die funktionale Betrachtung der Transferaktivitäten Transport, Lagerung und Umschlag beschränkt, so beinhaltet sie in ihrer „zweiten Bedeutung" als Koordinations- und Querschnittsfunktion bereits den Gedanken einer Integration der betrieblichen Funktionsbereiche. In der oben erwähnten „dritten Bedeutung" rückt eine funktions- und unternehmensübergreifende Betrachtungsweise gesamter Prozesse in den Vordergrund. Nun wird versucht, durch die simultane Einflussnahme auf alle relevanten Größen Suboptima zu vermeiden und alle Flüsse auf die Erfüllung von Kundenbedürfnissen zu richten, zu organisieren und zu steuern. Die Ziele, die man durch den Einsatz von IT-Werkzeugen erreichen will, haben wir in Teil 1 bereits skizziert: man will

- Transparenz bei Bedarfen, Kapazitäten und Beständen über die *gesamte* Supply Chain schaffen;
- eine schnelle Prognose des Kundenbedarfs und eine schnelle Planung der Kapazitäten und Bestände in der Supply Chain ermöglichen;
- ein kooperatives Prozesscontrolling und Exception Handling erreichen.

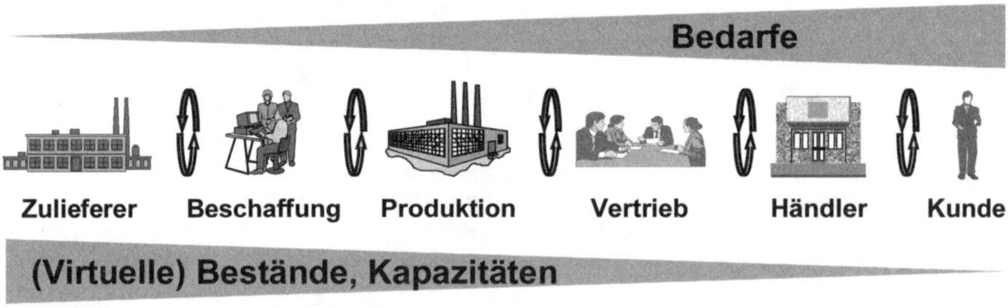


**Abb. 2.** Die Aufgabe von IT-Werkzeugen für das SCM

Analog zu der skizzierten Entwicklung in der Logistik kann man auch die Entwicklung der informationstechnischen Unterstützung nachzeichnen (siehe Tabelle 1). Betrachten wir die Stufe 1: Hier stand im Fokus der Informationsverarbeitung die Automatisierung von Teilfunktionen mit Hilfe der IT im Vordergrund. Neben Eigenentwicklungen etablierten sich bald Anbieter von Softwarelösungen für spezifische Standardproblemstellungen wie z. B. die Materialbedarfsplanung (MRP).

**Tabelle 1.** Entwicklungsstufen informationstechnischen Unterstützung

| Stufe | Betrachtungsgegenstand | Fokus der Informationsverarbeitung | Typische Schlüsselanwendungen |
|---|---|---|---|
| 1 | Teilfunktion | Automatisierung | MRP, Eigenentwicklungen |
| 2 | Gesamtfunktion | Softwarepakete | PPS, MRP II, DRP |
| | gesamtes Unternehmen | gemeinsame Datenbasis | ERP |
| 3 | Wertschöpfungskette | funktionsübergreifende, simultane Planung und Steuerung | Advanced Planning Tools, SCM-Tools |

## 1.1 Klassische Systeme: PPS und MRP – Was leisten diese?

**PPS-Systeme**

Der Begriff PPS-System hat sich als Kurzform für computergestütztes Produktionsplanungs- und -steuerungssystem eingebürgert. Es handelt sich hierbei um ein Software-System, das zur operativen Planung und Steuerung des Produktionsgeschehens in einem Industriebetrieb eingesetzt wird. Die Literatur über Segen und Fluch von PPS-Systemen füllt nicht nur Bände, sondern inzwischen ganze Bibliotheken. Kein Wunder, denn in den 80er und frühen 90er Jahren war die PPS ein heiß diskutiertes Thema in Forschung und Praxis.

Wenn wir versuchen, die Diskussionen auf den Punkt zu bringen, können wir folgendes Fazit ziehen: PPS-Systeme haben zunächst zu erheblichen Effizienzsteigerungen geführt, weil sie eine große Menge an aktuellen Planungs- und Steuerungsinformationen bereitstellten und verwalteten. Das wirkt sich besonders auf die Mengen- und Terminplanung aus, wo beträchtliche Potenziale erschlossen wurden, namentlich bei Zielgrößen wie Lagerbeständen oder Durchlaufzeiten. Getragen von diesen „Anfangserfolgen“ entstanden mächtige Systeme, die die Hoffnung weckten, man könne ganze Produktionssysteme auf Basis komplexer Rechnerarchitekturen und ausgefeilter Algorithmen bis ins kleinste Detail planen und steuern. Die Euphorie ebbte spätestens ab, als die Märkte gesättigt waren, als Nachfragesituationen zu schwanken begannen und die Planungszyklen immer kürzer wurden. In dieser Lage, die sich bis heute immer weiter zugespitzt hat – bis hin zu turbulenten Märkten – verlor die PPS ihren Glanz. Die mächtigen Systeme waren nicht flexibel genug, um angemessen auf schwankende Bedarfe reagieren zu können und sie waren darauf ausgelegt, die Produktion innerhalb der Werkstore zu planen und zu steuern. Während man teilweise erfolgreich versuchte, dem Mangel an Flexibilität durch dezentrale Leitstandkonzepte zu begegnen, erwiesen sich die aus dieser „Binnensicht“ resultierenden Mängel als schwere Hypothek.

Dies gilt im Grunde für alle Systeme im PPS-Umfeld, seien es nun MRP, MRPII oder BOA-Ansätze (BOA = Belastungsorientierte Auftragsfreigabe). Da in diesem Zusammenhang MRP-Systeme eine gewisse Bedeutung erlangten, sei auf diese gesondert eingegangen.

**MRP-Systeme**
Bei MRP handelt es sich bekanntlich um eine Klasse von Softwaresystemen zur Produktionsplanung und -steuerung. Nach dem Integrationsgrad betrieblicher Planungsbereiche kann man zwei Stufen unterscheiden: MRP I als Material Requirements Planning geht von einem vorgegebenen Produktionsprogramm aus und stellt ein Planungsinstrument dar, das häufig in der Unternehmenspraxis verwendet wurde. Bei MRPI handelt es sich um eine rechnergestützte Materialbedarfsplanung, die dafür sorgt, dass Fertigungs- und Beschaffungsaufträge nicht nur die richtigen Teile und Mengen enthalten, sondern auch die genauen Bedarfszeitpunkte angegeben werden. MRP II (Manufacturing Resource Planning) erweitert MRP I um weitere Module. Es schließt nun auch die folgenden Funktionen mit ein: Programmplanung, Termin- und Kapazitätsplanung, Auftragsveranlassung sowie die Auftragsüberwachung. Nach wie vor stehen sich v.a. die beiden grundlegenden Steuerungskonzepte Push und Pull gegenüber. MRP ist ein klassischer Vertreter des Push-Konzeptes: es setzt auf Vorausplanung und Terminierung. MRP II findet nach wie vor eine weite Verbreitung und ein breites Einsatzgebiet, v.a. im Zusammenhang mit gängigen ERP-Systemen.

## 1.2 ERP-Systeme

In der ersten Hälfte der 90er Jahre führte die Einführung integrierter Transaktionssysteme, sogenannte ERP-Systeme (Enterprise Resource Planning) wie SAP und BAAN zu einer Veränderung der Wettbewerbssituation. Sie durchdrangen alle belegorientierten Geschäftsprozesse (wie Auftragsbearbeitung, Buchhaltung, Einkauf, und Produktionswirtschaft) innerhalb eines Unternehmens. Auch heute werden moderne ERP-Systeme, die auf dem MRP-II-Prinzip basieren, größtenteils zur Koordinierung der unternehmensinternen Abläufe eingesetzt. Sie sind in der Tabelle 1 zwischen Stufe 2 und 3 angesiedelt. Der strategische Vorteil dieser Systeme: „eine integrierte Datenbasis mit integrierten Zugriffsmöglichkeiten, Vermeidung von mehrfachem Datenerfassungsaufwand, Vermeidung von Fehlern bei der Transformation von Daten, kürzeren Zugriffszeiten und besseren Auswertungsmöglichkeiten der integrierten Daten" (Lawrenz et al. 2000, S. 181).

## 1.3 Advanced Planning Systems (APS) – on the top of ERP

APS erheben den Anspruch, die geforderte integrierte Planung der gesamten SC zu ermöglichen, indem modernste Informationstechnologie zum Einsatz kommt. „Advanced" (zu deutsch: fortgeschritten) kann man in diesem Zusammenhang interpretieren als „neue" Planungslogik, mit der man die Defizite konventioneller

Planungssysteme überwinden möchte. Man kann es aber auch als einen Hinweis auf die ergänzende Stellung der APS zu den bestehenden ERP sehen. APS werden gewissermaßen „on the Top“ auf die ERP aufgesetzt, die ihren Schwerpunkt in der Transaktion und nicht in der Planung hatten. Durch eine Reihe technologischer Fortschritte (wie die objektorientierte Softwaretechnologie, verbesserte Optimierungsalgorithmen, Preisverfall und Leistungssteigerung bei Hardwarekomponenten u. a. m.) wurde die Entwicklung von APS möglich. Diese Planungstools unterstützen einen optimalen Planungsprozess und beseitigen die Defizite von ERP-Systemen und deren Planungsmethoden. APS-Systeme verwenden ein Modell der SC und sind in der Lage, komplexe logistische Strukturen in einer SC abzubilden sowie simultan die Bedarfe und Kapazitäten zu planen. Auf diese Weise wird eine Synchronisation der ganzheitlichen Planungsprozesse über die komplette SC ermöglicht. Das Ergebnis: verlässliche Lieferzeitbestimmungen, realisierbare Fertigungspläne, Reduzierung des Lagerbestandes, Verkürzung der Durchlaufzeit und eine kostenorientierte Bewertung der Planungsergebnisse (siehe Abb. 3). Sie wurden zunächst für unternehmensinterne Planungsaufgaben eingesetzt. Schnell erkannte man jedoch, dass diese Systeme sich gerade für die Planung komplexer, dynamischer Supply Chains eignen.

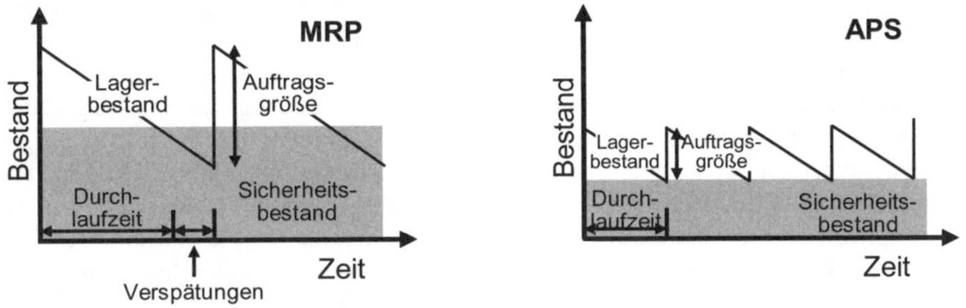


**Abb. 3.** Advanced Planning Systems (APS)

## 1.4 Grenzen der gängigen Lösungen oder Warum reichen PPS- und ERP-Systeme nicht mehr aus?

Bestehende betriebswirtschaftliche Softwarelösungen wie SAP/R3 oder Baan4 beinhalten die Daten, die man für Planungen in SCM-Lösungen benötigt. Ihr Nutzen besteht hauptsächlich darin, eine einheitliche Datenbasis bereitzustellen, aus der man in kurzer Zeit aktuelle Zahlen über die Auftragslage, Bestandssituation und die buchhalterischen Kennzahlen abfragen kann. Will man jedoch ganzheitlich planen und optimieren bzw. Frühwarnkonzepte, die über das eigene Unternehmen hinausgehen, unterstützen, so stoßen diese gängigen Lösungen schnell an ihre Grenzen.

Traditionelle Produktionsplanungskonzepte wie MRP sind nicht mehr aktuell und nicht mehr genau genug. Beispielsweise unterstellen sie unbeschränkte Kapazitäten, planen nur in eine Richtung der Prozesskette (unidirektionale Planung) oder ignorieren Engpässe. Planung ist hier in verschiedene Stufen unterteilt. Sukzessive wird eine grobe Planung über mehrere Schritte in feinere Pläne unterteilt. Am Ende erfolgt die endgültige Kapazitätsplanung. Diese sequenzielle Planung erfordert nicht selten mehrere Iterationen und beansprucht Stunden – in einer anspruchsvollen Fertigungsumgebung manchmal sogar Tage. Treten unvorhergesehene Änderungen auf, ist der erstellte Plan, der vielleicht für eine Woche gilt, hinfällig. Ein neuer Plan und damit ein neuer Rechenlauf muss angestoßen werden. Probleme, die aus auf MRPII-Logik basierenden Planungsansätzen resultieren, werden schon heute innerbetrieblich durch dezentrale Leitstände und verteilte PPS-Systeme angegangen und gelöst. Die Philosophie der SCM-Planungsansätze geht aber darüber hinaus, indem sich unternehmensübergreifend simultane Planungsprozesse durchführen lassen. Die auf jeder Wertschöpfungsstufe vorzunehmenden Planungen sind in SCM-Ansätzen nicht voneinander losgelöst, sondern übergreifend verkettet.

**Nicht auf kurzfristige Änderungen reagieren können**
Auch eine schnelle Reaktion auf plötzlich auftretende Engpässe, Änderungen etc., insbesondere bei knappen Ressourcen, ist mit den bisherigen Planungssystemen angesichts der langen Berechnungsläufe im Computer ausgeschlossen. Auch die bidirektionale Kommunikation („closed loop") zwischen dem Leitstand und dem PPS-System hilft nur bedingt weiter. Kurzfristige Änderungen in Wertschöpfungsketten erfordern – dies ist die Crux – eine Umplanung durch viele beteiligte Unternehmen der Kette. Diese Umplanung kann nur durch eine effektivere IT-Unterstützung optimal erfolgen. „Traditionelle" Informationssysteme (z.B. für die Auftragsabwicklung) bieten diese Funktionalität nicht an.

Klassischen PPS-Systemen liegt eine etwa 25 Jahre alte Technologie zugrunde, die den Anforderungen des modernen Wirtschaftslebens nicht mehr gerecht wird. Eine Supply Chain lässt sich grob in Beschaffungs-, Produktions- und Liefer-Prozess aufteilen. In all diesen Prozessen müssen simultan Bedarfe, Kapazitäten und Material einander gegenübergestellt werden. Das können herkömmliche PPS-Systeme nicht. Genau in diesem Punkt ergänzen SCM- ERP-Systeme und widersprechen diesen nicht. Die Ziele von ERP und SCM sind im Grunde genommen die gleichen: Das Unternehmen soll schnell und schlank sein sowie kostengünstig bei guter Qualität fertigen. Der Unterschied liegt darin, dass ERP-Systeme sich mehr auf die innerbetriebliche Organisation beziehen und SCM-Systeme auf die Planung der überbetrieblichen Prozesse sowie die Kommunikation und Abstimmung mit anderen Unternehmen abzielen. Ein SCM-System kann aber ohne die in einem ERP-System hinterlegten Daten, ohne ein ERP-System letzten Endes nicht arbeiten. Die dort hinterlegten Stamm- und Planungsdaten, Wiederbeschaffungszeiten sowie Kapazitätsdaten sind der Ausgangspunkt, um vernünftig planen zu können.

ERP-Systeme besitzen aber nicht die Flexibilität und Funktionalität, um ein genaues Abbild der physischen Versorgungskette über verschiedene Standorte hinweg zu erstellen. Engpässe (und ihre Auswirkungen) werden von ihnen nicht oder nur unzureichend erfasst. So ist es schlichtweg unmöglich, zukünftige Markt- und

Wettbewerbsveränderungen schnell zu antizipieren und entsprechend über die Kette hinweg zu reagieren. Mit anderen Worten: Sie werden der neuen Wettbewerbssituation nicht gerecht.

Außerdem muss man sagen, dass das „P" in ERP nicht hielt, was es versprach. Denn bei ERP-Software handelt es sich zunächst um Systeme, die Informationen sammeln und katalogisieren. Aus dem Wissen des Ist-Zustands konnten diese Lösungen folglich auch nicht ableiten, wie sich das Unternehmen in Zukunft zu verhalten hat, um am Markt erfolgreich zu agieren. ERP-Systeme verwalten lediglich Daten der Vergangenheit. Intelligente Verknüpfungen zur Planung der Unternehmensaktivitäten, in der Zukunft gemeinsam mit ihren Wertschöpfungspartnern, können sie nicht erstellen. Eine ganzheitliche Optimierung der Supply Chain kann mit den klassischen ERP-Funktionalitäten nicht erreicht werden. Hier genau ergänzen die schon erwähnten „Advanced Planning"-Funktionalitäten der SCM-Werkzeuge den ERP-Ansatz, indem sie einzelne Komponenten der Supply Chain nicht nur planen, sondern auch optimieren und dies auch übergreifend für die gesamte Kette bewerkstelligen. So ermöglichen die SCM-Systeme eine Optimierung der heutigen und zukünftigen Bedarfsdeckung. Eine Gegenüberstellung, in der noch andere wichtige Unterschiede bei einzelnen Aspekten aufgezeigt werden, finden Sie in der folgenden Tabelle.

**Tabelle 2.** Unterschiede zwischen ERP und SCM

| Aspekt | ERP | SCM |
|---|---|---|
| Philosophie | Koordinierung der Produktion | Befriedigung von Kundenwünschen |
| Ziel | Kostenreduktion | optimaler Service und Reaktionsfähigkeit bei Profitmaximierung |
| Prinzip | transaktionsorientiert | analytisch, interaktiv |
| Fragestellung | Was ist? Was war? | Was wird sein? Was wäre wenn? |
| Planungsbereich | unternehmensinterne Produktions- und Lagerprozesse | unternehmensübergreifende Prozesse bei Lieferanten, Distributoren und Kunden |
| Planungsgegenstand | Produkte | Produkte, Bedarfe, Kapazitäten |
| Planungsergebnis | machbare Lösungen | ausführbare und optimierte Pläne |
| Planungsanstoß | prädikativ | prospektiv, reaktiv |
| Planungsmethode | top-down, sequenziell | integriert, simultan (Sichtbarkeit der gesamten SC) |
| Datenmanagement | effektives, permanentes Speichern und Managen von Daten | kurzfristige, speicherresidente Berechnung |
| Laufzeit | lange Planungslaufzeiten | schnelle Planungsergebnisse (sofortige Reaktion auf unvorhergesehene Ereignisse) |
| Integration | mit Buchhaltung, HR, ... | Übernahme von Daten aus anderen Systemen (ERP u.a.) |

Im Gegensatz dazu adressieren Planung und Steuerung im Rahmen von SCM unterschiedliche Planungshorizonte (siehe hierzu auch Kapitel 3 dieses Teils) und integrieren die Material- und die Kapazitätsplanung. Sie verbinden strategische Unternehmensplanung mit Jahresbetrachtung, taktische Absatz- und Produktionsplanung mit Wochen- und Monatszeithorizont bis hin zur stundengenauen Produktionsfeinplanung und -steuerung. Im Grunde enthält SCM einen verallgemeinerten Leitstand-Ansatz, und viele Ideen aus der Leitstandkonzeption finden sich heute in den echtzeitorientierten Planungs- und Optimierungsprozessen logistischer Netzwerke – wie sie für das Supply-Chain-Management typisch sind – wieder. Dabei gibt es natürlich auch Überlappungen zu den weiterentwickelten ERP-Systemen, die in Abb. 4 skizziert sind.

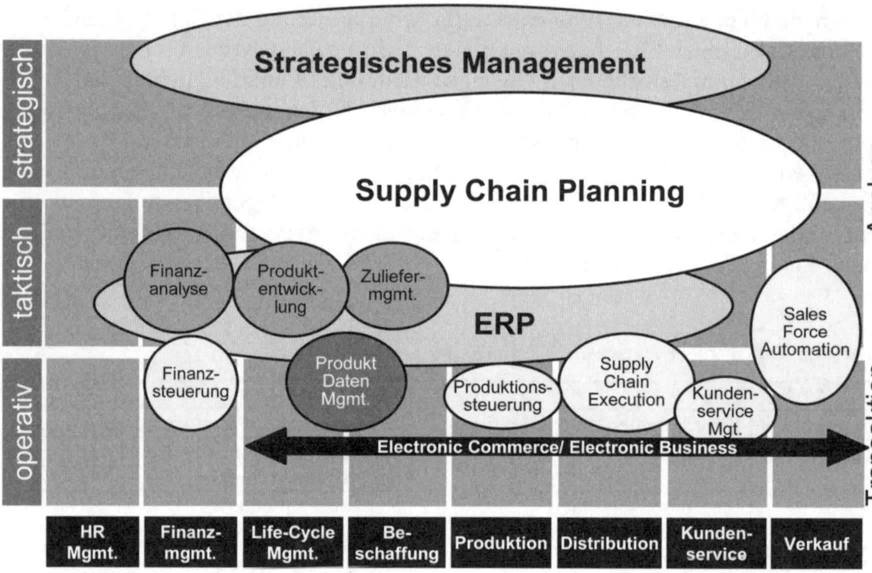


**Abb. 4.** Überlappung von SCM- und ERP-Systemen

### Die aktuelle Situation verschiedener Transaktionssysteme in Wertschöpfungsketten

Sieht man sich die derzeitige Situation des Informationsmanagements in Wertschöpfungsketten etwas genauer an, so wird man eine ganze Reihe interessanter Feststellungen machen: Jedes Unternehmen hat seine eigenen Transaktionssysteme für operative Tätigkeiten: ERP (Enterprise Resource Planning), PPS (Produktionsplanung und -steuerung), Lagerverwaltung (WMS, Warehouse Management Systems). Die Liste ließe sich beliebig erweitern. Unser erstes Zwischenfazit: Diese Systeme unterstützen die Planung nur in einem geringen Umfang und sind nicht flexibel genug. Außerdem ist die unternehmensübergreifende Kopplung der Informationssysteme gering. Anders gesagt: Der für die Logistik relevante Teil der Transaktionssysteme ist den Anforderungen, global agierende Netzwerkkomponenten abzubilden und zu planen, nicht gewachsen. Auf diese Weise werden

Auswirkungen einer Störsituation einer beteiligten Wertschöpfungsstufe in der Planung unvorhersehbar.

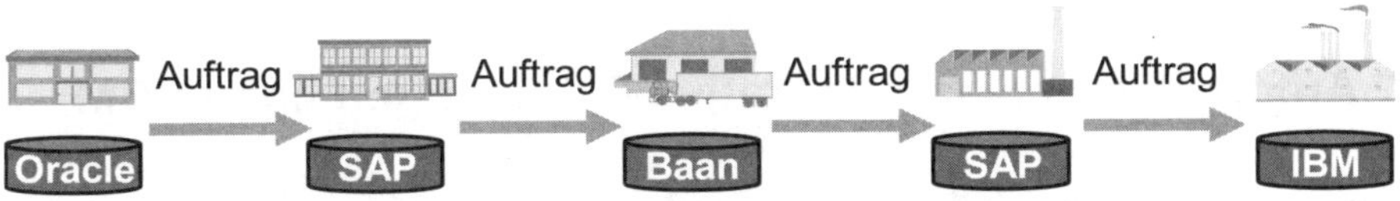


**Abb. 5.** Traditionelles Informationsmanagement in Wertschöpfungsketten

Und ein Drittes kommt hinzu: Die Informationen (vor allem Aufträge, aber auch Meldungen von Bedarfsveränderungen) werden sequenziell zwischen den Stufen der Wertschöpfungskette ausgetauscht. Damit kommt es zu erheblichen Zeitverzögerungen. Abgesehen davon, dass Informationen häufig auch noch verkürzt oder gar verfälscht werden. Dies genau sind wesentliche Ursachen des im ersten Teil beschriebenen Bullwhip-Effekts.

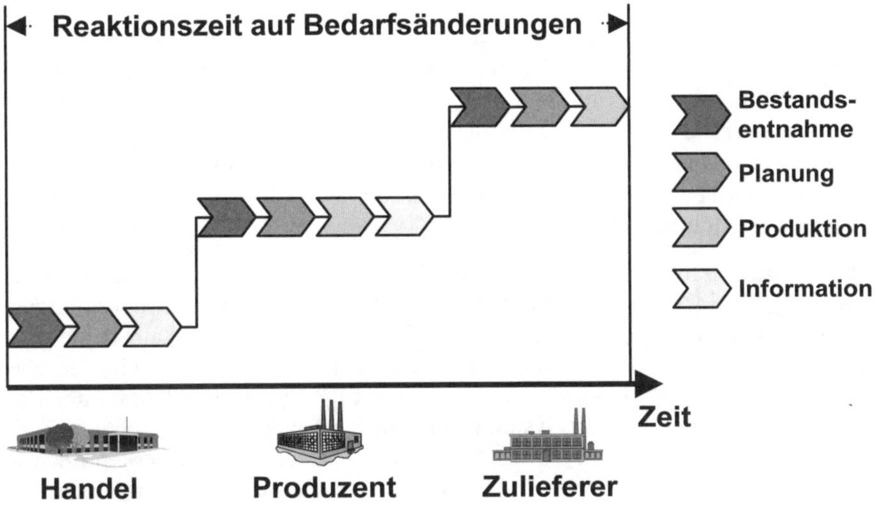


**Abb. 6.** Zeitverzögerungen in der Supply Chain

**SCM macht ERP und PPS erst rund**

Klassische MRP-/ERP-Systeme unterstützen – wie bereits gesagt – Planungsentscheidungen nur in begrenztem Umfang. Sie berechnen Materialbedarf, Durchlaufzeiten und Kapazitäten. Ein Abgleich der Kapazitäten erfolgt jedoch nicht, da keine Rückkopplungsmöglichkeiten vorgesehen sind. Für ein effektives Supply Chain Management reichen solche sequenziellen Planungsansätze nicht aus. SCM-Software hingegen synchronisiert das Informationsangebot mit allen Aktivitäten, Kapazitäten sowie mit dem momentanen Bedarf. Sie bietet schnelle Planungsinstrumente zur optimalen Nutzung der kapitalintensiven Produktionsanlagen und gewährleistet die Übereinstimmung zwischen Produktionsplan und den verfügbaren Ressourcen.

## 2 Anforderungen an integrative IT-Lösungen beim SCM

Die Optimierung der Zulieferkette ist heute die entscheidende Herausforderung für alle produzierenden und verteilenden Unternehmen, die ihren Marktanteil und ihre Rentabilität erhöhen wollen. Nur mit einer angepassten Softwarelösung können diese Anforderungen, basierend auf einer optimierten Organisation, realisiert werden. Eine effiziente Abwicklung von Geschäftsprozessen (und damit insbesondere auch von Teilprozessen der Supply Chain) ist ohne Einsatz leistungsfähiger IT-Lösungen heute undenkbar. Die IT ist quasi der „Enabler" für effiziente Geschäftsprozesse. Die rapiden Entwicklungen im Bereich der Informations- und Kommunikationstechnologien gestatten es, die Supply Chain noch effizienter zu gestalten. Wichtige Entwicklungssprünge dabei sind:

- Technologie (Hochleistungsrechner, Prozessoren, RAM usw.)
- verteilte/ vernetzte DV (PC-Boom, Arbeitsplatz im Zentrum, X/ Open, mobiles Computing)
- Internet, Intranet, Extranet, Online-Datenbanken, Info Highway-Server
- automatische Identifikation (digitale Signatur) und Wiedererkennung
- Verbreitung der Computer-Anwendungen bis in den privaten Bereich (Home-Computer, Multimedia, Chipkarte)

Diese Entwicklungen charakterisieren die zunehmende Leistungsfähigkeit und Bedeutung heutiger DV-Systeme. Eine SCM-Konzeption ohne Berücksichtigung der Einsatzmöglichkeiten leistungsfähiger SCM-Systeme ist deshalb heute nicht mehr denkbar. Die Anforderungen, von denen hier die Rede sein wird, ergeben sich nicht nur aus den klassischen Defiziten der ERP-Systeme und dem Fakt, dass Netzwerke nach einer neuen Systemgeneration verlangen. In der Regel sind die Einzelelemente einer „Supply Chain" Teile von komplexen Netzwerken mit Lieferbeziehungen zu verschiedenen Lieferanten und Kunden. Ein Liefernetzwerk besteht aus selbstständigen Subsystemen und wird nicht zentral koordiniert. Daraus ergeben sich die drei wesentlichen Anforderungen an die IT-Lösungen (s. Abb. 7):

- Beherrschung der Komplexität logistischer Netzwerke
- Unterstützung der Dynamik von logistischen Netzwerken
- Schaffen von Transparenz und Visibilität über die gesamte SC

Das Ziel von SCM ist ehrgeizig, aber vielversprechend. Von den Basislieferanten über mehrere Produktions- und Logistikstufen bis hin zum Endverbraucher sollen Geld-, Daten- und Materialfluss optimal gesteuert werden. Von der ganzheitlichen Sicht auf die Logistik in den Geschäftsprozessen und Logistik-Netzwerken versprechen sich Unternehmen eine signifikante Verkürzung der „time-to-market", verlässliche Lieferzeiten ebenso wie den Abbau der Bestände entlang der Wertschöpfungskette. Anders gewendet: Angebot und Bedarf sollen synchronisiert und der Anteil der kundenauftragsbezogenen Produktion erhöht werden.

**Abb. 7.** Anforderungen an integrative IT-Lösungen für das SCM

Wir sind in Teil 1 bereits darauf eingegangen: Das Pull-Modell mit dem Kunden als Auslöser der Logistik-Prozesse löst das bisherige Push-Modell mit dem Verkäufer als zentrale Instanz ab. Nach der technologischen Optimierung und Automatisierung der Fertigungsprozesse sowie der Verbesserung der logistischen Prozesse innerhalb einer Fabrik gilt es im Rahmen von SCM nun, die Optimierung logistischer Netzwerke zu realisieren. Dahinter steckt die Erkenntnis, dass durch die Betrachtung und Optimierung der gesamten Lieferkette ein größeres Rationalisierungspotenzial erwirkt wird als bei der bloßen Ergebnisoptimierung einzelner Kettenglieder. Dies erfordert allerdings zum einen die Zugriffsmöglichkeit auf (interne und externe) Daten in Echtzeit und zum anderen das Verknüpfen von informations- und entscheidungsunterstützenden Systemen im Rahmen unternehmensübergreifender Kooperationen. Die grundsätzlichen Ideen hinter den SCM-Strategien sind von daher so neu eigentlich nicht. Sie wurden häufig schon im Rahmen der CIM-Konzeptionen (Computer Integrated Manufacturing) vor einem Jahrzehnt diskutiert.

Schon damals versuchten die Protagonisten, die Brücke von den arbeitsteilig gegliederten Ablaufprozessen zu integrierten ganzheitlichen Abläufen zu schlagen. Neu an den SCM-Strategien ist jedoch die Konsequenz, mit der dieser ganzheitliche Ansatz auch über die Unternehmensgrenzen hinweg angegangen wird. Und neu sind die ausgereiften, zur Verfügung stehenden IT-Ressourcen, die eine (bezahlbare) Realisierung erst ermöglichen. Und noch wichtiger: keine vollständige Automatisierung wie bei CIM, sondern gezielte Entscheidungsunterstützung für den Anwender.

## 2.1 Beherrschung der Komplexität logistischer Netzwerke

In einem immer komplexer werdenden Netzwerk von Zulieferern, Produzenten, Händlern und Kunden sind neue Eigenschaften gefordert. Die erfolgreiche Zusammenarbeit mit Kunden und Lieferanten wird ein immer wichtigerer Faktor. In hohem Maße komplex sind Liefernetzwerke einerseits aufgrund der Anzahl der Elemente und andererseits aufgrund der vernetzten Struktur. Da die Subsysteme selbstständig sind, steigt mit der Komplexität eines logistischen Netzwerkes auch die Schwierigkeit, Reaktionen nachzuvollziehen oder vorherzusagen. Überdies beeinflusst die Entscheidung eines einzelnen Akteurs mehrere andere Akteure gleichzeitig. Ziel der IT muss es sein, die Komplexität der Verflechtungen zu identifizieren und kontrollierbar zu machen.

## 2.2 Unterstützung der Dynamik von logistischen Netzwerken

Klassische Planungsansätze erreichen kein Optimum in der Planung vernetzter, dynamischer Supply Chains. Aber gerade Logistiknetzwerke unterliegen in hohem Maße der Dynamik, verursacht durch permanente Veränderungen der Kundenbedürfnisse. Die wiederum sind Auslöser für Anpassungen, die von einem veränderten Bestellverhalten über eine Produktmodifikation bis hin zu räumlichen, technischen oder organisatorischen Veränderungen der SC reichen. IT-Lösungen müssen der Dynamik des Marktes folgen können und Veränderungen der Funktion und Struktur logistischer Netzwerke unterstützen.

## 2.3 Schaffen von Transparenz und Visibilität über die gesamte SC

**Planen in Echtzeit**
Insbesondere der Aspekt Planung erfährt im Rahmen der neuen SCM-Konzepte eine neue Bedeutung. In bidirektionalen ganzheitlichen Planungsprozessen werden Distribution, Produktion, Beschaffung und Transport miteinander synchronisiert. Das Ergebnis ist unter anderem eine verlässliche Lieferzeitbestimmung und ausführbare Fertigungspläne. Mit den bislang zur Verfügung stehenden Planungssystemen ließ sich dies nicht (mehr) bewerkstelligen. Streng genommen hat man es bei klassischen PPS-Systemen, die durch Materialflussimpulse wie das japanische Kanban und Just-in-Time oder bedarfsgesteuerte Konzepte wie MRP (Material Requirement Planning) und MRPII (Management Resource Planning) gesteuert werden, auch weniger mit Planung zu tun. Vielmehr werden, ausgehend von einer vorbestimmten Produktionsmenge, in einem Masterplan im Rahmen einer mehrstufigen Sukzessiv-Planung die auszuführenden Produktionsaufträge berechnet. Je näher man an die eigentliche Fertigung kam, desto weniger haben aber Produkti-

onsplanungssysteme wie MRPII zu bieten. Erst im letzten Schritt werden beispielsweise verfügbare und benötigte Kapazitäten miteinander abgeglichen. Diese Defizite von PPS-Systemen in der zeitnahen Feinplanung der Stückfertigung versucht man mit dem Leitstandkonzept zu lösen. Im Rahmen einer zweistufigen Organisation werden hier Aufträge aus der Auftragsfreigabe übernommen und auf Werksebene über einen Koordinierungsmechanismus an die Leitstände der einzelnen Werkbereichsebenen übermittelt. Bei Prozessfertigern mit Batch-Produktion muss zusätzlich abhängig von den gewählten Anlagen die Auftragsgröße festgelegt und in die Produktionsplanung zurückgemeldet werden.

Nicht alle Themen, die heute mit SCM in Verbindung gebracht werden, sind grundsätzlich neu. Lieferketten werden im Bereich der diskreten Fertigung spätestens seit dem Aufkommen des Business Process Reengineering und des Lean Management eingehend betrachtet. Neu ist der Fokus, unter dem die Optimierung der Geschäftsprozesse vorangetrieben wird, durch das gesamte Unternehmen und über die Unternehmensgrenzen hinweg. Ermöglicht wird diese Neuausrichtung erst durch die Verfügbarkeit moderner Hardware- und darauf aufbauender Softwaretechnologien. Mit Hilfe der Informationstechnik können über hauptspeicherresidente Anwendungen komplexe Optimierungsprobleme in sehr kurzer Zeit bearbeitet werden. Dies fördert zum einen den Aufbau einer Entscheidungsunterstützung betrieblicher Abläufe in Echtzeit, zum anderen die komplexe, constraint-basierte Betrachtung unternehmensübergreifender Szenarien im Rahmen von Planungsprozessen. Durch die Verknüpfung der Informationstechnik und Telekommunikationstechnik (Telematik) ist es heute möglich, unternehmensübergreifende Informationstransparenz über den Material- und Auftragsfluss im Netzwerk zu erreichen.

Man wird sich die Frage stellen dürfen, ob hinter dem Begriff Supply Chain Management eine Weiterentwicklung bereits funktionierender ERP-Technologie steckt, oder ob es sich dabei um etwas Neues handelt? Wir sind der Meinung: hinter Supply Chain Management steckt ein neuer Ansatz. SCM ist ein Ansatz, der die simultane Planung und Optimierung von Bedarfen, Kapazitäten und Material sowie die Bildung von Szenarien in Echtzeit inner- und überbetrieblich ermöglicht. Ein Liefertermin lässt sich damit direkt zusagen, Kapazitäten kurzfristig umplanen, Bestände an den richtigen Ort platzieren und dabei gleichzeitig reduzieren. Die Lieferzeit sinkt, die Liefertreue steigt. Dies sind Voraussetzungen, um in Zukunft wettbewerbsfähig zu sein.

**Liefertermine in Echtzeit ermitteln**

Bisher fehlte also die notwendige Basistechnologie, um die im Unternehmen anfallende Datenvielfalt in einem Rechenlauf als simultanen Planungsansatz zu verarbeiten. Erst die Systeme von heute stellen die Rechenleistung zur Verfügung, um alle notwendigen Informationen simultan im Hauptspeicher halten zu können. Hinzu kommen Kommunikationsmöglichkeiten wie das Internet, die allen Partner einer Kette, wo so auch angesiedelt sind, zur Verfügung stehen. Selbstverständlich ist so ein Vorgehen auch für die eingesetzte Software äußerst anspruchsvoll.

Informationen in Logistiknetzwerken müssen möglichst allen Unternehmen der Wertschöpfungskette bereitgestellt werden. Hierzu ist eine Integrations- und Austauschplattform notwendig, die die vorhandenen Daten und Systeme integriert.

Und es müssen Planungs-Tools für das optimale Supply Chain Management eingesetzt werden. Aktuelle SCM-Software-Architekturen bestehen aus sich gegenseitig ergänzenden und miteinander integrierten Modulen, die auf die spezifischen Planungsprobleme in der Logistikkette zugeschnitten sind. Die verschiedenen Funktionsmodule unterstützen dabei, unter Berücksichtigung mehrerer Planungshorizonte, einerseits die zeitlichen Aspekte der Planung, andererseits die unterschiedlichen Planungsaufgaben entlang der Logistikkette. Unternehmensspezifische SCM-Lösungen sind deshalb oft eine Kombination mehrerer SCM-Funktionsmodule und nur in seltenen Fällen die Implementation einer gesamten Toolsuite. Auf die Leistungen dieser einzelnen Funktionsmodule werden wir im folgenden Kapitel näher eingehen.

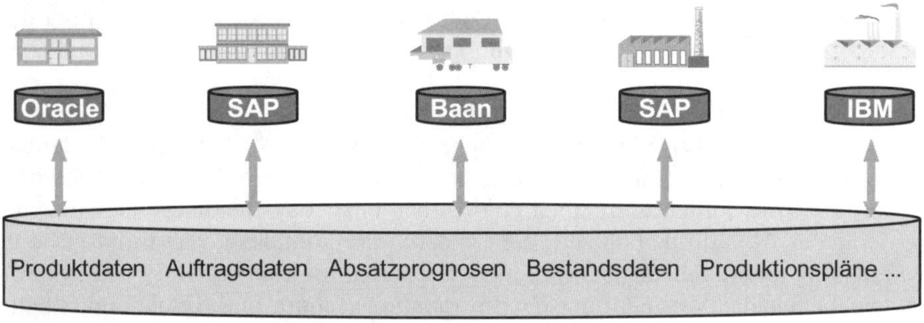


**Abb. 9.** Integrationsplattform für die Wertschöpfungskette

**Leistungsmerkmale einer modernen SCM-Software**

- Eine moderne objektorientierte Technologie, das „Aufsetzen" auf die bestehenden Transaktionssysteme und der intelligente Einsatz von Methoden des Operations Research machen es möglich, komplexe Supply Chains mit realistischen Restriktionen in unterschiedlichen Detallierungsgraden abzubilden.
- Im Gegensatz zur sequenziellen Planung der ERP-Systeme sind die APS in der Lage, die Supply Chains, die innerhalb eines Unternehmens sind, simultan zu planen. An SCM-Tools sind die Herausforderungen deshalb noch etwas größer, da es um die unternehmensübergreifende Planung geht.
- SCM-Tools sind als Entscheidungsunterstützungssysteme konzipiert, will sagen: Man vertraut nicht auf vorprogrammierte Standardabläufe und Lösungsalgorhithmen, vielmehr hat die Interaktion mit dem Benutzer Vorrang vor der Rechenkraft des Systems. Der kann dann auch i.d.R. jederzeit manuell in das System eingreifen.
- Änderungen in Plänen und Vorgaben finden nicht in iterativen Schleifen statt. Sie lassen sich über Ursache-Wirkungsbeziehungen simultan und unmittelbar an den entsprechenden Stellen entlang der SC korrigieren.
- Hohe Geschwindigkeit: Aufgrund der schnellen Antwort- bzw. Analysezeiten und die Möglichkeit, Änderungen sofort im System wirksam zu machen, lässt sich die Auskunftsfähigkeit bei Kundenanfragen (ATP) drastisch erhöhen.

- SCM-Tools berücksichtigen sogenannte Constraints (Engpässe jeglicher Art). Plötzlich auftretende Restriktionen wie Maschinenausfälle, Eilaufträge, fehlende Mitarbeiter, nicht geliefertes Material oder ähnliches werden in den Planungsprozess einbezogen. Ausgehend von den identifizierten Engpässen werden die daraus resultierenden Konsequenzen in beide Richtungen der Prozesskette (bidirektionale Änderungsweitergabe) bestimmt. Damit wird die Planung über die gesamte Supply Chain korrigiert.
- SCM-Software ermöglicht die Antizipation von Marktveränderungen durch Visibilität und Transparenz sowie die schnelle Reaktion auf diese Veränderungen.
- SCM-Software erlaubt und vereinfacht die unternehmensübergreifende Integration von Prozessen und Systemen.

**Unabdingbare Voraussetzung: Die Integration von SCM-Tools mit Transaktionssystemen**

Damit SCM-Tools funktionieren, müssen sie mit den vorhandenen datenhaltenden Systemen gekoppelt werden, um Daten auszutauschen und gegebenenfalls Funktionen auszuführen (z.B. Einplanung von Aufträgen). Es geht also um eine enge Verflechtung von Planung und Transaktion. Dabei beziehen die SCM-Tools von den externen Systemen Stamm- und Transaktionsdaten und liefern an diese Planungsergebnisse zurück. Diese Planungen erfolgen zumeist hierarchisch, indem zuerst ein umfassender Masterplan für das Netzwerk erstellt wird, der dann sukzessive über die einzelnen Unternehmen bis herunter zur einzelnen Fertigungslinie detailliert wird (siehe Abb. 10). Zudem unterstützen diese Tools den in Teil 3 erwähnten prozessualen Ansatz, indem sie die verschiedenen Aufgabenbereiche in einzelnen Modulen koppeln.

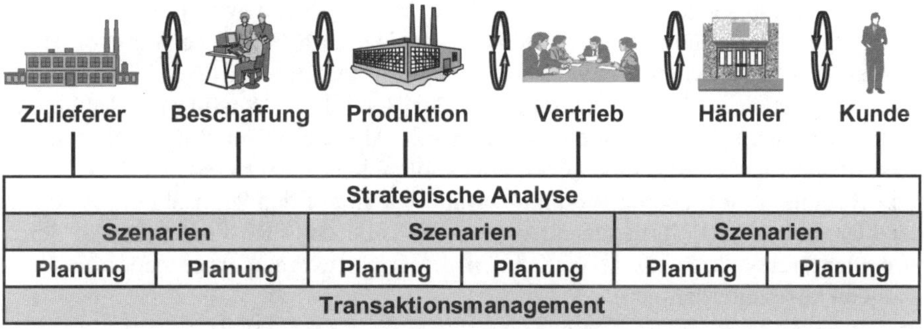


**Abb. 10.** Die Grundstruktur der IT-Systeme für das SCM

Wir übertreiben wohl nicht, wenn wir sagen, dass die Schwierigkeiten bei der Integration enorm und die Anforderungen hoch sind. Es sind aber nicht nur die technischen Herausforderungen. Auch die Bewältigung der damit verbundenen organisatorischen Veränderung stellt eine große Herausforderung dar. Gerade im Hinblick auf die unternehmensübergreifende Zusammenarbeit – wir werden in Teil 5 darauf zu sprechen kommen – ist eine hohe Bereitschaft und entsprechende Disziplin in der Zusammenarbeit gefordert, um verschiedene Aufgabenbereiche koppeln zu können. Voraussetzung ist eine entsprechende Kultur, basierend auf Offenheit und Vertrauen. Denn: Ein hochintegriertes System benötigt die entsprechende Datenbasis, damit man die Planungsalgorithmen wirkungsvoll einsetzen kann.

## 2.4 Marktgängige SCM-Tools

Ein Blick auf den aktuellen SCM-Toolmarkt bestätigt: Der SCM-Softwaremarkt ist sehr heterogen aufgebaut und entsprechend schwierig durchschaubar. Insbesondere unterliegt er sehr raschen Veränderungen, was sich schon allein an den zahlreichen Akquisitionen und Ankündigungen über strategische Partnerschaften ablesen lässt. Die Veränderungen resultieren zum einen aus der Vielschichtigkeit der Aufgaben, die mit SCM verbunden sind, und aus der Entwicklungshistorie der heutigen Anbieter. Bei der Suche nach SCM-Software stößt man heute schnell auf über 100 Anbieter weltweit, die unter dem Oberbegriff „SCM" Software vertreiben. Doch nicht alle dieser sehr unterschiedlichen Anbieter stehen unmittelbar mit dem SCM-Thema in Verbindung. Man kann den Markt dennoch grob in fünf Kategorien von Anbietern unterteilen.

**Anbieter integrierter SCM- und E-Business-Suiten**
Diese Kategorie umfasst Softwarehersteller, die mit „Advanced Planning & Scheduling Funktionalitäten" in ihren Werkzeugen starteten und ihre meist modulartig aufgebauten Produkte zu beinahe kompletten „SCM-Toolsuiten" weiterentwickelt und verbunden haben. Eine Toolsuite ist eine Palette von miteinander integrierten Softwareprodukten, die große Teile des SCM-Aufgabenspektrums realisiert. Die Software-Lösungen dieser Anbieter decken die im folgenden Kapitel beschriebenen Aufgaben der Planung größtenteils ab. Zusätzlich bieten diese Anbieter einige E-Business-Applikationen bzw. Plattformen für die unternehmensübergreifende Zusammenarbeit im Bereich Planung an. Der Bereich der Ausführung der Supply Chain wird häufig durch Partnerschaften mit Anbietern von Softwareprodukten dieses Aufgabenbereichs abgedeckt. Die Toolanbieter dieser ersten Kategorie bieten oft modular aufgebaute Produkte an und bauen auf den Transaktionssystemen der klassischen ERP-Anbieter auf, wobei sie Teile der ERP-Funktionalität durch ihre Planungssysteme ersetzen. Kunden dieser Softwareunternehmen sind überwiegend Großunternehmen.

**Anbieter spezialisierter SCM-Suiten**
Diese Kategorie umfasst Software-Anbieter, die ähnlich wie die Anbieter der ersten Kategorie mit „Advanced Planning and Scheduling-Funktionalitäten" in ihren Werkzeugen starteten und ihre meist modulartig aufgebauten Produkte zu SCM-Toolsuiten mit umfangreichen und eindrucksvollen Funktionalitäten weiterentwickelt und verbunden haben. Die Software-Lösungen dieser Anbieter decken spezialisierte Lösungen in den verschiedenen Aufgabenstellungen ab. Diese Lösungen sind in ihrem Gesamtabdeckungsgrad noch nicht so umfassend wie die Systeme der Anbieter der ersten Gruppe, bieten aber in bestimmen Aufgabenfeldern funktional umfassendere Ergebnisse. Kunden dieser Anbietergruppe verfügen häufig

über sehr spezielle oder sehr anspruchsvolle Planungsaufgaben, die nicht immer von den anderen Anbietergruppen erfüllt werden können. Dies zeigt sich auch darin, dass die installierten Anwendungen zumeist erst in einigen Branchen zu finden sind. Derzeit erweitern die Anbieter dieser Gruppe ihr angestammtes Leistungsspektrum, so dass sie teilweise in den nächsten Jahren der ersten Kategorie zugeordnet werden können.

**Anbieter funktional erweiterter ERP-Systeme**
In der dritten Kategorie sind Anbieter zusammengefasst, welche ihre SCM-Funktionalität als Erweiterung und Ergänzung zu den von ihnen angebotenen PPS- und ERP-Systemen entwickelt haben. Kern ihres Leistungsangebotes bleiben eher die traditionellen Systeme. Insbesondere durch Unternehmensakquisitionen haben diese Unternehmen Funktionalitäten im Bereich SCM hinzugekauft. Kunden der Anbieter dieser Kategorie sind sowohl Großunternehmen oder einzelne Konzernbereiche sowie kleine und mittelständische Unternehmen.

Will man diese von den beiden ersten Kategorien unterscheiden, so ist ein wichtiges Kriterium die Philosophie der SCM-Lösungen. Die SCM-Toolsuite-Anbieter setzen sehr auf modular aufgebaute Produkte. Sie bauen auf den Transaktionssystemen der klassischen ERP-Anbieter auf. Teile der ERP-Funktionalitäten werden dabei durch ihre Planungssysteme ersetzt. Die ERP-Anbieter hingegen beginnen mit den ERP-Funktionalitäten, die sie entwickelt haben, und erweitern diese im Sinne eines „add on“ gemäß den SCM-Anforderungen. Man muss jedoch sagen, dass diese Abgrenzung zwischen den beiden Kategorien im Schwinden begriffen ist.

**Nischenanbieter im Bereich der Supply Chain Planung**
Einige Anbieter haben für spezielle Teilaufgaben des SCM oder für dedizierte Zielgruppen Lösungen entwickelt. Diese Anbieter bieten keine übergreifenden SCM-Gesamtlösungen oder SCM-Toolsuiten an. Dies heißt jedoch nicht, dass die Software in dem vorgesehenen Einsatzbereich Mängel aufweist. Die Fokussierung der angebotenen Software auf bestimmte Aufgaben oder Branchen kann durchaus zu qualitativ und preislich sehr interessanten Lösungen führen. Während die Anbieter der ersten drei Kategorien sich vorzugsweise auf Großunternehmen konzentrieren, gehen einige der Nischenanbieter auch auf die Anforderungen der mittelständischen Unternehmen ein. Der Aufbau, die Leistungsfähigkeit und der Abdeckungsgrad der angebotenen Werkzeuge ist dabei sehr unterschiedlich.

**Anbieter im Bereich der Supply Chain Ausführung**
Es handelt sich hierbei um Anbieter, deren Software-Lösungen nicht die Planungsaktivitäten im SCM, sondern die Steuerung, Abwicklung und Kontrolle der Aktivitäten in der Lieferkette ermöglichen bzw. unterstützen. Diese Ausführungs-Komponenten haben dabei die Aufgabe, vor dem Hintergrund der aktuellen betrieblichen Situation, Entscheidungsunterstützung in der operativen Arbeit zu leisten. Auf diese Weise sollen die Wertschöpfungsnetzwerke befähigt werden, sehr flexibel auf eine Veränderung der externen Rahmenbedingungen in kurzfristigem Zeithorizont reagieren zu können. Das Ziel ist klar: man will eine direkte Verbesserung der Kundenzufriedenheit erreichen, indem man die dynamische Komplexi-

tät, die aus den vielfältigen Kundenbeziehungen heraus entsteht, beherrscht. Man muss hinzufügen, dass diese Systeme derzeit weniger eine integrierende als vielmehr auf einzelne Unternehmen bezogene Ausrichtung haben. Lies: Die Funktionalitäten können meist nicht unternehmensübergreifend eingesetzt werden. Dennoch spielen diese Systeme in der Steuerung der Supply Chain eine sehr wichtige Rolle.

Die meisten Software-Systeme für das Supply Chain Management sind nicht datenhaltend und daher abhängig von der Datenintegration mit vorhandenen PPS- oder Legacy-Systemen. Für die Realisierung dieser Integration werden von den Software-Anbietern zum Teil eigene Lösungen oder eine Reihe spezifischer Produkte eingesetzt. Die Vollständigkeit und Performanz dieser Integration ist ein entscheidender Schritt bei der Realisierung eines softwaregestützten Supply Chain Managements.

## 3 Das Aufgabenmodell für IT-Systeme des SCM

Eine SCM-Software ist aus mehreren Komponenten zusammengesetzt, die unterschiedliche Aufgabenspektren unterstützen und unterschiedliche Funktionalitäten bieten bzw. diese in unterschiedlicher Detailtreue und Qualität abdecken. Dies ist das eigentliche Problem: Software-Lösungen mehrerer Anbieter zu vergleichen ist aufgrund dieser Inhomogenität ein sehr kompliziertes Unterfangen. Hinzu kommt erschwerend, dass die Anbieter unterschiedliche Bezeichnungen für dieselbe Funktionalität verwenden. Dies trägt zur Intransparenz bezüglich der Software-Funktionalitäten bei und erschwert die Auswahl. Soweit das Problem. Die Lösung: Abhilfe soll ein standardisiertes, herstellerunabhängiges Referenzmodell für das Aufgabenspektrum der SCM-Funktionalität schaffen. Hierzu ist das vorher beschriebene SCOR-Modell nicht in der Lage. Das SCOR-Modell beschreibt bzw. standardisiert zwar die Supply Chain-Operationen und Supply Chain-Kennzahlen auf mehreren gestaffelten Beschreibungsebenen, hat jedoch auch im Hinblick auf den Aspekt Software-Funktionalitäten Schwächen, da aus dem Modell nicht direkt die Prozesse identifiziert werden können, die sinnvoll und ausreichend durch Software-Systeme Unterstützung finden.

An dieser Stelle setzt das Aufgabenmodell der SCM-Software der Fraunhofer-Institute IML, IPA und des BWI der ETH Zürich an. Es zerlegt die Planungselemente des SCOR-Modells (Plan Supply Chain, Plan Source, Plan Make und Plan Deliver) und beschreibt diese auf einem detaillierten Level bzgl. der möglichen Software-Funktionalität. Dieses Aufgabenmodell kann so als Grundlage für die Untersuchung, Analyse und Auswahl der SCM-Software eingesetzt werden. Das Aufgabenspektrum des Modells gliedert sich in drei Hauptaufgabenbereiche (siehe Abb. 11): Gestaltung (Strategic Network Design), Planung (Supply Chain Planning) und Ausführung (Supply Chain Execution), die in den folgenden Abschnitten detailliert beschrieben werden. Dieses Aufgabenmodell verdeutlicht, dass die Software-Systeme sowohl Aufgabenstellungen der Gestaltung, der Planung als auch des Betriebs einer Supply Chain unterstützen. Diese Aufgabenbereiche korrelieren mit dem dabei betrachteten Zeithorizont, der sich von mehreren Jahren

relieren mit dem dabei betrachteten Zeithorizont, der sich von mehreren Jahren bei der strategischen Gestaltung einer Supply Chain bis hin zu Minuten im exekutiven Bereich des Betriebs erstreckt (Fraunhofer-Gesellschaft 1999).

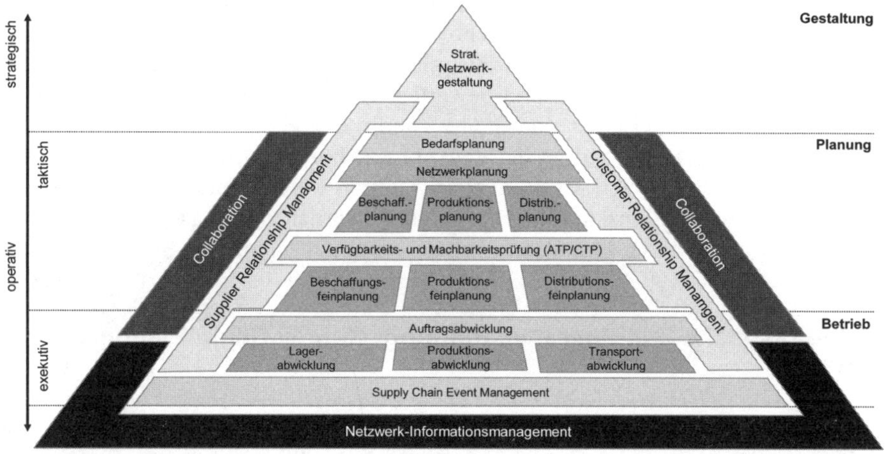


**Abb. 11.** Das Aufgabenmodell für IT-Systeme des Supply Chain Managements

## 3.1 Gestaltung: Die strategische Ebene

Mit der strategischen Planung werden grundsätzliche Überlegungen hinsichtlich der kostenoptimierten Struktur und Ausgestaltung der Logistikkette unterstützt, wobei ein Zeitraum von Jahren den Planungshorizont darstellt. Aus diesem Grund ist die strategische Planung losgelöst zu sehen von den mehr operativ orientierten Planungsaufgaben. Diese Trennung findet sich auch in den bisherigen Tools wieder, die nur eine schmale Schnittstelle zwischen der strategischen Planung und den anderen Modulen anbieten. Eine Hauptfragestellung ist die Bewertung von Investitionsentscheidungen. So ist mit der strategischen Planungskomponente eine kostenmäßige Bewertung der Anzahl und der Standorte von Werken oder Distributionszentren möglich. Ebenfalls bietet das Modul Hilfestellung bei der Analyse unterschiedlicher Szenarien von Produktions- und Lagerkapazitäten. Die Auswirkungen auf Distributionsstrategien durch Strukturveränderungen sowie die Bewertung geänderter Strategien gehört ebenfalls zum Funktionsumfang der strategischen Planung.

Aufgrund ihres strategischen Charakters werden diese Module vorwiegend in den Abteilungen zur Unternehmensentwicklung eingesetzt. Die Aufgabe der strategischen Netzwerkgestaltung ist es, das gesamte Logistiknetzwerk kosteneffektiv auszulegen und zu gestalten. Ausgerichtet wird es dabei an den SCM-Strategien eines Unternehmens bzw. eines Unternehmenverbundes und den daraus abgeleiteten Zielsetzungen des Netzwerkes. Eine Hauptfragestellung der strategischen Netzwerkgestaltung ist die Bewertung von Investitionsentscheiden wie dem Aufbau neuer Produktionskapazitäten oder Distributionszentren und -kanälen. So ist mit dieser Planungskomponente eine kostenmäßige Bewertung der Auswirkungen von Veränderungen im Logistiknetzwerk, abhängig von der Anzahl und von den Standorten der Werke, Lager, Distributionszentren als auch der Lieferanten, möglich. Wenn die verschiedenen Elemente eines Logistiknetzwerkes bzgl. Größe, Anzahl und Standorte bestimmt worden sind, kann man verschiedene „what-if"-Planungsszenarien durchführen und bewerten. Dieses Modul bietet ebenfalls Hilfestellung bei der Analyse der Zuordnung von Produkten zu verschiedenen Lieferkettenalternativen, insbesondere bei den Fragestellungen, „welches Produkt produziert", „in welchem Werk es produziert", „durch welchen Lieferanten beliefert" und „welche Distributionskanäle dafür benutzt" werden sollen. Der Planungshorizont reicht von mehreren Monaten bis hin zu mehreren Jahren.

## 3.2 Die taktische und operative Planung: Supply Chain Planning (SCP)

Die Planung der Produktions- und Logistikressourcen einer Supply Chain, um vorliegende bzw. prognostizierte Kundenaufträge erfüllen zu können, ist Gegenstand der Planungsebene der Software-Systeme. Hier werden für immer detaillierter werdende Bereiche der Wertschöpfungskette (angefangen vom Netzwerk bis herunter auf die Produktionslinie) Aufträge für entsprechend kürzer werdende Zeitbereiche eingeplant. Auf der Logistikseite stehen hier die Festlegung von Beständen über die Kette zur Sicherung der termingerechten Lieferung sowie die Ermittlung der notwendigen Transportressourcen und deren detaillierte Planung z. B. in Form einer Routenplanung. Ein weiteres wichtiges Element dieser Ebene ist die Prognose der Kundenbedarfe für Produkte und Produktgruppen, bezogen auf verschiedene Regionen, wie sie in der Bedarfsplanung durchgeführt wird.

Aufbauend auf der Struktur, die in der strategischen Ebene modelliert wurde, werden auf dieser Ebene für die einzelnen Glieder in periodischen Zyklen abgestimmte langfristige Produktions- und Transportpläne erstellt. Zielsetzung ist eine abgestimmte mittel- bis langfristige Programmplanung über die gesamte Supply Chain, indem man kapazitäts- und terminbedingte Abhängigkeiten berücksichtigt. Neben der Struktur der Supply Chain sind prognostizierte bzw. reale Kundenbedarfe Eingangsinformationen für die Planung der Supply Chain. Die Prognose der Kundenbedarfe gehört ebenfalls zu dem Leistungsumfang von SCM-Planungssystemen.

**Bedarfsplanung**

Bedarfsinformationen bilden eine wesentliche Grundlage, um die Planungs- und Entscheidungsprozesse entlang der logistischen Kette abstimmen zu können. Aufgabe der Bedarfsplanung ist es, Transparenz zu schaffen hinsichtlich des vorliegenden kurzfristigen sowie der Prognose des langfristigen Bedarfs. Eine möglichst exakte Bedarfsvorhersage ist von zentraler Bedeutung für die Fähigkeit, Kundenbedarfe zu befriedigen, Kapazitäten in der Wertschöpfungskette zu planen und die Bestände darin zu optimieren.

Der kurzfristige Bedarf wird bekanntlich durch die Auswertung der vorliegenden Bestellungen, entnommen aus ERP-Systemen, und über die verschiedenen Stufen der Wertschöpfungskette ermittelt. Der Schwerpunkt der Bedarfsplanung liegt allerdings in den verschiedenen Methoden zur Prognose des zukünftigen Bedarfs. Hier bieten die gängigen SCM-Tools eine Vielzahl von statistischen Prognoseverfahren an. Das Prognosemodul übersetzt die Informationen des Marketings/ Vertriebs in die Sprache der Produktionsplanung. Durch die Kopplung mit der Produktionsplanung können schnell die Auswirkungen unterschiedlicher Absatzszenarien auf die Produktion – sowohl beim Abnehmer als auch im nächsten Schritt beim Lieferanten – analysiert werden.

Beim langfristigen Bedarf wird aus Unternehmenssicht der Absatz der Produktgruppen bzw. -familien für einen Zeitraum von mehreren Jahren (meist in monetären Einheiten) prognostiziert. Beim mittelfristigen Bedarf hingegen wird der Marktbedarf auf Produkttypebene (Stock Keeping Unit - SKU) für einen Zeitraum von Monaten ermittelt. Die Prognose des mittelfristigen Bedarfs setzt außerdem voraus, dass es eine Möglichkeit zu differenzierten Untersuchungen über verschiedene Abstraktionsebenen gibt, unterschieden nach Produkt bzw. Produktgruppen, Einzelkunden oder Kundensegmenten sowie Absatzkanälen und Regionen. Dieser multi-dimensionale Einblick in die Daten seitens des Anwenders kann in einer Darstellungsform festgelegt werden, die seinen Anforderung entspricht.

Die statistischen Verkaufsprognosen beruhen auf einer Aufstellung der Vergangenheitsdaten. Neben den Vergangenheitsdaten können Informationen aus Vertrieb/Marketing, Informationen über besondere Ereignisse (Aktionen/ Promotionen), saisonale Einflüsse, An- und Auslaufkurven etc. im Prognosemodul verarbeitet werden. Auf Basis von Entwicklungstrends, die das Prognosewerkzeug aus den Eingangsdaten liefert, erfolgt sowohl die Ausrichtung der nachfolgenden Planungsstufen in der Logistikkette als auch die Steuerung des Unternehmens am Markt. So kann bei negativen Trends von Seiten des Marketings durch Werbe- oder Preismaßnahmen aktiv und vorausschauend gesteuert werden.

**Netzwerkplanung**

Die Aufgabe der Netzwerkplanung ist die übergreifende Koordinierung der einzelnen Partner in der Wertschöpfungskette oder dem Wertschöpfungsnetz. Häufig spricht man auch von der Verbundplanung, der übergreifenden Planung des Produktions- oder Logistikverbundes oder von der Netzwerkmasterplanung. Die Netzwerkplanung kann sowohl unternehmensintern als auch unternehmensübergreifend verstanden werden.

In der Regel wird die Netzwerkplanung in Verantwortung des „stärksten“ Partners des Produktions- oder Logistiknetzes durchgeführt, der in der Regel neben einem großen Wertschöpfungsanteil auch die größte Nähe zu den Endkunden besitzt. Denn er verfügt über die umfassendsten Informationen, um die Gesamtsituation zu beurteilen, und er kennt die wesentlichen Zusammenhänge der Steuerung und Planung des Netzwerkes. Mit Hilfe der Netzwerkplanung erfolgt eine Abstimmung von Bedarfen auf der einen sowie von Material- und Kapazitätsressourcen auf der anderen Seite. Ziel der übergreifenden Planung ist die Ermittlung eines

Gesamtoptimums für alle Partner des Netzwerkes. Der Horizont der Planung erstreckt sich über mehrere Monate bis Jahre.

Die grundlegenden Strukturen des logistischen Netzes, das aus Lieferanten, Produktionsstandorten sowie Distributionszentren und ihrer Lieferbeziehungen untereinander besteht, sind auf langfristiger Ebene in der Netzwerkgestaltung festgelegt worden und daher in der Netzwerkplanung als festliegende Randbedingungen zu berücksichtigen. Die Netzwerkplanung orientiert sich weiterhin an den Produktionsprogrammen und Absatzplänen, die durch die Geschäftsjahresplanung festgelegt worden sind. Sie stimmt diese unter Berücksichtigung der aktuellen Lage mit den Partnern ab. Auf diese Weise kann man jederzeit die Machbarkeit und Erfüllbarkeit des übergreifenden Produktionsprogramms überprüfen. Weiterhin können Maßnahmen mit einem gewissen Vorlauf, wie z.B. zur Kapazitätsanpassung, eingeleitet werden. Hierfür ist die Kenntnis der Flexibilität aller Partner erforderlich.

Innerhalb eines Produktionsverbundes ist die Netzwerkplanung eine werks- oder standortübergreifende Planung. Mit ihrer Hilfe wird eine Zuordnung von Produkten zu einem Standort durchgeführt. Dadurch erhalten die Werke das für sie geltende Produktionsprogramm. Optimierungskriterien sind Kapazitätsauslastung, Nähe zum Absatzmarkt, Produktionsquoten oder Materialverfügbarkeit. In die Entscheidung, welche Kapazitäten genutzt werden, fließt auch die Information über die Bestände ein, die an den einzelnen Orten vorrätig sind. Die Netzwerkplanung liefert den Input für die detaillierteren Planungsaufgaben in der Beschaffung, Produktion und Distribution.

**Beschaffungsplanung**

Aufgabe der Beschaffungsplanung ist die optimierte Beplanung der Teileversorgung bzw. der Bestände einer mehrstufigen Lagerstruktur – basierend auf den Ergebnissen der Bedarfs-, Netzwerk- bzw. Produktionsplanung. Ziel bei der Planung ist es, ausreichend Teile bzw. Materialien termingerecht am richtigen Ort zu haben und dabei gleichzeitig die Bestände minimal zu halten. Die hier betrachteten Zeiträume liegen im taktischen Bereich, d.h. zwischen Wochen bis Tagen.

Ausgehend von dem durch Stücklistenauflösung ermittelten Sekundärbedarf werden die Minimal-/Maximal- sowie die optimalen Sicherheitsbestände ermittelt, abhängig von den in der Vergangenheit zu beobachtenden Prognoseabweichungen. Berücksichtigt werden dabei Lieferanten- bzw. eigene Kapazitäten, auch Anlieferrhythmen und Wiederbeschaffungszeiten. Ferner können verschiedene Versorgungsszenarien (wie Single-, Multisourcing oder „Make or Buy") simuliert und mit dem Ziel der optimierten Bedarfserfüllung miteinander verglichen werden. Der hierbei entstandene Beschaffungsplan ist die Grundlage für die Beschaffungsfeinplanung.

**Produktionsplanung**

Aufgabe der Produktionsplanung ist es, einen optimierten Produktionsplan für jede einzelne Produktionsstätte der Supply Chain zu erstellen. Ziel ist die Maximierung der Lieferbereitschaft und Termintreue bei gleichzeitiger Optimierung der Auslastung und Minimierung der Bestandskosten. Der mittlere Planungshorizont liegt im Monats- bis Wochenbereich, wobei die betrachteten Zeitscheiben Wochen oder sogar Tage sein können.

Ausgehend von dem werksübergreifenden Produktionsprogramm, das in der Netzwerkplanung bestimmt wurde, wird nun durch eine integrierte Mengen-, Termin- und Kapazitätsplanung ein grober Produktionsplan (Master Production Schedule) für das individuelle Werk erstellt. In der Mengenplanung werden die Materialbedarfe durch Auflösung der Produktionsstruktur (z.B. Stücklistenauflösung oder Rezepturen) bestimmt und an die Beschaffungsplanung weitergeleitet. Dafür erfolgt in der Regel ein Übergang von Produkten und Produktmerkmalen zu konkreten Teilelisten.

In der Durchlaufterminierung werden die intern zu fertigenden Produktionsaufträge unter Berücksichtigung der ggf. vorhandenen Randbedingungen (wie z.B. Kapazitätsrestriktionen, Schichtpläne oder Nutzung von Alternativressourcen) zeitlich angeordnet. Diese Planung erfolgt jedoch maximal auf der Ebene von Maschinengruppen (eine detailliertere Planung erfolgt in der Produktionsfeinplanung). In dieses Aufgabenfeld fällt auch die Bestimmung der Losgrößen, in denen produziert werden soll. Ergebnisse der Produktionsplanung sind Mengenbedarfe, die an die Beschaffung weitergeleitet werden, Kapazitätsbedarfe sowie ein Produktionsplan, der die Zuordnung von Kapazitäten und benötigtem Material zu den Fertigungsaufträgen einer Planungsperiode enthält.

**Distributionsplanung**

Aufgabe der Distributionsplanung ist die optimierte Planung der Lagerbestände und die Verteilung der Produkte hin zum Kunden. Analog zur Beschaffungsplanung wird auch in der Distributionsplanung eine mehrstufige Distributionsstruktur betrachtet. Hier wird jedoch die Verteilung und der Abruf von Produkten im Distributionskanal/-netz fokussiert. Der betrachtete Planungszeitraum liegt in der Dimension von Monaten bis Tagen.

Die Distributionsplanung liefert eine optimierte Planung und Kombination der Lieferungen, um die Nachfrage zu befriedigen. Hierbei werden ähnlich wie bei der Bedarfsplanung Grund- und Sicherheitsbestände bzw. Reichweiten optimal geplant. Ausgehend von dem Typ und den Standorten der einzelnen Lager, den Beständen sowie den Bedarfsprognosen werden die Transportkapazitäten grob geplant und die Kosten durch Kombinationsbildungen optimiert. Durch eine Simulationskomponente können ferner auch verschiedene Versorgungsszenarien (wie z.B. Nutzung unterschiedlicher Distributionskanäle oder der Einsatz unterschiedlicher Logistikdienstleister bzw. unterschiedlicher Transportmittel) simuliert, analysiert und gegeneinander abgewogen werden. Die Grundlage für die Distributionsplanung liefern die Prognoseergebnisse der Bedarfsplanung sowie die Vorgaben, die in der Netzwerkplanung festgelegt sind. Die Distributionsplanung liefert die Grundlage für die Distributionsfeinplanung.

**Verfügbarkeits- und Machbarkeitsprüfung**

Bei der Verfügbarkeits- und Machbarkeitsprüfung geht es darum, die Erfüllbarkeit von Kundenanfragen oder Kundenaufträgen zu prüfen. Je nach Anforderung gibt es unterschiedliche Möglichkeiten: entweder wird der schnellstmögliche Liefertermin ermittelt, oder es werden Wunschliefertermin, Wunschliefermenge und geforderte Produktkonfiguration bestätigt. Möglich ist auch der Vorschlag von alternativen und lieferbaren Produktvarianten, falls der Kundenwunsch nicht wie angefragt realisierbar ist. Damit stellt das Order Promising eine Kernaufgabe des Supply Chain Managements dar und steht innerhalb des Aufgabenmodells zwischen den kundenauftragsanonym ablaufenden Planungsaufgaben und den Planungsaufgaben, die einen Bezug zu Kundenaufträgen aufweisen. Für jeden Anwendungsfall ist kritisch zu prüfen, wie qualifiziert die Kundenanfragen beantwortet werden müssen. Im einfachsten Fall geht es um die Überprüfung, ob ein Produkt zu einem bestimmten Termin von einem Lagerort abgerufen werden kann. In anderen Bereichen kann dies auch bedeuten, basierend auf der kundenindividuellen Produktkonfiguration einen Produktionsstandort, einen Produktionsslot, die Durchlaufzeit und die Distributionszeit zu ermitteln. Zu diesem Zweck ist dann eine Simulation oder eine Optimierung erforderlich. Das Order Promising kann ausgelegt sein als

- *Available-to-Promise (ATP)* – Prüfung der Verfügbarkeit des gewünschten Produkts im Lagerbestand oder im Produktionsplan,
- *Capable-to-Promise (CTP)* – Prüfung der Kapazitäten und Materialien zur Produktion des gewünschten Produktes,
- *Configure to Promise (CoTP)* – Konfiguration des gewünschten Produktes nach den Kundenwünschen und Prüfung der Kapazitäten und Materialien zur Zusicherung eines Liefertermins.

Bestandteil dieses Moduls ist eine Reservierungs-Funktionalität, mit der eine an den Kunden getroffene Zusage für einen bestimmten Zeitraum gesichert wird. So erhält der Kunde die Möglichkeit, alternative Anfragen durchzuführen und aus den möglichen Produktkonfigurationen und Lieferterminen, die für ihn am besten passende auszuwählen.

**Ein Beispiel: Der Verkauf an der Kasse löst eine Nachschubproduktion aus**
Die Unternehmensgruppe Fischer nutzt seit einiger Zeit das SCM-Tool eines bekannten Herstellers für die Optimierung von Produktion und Logistikkette. Die 24h-Lieferung wurde damit bereits realisiert, und die Lagerbestände sollen allein im ersten Jahr um 20 Prozent reduziert werden. Das Ziel der Investitionen war für die Fischer-Verantwortlichen klar: Man wollte die stetig steigende Zahl von Aufträgen – bedingt unter anderem durch immer kleinere Bestellgrößen – bei einem gleichzeitig sinkenden Lagerbestand bewältigen. Durch diese Maßnahme (und weitere Nutzenpotenziale) rechnet man mit einem Return on Investment innerhalb von zwei Jahren. Solche Potenziale lassen bei Fischer im Herstellungsprozess alleine nicht mehr abschöpfen. Im indirekt planerischen und unternehmensübergreifenden Bereich sieht man bei Fischer dagegen noch erhebliche Einsparungspotenziale in den Prozessen.

So wurden bis vor kurzem die Dübel, Schrauben und Befestigungslösungen noch von einem Lager ins andere versandt, wurden ein- und wieder ausgelagert – vom Zentrallager ins Auslieferungslager und von dort teilweise weiter in die Kommissionierlager der Handelsketten –, bis sie endlich in den Regalen der Baumärkte landeten.

So bilden heute präzise Verfügbarkeitsaussagen die Grundlage für die Zusage von Lieferterminen, wobei die 100prozentige Liefertreue angestrebt wird. Erreicht wurde bereits die Reduzierung der Produktionskomplexität durch die weitgehende Automatisierung und Transparenz sowie die ausnahmebasierende Arbeitsweise der SCM-Software, die den Benutzern bei Bedarf das Eingreifen ermöglicht. Als Folge kann etwa eine 10prozentige Steigerung des Auftrags- und Mengenvolumens bei gleichbleibenden Personalressourcen bewältigt werden. Das Personal kann sich durch die Entlastung der dispositiven Routine auf die für das Unternehmen gewinnbringenden Tätigkeiten wie Rüstkostenminimierung konzentrieren. Alfred Haas von der Fa. Fischer: „Alles, was bisher sehr viel manueller Aufwand für den Planer war, wird nun vom System automatisch erledigt. Der Planer hat Zeit, sich um qualifizierte Prozessunterstützung zu kümmern und er ist in der Lage, den kompletten Prozess, von der Disposition über die Produktion, wirklich zu steuern." Beispielsweise können Zulieferer nun wesentlich früher über Änderungen informiert werden, und die Zusammenarbeit mit den von Fischer belieferten Handelsunternehmen und Baumärkten lässt sich wesentlich enger gestalten: der Gesamtprozess in der Produktion und Distribution ist verbessert. Früher hingegen wurden, wie heute noch in den meisten Fertigungsprozessen üblich, nur kleinere Einheiten und Teilprozesse optimiert, wie eine Maschine oder eine Fertigungslinie. Denn wenn über den Bedarf beim Kunden nur grobe Daten vorliegen, wird nach anderen Optimierungsgesichtspunkten gesucht und produziert, etwa der Maschinenbelegung. Folge: Die Maschine ist dann zwar optimal ausgelastet und fertigt in dieser Zeit beispielsweise 20.000 Dübel – doch der Kunde benötigt nur 10.000, was aber in der Produktion zu diesem Zeitpunkt noch nicht bekannt ist. Die zuviel produzierten Teile werden also bis zur nächsten Bestellung eingelagert. Allerdings übersteigen die Kosten für Transport, Ein- und Auslagerung und Verwaltung der gesamten Vorgänge die Einsparungen bei der Maschinenoptimierung um ein Vielfaches. Dazu Claus Heinrich von SAP : „Wenn ich nur ein einzelnes Kettenglied betrachte, erziele ich eventuell gar keine Verbesserung im Gesamtablauf. Denn das schwächste Glied in der Kette bestimmt die Leistungsfähigkeit des Systems. Und dieses Glied muss ich optimieren." Bei Fischer ist das mit eingesetzten SCM-System gelungen. Aus seinen zahlreichen Erfahrungen der Vergangenheit mit der Feinplantafel leitet das Unternehmen eine Produktivitätssteigerung in der Fertigung um rund ein Zehntel ab. Durch die übergreifende Transparenz lassen sich die Aktivitäten im Fertigungsprozess gezielt einleiten und damit die Stillstandszeiten der Ressourcen senken.

Für diesen Zweck unterstützt das eingesetzte SCM-Tool den gesamten Planungs-, Steuerungs- und Logistikprozess: Von der Umsatzabsatzplanung bis zur Reihenfolgenplanung der Fertigung. Die langfristige Grobplanung der Umsätze, die sich aus Zahlen der Vergangenheit und den Prognosen der Zukunft generiert, wird – je mehr sich die Planung der Realisation nähert – durch die tatsächlichen Auftragszahlen aktualisiert und verfeinert. Auf dieser Basis lassen sich die internen und externen Bedarfe ermitteln und der Beschaffungsprozess wird bedarfsgerecht ausgelöst. Mit Hilfe der Netzplantechnik innerhalb des SCM-Systems kann der Vertrieb zudem überschauen, aus welcher „Ecke" er bestimmte Bedarfe abrufen kann: direkt von der Rampe, aus dem nächsten Fertigungswerk oder aus dem Zwischenlager.

In der Detailplanungs- und Steuerphase erfolgt die Synchronisation von Auftragsplan und tatsächlich vorhandener Maschinen- und Personalkapazität. Zusätzlich ist der Maschinenpark der Fertigung durch Online-Rückmeldungen in das System eingebunden. Aus dem Betriebsdatenerfassungssystem werden die Daten des Fertigungsprozesses in die Planungssoftware eingespeist und ermöglichen so den sekundengenauen Überblick der Produktion. Haas: „Nun sieht auch der Vertrieb, welche Aufträge derzeit laufen. Der Vertriebsmitarbeiter ist damit gegenüber externen wie internen Kunden auskunftsfähiger und die Beschaffung lässt sich genauer organisieren." Die Produktion und die entsprechende Logistik wird bei Fischer auf der Basis von 24 Vergangenheitsmonaten 18 Monate voraus in die Zukunft geplant. Diese Planungsläufe erfolgen normalerweise über Nacht. Haas: „So können wir relativ genau voraussagen, in welchem Zeitraum wir die Produktion mit welcher Belastung fahren müssen." Weicht die tatsächliche Nachfrage in Form neuer Aufträge, die nicht realisierbar sind, dann doch spürbar von den Prognosen ab, erzeugt der Planungslauf sofort eine Fehlermeldung und bietet Handlungsalternativen an.

Auf dieser Basis ist Fischer in der ersten Stufe am Standort Emmendingen in der Lage, 4.000 Endprodukte und ca. 20.000 Unterkomponenten innerhalb von 24 Stunden zu liefern. Jeder Kundenauftrag und Prognosebedarf wird in der Produktions- und Feinplanung – exakt auf Ressourcen abgestimmt – eingeplant und dem Lieferanten als realistische Bedarfe per E-Mail übermittelt. Dadurch reduzieren sich deutlich die Änderungen, die bislang an den Lieferanten übermittelt werden müssen. Weiterhin ist noch für das erste Halbjahr die direkte Einbindung der Lieferanten vorgesehen. Für die Zulieferer bedeutet dies, das sie dann statt per E-Mail direkt online über eine Browser-Oberfläche auf ihrem PC in das Planungssystem eingebunden sind.

Die durchgängige Integration stellt so eine hohe Transparenz sicher: Beispielsweise wird jede Änderung in der Auftragsverwaltung registriert und löst automatisch eine Terminierung aus, die bis hin zum Lieferanten geht. Während früher der Beschaffungsvorgang für die benötigten Materialien in nur acht Prozent der Fälle aus der Reihenfolgenplanung ausgelöst wurde, ist es das erklärte Ziel, achtzig Prozent aller Materialien, die für die Fertigung gebraucht werden, bedarfsgerecht auszulösen und direkt anzuliefern. „Eine automatisierte Lösung, die ihresgleichen sucht", ist Haas überzeugt. „Wir können dadurch unsere Produktion und Beschaffung so nah wie möglich am tatsächlichen Bedarf orientieren." In der Transparenz des Fertigungssteuerungsprozesses sieht das Fischer-Management ein großes Potenzial zur Steigerung der Effizienz. „Die Mitarbeiter in den Bereichen Umsatz-/Absatzplanung, Disposition und Beschaffung sind über sämtliche Veränderungen des Bedarfs und der Verfügbarkeit ständig informiert und können deshalb Hand in Hand arbeiten", erläutert Alfred Haas. Alle Beteiligten am Logistikprozess können kooperativ in einem Team zusammenwirken und haben online Zugriff auf die gleichen logistischen Informationen.

**Beschaffungsfeinplanung**

Aufgabe der Beschaffungsfeinplanung ist die optimierte Beplanung der Anlieferungen bzw. der Anliefermengen für den kurzfristigen Zeitbereich zwischen Tagen und Stunden, basierend auf den Ergebnissen der Beschaffungsplanung und Produktionsfeinplanung.

In der Beschaffungsfeinplanung wird, ausgehend vom Bruttosekundärbedarf unter Berücksichtigung der Lager- und Transit-Bestände, der Nettosekundärbedarf berechnet. Auf dieser Basis werden, in Anlehnung an die aus der Beschaffungsplanung vorgegebenen Minimal-/Maximalbestände, die optimalen Anliefermengen über den betrachteten Planungszeitraum ermittelt. Bei der Optimierung dieser Anlieferungen müssen alle internen, aber auch externen Kapazitäten und Restriktionen (wie Wareneingangskapazität, Anlieferrhythmen, Wiederbeschaffungszeiten usw.) berücksichtigt werden.

**Produktionsfeinplanung**

Die Produktionsfeinplanung befasst sich mit der Planung des Produktionsbereiches im mittel- und mehr noch im kurzfristigen Bereich. Während in der Produktionsplanung der Produktionsplan auf Werksebene ermittelt wird, werden hier in kürzeren Zeithorizonten detailliertere Pläne für einzelne Produktionsbereiche erstellt. Die Produktionsplanung wird meist zentral für ein Werk durchgeführt. Dagegen wird die Produktionsfeinplanung eher dezentral, in Verantwortung der einzelnen Produktionsbereiche, durchgeführt. Auf diese Weise kann man auf lokale Besonderheiten Rücksicht nehmen, oder es gibt entsprechend der Produktionsaufgabe (Teilefertigung, Vormontage, Montage etc.) oder dem Teilespektrum angepasste Steuerungsprozesse.

Basierend auf dem Produktionsplan ist es die Aufgabe der Produktionsfeinplanung, konkrete Produktions-, d.h. Fertigungs- oder Montageaufträge festzulegen, zu terminieren und freizugeben. Hierfür ist die Kenntnis der aktuellen Einflussgrößen (wie die tatsächliche Verfügbarkeit von Personal- und Maschinenkapazitäten) sowie die tatsächliche Materialverfügbarkeit erforderlich. Aufgrund aktueller Änderungen oder Störungen sind rasche und flexible Anpassungen von Produktionsaufträgen, in Abstimmung mit der Beschaffungs- und Distributionsseite, notwendig.

**Distributionsfeinplanung**

Aufgabe der Distributionsfeinplanung ist die optimierte Festlegung der Transportmittel, der Touren und der Beladung zur termingerechten Belieferung. Sie baut auf den Planungsvorgaben der Distributionsplanung auf und verfeinert deren Ergebnisse für einen kurzfristigen Zeithorizont, mit dem Ziel geringe Lieferzeit und hohe Liefertreue bei gleichzeitig geringen Kosten.

Im Rahmen der Vorgaben aus der Distributionsplanung erfolgt eine auftragsbezogene definitive Festlegung der Transportmittel, mit denen eine Auslieferung erfolgen soll. Dies geschieht über den Vergleich verschiedener Transportszenarien, in denen die Kosten alternativer Transportmöglichkeiten berechnet und gegenübergestellt werden. Dabei muss man zahlreiche Restriktionen wie verfügbare Kapazitäten, gesetzliche Vorschriften, Abhol- und Anlieferzeiten usw. berücksichtigen. Außerdem müssen für die Transporte, die nicht durch die eigene Transportflotte abgewickelt werden sollen, geeignete Spediteure gefunden werden. In diesem Zusammenhang liefern computergestützte Transportbörsen eine Übersicht über verfügbare Frachtkapazitäten mit dem Ziel, diese Kapazitäten besser zu nutzen. Mit der Verbreitung des Internets gewinnen sie zunehmend an Bedeutung.

**Die Erwartungshaltung an SCP-Systeme**
SCP-Systeme werden häufig so vermarktet, als ob mit ihnen alle unternehmensübergreifenden Integrationsprobleme zu lösen seien. Dies weckt die Erwartung, dass alle Probleme in der Supply Chain nach Einführung eines SCP-Systems von der Software gelöst werden – tatsächlich sind jedoch viele Schwachstellen organisatorisch bedingt und können daher von SCP-Software nicht gelöst werden. Um Missverständnissen vorzubeugen, sind folgende beiden Anmerkungen zu machen:

- *Nicht die SCP-Systeme planen, sondern der Planer.* SCP-Systeme wirken lediglich planungsunterstützend, indem sie dem Planer beispielsweise die Verfügbarkeit von Teilen und Produktionskapazitäten über die Zeit aufzeigen. Daraufhin kann der Planer geeignete Maßnahmen ergreifen und diese wiederum mit dem SCP-System simulieren.
- *Nicht die SCM-Software steuert, sondern der Bediener.* SCP-Systeme stellen im besten Fall eine Abb. des aktuellen Status in der Realisierung dar und liefern Vorschläge zur Steuerung und Koordination. Die eigentliche Steuerung wird dem Menschen überlassen. Wertschöpfung in der Industrie kann nicht mit der Steuerung von Maschinen oder Computern verglichen werden. Supply Chains funktionieren nur mit Mitarbeitern, deren Verhalten nicht vorhergesagt oder simuliert werden kann. Zusammengefasst können Supply Chain Planning Systeme als Entscheidungsunterstützungssysteme gesehen werden. Ihre Potenziale liegen darin, Transparenz zu schaffen und in der Möglichkeit, die Konsequenzen von möglichen Entscheidungen schnell aufzuzeigen. Die Entscheidungen selbst bleiben nach wie vor dem Entscheider überlassen.

## 3.3 Der exekutive Betrieb: Supply Chain Execution (SCE)

Die exekutive Betriebsebene beinhaltet jene Funktionen, die der Auskunftsfähigkeit und der operativen Prozessabwicklung dienen. Die unternehmensübergreifende Steuerung und Kontrolle der Supply Chain steht damit im Vordergrund. Ziel ist es, vor dem Hintergrund der aktuellen betrieblichen Situation, Entscheidungsunterstützung in der operativen Arbeit zu leisten. Dadurch sollen die Partner in die Lage versetzt werden, sehr flexibel auf Veränderungen der externen Rahmenbedingungen reagieren zu können. Hier finden sich schon in weitem Umfang eingesetzte Systeme (wie die des Lager- und Transportmanagements, aber auch neue integrierende Lösungen für die umfassende Auftragsabwicklung).

Aufgrund dieser Beschreibung wird die Nähe zu den bereits bestehenden transaktionsorientierten ERP- und Warenwirtschaftssystemen deutlich. Diese haben derzeit eine weniger integrierende, als vielmehr eine auf einzelne Unternehmen bezogene Ausrichtung, so dass die Funktionalitäten meist nicht überbetrieblich genutzt werden können. Um eine effiziente Umsetzung der Produktionsprogramme, die in der Planung erstellt wurden, sicherzustellen, kann man die Informationen aus den innerbetrieblich eingesetzten Systemen dennoch einsetzen. Sie sind jedoch für die Berücksichtigung der externen Abhängigkeiten mit zusätzlichen Daten aus den Systemen der Partnerunternehmen zu versorgen. Eine schnelle Informationsweiterleitung über den jeweils aktuellen Status von Produktion und Logistik zu den Partnern ermöglicht eine schnelle Reaktion auf ungeplante Ereignisse (z. B. Störungen, kurzfristige Sonderaufträge etc.). Diese Zielsetzungen haben mit dem Aufschwung des E-Business und E-Commerce eine erhöhte Relevanz bekommen. Einige Funktionalitäten der Ausführungsebene werden von ERP- bzw. PPS-Systemen abgedeckt, und für einige andere Bereiche wie Transport- bzw. Beschaffungssabwicklung existieren spezielle innovative Software-Lösungen auf dem Markt.

**Auftragsabwicklung**
Die Auftragsabwicklung (Order Management) beinhaltet die Aufgaben zur Steuerung und Überwachung von Kundenaufträgen und allen anderen Produktions-, Beschaffungs- und Distributionsaufgaben, die einen Kundenbezug aufweisen. Die Auftragsabwicklung bildet eine Schnittstelle zwischen dem Produktionsunternehmen und den unterschiedlichen Vertriebskanälen und Vertriebspartnern oder Kunden. Damit verfügt es über alle relevanten Informationen zu den kundenauftragsbezogenen Prozessen. Ziel ist die Sicherstellung einer hohen Kundenzufriedenheit. Die Aufgabe des Order Managements ist eng verbunden mit der Verfügbarkeits- und Machbarkeitsprüfung, das aber mit seiner Lieferterminbestimmung nur einen Teil eines umfassenden Order Management beinhaltet.

**Lagerabwicklung**
Diese Funktion beinhaltet die Erfassung bzw. Buchung und Verwaltung aller Bestands- und Materialbewegungen. Hierbei werden auf der Beschaffungsseite die Roh-, Hilfs- und Betriebstoffe, Teile und Baugruppen und auf der Distributionsseite die Fertigprodukte Lagerplätzen und -orten zugeordnet und verwaltet. Das Lagermanagement wird üblicherweise von Lagerverwaltungssystemen übernommen. Die genaue und systematische Erfassung der Bestandsdaten über eine Supply Chain mit den Lagerverwaltungssystemen ermöglicht die exakte Visualisierung bzw. das Monitoring der Bestände in der ganzen Kette.

**Produktionsabwicklung**
Die Produktionsabwicklung umfasst die Erfassung und Verwaltung von aktuellen Produktionsaufträgen, Produktionsdaten und -informationen. Ausgehend von den Produktionsfeinplänen werden hier die Informationen über Maschinen, Materialien bzw. Teile, Betriebsmitteln und Werkzeuge gesammelt und bereitgestellt. Diese Aufgabe wird traditionell von ERP- bzw. PPS-Systemen bzw. auf einer detaillierten Ebene von Fertigungsleitständen oder Manufacturing Execution Systemen (MES) übernommen.

**Transportabwicklung**
Diese Funktion umfasst alle Aufgaben, die die Abwicklung, Erfassung und Verwaltung der Transportvorgänge sowohl auf der Beschaffungsseite als auch auf der Distributionsseite betreffen. Zu diesen Aufgaben zählen u.a. die Erstellung von

Transportdokumenten, Berechnung von Transportkosten, Erstellung von Lieferscheinen und Lieferavis sowie die Festlegung von Abholzeitfenstern. Ferner werden hier die kundenspezifischen Wünsche bezüglich Reihenfolge der Verladung der Produkte im Transporter und deren Ausladung berücksichtigt. Die Erfassung der Transportstati in dieser Phase ermöglicht ein Tracking & Tracing der Sendungen.

**Supply Chain Event Management**

Aufgabe des Supply Chain Event Management ist die Überwachung der Aktivitäten in der SC, die Meldung von Planabweichungen sowie das Einleiten notwendiger korrigierender Maßnahmen. Hauptzielsetzung ist es, Transparenz über die wichtigsten Prozessparameter (z. B. Störungen, Bestände und Bedarfe) zu schaffen und diese für alle Prozessbeteiligten zugänglich zu visualisieren. Dieser Ansatz verfolgt eine andere Grundphilosophie als der oben dargestellte Planungsansatz. Hier wird die Informationstechnologie dazu genutzt, Transparenz über die wesentlichen Prozessparameter zu schaffen. Den unterschiedlichen Anwendern in Logistiknetzwerken soll durch das Controlling-Modul Zugriff auf umfassende Bedarfs- und Bestandsinformationen innerhalb des gesamten Produktionsverbundes geboten werden. Die Planung selbst wird nicht unterstützt. Sie wird den Planern überlassen, die jedoch mit deutlich größerer Sicherheit planen können.

Ein Controlling-Modul kann man mit einem Flugzeugcockpit vergleichen: Es bietet dem Planer (wie die Flugüberwachungsinstrumente dem Piloten) Informationen über den aktuellen Zustand des Gesamtsystems (beim Flugzeug: Geschwindigkeit, Höhe, Entfernung zum Zielort, Kurs, Wetter), auf die der Planer reagieren kann. Um Transparenz in der Supply Chain zu erreichen, ist ein enormer Informationsbedarf aus der gesamten Prozesskette erforderlich (siehe Tabelle 3).

Im Supply Chain Event Management lassen sich die folgenden drei Kernfunktionalitäten identifzieren:

- *Monitoring:* Im Monitoring ist im Sinne einer Cockpit-Funktion eine Visualisierung des Netzwerkstatus (wie z.B. Bestände, Kapazitäten, Transportstati und Auftragssituationen) über mehrere Stufen im Netzwerkwerk möglich.
- *Alert Management:* Eine Erweiterung des Monitorings bildet das Alert Management. Aufgabe ist die Überwachung der Aktivitäten im Logistiknetzwerk, die Meldung von Planabweichungen sowie das Einleiten notwendiger korrektiver Maßnahmen. Basis hierfür ist ein ereignisgesteuerter Informationsbus, der die entsprechenden Echtzeitdaten den jeweiligen Alert-Modulen meldet. Mit der Festlegung von Zielgrößen sowie der Definition von Ausnahmesituationen ist die schnelle Erkennung von kritischen Planabweichungen im Logistiknetzwerk möglich.
- *Workflow:* Das oft an das Alert Management gekoppelte Workflow Management bietet eine weitere Unterstützung des Entscheidungsprozesses, inwieweit und welche Sofortmaßnahmen im Falle eines Alerts zu ergreifen sind. Beim Initiieren der unternehmensübergreifenden Zusammenarbeit kann mit Hilfe eines Workflow-Managements die Bestimmung zuständiger Ansprechpartner für spezifizierte Typen von Ausnahmen, die schnelle Benachrichtigung dieser Per-

son und der Beginn und die Durchführung der Problembehebung angestoßen und begleitet werden.

**Tabelle 3.** Der Informationsbedarf

| Quelle | Bereitgestellte Daten |
|---|---|
| Lieferant | Produktionsaufträge (aus dem PPS-System)<br>Fertigteillagerbestände<br>Bestände im Konsignationslager beim Kunden<br>Bestände im Warenversand |
| Logistikdienstleister | Transportaufträge, Ladelisten<br>Auskünfte über den Status einer Warensendung (Versandbereitschaft, voraussichtliche Ankunftszeit, Störungen in der Transportkette, usw.)<br>Transitbestände (alle Materialbewegungen zwischen Lieferant und Kunde, auch Zwischenwerksverkehr)<br>Bestände im Umschlaglager an den Stützpunkten |
| Automobilhersteller | Bedarfsdaten (Prognose, Aufträge) – LAB<br>Bestände im Wareneingang (Qualitätskontrolle)<br>Transitbestände innerhalb eines Werkes<br>Fertigteillagerbestände<br>Bestände im Konsignationslager beim Lieferanten<br>Bestände im Warenversand<br>Pufferbestände<br>Bestände in Vor- und Endmontage |
| Statusmeldungen | Systemquittierungen, wie z. B. Warenübernahme im Versand des Lieferanten oder Wareneingang des Automobilherstellers. |

**Ein Beispiel: Die gläserne Pipeline**

In der Logistik bei Daimler Chrysler Sindelfingen ist es gelungen, mit dem ersten serienfähigen Piloten eine solche innovative Lösung umzusetzen. Begonnen wird mit dem sog. SC Mapping. Damit wird das Zuliefernetzwerk der Türinnenverkleidung der E-Klasse dokumentiert und analysiert. Selbst der Systemlieferant war überrascht, als sichtbar wurde, dass sich hinter ihm ca. 100 weitere, in bis zu sieben Stufen tief vernetzte Unterlieferanten befinden. Via Simulation und Sensitivitätsanalyse identifizierte man besonders kritische Beschaffungsprozessketten. Ein kritischer Ast: die Beschaffungskette für Ledertürmittelfelder. Die Standorte dieser Lieferanten liegen in Südafrika. Vorlaufzeit: bis zu 60 Tage, bezogen auf den Einbauzeitpunkt im Werk Sindelfingen. Mit Hilfe eines Information Control (IC)-Tools betreibt der Systemlieferant einen Server, der allen Zulieferern bis zum Unterlieferanten in der sechsten Stufe zeitgleich aktuelle Bedarfszahlen zur Verfügung stellt. In der Gegenrichtung werden aus den ERP-Systemen der Zulieferer automatisch die tagesaktuellen Informationen über Lagerbestände und Kapazitätssituationen generiert und für die gesamte Supply Chain transparent gemacht. Auf diese Weise erkennt man frühzeitig Engpässe.

**Netzwerk-Informationsmanagement**

Im Netzwerk-Informationsmanagement werden zwei Teilaufgaben zur Informationsverteilung und -verwaltung zusammengefasst. Bei einem durchgängigen SCM Konzept gilt es, Stamm- und Bewegungsdaten aus den jeweiligen lokalen datenhaltenden Transaktionssystemen zu extrahieren, man denke z.B. an Enterprise Resource Planning (ERP), Produktdatenmanagement- (PDM), Business Information Warehouse- (BIW) oder Warenwirtschafts- (WWS) Softwaremodule. Diese müssen ggf. noch aggregiert und dann den SCM-Planungs- und steuerungsmodulen zur Verfügung gestellt werden. Ebenso müssen die Planungsdaten durch das Netzwerk-Informationsmanagement in die jeweiligen operativen Systeme wieder zurückgespielt als auch zwischen den verschiedenen Planungsmodulen ausgetauscht werden können. Die Teilaufgaben lassen sich wie folgt beschreiben:

- *Datenintegration:* Aufgabe der Datenintegration und des Datenaustausches ist die Steuerung der Datenbereitstellung aus den verschiedenen Transaktionssystemen wie z.B. eines ERP, PDM, WWS oder BIW Software Werkzeuges. Die größte Hürde in der Datenintegration stellt in der Unternehmenspraxis die verteilte, heterogene DV-Landschaft dar, die von entscheidungsautonomen Einheiten verwaltet wird.
- *Kommunikation:* Neben der Datenintegration der verschiedenen betrieblichen EDV-Systeme ist der Datenaustausch zwischen Unternehmen zur überbetrieblichen Zusammenarbeit eine weitere wichtige Aufgabe für das Netzwerk-Informationsmanagement. In diesem Zusammenhang ist insbesondere die Sicherheit der Datenübertragung von hoher Relevanz. Die übertragenen Informationen müssen vollständig und unverfälscht beim Empfänger ankommen, Vertraulichkeit muss gewährleistet und die Authentizität des Senders und Empfängers sichergestellt werden. Der Datenaustausch kann über dedizierte, bilaterale Datenfernverbindungen, geschlossene Netzwerke und über das Internet erfolgen, bei der die Gewährleistung der Vertraulichkeit besondere Bedeutung besitzt. Für den Datenaustausch werden von den Software-Systemen zumeist unterschiedliche Standards wie z.B. EDIFact, ANSI oder Odette angeboten.

## 4 Die Zukunft: E-Supply Chain Management

Auf die steigende Komplexität der Produktions- und Logistikplanung reagieren viele Unternehmen, indem sie Software-Systeme zum Supply Chain Management einführen und gleichzeitig die bestehenden Geschäftsprozesse durch die Realisierung von E-Business-Systemen optimieren. Diese beiden Konzepte treffen in der industriellen Praxis aufeinander und beeinflussen sich so gegenseitig.

„In den letzten Monaten änderte sich die SCM-Diskussion dramatisch. Vermehrt werden eBusiness-Konzepte wie Customer Relationship Management (CRM), eCommerce, eProcurement und neuerdings elektronische Marktplätze im Umfeld des SCM beschrieben.“ (Lawrenz et al. 2000, S. V) E-Business wird den globalen Wettbewerb deutlich verändern. Das glauben 80 Prozent aller Führungskräfte weltweit (in: Handelsblatt vom 14. März 2001, B 29). Neue technologische Möglichkeiten erfordern neue Denkmodelle. Während die Start-ups an der Börse gnadenlos abgestürzt sind und die allgemeine Euphorie der frühen E-Business-Tage gewichen ist, beginnen nun die Firmen der Old Economy, wie man neuhochdeutsch zu sagen pflegt, die Möglichkeiten des Internets realistisch einzuschätzen und für sich zu nutzen (siehe Abb. 12). Dabei investieren die Unternehmen massiv in die Entwicklung einer E-Business-Strategie. Dies ist das Ergebnis des B2B-Trend-Panels, im März 2001 exklusiv für die VDI Nachrichten erhoben. Eines der markantesten Ergebnisse dieser Umfrage: die Zahl der elektronischen Marktplätze hat sich innerhalb eines Jahres in Deutschland vervierfacht. Je Branche, so die Prognosen, werden jedoch nur zwei große übrig bleiben.

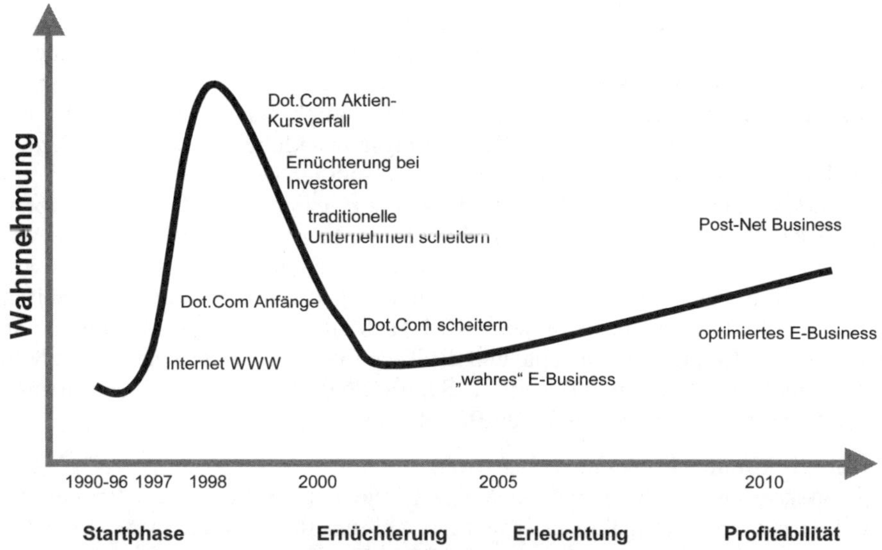


**Abb. 12.** Die Entwicklung des E-Business (Prognose)

Auch das B2B-Panel zeigte den engen Zusammenhang zwischen E-Business und SCM: „Am stärksten wurden in den vergangenen drei Monaten Projekte aus dem Bereich E-Business-Strategie sowie SCM nachgefragt, insbesondere verbunden mit der direkten Anbindung der eigenen Prozesse an Kunden und Lieferanten.“ (Quelle: VDI-Nachrichten vom 7.9.01, S.36.) Die große Nachfrage nach Strategie- und nach SCM-Projekten wird laut B2B-Panel auch in Zukunft bestehen bleiben. Die Befragten sehen hier den größten Handlungsbedarf, der sich allerdings in den Branchen unterschiedlich zeigt (siehe Tabelle 4).

**Tabelle 4.** Das Branchenbarometer (Quelle: VDI-Nachrichten vom 7.9.01, S. 36)

| Branchen, die... | |
|---|---|
| ... momentan am stärksten in B2B-Ecommerce investieren | ...beim B2B-Ecommerce den größten Nachholbedarf haben |
| Finanzdienstleister | verarbeitendes Gewerbe |
| Autoindustrie | öffentlicher Sektor |
| Einzelhandel | Baugewerbe |
| Telekommunikation | |

Das Internet im Zusammenhang mit dem E-Business bringt also so manches in Bewegung. Alte Wertschöpfungsketten lösen sich auf. Die bisherigen Erfolgsfaktoren – Größe und vertikale Integration – verlieren immer mehr an Bedeutung.

## 4.1 Verknüpfung von E-Business und SCM

Mit SCM und E-Business treffen heutzutage zwei zukunftsweisende Konzepte aufeinander, die sich an vielen Stellen ergänzen und wechselseitig optimieren. Liegt der Fokus des Supply Chain Management in der Planung und Steuerung der Prozesse in der Wertschöpfungskette, so werden durch das E-Business die Prozesse des Verkaufs, der Beschaffung, der Auftragsabwicklung und der generellen unternehmensübergreifenden Zusammenarbeit wesentlich berührt.

In der Verbindung von SCM und E-Business zeigt sich, dass Geschäftsprozesse wie Beschaffung, Auftragssteuerung, Produktion, Lagerung, Distribution und Vertrieb nicht mehr aus einer isolierten, unternehmensinternen Sicht betrachtet werden, sondern mehr und mehr als die Verknüpfung von unternehmensübergreifenden, verteilten Geschäftsprozessen. SCM-Technologie, die zur Integration von Kunden und Zulieferern Konzepte und die Technologie des E-Business nutzt, wird demzufolge auch unter dem Begriff „E-Supply Chain Management" zusammengefasst. Spezifizieren kann man diesen Begriff folgendermaßen:

**E-Supply Chain Management bedeutet...**
Datenaustausch bzw. die Kopplung der IT-Systeme der Supply Chain Partner über das Internet, um Informationen schnell, asynchron, flexibel und angepasst auszutauschen und die Geschäftsprozesse der Wertschöpfungskette unternehmensübergreifend zu planen und zu steuern.

Im Zuge dieser Entwicklung werden die heutigen Unternehmensprozesse durch kooperative Vernetzungsstrategien abgelöst. Gekennzeichnet sind diese neuen Strategien durch die Konzentration der Unternehmen zum einen auf ihre jeweiligen Kernkompetenzen und Stärken, zum anderen durch höhere Flexibilität im Hinblick auf Partnerbeziehungen, durch Ein- und Verkauf von Leistungen über elektronische Handelsplätze und schließlich auch die Nutzung internetbasierter gemeinsamer Plattformen. Im Gegensatz zur überschwänglichen Goldgräberzeit der Start-Ups ist die Umsetzung dieser Strategien in konkrete Maßnahmen durch präzise Vorstellungen zum ROI verbunden.

Nicht alle Ziele in Bezug auf Planungsgenauigkeit, Geschwindigkeit und Kosten sind neu. Sie verweisen auf die vor einigen Jahren intensiv geführte Diskussion. Die Vision eines ganzheitlichen SCM steht damit im Zusammenhang mit dem E-Business für eine effiziente Verflechtung der kompletten Wertschöpfungskette von Unternehmen, Zulieferern, Logistikern und Kunden über alle Unternehmensgrenzen hinweg. Jetzt aber auf der Basis der neuen Möglichkeiten, die das Internet als Plattform für diese Prozesse bietet. Die neuen Geschäftsmodelle des E-Business, bekannt unter den Schlagwörtern Business-Webs oder Collaborative Commerce, erhöhen den Vernetzungsgrad und verbreitern das Spektrum der betroffenen Unternehmensbereiche.

Die Liste der potenziellen Verbesserungen durch das E-SCM in der logistischen Kette ist umfangreich: Überall dort, wo sich Material-, Informations- und Lieferflüsse koordinieren und synchronisieren lassen, eröffnet sich, um es mit dem Schriftsteller Günther Grass zu sagen, „ein weites Feld", um Prozesse zu optimieren. Die Praxis in den Unternehmen sieht jedoch meist noch anders aus. Weder in Bezug auf ihre Organisation noch auf ihre IT-Infrastruktur sind Unternehmen auf eine unternehmensübergreifende Steuerung und Kommunikation vorbereitet. Zudem muss bei einer unternehmensübergreifenden Zusammenarbeit auch die Kooperationskultur nachhaltig verändert und an die neuen Rahmenbedingungen angepasst werden. Nur wer bereit ist, sein Unternehmen offener zu gestalten, wird ein interessanter Partner sein. Hemmnisse gibt es noch viele: denn die Öffnung der Prozesse und Systeme für die Mitarbeiter in einer SC bedeutet bisweilen auch den Verlust der uneingeschränkten Hoheit über Infos und Prozesse. Von daher sind einige strategische Vorarbeiten an der Unternehmensstrategie im Vorfeld notwendig. Denn schließlich folgt die internetbasierte logistische Kette einem unternehmensübergreifenden Geschäftsprozess-Gedanken. Eine Prozessoptimierung, die sich lediglich auf interne Belange ausrichtet (heute meist noch die Regel), wirkt im Kontext der E-Business-Anforderungen kontraproduktiv.

Hier hilft die Analyse der Prozesse bei der Entscheidung, welcher Prozess zur strategischen Kernkompetenz des Unternehmens zählt (siehe Teil 3). Und welche Aufgaben Dritte besser übernehmen können. Aus diesem Grund gewinnt die Gestaltung der Partnerbeziehungen an Bedeutung. Wir behaupten: Künftig werden mehr immer neue, sich dynamisch wandelnde Konfigurationen von Logistiknetzwerken gegeneinander konkurrieren und weniger – wie bisher – Einzelunternehmen. Die Kooperationsbeziehungen der Netzwerkpartner werden zum Teil enger geknüpft sein als heute, wie z. B. bei Entwicklungspartnerschaften. Ein Teil der Beziehungen wird aber auch schneller aufgelöst und neue Partner in das Netzwerk eingebunden, wie z.B. bei leicht substituierbaren Dienstleistungen oder Produkten.

## 4.2 Elemente des E-Business für das SCM

Was sich in vielen Unternehmen radikal ändern soll, sind die Prozesse. In jeden Winkel soll das Internet Einzug erhalten. E-Business entlang der gesamten Wertschöpfungskette, heißt in vielen Unternehmen die Devise. Das Ziel: den Einkauf effizienter machen, ebenso die Entwicklungs- und Fertigungsprozesse. Indem man Unternehmen vernetzt und dezentralisiert, schafft man nicht nur neue Formen des Beschaffungs- und Auftragsabwicklungsvorganges, sondern auch Transparenz (insbesondere Preistransparenz für die Käufer) und einen wirtschaftlichen Ressourceneinsatz. Betrachtet man die Vielzahl der Möglichkeiten, die das E-Business für das SCM bietet, so schälen sich sechs relevante Elemente heraus (siehe Abb. 13).

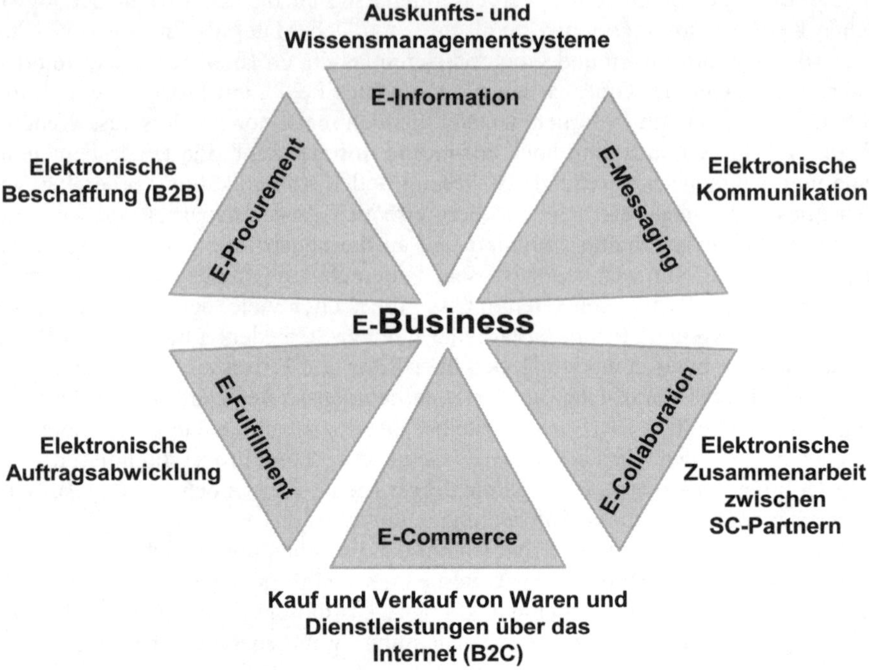


**Abb. 13.** Eine Klassifizierung der relevanten E-Business-Elemente

### E-Information und Messaging

Der Zeitfaktor macht den Logistikern zu schaffen, besonders dann, wenn die kundenindividuellen Beschaffungsnetzwerke aus vielen tief gestaffelten Zulieferern und Unterzulieferern bestehen. Von Stufe zu Stufe läuft die Kommunikation weitgehend sequentiell. Der Autohersteller meldet seine Bedarfsvorschau an den Systemlieferanten. Der rechnet seinen Materialbedarf und bestellt bei seinen Zulieferern. Die wiederum beauftragen ihre Lieferquellen. Das Ergebnis: dramatische Zeit und Informationsverluste. Und dies nicht nur in der einen, sondern auch in der anderen Richtung. Über Lieferschwierigkeiten bei Unterlieferanten wird der Autohersteller nicht oder womöglich zu spät informiert. Mit einem internetbasierten Infoaustausch im gesamtem Lieferantennetzwerk kann dieses weltweit synchron ablaufen. Die Wettbewerbsvorteile des SCM-Prinzips können nur dann vollständig erschlossen werden, wenn es gelingt, diese Informationspipeline nicht in der Fabrik enden zu lassen, sondern bis zum Vertrieb, dem Händler, bis hin zum Kunden zu verlängern. Ziel ist es, dass der Käufer sein Fahrzeug am Bildschirm selbst konfiguriert und dann sofort bestellen kann. Und kaum hat der Kunde sich per Mausklick für einen grauen Türgriff an seinem Neuwagen entschieden, purzelt tausende Kilometer weit entfernt graues Plastikgranulat in die Maschine. Experten sprechen von „Production on demand": der Kunde als Auslöser des Produktionsprozesses.

Die Vernetzung via Internet bietet nun auch für kleine Unternehmen Vorteile, die für die großen Automobilhersteller fertigen. Die bisherigen Systeme für den elektronischen Austausch von Geschäftsdaten über eine eigene Datenleitung (sog. EDI-Systeme) waren für viele der kleinen Zulieferer zu teuer. Zwischen den Automobilherstellern und den großen Zulieferern liegt die Quote der Vernetzung via EDI bei nahezu 100 Prozent. Hingegen erreicht sie zwischen den großen und den kleinen Zulieferern bis dato allenfalls um die 20 Prozent. Die brauchen zukünftig nur einen Internet-Anschluss, um mit den Großen zu kommunizieren. Ziel: Abläufe komplett zu automatisieren. Einer Studie des Center of Automotive Research (Car) zufolge messen aktuell 58 Prozent der Zulieferer dem Internet eine wichtige bis sehr wichtige Rolle bei. 99 Prozent der Befragten sind überzeugt, dass das Netz im Jahr 2005 eine zentrale Bedeutung für ihren Betrieb einnehmen wird. Dieser Studie nach glaubt mehr als die Hälfte der Zulieferer, dass sich durch das Internet auch bei ihnen Kosten sparen lassen und die Kundeninformationen verbessert werden können. Außerdem rechnen viele mit verbesserten Einkaufsbedingungen und bis zum Jahr 2005 mit erhöhten Umsätzen durch das Internet. Ein Großteil hofft auch, einen verbesserten Zugang zum Wartungs- und Reparaturgeschäft der Autohersteller zu bekommen.

Doch die Vernetzung hat, wie soll es auch anderes sein, nicht nur Vorteile. So vermuten 79 Prozent der Zulieferer einen höheren Wettbewerbsdruck. Je weiter „unten" das Unternehmen dabei in der Zulieferpyramide steht, umso stärker wird ein Internet-Preisdruck erwartet. Außerdem rechnen 64 Prozent der Zulieferer damit, dass der persönliche Kundenkontakt fehlen wird. Zudem darf man einen wesentlichen Faktor bei der Einführung der neuen Technik nicht vernachlässigen: den Menschen. 40 Prozent der Zulieferer sind überzeugt, dass fehlendes Mitarbeiter-Know-how die Ausrichtung der Geschäftsprozesse behindern könnte. Und nicht nur das: Es wird tief greifende Prozess-Reorganisationen geben. Arbeitsplätze werden sich verändern, und Informationen, die früher nur einem begrenzten Kreis zugänglich waren, werden frei verfügbar sein. Dadurch werden manche Mitarbeiter ihr Monopol verlieren. Und das wird nicht allen leicht fallen. Hier gilt es neue Wege in der Motivation und Einführung zu gehen.

**Den E-SCM-Gedanken im eigenen Unternehmen implementieren**

Der E-Business-Vorstand Gisbert Rühl will (laut eines Artikels im Handelsblatt vom 5. Juni 2001, S. N1) den Maschinen- und Anlagenbauer Babcock Borsig in einen webgetriebenen Technologiekonzern verwandeln. Ein verwegenes Ziel. Zumindest auf den ersten Blick. Denn Babcock Borsig ist Old Economy wie aus dem Bilderbuch: 30000 Mitarbeiter bauen Kraftwerke, Müllverbrennungsanlagen, U-Boote, aber auch Kreuzfahrt- und Containerschiffe. Nicht einfach, einen solchen Koloss fit zu machen.

„Das Internet bringt die Old Economy in Bewegung", ist Rühl überzeugt. „Alte Wertschöpfungsketten lösen sich auf. Die bisherigen Erfolgsfaktoren – Größe und vertikale Integration – verlieren an Bedeutung." In jeden Winkel soll nun das Web Einzug halten. Die Devise lautet: E-Business entlang der gesamten Wertschöpfungskette. Es soll den Einkauf effizienter machen, ebenso die Entwicklungs- und Fertigungsprozesse. Schon heute wird in der Konzernzentrale beim Bestellen von Büromaterialien kein Stück Papier mehr bewegt. Alles läuft voll digital über elektronische Kataloge. Auch komplexe Teile für Schiffe und Anlagen will man künftig elektronisch einkaufen: etwa Spezialpumpen und Kompressoren, Wärmetauscher und Rohrleitungssysteme.

Zentrales Transportmittel für das E-Business ist ein Mitarbeiterportal. Hierüber läuft die gesamte interne Kommunikation. Angelegt sind dort abteilungsübergreifende Online-Gemeinschaften (z. B. zu Themen wie Mergers und Acquisitions, Controlling und Vertragsrecht). Mitarbeiter aus verschiedenen Standorten, die sich nicht kennen, aber ähnliche Aufgaben und Probleme haben, können sich online ihr Wissen austauschen. Eine Suchmaschine durchforstet laufend den gesamten Datenbestand des Unternehmens und gruppiert Konstruktionspläne, Briefe und andere Dokumente, die zu ähnlichen Themen gehören: „Wenn ein Mitarbeiter sich mit der Brennstoffzelle beschäftigte, erkennt das System, ob es irgendwo im Konzern Kollegen gibt, die zum gleichen Thema arbeiten." So der E-Business-Vorstand von Babcock Borsig.

Und weiter heißt es dort: „Den Start des Mitarbeiter-Portals bereitete Babcock mit einer Marketing-Kampagne vor, die selbst vor Toiletten nicht Halt machte. „Bald haben Sie e mehr im Griff", verkündeten Aufkleber neben den Pissoirs auf dem Herren-WC. „Jetzt haben Sie doch e Zeit, ein bisschen nachzudenken", hieß es im Toilettendeckel. Dass es sich dabei um Werbung für das neue Portal handelte, erfuhren die Mitarbeiter erst Wochen später. „Wir wollen die Kollegen neugierig machen, damit sie Begeisterung für das Thema entwickeln", sagt Rühl. Der Plan ging auf: Wochenlang waren die dubiosen Aufkleber Gesprächsstoff in der Belegschaft.

**E-Commerce**
ist definiert als „der Kauf und Verkauf von Waren und Dienstleistungen über das Internet" und beschränkt sich auf die Beziehung eines Unternehmens zu seinem Endkunden (B2C = Business to Consumer), wobei das Internet als „standardisierte" Übertragungsplattform dient. Ein klassisches und oft genanntes Beispiel für E-Commerce ist der Internetverkauf von PC-Systemen und Zubehör der Firma Dell Computer GmbH.

**Wenn Kunden ihre Wunschprodukte selber konfigurieren:– der Computerhersteller Dell**
Wir hatten es eingangs gesagt: es geht künftig verstärkt darum, Lieferzeiten zu reduzieren und schneller zu werden. Das Ziel eines jeden Unternehmens ist es, Gewinn zu machen. Wie sich das erreichen lässt, kann man am Beispiel des Computerherstellers Dell erläutern: Nehmen Sie einmal an, dass sich jemand – gleichgültig an welchem Ort der Erde – an den PC setzt und via Internet nach seinen Wünschen einen PC konfiguriert. Die SCM-Software errechnet anschließend, ob zu der vom Kunden gewünschten Zeit geliefert werden kann. Zu klären ist dabei, welcher Bedarf entsteht, welche Kapazität in verschiedenen Werken bereitsteht und welche Materialien verfügbar sind. Innerhalb von Sekunden erhält der Besteller eine Antwort darauf, ob sein Wunschtermin zu realisieren ist. Nach kurzer Zeit ist das Geschäft getätigt.

Die Herausforderung lautet also: sich als Unternehmen den kritischen Dingen zu widmen und schneller zu planen, denn die Liefertermintreue muss hoch sein. (In der Automobilindustrie kommt zur Supply Chain noch eine Engineering Chain hinzu. Teilweise müssen Entwicklungsinformationen weitergegeben oder bei einem Zulieferer entsprechende Werkzeuge hergestellt werden. Das lässt sich nicht in der kurzen Zeit erledigen, in der dies bei einer einfachen Supply Chain machbar ist. Das Beispiel Computerhersteller ist eines, bei dem die Information über die Produkte abgeschlossen ist. Kommt die Entwicklung noch hinzu, dauert der Prozess länger.)

Dieses Beispiel zeigt: Lösungen von der Stange sind out, vom Kunden individuell zusammengestellte Produkte sind in. Hinzu kommt der Druck auf die Termine: Wenn der Kunde innerhalb weniger Minuten sein Wunschauto per Internet konfigurieren kann, möchte er es auch schnellstmöglich geliefert bekommen.

**Ein Beispiel: „Daimler verkürzt Lieferzeiten"**
So lautete die Schlagzeile in der Stuttgarter Zeitung vom 2. Juni 2001 (S. 15). Eine neue Form der Auftragsabwicklung soll Daimler-Chrysler deutliche Zeitvorteile bringen. Genauer gesagt: Von der Bestellung bis zur Lieferung eines neuen Autos sollen statt bisher 40 bis 50 Tage nur noch 12 bis 15 Tage vergehen – jedenfalls im günstigsten Falle. Soweit der Plan. Vorsichtshalber weist der Autohersteller jedoch darauf hin, dass die tatsächlichen Lieferzeiten von den aktuellen Auftragsbeständen bestimmt würden.

Das neue Auftragssystem nutzt, wie nicht anders zu erwarten, das Internet. Der Händler kann dabei seine Kundenaufträge direkt beim Produktionswerk einbuchen und erhält im Gegenzug eine Terminbestätigung. Außerdem kann der Händler jederzeit den aktuellen Stand der Auftragsbearbeitung abfragen. Im nächsten Jahr soll die Durchlaufzeit der Aufträge im Idealfall auf zehn Tage verkürzt werden.

Die Herausforderung besteht darin, komplexe Automobilkomponenten kundenindividuell zu beschaffen. Neben den kurzen Lieferzeiten verlangen die Kunden zunehmend maßgeschneiderte Produkte. Es ist in Europa schon längst Normalität, dass Autohersteller die persönlichen Wunschfahrzeuge produzieren (built-to-order). Oder anders formuliert: statistisch gesehen sind von 430 000 jährlich produzierten Fahrzeuge im DC-Werk Sindelfingen nur 2,2 Fahrzeuge baugleich. In Prozenten ausgedrückt: nur wenige Kunden sind bereit, ein Fahrzeug aus dem Verkaufsraum zu ordern und damit für Ausstattungsoptionen zu bezahlen, die sie gar nicht wünschen. Dies ist die eine große Herausforderung. Die andere besteht in dem Wunsch nach kurzer Lieferzeit und termingenauer Auslieferung. Keine leichte Aufgabe, denn bis 75 Prozent der gesamten Teilepositionen sind sonderwunschabhängig und damit bedarfsseitig nur schwer prognostizierbar.

Die Einbindung der Kunden über E-Commerce-Systeme stellte somit in den letzten Jahren einen Schwerpunkt in der Weiterentwicklung der Funktionalitäten der Software-Systeme dar. Auch in den SCM-Systemen finden sich Funktionen, die der Kundenintegration dienen. So z.B. auf der der Planungsebenen mit der „Verfügbarkeits- und Machbarkeitsprüfung" und auf der Betriebsebene mit dem „Tracking & Tracing". Bei der Verfügbarkeits- und Machbarkeitsprüfung kann der Kunde die Verfügbarkeit seines gewünschten Produktes überprüfen und einen gesicherten Liefertermin erhalten bzw. sich über Konfigurationsvarianten seinem gewünschten Liefertermin möglichst annähern. Das Tracking & Tracing ermöglicht die Überwachung des Auftrags- bzw. Lieferstatus durch den Kunden. Dies ist eine Funktionalität, die eine Vielzahl von Logistikdienstleistern inzwischen realisiert haben.

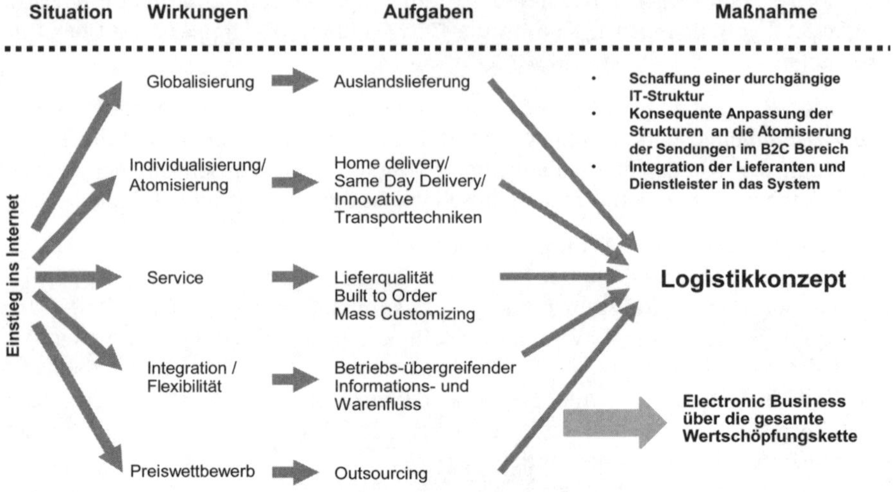


**Abb. 14.** E-Commerce und die Auswirkung auf die Logistik

Diese konsequente Ausrichtung auf den Kunden durch den E-Commerce bewirkt eine neue Erwartungshaltung der Kunden an die logistischen Leistungen, die sich in neuen Anforderungen an die Logistikkonzepte niederschlagen (siehe Abb. 14). Der wettbewerbsentscheidende Faktor des E-Commerce, dem Käufer sein individuelles Produkt so schnell wie möglich zu liefern, kann nicht alleine von den letzten Gliedern der Kette, den Logistikdienstleistern oder dem Handel, umgesetzt werden. Die Unternehmen der gesamten Wertschöpfungskette müssen Hand in Hand arbeiten, um die Ziele der Befriedigung des Kundenbedarfs hinsichtlich Produktauswahl, Verfügbarkeit und Preis bei gleichzeitig rationellem Ressourceneinsatz und möglichst geringen Beständen zu erreichen. Die Verbindung von IT- und Kommunikationssystemen zur Planung und Steuerung der Logistikkette mit den physischen Prozessen ist das Kernthema dieses neuen Arbeitsfeldes.

**E-Procurement**
grenzt sich zum E-Commerce durch den Fokus auf die Beziehung eines Unternehmens zu seinem Lieferanten ab (B2B = Business to Business). Für den Begriff E-Procurement findet man vielfältige Definitionen. Das Spektrum reicht vom „konventionellen Beschaffungsprozess, der von elektronischen Medien unterstützt wird" bis hin zur „Entwicklung und Umsetzung neuer Prozesse (in der Beschaffung), die erst durch elektronische Medien möglich werden". Die Breite der Reali-

sierungen, die als E-Procurement-Systeme bezeichnet werden, reichen daher auch von B2B-Desktop-Purchasing-Systemen, die zwei oder mehrere Partner direkt elektronisch miteinander agieren lassen, bis hin zu öffentlichen Online-Marktplätzen oder Portalen, deren Hauptbestandteil in der Regel ein katalogisiertes Bestellsystem ist. Die durch das E-Procurement vereinfachten Beschaffungsprozesse werden in Abb. 15 dargestellt.

**Abb. 15.** Neue Beschaffungsprozesse durch den Einsatz von E-Procurement-Systeme

Unter all diesen Geschäftsmodellen und IT-Konzepten des E-Procurement wird der digitale Marktplatz für den Einkauf großer Unternehmen immer wichtiger. Beispielsweise betreiben die Automobilhersteller Daimler Chrysler, Ford und General Motors seit einiger Zeit den gemeinsamen Marktplatz „Covisint", auf dem sie in Zukunft ihre Zulieferer versammeln wollen, um Roh-, Hilfs- oder Betriebsstoffe einzukaufen. Hier erzwingt die große Einkaufsmacht dieser Hersteller die Teilnahme der Zulieferer, denen sich ein erheblicher Bedarf an Neuorganisation offenbart, um die Vertriebsprozesse über den Marktplatz abwickeln zu können. Aber auch die Automobilzulieferer kreieren eigene Marktplätze, über die sie gemeinsam ihre Beschaffung vereinfachen wollen. Prominentes Beispiel ist hier der Marktplatz SupplyOn, dessen Entwicklung von Automobilzulieferern wie Bosch vorangetrieben wird.

Der Einsatzbereich dieser E-Procurement-Lösungen ist aber nicht nur auf Unternehmen beschränkt. Auch öffentliche Ausschreibungen, wie beispielsweise die der Verwaltung der Stadt Hamburg, können inzwischen durch professionelle E-Procurement-Lösungen unterstützt werden, so dass sich diese einfach und sicher über das Internet abwickeln lassen.

Das elektronische Beschaffungswesen und die elektronische Bestellabwicklung optimieren im Idealfall die logistische Kette durch Kosten- und Zeitersparnis. Wesentlicher Erfolgsfaktor sind aber die organisatorischen Anpassungen: Erst aus diesem Grund wird hier das mit Abstand größte Potenzial des E-Business gesehen. Nach einer Umfrage der Hamburger Unternehmensberatung Mummert & Partner planen 47 Prozent der deutschen Industrieunternehmen eine E-Business-Lösung für den Einkauf. Viele Entscheidungsträger unterschätzen allerdings den technischen Aufwand, was zur Folge hat, dass 75 Prozent aller E-Business-Projekte scheitern (Mummert und Partner 2000).

**E-Fulfillment**
ist der konsequente nächste Schritt nach der Realisierung einer E-Commerce- oder E-Procurement-Lösung. E-Fulfillment umfasst nach der Definition von Professor Baumgarten der TU Berlin (Baumgarten 2000) „die vollständige elektronische Auftragsabwicklung von der Internet-Bestellung über die Bezahlung, Lagerung, den Transport und die Auslieferung bis zum After-Sales-Service und zur Entsorgung durch einen Logistik-Dienstleister". Die Prozesskette des E-Fulfillment ist in Abb. 16 dargestellt.

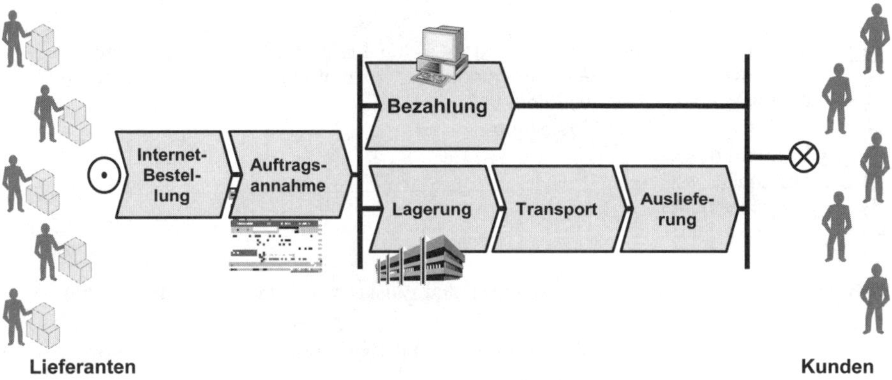


**Abb. 16.** Die Prozesskette des E-Fulfillment (nach Baumgarten 2000)

Die Anforderungen an eine E-Fulfillment-Lösung sind bei dieser umfassenden Definition hoch:

- Verlässlichkeit (hohe Liefertreue mit den versprochenen Lieferterminen, Verfügbarkeit des gewünschten Produkts und Vermeidung von nicht-autorisierten Substitutionen),
- Geschwindigkeit der Lieferung,
- Transparenz (die jederzeitige Sichtbarkeit der Bestände und stets exakte Informationen über den Auftragsstatus),
- niedrige Kosten (z .B. durch ein effektives Retourenmanagement),
- hohe Flexibilität (d. h. die schnelle Anpassung an sich verändernde Produkte, Kunden, Märkte und Dienstleistungen).

**Neue Chancen für Logistikdienstleister**
Die komplexen Anforderungen an die logistische Abwicklung ergeben durch die steigende Fremdvergabe von Logistikleistungen in der Industrie aber auch neue

Chancen für Logistikdienstleister. Das Potenzial steckt dabei – wie die TU Berlin 2000 in einer Studie für den Bundesverband Logistik (Baumgarten u. Walter 2000) zeigte – nicht nur in der Übernahme operativer Logistikdienstleistungen (wie etwa Lagerhaltung, Kommissionierung, Distribution, etc.). Vielmehr zeigte sich das Potenzial gerade in administrativen Logistikdienstleistungen wie C-Teile-Management, Transportorganisation, Logistikplanung, Sendungsverfolgung oder Implementierung von Informationssystemen. So weist der Einsatz von E-Fulfillment im Zusammenhang mit SCM einen Weg vom heutigen Logistikdienstleister hin zum sogenannten 4th Party Logistic Service Provider (4PL), dessen Fokus auf der Integration der verschiedenen Elemente eines Logistikdienstes liegt. Hier ist die Etablierung eines transparenten Informationsflusses zwischen den Partnern über die Verbindung und Ergänzung der vorhandenen IT-Systeme von besonderer Bedeutung (siehe Abb. 17). Auf diese Weise ist die Übernahme der Rolle des „Supply Chain Masters" für derartige Logistikdienstleister ein mögliches und auch angestrebtes Geschäftsfeld.

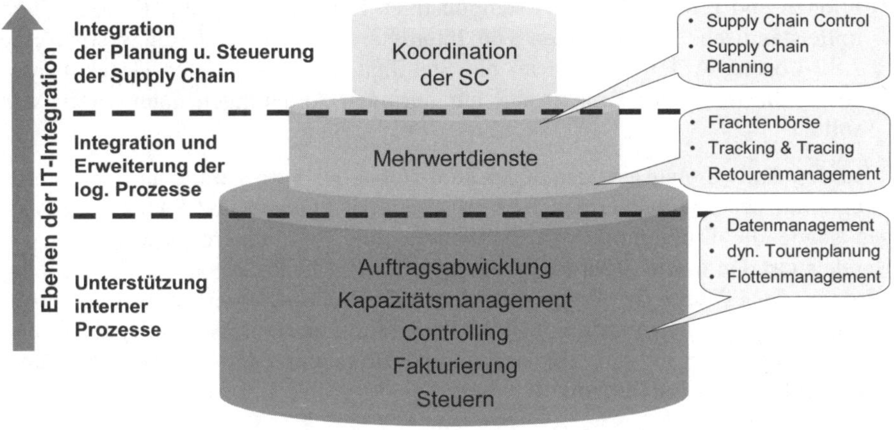


**Abb. 17.** Stufen der IT-Integration für einen 4th Party Logistic Service Provider (4PL)

## E-Collaboration

Das Segment der E-Collaboration stellt eine wichtige Unterstützungsfunktion dar, indem es Funktionen für die verteilte Abwicklung von Geschäftsprozessen über definierte Workflows zwischen Unternehmen zur Verfügung stellt. Mit Hilfe der E-Collaboration kann die Durchführung der Aufgaben des Supply Chain Managements auf die Unternehmen in der Wertschöpfungskette verteilt und zwischen ihnen synchronisiert werden. Die Anwendung der E-Collaboration kann sich auf der gemeinsamen Prognose des Bedarfes (wie bspw. in dem in Teil 3 beschriebenen CPFR-Ansatz) und der Planung der für die Erfüllung des Bedarfs notwendigen Kapazitäten und Beständen in der Supply Chain erstrecken.

Mit der Umsetzung einer E-Collaboration-Lösung ergeben sich zwei prinzipielle Möglichkeiten, die auch eine neue Dienstleistung mit sich bringen:

- Zum einen können wesentliche Funktionen wie beispielsweise die Ressourcenplanung der Supply Chain dezentral bei jedem Unternehmen, das mit einer entsprechenden Software ausgestattet sein muss, durchgeführt und dieser Planungsprozess über vordefinierte Workflows über eine E-Collaboration-Komponente hinsichtlich Bedarf und Kapazität abgeglichen und synchronisiert werden.
- Eine andere Vorgehensweise ist die Zentralisierung der Aufgaben bei einem Unternehmen, das die Informationen von allen Partnern sammelt und die taktischen Planungsaufgaben für alle Partner übernimmt. Hier kristallisiert sich mit der Möglichkeit des Application Service Provision (ASP) ein mit dem zentralen Ansatz vergleichbares Konzept heraus, in dem ein neuer Dienstleister, der bisher nicht Partner der Wertschöpfungskette war, die Rechenleistung für die Planungs- und Steuerungssoftware des SCM übernimmt und in definierten Teilfunktionen als Broker für Informationsprozesse zwischen den Partnerunternehmen auftritt. Der Vorteil des ASP liegt in einer bezüglich Investitionen und Pflegeaufwand kostengünstigen Lösung, die gerade für klein- und mittelständische Unternehmen von Interesse sein kann. Allerdings stellt eine ASP-Lösung Anforderungen an die Stabilität der abgebildeten Geschäftsprozesse, die möglichst keinen oder nur geringen Änderungen unterworfen sein sollten.

In den Softwarehäusern der SCM-Tool-Hersteller wird gerade an der engeren Integration der Logistikpartner über kollaborative Planung und Steuerungslösungen sowie die Einbindung von E-Procurement-, E-Commerce-Systemen sowie Handelsportalen in die SCM-Lösungen gearbeitet. Mit dieser engen Verflechtung wird von der IT-Seite der wesentliche Schritt in Richtung einer Integration von E-Business und SCM beschritten. Mit der Integration der E-Business-Segmente und SCM-Systemen ergibt sich ein erweitertes Aufgabenmodell für SCM-Systeme, das in Abb. 18 dargestellt wird.

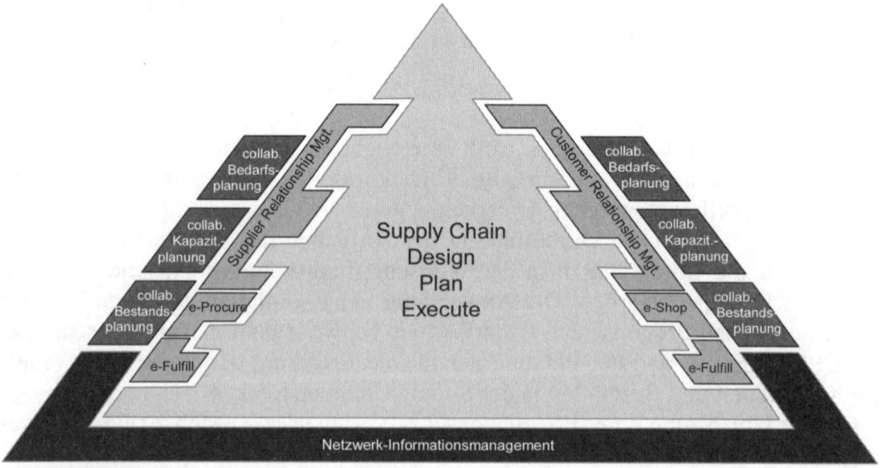


**Abb. 18.** Erweitertes Aufgabenmodell für das E-SCM

Allerdings sollten die Aufwände und Probleme für eine ganzheitliche Integration nicht unberücksichtigt bleiben. Hier ist noch wesentlicher Entwicklungsaufwand von den IT-Firmen zu leisten, der sich auch in der konkreten Realisierung bei Produzenten und Logistikdienstleistern niederschlagen wird. Letztendlich müssen aber auch die physischen Logistikprozesse die Möglichkeiten der schnellen Planung und Steuerung erfüllen können. Auch hier ist noch einiger Forschungs- und Entwicklungsaufwand zu leisten. Jedoch geht in allen Bereichen die Entwicklung rasant voran, so dass die Unternehmen, die ihren Wettbewerbsvorteil erzielen oder halten wollen, in den nächsten Jahren eine radikale Umstrukturierung der EDV-Umgebung ihrer Logistik durchführen müssen.

## 4.3 Das Zusammenspiel von E-Business und SCM

In den vorhergehenden Darstellungen wurde der Zusammenhang einiger der Segmente des E-Business mit dem Supply Chain Management schon deutlich. Abb. 19 zeigt dieses Zusammenspiel der einzelnen Elemente anhand der Bearbeitung eines konkreten Kundenauftrags. Ausgehend von einer Anfrage eines Kunden über eine E-Commerce-Komponente wie einem Web-Store kann über ein ATP/ CTP-Modul die Verfügbarkeit und der Liefertermin des gewünschten Produktes bzw. eines Ersatzproduktes festgestellt werden. Informationen über das Kundenverhalten (bezogen auf dessen Interessen und getätigte Käufe) werden in einem CRM-System weiter verwendet und geben wertvolle Ausgangsinformationen über die zu prognostizierenden Produktverkäufe durch die Bedarfsplanung. Bei Bestellung eines Produktes durch den Kunden kann seine Verfügbarkeit in der Distributionskette über die Distributionsplanung festgestellt und ggf. der Auslieferungsprozess gestartet werden. Andernfalls wird der Kundenauftrag in der Produktionsplanung neu eingeplant. Die zur Produktion benötigten Teile oder Materialien werden über die Beschaffungsplanung bestimmt und ihre Beschaffung über ein E-Procurement-System ausgeführt, entweder in einer bilateralen Beziehung zum Zulieferer oder über einen Marktplatz mit mehreren Zulieferern. In einer engeren Geschäftsbeziehung zwischen Produzent und Zulieferer können auch weitergehende E-Collaboration-Elemente ihren Einsatz finden. So ist über die Bedarfsprognosen eine detaillierte Vorschau auf den Teile- und Materialienbedarf möglich, der über abgestimmte Kooperationsprozesse mit den Kapazitäten und Beständen der Zulieferer abgeglichen werden kann. Hier ist ebenso wie bei der vorher beschriebenen Kopplung mit einem E-Procurement-System eine kaskadierende Betrachtung mehrerer Stufen der Wertschöpfungskette möglich, die nicht nur die produzierenden Unternehmen, sondern auch die Logistikdienstleister mit einschließt. Am Ende dieser Planungskaskade steht die Steuerung und Überwachung der Auftragsabwicklung mit Hilfe des Supply Chain Event Managements und der Ausführungsmodule, die auch die Funktionalitäten des Tracking & Tracing mit umfassen. Dies kann ebenfalls stufenweise über die Supply Chain erfolgen, aber auch eine ganzheitliche Betrachtung der Kette mit dem Status der Auftragsabwicklung umfassen.

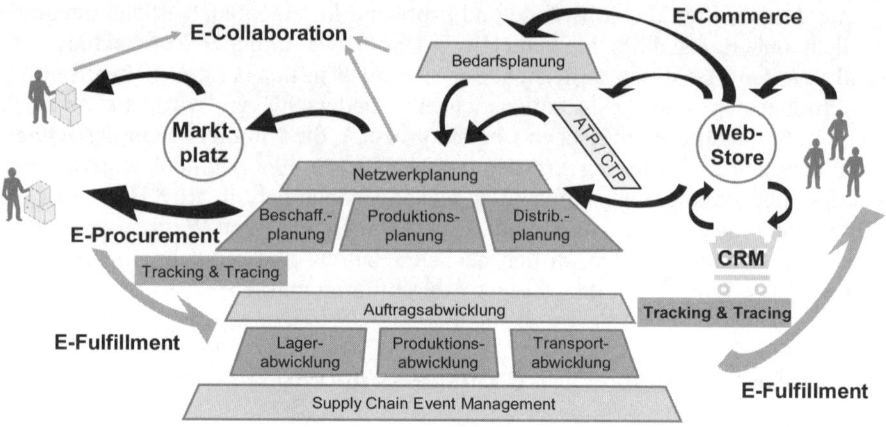


**Abb. 19.** SCM im Zusammenspiel mit den E-Business-Segmenten

**Ein kurzes Fazit**

Trotz der großen Potenziale, die im E-Supply Chain Management gesehen werden, ist der Realisierungsgrad derzeit noch gering. Unternehmen konzentrieren sich auf lokale anstatt globale Prozessverbesserungen. Der Fokus liegt eher auf PPS- als auf SCM-Software. Internet-Applikationen werden bisher tendenziell eher als Frontend eingesetzt, ohne weitergehende Integration mit den Unternehmenssystemen wie der PPS-Software. Grund dafür ist nicht zuletzt das Spannungsfeld zwischen den Erwartungen an die neuen Technologien und der Grad, in dem diese Erwartungen in der Realität erfüllt werden. Die Durchführung eines SCM-Projektes mit den Hoffnungen, dass ein SCM-Softwaresystem die Integration der Supply Chain realisiert, optimale Pläne generiert, die gesamte Supply Chain kontrolliert und das PPS-System ersetzt, muss scheitern. Die Realität ist, dass SCM-Systeme lediglich Planvorschläge generieren – qualitätsabhängig von den Eingangsdaten und deren Aktualität. Sie sind somit direkt abhängig von den Daten der PPS-Systeme und auf deren Qualität angewiesen. Die Komplexität der Wertschöpfungskette und die notwendige Reagibilität auf deren Verhalten erfordern, dass sowohl die Planung als auch die Steuerung der Supply Chain in der Hand des Menschen bleibt, unterstützt durch die passenden IT-Systeme. Erst wenn Organisation und Prozesse als der Schlüssel zur Integration der Supply Chain identifiziert werden, kann der versprochene Erfolg der Umsetzung von SCM und E-Business-Konzepten erzielt werden. Dabei muss die Neuorganisation in aufeinander aufbauenden, abgestimmten Schritten vollzogen werden (siehe Abb. 20).

Die angestrebte Planung und Steuerung einer Supply Chain erfordert eine unternehmensübergreifende durchgängige IT-Vernetzung, in der die Bausteine des E-Business eng mit den Modulen des SCM ineinander greifen müssen. Übergreifende Realisierungen derartiger E-SCM-Lösungen sind aber bisher die Ausnahme, u. a. weil die Integration der Softwaretools für SCM und E-Business erst am Anfang steht. Die Einführung von SCM und E-Business-Lösungen in einem Unternehmen muss aber bereits heute strategisch geplant und integriert betrachtet werden, so dass die Umdenkphase und Prozessneuorganisation abgeschlossen sind, wenn die Technologien für die durchgängige IT-Vernetzung bereitstehen.

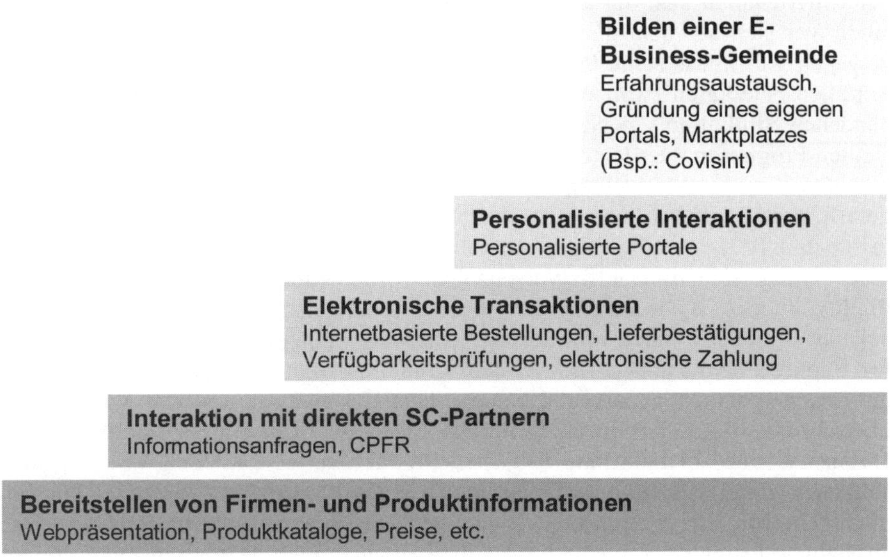


**Abb. 20.** Stufen der Einführung eines E-SCM

# 5 Highlights aus diesem Kapitel – Was uns wichtig erscheint

In den drei grundlegenden Bausteinen des Supply Chain Managements, der Kooperation, der Prozessorientierung und der Informationstechnologie übernimmt die IT die Rolle des „Enablers", der die Transparenz über Aufträge, Kapazitäten und Bestände entlang der gesamten Supply Chain schafft, eine schnelle Prognose des Kundenbedarfs sowie eine beschleunigte Planung der Kapazitäten und Bestände in der Supply Chain unterstützt sowie eine kettenübergreifende Steuerung der Prozesse ermöglicht. Grundlage vieler SCM-Werkzeuge sind die Algorithmen für das Advanced Planning and Scheduling (APS), mit denen einige Schwachpunkte des MRP/ MRP II-Ansatzes verbessert werden sollten. So ist mit ihnen eine simultane Planung von Material und Kapazität in einer kurzen Zeitspanne möglich. Die auf diesen Algorithmen aufbauenden SCM-Systeme sind als Planungssysteme zu sehen, die die Untersuchung verschiedener Planungsszenarios ermöglichen. Hierbei sind diese Systeme im Allgemeinen nicht datenhaltend, sondern auf die Daten aus den Transaktionssystemen für ihre Planungen angewiesen. Hinzu kommen Softwarekomponenten für den Betrieb der Kette, die als Supply Chain Execution-Systeme bezeichnet werden.

**PPS-Systeme und ihre Grenzen**

Die Internationalisierung und Globalisierung der Märkte übt zunehmend Druck auf Unternehmen aus, die am Produktions- oder Dienstleistungsprozess beteiligt sind. Wer sich auf dem glatten Parkett der Build-to-Order-Fertigung erfolgreich bewegen will, muss seine Produktionsprozesse international abstimmen und sich mit allen beteiligten Partnern verständigen und austauschen. Oft reichen die vorhandenen Strukturen jedoch nicht aus, ebenso wenig die im eigenen Betrieb erstellten Prognosen. Der Unternehmer muss aber genau wissen, was der Markt hergibt und was der Markt braucht. All diese Informationen und Prozesse müssen gerafft, detailliert und transparent darstellbar sein. Die bisher verfügbaren Instrumente und Tools sind derartigen Aufgaben inzwischen nicht mehr gewachsen: mit ihnen lassen sich die vielen verschiedenen Themenbereiche einer End-to-End-Produktion nicht mehr aufeinander abstimmen. Klassische PPS-Systeme – dies ist bekannt – stoßen schnell an ihre Grenzen, wenn ungeplante Engpässe auftreten. Ein Supply-Chain-Management-System kann die Planung innerhalb kürzester Zeit der neuen Situation anpassen. Überschüssige Bestände, ungenutzte Kapazitäten, überschrittene Liefertermine, Distributionspläne, die nicht mit der Nachfrage synchronisiert sind; Zielkonflikte zwischen Produktion, Verkauf und Versand: dies sind nur wenige Auswirkungen einer ineffizienten Logistikkette, die jedes Jahr beträchtliche Summen verschlingt. Diejenigen Unternehmen, die in der Lage sind, zusätzliche Erträge aus ihrer Supply Chain zu generieren, werden in Zukunft über einen bedeutenden Wettbewerbsvorteil verfügen.

Die Durchdringung des Marktes mit Supply-Chain-Management hat gerade begonnen. Waren bisher fast ausschließlich Großunternehmen mit solchen Tools ausgestattet, so entdeckt jetzt auch der Mittelstand dessen Vorteile für sich. Die Erkenntnis, dass mit dem Einsatz der richtigen Tools und der nötigen Transparenz wesentliche Verbesserungen in der Liefertreue und Einsparungen bei den Beständen möglich sind, veranlasst viele Unternehmen, sich Gedanken über Supply Chain Management zu machen. Fakt ist: um als Global-Player in immer engeren Märkten teilzunehmen, ist eine derartige Lösung unabdingbar. Dank E-Commerce, EDI und Internet kann der Kunde den Lieferanten wählen, der die besten Konditionen bietet. Und das ist der, der seine Abläufe im Griff hat. Produktionsausfälle sind dabei nicht eingeplant. Auch eine noch engere Verknüpfung mit Zulieferern wird in der Zukunft unerlässlich sein, um dem wachsenden Druck weltweiter Anbieter standhalten zu können.

**Planung ist die halbe Miete**

Betrachtet man die Wertschöpfungskette in einem Unternehmen von der Beschaffung des Rohmaterials bis hin zur Auslieferung an den Endkunden, so nimmt die aktive Zeit, in der am Produkt gearbeitet wird, das heißt Mehrwert hinzugefügt wird, meist nur zwischen fünf und zehn Prozent ein. Die restlichen 90 bis 95 Prozent sind in der Regel Warte-, Transport- oder Distributionszeiten. Deshalb gilt es, das in der Wertschöpfungskette gebundene Einsparungspotenzial zu nutzen. Das heißt, den Materialfluss vom Zulieferer über den Produktionsprozess bis hin zum Endkunden zu optimieren. Dieser ganzheitliche Ansatz setzt die intelligente Planung der Logistikkette, nämlich effektives Supply Chain Management (SCM) in einem Unternehmen voraus.

**Integrierte Lieferketten senken Kosten**
Die IT-Integration in der Industrie schreitet in Zeiten schärferen Wettbewerbs und sinkender Margen fort. In den Unternehmen selbst werden in sich geschlossene Produktionsinseln vernetzt. Vertikale Integration ist dabei der Zusammenschluss der Control-Ebene (Mess-, Steuer- und Regeltechnik) mit der Planning & Execution-Ebene und der betriebswirtschaftlichen Datenverarbeitung (ERP). Die horizontale Integration ist der Zusammenschluss von Systemen auf gleicher Ebene. Im Sinne des SCM meint dies den Zusammenschluss von Systemen über Unternehmensgrenzen hinweg.

Aber eine Kette ist bekanntlich nur so stark wie ihr schwächstes Glied. Übertragen auf die moderne IT-Technik bedeutet dies, dass die Automatisierungslösungen nur so gut sind, wie sie in den gesamten Prozess eingebunden sind. Sie erinnern sich an das, was in Teil 3 gesagt wurde. Ziel der Supply Chain im gesamten Wertschöpfungsprozess ist, die Flexibilität der Produktion zu steigern, die Nutzung der Anlagen zu erhöhen, Kosten zu senken und komplexe Prozesse optimal zu steuern. Bereits im Vorfeld der Überlegungen zur Einführung einer SCM-Software ist deshalb eine genaue Definition der Anforderungen unumgänglich, denn nicht alle auf dem Markt befindlichen SCM-Tools haben die gleiche Funktionalität.

**Aufgabenfelder der SCM-Software**
Eine wesentliche Voraussetzung für effektives SCM, dessen Hauptziel die möglichst optimale Gestaltung und Lenkung der Versorgungsketten ist, stellt deshalb die informatorische Integration zu einem beherrschbaren, plan- und steuerbaren Komplex dar. Den entsprechenden Katalysator, der notwendig ist, um diese Voraussetzungen zu schaffen, liefert die Informationstechnologie in Form von Softwareanwendungen, die wir in der Folge unter dem Oberbegriff „SCM-Tools" zusammenfassen wollen. Diese SCM-Tools lassen sich in den Aufgabenfeldern der Gestaltung, Planung und Steuerung der Supply Chain einsetzen. Die Gestaltung übernimmt dabei die Aufgabe der Optimierung der Struktur der Supply Chain durch die Festlegung von Produktionsstandorten, Bewertung von Märkten und Auswahl von Zulieferern. In der Planung werden Bestände, Produktions- und Logistikressourcen verplant und in Hinblick auf Kundenwünsche und Kosten optimiert. Die Steuerung schließlich sorgt in den einzelnen Unternehmen und unternehmensübergreifend für die Durchsetzung der ermittelten Pläne. Wesentlich für den Einsatz dieser SCM-Tools ist die Integration mit den datenhaltenden Systemen wie bspw. den ERP-Systemen. Diese Integration ist häufig mit zahlreichen Problemen behaftet, so dass die Einführung eines SCM-Systems genauer Planung und Vorbereitung bedarf.

**Die Zukunft liegt im E-SCM**
Mit dem Internet als neuem schnellen Medium für die Kommunikation zwischen Endkunden, Produzenten und Zulieferern hat das Thema E-Business eine überragende Bedeutung für zahlreiche Unternehmen erlangt. Die Entwicklungen des E-

Business finden sich im engen Zusammenhang mit dem Supply Chain Management, so dass eine Verbindung zum E-SCM, die beide Konzepte in sich vereint, nahe liegt. Hier gibt es eine Vielzahl neuer Entwicklungen der Toolhersteller in Richtung der Integration von internetbasierten Informationsdiensten, E-Procurement, E-Commerce, E-Fulfillment sowie der kooperativen Planung und Prognose entlang der Supply Chain mit den existierenden SCM-Tools. Diese Integration schafft neue Dienstleistungen wie die eines ASP-Providers oder die eines 4th Party Logistic Service Providers.

# Teil 5 SCM im Unternehmen implementieren

## 1 Die Gestaltung der Kooperation – die Phase 1

In den Kapiteln 1 bis 4 hatten wir Ihnen dargestellt, um *was* es beim Thema Supply Chain Management geht. In diesem Kapitel kommen wir dazu, *wie* Sie ein Supply Chain Management-Konzept in Ihrem Unternehmen implementieren. Der Inhalt dieses Leitfadens orientiert sich an dem 3-Säulenkonzept, das Sie aus Kapitel 1 kennen. Das Ziel: den Praktikern und Anwendern unter Ihnen ein strukturiertes Vorgehen bei der Gestaltung und Optimierung Ihrer Supply Chain an die Hand zu geben. Die einzelnen Handlungselemente können auch in aktuelle oder zukünftige Veränderungsprojekte integriert werden.

In Kapitel 2 haben wir Ihnen bereits einen ersten konkreten Eindruck zu Herausforderungen im Zusammenhang mit dem Aspekt des Kooperationsmanagements vermitteln können. Bei dem Leitfaden, den wir Ihnen im Folgenden vorstellen möchten, haben wir uns auf eine Auswahl der wichtigsten, pragmatischsten Instrumente beschränkt, ganz nach dem Pareto-Prinzip: das 20 Prozent der Instrumente zu 80 Prozent des Erfolges beitragen. Vollständigkeit haben wir aus diesem Grunde nicht angestrebt. Dies ergäbe ein eigenes, umfangreiches Arbeitsbuch.

Hinweisen wollen wir in diesem Zusammenhang auch auf einen Sachverhalt, den Projektleiter, aber auch Produktentwickler aus ihrer eigenen Praxis nur zu gut kennen: Wenn im Projektmanagement beispielsweise Phasen *sequenziell* dargestellt werden, so wissen die Praktiker nur zu gut, dass in Projekten Phasen *überlappen* bzw. dass sie sogar *parallel* nebeneinander herlaufen können. Aus diesem Grund wollen wir unser phasenorientiertes Vorgehensmodell nochmals in Erinnerung bringen (siehe Abb. 1), wo Sie feststellen werden, dass die Phasen 2 und 3 parallel nebeneinander herlaufen, dass Phase 2 aber etwas früher beginnt und auch etwas früher aufhört. Dies festzuhalten ist uns im Zusammenhang mit den Aufgaben der Kern- und Aufgabenteams wichtig, die wir in diesem Kapitel beschreiben werden.

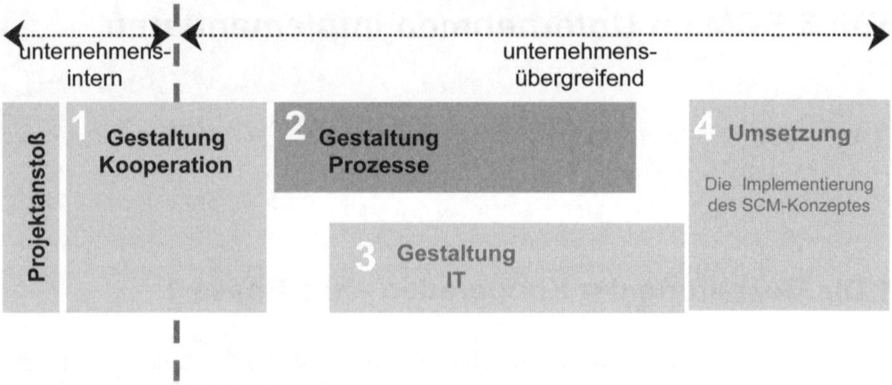


**Abb. 1.** Das phasenorientierte Vorgehensmodell

## 1.1 Der Projektanstoß – sollen, wollen, müssen wir kooperieren?

In Teil 1 waren zahlreiche Gründe genannt worden, weshalb in einem Unternehmen ein SCM-Projekt initiiert wird. In Abb. 2 sehen Sie links die Stichworte „Vision oder strategische Überlegungen". Dies meint nichts anderes, als dass Sie aufgrund innovativer Geschäftsideen oder des Beschlusses, ihre Unternehmensstrategien auf den Prüfstand zu stellen, sich mit der Frage beschäftigen müssen, ob eine Kooperation für Sie in Frage kommt. Es können aber auch erkannte Defizite in Ihrem Unternehmen sein, die Sie veranlassen, über das Thema intensiver nachzudenken, weil Sie erkannt haben, dass in bestimmten Bereichen eine dringende Notwendigkeit zur Veränderung besteht. Der Anlass ist dann gewissermaßen ein *interner*. Wir möchten betonen, dass es sich beim Start eines SCM-Projektes um eine *strategische* und damit *gravierende* Entscheidung handelt. SCM wird nicht „nebenher" eingeführt. Dafür sind die Kosten zu hoch. Die Konsequenzen, oder anders gesagt: was SCM an Änderungen, an Umdenken in den Köpfen mit sich bringt, sollte frühzeitig deutlich gemacht und argumentativ untermauert werden. Wir empfehlen dringend, den Projektanstoß im Unternehmen zu kommunizieren, denn erfahrungsgemäß legt man dabei bereits den Grundstein für den Erfolg eines Umsetzungsprojektes. Denn es liegt auf der Hand, dass die Notwendigkeiten zur Veränderung für alle betroffenen Mitarbeiter hinreichend klar zu Tage treten müssen. Denn sie sind es nämlich, die die Konzeption tragen und umsetzen müssen. Darauf werden wir ausführlicher in Phase 4 eingehen.

Rechts in der Abb. 2 sehen Sie das Stichwort „konkrete Anfrage durch andere Unternehmen". Auch dies ist in der Praxis häufig der Fall und meint nichts anderes, als dass Sie *extern* getriggert werden. Aus solchen (internen bzw. externen) Anlässen heraus ergibt sich häufig der Bedarf, über die Einführung von SCM-Konzepten nachzudenken. Wir wollen uns zunächst mit dem Aspekt „Vision" beschäftigen.

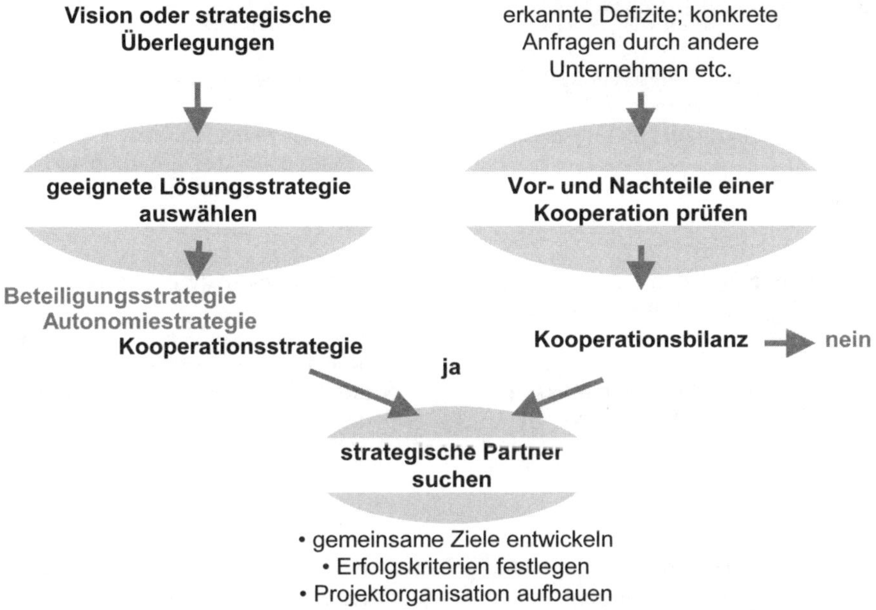


**Abb. 2.** Der Anstoß für ein SCM-Projekt

## 1.2 Eine Vision entwickeln

Am Anfang einer jeden strategischen Planung sollte eine Vision stehen. Damit ist etwas anderes gemeint als die analytisch saubere Definition von Marktpotenzialen und die Beschreibung eines Produktes. Eine Vision ist nicht konkret greifbar – sie enthält eine übergeordnete Botschaft, die auf einen fernen Punkt in der Zukunft gerichtet ist. Und sie enthält ein grundsätzliches Selbstverständnis, das eine persönliche Identifikation der Mitarbeiter ermöglicht und vor allem deren Emotionen und Ziele anspricht (siehe Abb. 3). Diese Vision kann dann beispielsweise lauten: „Wir wollen Marktführer in dem Segment der Endkonsumenten werden."

Visionen sind keine Zufallsprodukte. Und Visionen sollten immer positiv, also wünschenswert sein. Ihre Funktion: Sie sollen Aufmerksamkeit erzielen, Vertrauen wecken, eine gemeinsame Kommunikationsbasis schaffen und nicht zuletzt das Selbstwertgefühl stärken – nicht nur des Managements, sondern das eines jeden Mitarbeiters im Unternehmen –, gleichgültig, an welcher Stelle er arbeitet. Werden diese Aspekte erfüllt, führt eine Vision i. d. R. zur Identifikation und zur Beschreibung neuer Basiskonzepte.

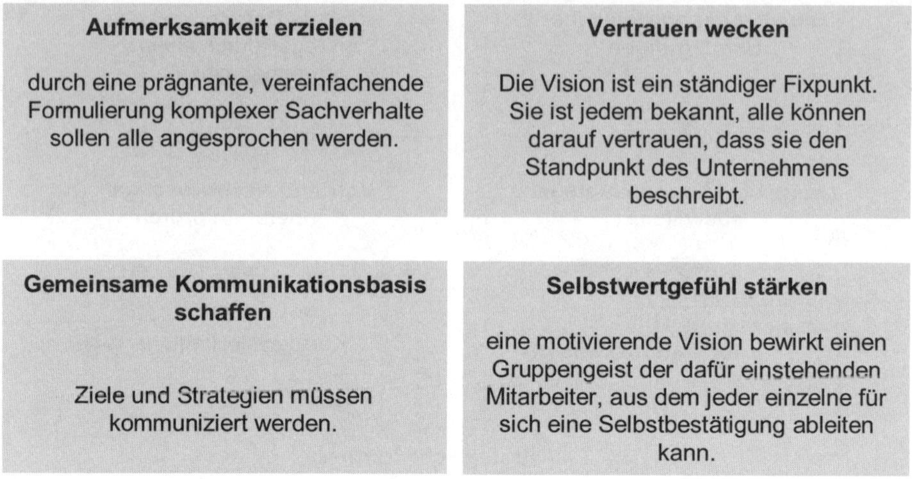


**Abb. 3.** Funktionen einer Vision

Wer Visionen umsetzen möchte, sieht sich in der Praxis mit der Anforderung konfrontiert, sie auf möglichst konkrete, quantifizierbare Ziele herunterzubrechen. In anderen Worten: Es kommt entscheidend darauf an, dass alle Beteiligten viel mehr voneinander verstehen und ihre Ziele und Aktivitäten besser koordinieren und aufeinander abstimmen. Basieren diese Ziele auf tradierten Vorstellungen und einer wenig ehrgeizigen Zukunftsperspektive, besteht die Gefahr, dass die gesteckten Ziele eine zu geringe Überzeugungskraft aufweisen und damit den Entwicklungswillen und die Entwicklungsfähigkeit hemmen. Um zu vermeiden, dass aus der Sicht des Managements unrealistische Ziele gesteckt werden, bieten sich folgende Möglichkeiten an:

- Man verzichtet einstweilig auf vollständige und detaillierte Zielvorgaben.
- Das obere Management gibt hierarchisch detaillierbare Vorstellungen und grobe Ziele vor.
- Man bezieht positive Referenzbeispiele aus bekannten, ähnlichen oder gleich gelagerten Projekten mit ein, um die Überzeugungskraft zu steigern und die Motivation zu stärken.
- Man erarbeitet ein detailliertes Zielsystem durch den zu bildenden Lenkungsausschuss und die einzelnen Aufgabenteams auf der Basis angemessener Visionen.
- Man führt Machbarkeitsstudien durch, ggf. durch externe Berater.

Ihre Vision wird in diesem Zusammenhang das Wort Kooperation oder Supply Chain Management nicht nennen. Das Thema Kooperation wird jedoch ein Baustein sein, um die Ziele, die Sie sich gesteckt haben, zu erreichen.

## 1.3 Geeignete Lösungsstrategien auswählen

Haben Sie Ihre Vision formuliert, empfiehlt es sich, geeignete Lösungsstrategien auszuwählen. Denn Kooperationen im Sinne von SCM stellen immer nur *eine* mögliche Strategie dar, die mit anderen Strategien konkurriert. In diesem Entscheidungsprozess sind auch die Vor- und Nachteile, die mit Kooperationen verbunden sind, zu berücksichtigen (siehe auch 1.4). Entscheidet sich Ihr Unternehmen *für* eine Kooperation, sollten Sie zum Abschluss dieses Schrittes den Grund und den Gegenstand des SCM-Konzeptes eindeutig formulieren und dokumentieren.

Die Beantwortung der nachfolgenden Fragen soll für Sie eine Hilfe darstellen, wenn Sie sich mit der Auswahl der Lösungsstrategie für die erkannten und zu behebenden Defizite In Ihrem Unternehmen beschäftigen. Sie sind so formuliert, dass sie noch einmal ganz bewusst auf die Nachteile der jeweiligen Strategien aufmerksam machen. Können Sie eine Frage nicht positiv beantworten, müssen Sie zur nächsten Frage Stellung beziehen. Wir wollen an dieser Stelle noch einmal ausdrücklich darauf hinweisen, dass keine der Strategien den anderen pauschal vorgezogen werden kann. Eine Entscheidung muss immer wieder neu anhand der Situation Ihres Unternehmens, der Chancen des Marktes und weiterer Randbedingungen getroffen werden.

- Welche Ressourcen (Art und Menge) sind zum Ausgleich der Dienstleistungsdefizite erforderlich?
- Sind diese Ressourcen (Art und Menge) im Unternehmen vorhanden? Wenn im Unternehmen alle Voraussetzungen für eine selbständige Behebung der Dienstleistungsdefizite vorhanden sind und ihr Einsatz auch unternehmerisch vertretbar ist, bietet sich die Autonomiestrategie an.
- Können die Dienstleistungsdefizite durch den Zukauf von Fremdleistungen ausgeglichen werden? Wenn im Unternehmen das dazu erforderliche Kapital vorhanden ist und sein Einsatz aufgrund der möglichen Alleinnutzung der Wettbewerbsvorteile lohnt, ist auch hier die Autonomiestrategie eine mögliche Lösung.
- Ist ein Defizitausgleich durch die Annahme von Fremdkapital trotz des Verlustes der Eigenständigkeit möglich und erwünscht? Verschafft sich ein Unternehmen durch ein Innovationsprojekt langfristig einen Wettbewerbsvorteil gegenüber der Konkurrenz, so kann diese Chance die Risiken einer einseitigen Abhängigkeit und Einflussnahme aufwiegen. Eine Beteiligungsstrategie ist in diesen Fällen empfehlenswert.
- Ist ein Defizitausgleich durch eine zwischenbetriebliche Kooperation trotz der dadurch nicht mehr möglichen Alleinnutzung der Wettbewerbsvorteile möglich und erwünscht? Gerade kleine und mittelständische Unternehmen laufen mit der Beteiligungsstrategie Gefahr, von größeren Unternehmen „geschluckt“ zu werden. Eine Kooperation mit Unternehmen gleicher Größe führt in wechselseitige Abhängigkeitsverhältnisse. Die Gefahr des Verlustes der rechtlichen und wirtschaftlichen Eigenständigkeit ist somit ausgeschlossen. Vielmehr lassen sich durch die Nutzung von Synergieeffekten Wettbewerbsvorteile gegenüber

größeren Unternehmen erzielen. Für diese Unternehmen bietet sich die Kooperationsstrategie an. Den soeben beschriebenen Entscheidungsprozess zeigt auch Abb. 4.

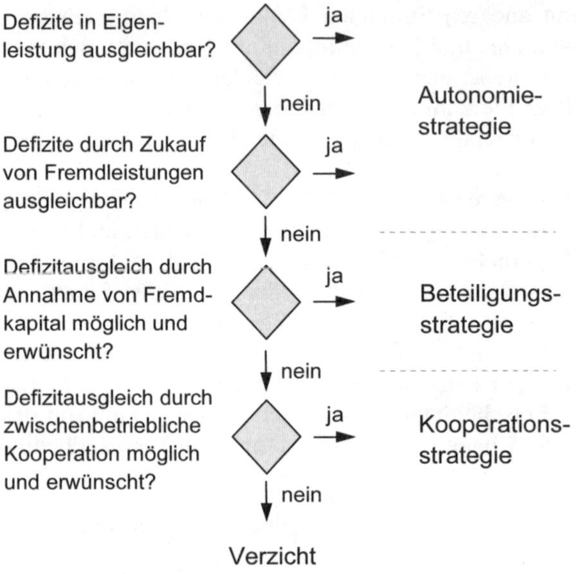


**Abb. 4.** Lösungsstrategien für erkannte Defizite

Die Vor- und Nachteile dieser Alternativen haben wir in Teil 2 ausführlich beschrieben.

## 1.4 Vor- und Nachteile einer Kooperation prüfen – mit der unternehmensspezifischen Kooperationsbilanz

Es gibt – um es vereinfacht zu sagen – zwei grundlegende Ausgangssituationen, um eine Kooperation zu initiieren: aus eigener Initiative agierend oder auf fremde Initiative reagierend. Im Folgenden wählen wir, um die Ausführungen so konkret wie möglich zu gestalten, den Fall, dass *ein* Unternehmen den gesamten Prozess initiiert. Abhängig vom konkreten Anlass lassen sich aus Sicht dieses initiierenden Unternehmens spezifische *Vor- und Nachteile* einer SCM-Kooperation ableiten. Diese erwarteten Vor- und Nachteile werden gesammelt und (beispielsweise in Form einer Potenzialanalyse) aufbereitet. Die wichtigsten Bereiche, in denen im Zusammenhang mit SCM-Konzepten Potenziale vermutet werden können, sind:

- Verbesserung der Planungsqualität,
- Reduktion von Beständen,
- Erhöhung der Aussagebereitschaft gegenüber den Kunden der Kooperation,
- Verkürzung der Durchlaufzeit entlang der gesamten Prozesskette,

- Vermeidung von Mehrfachaufwand im Bereich der Planung und des Controlling,
- Harmonisierung der Auftragsabwicklung,
- Vermeidung von Schnittstellenproblemen organisatorischer, kommunikativer, finanzieller und qualitativer Natur,
- Vereinheitlichung der Systemwelten.

Entscheidungen für oder gegen die Umsetzung von SCM-Konzepten sind normative und strategische Entscheidungen, die eine große Bedeutung für ein Unternehmen aufweisen. Sie hängen nicht nur von rationalen, sondern auch von irrationalen Überlegungen und exogenen Einflüssen ab. Kooperationsentscheidungen erfordern immer auch ein gewisses Maß an Intuition. Eine Identifikation und Bewertung der möglichen Potenziale erfolgt deshalb immer unter Unsicherheit. Diese Unsicherheit muss man grundsätzlich akzeptieren. Es gibt in diesem Bereich weder Patentrezepte noch die Möglichkeit, alle erforderlichen Informationen im Vorfeld einer Umsetzung zu ermitteln, so dass die Entscheidung letztlich auf der Grundlage der spezifischen Potenziale und Gefahren durch die Unternehmensleitung getroffen werden muss.

Nehmen wir nochmals den Fall. Sie werden extern angefragt. Eine Entscheidung für oder gegen eine Kooperation ist aufgrund der Vielzahl von zu berücksichtigenden Faktoren nicht einfach zu treffen. Eine *umfassende Bewertung* aller Faktoren ist zu diesem frühen Zeitpunkt nur schwer möglich. Eine Möglichkeit, die Konsequenzen einer Kooperation für das eigene Unternehmen zumindest annähernd abzuschätzen, besteht darin, potenzielle Vor- und Nachteile des geplanten Kooperationsvorhabens in einer *Kooperationsbilanz* zu erfassen und gegenüberzustellen. Neben der Kooperation gibt es bekanntlicherweise noch andere Strategien, die im Unternehmen erkannten Defizite zu beheben. Um Unternehmen in ihrem Entscheidungsprozess zu unterstützen, hatten wir mit der *Autonomie- und der Beteiligungsstrategie* (vorgestellt in Teil 2) noch zwei weitere Möglichkeiten zur Erreichung ihrer Zielvorstellungen aufgezeigt. Wollen Sie eine unternehmensspezifische Kooperationsbilanz erstellen, gehen Sie am besten in *vier* Schritten vor:

**Schritt Nr. 1: Sammeln Sie die spezifischen Kooperationsvor- und -nachteile**
Abhängig von den Defiziten, die Sie in der Unternehmensanalyse (siehe Kapitel 2) identifiziert und von den Zielen, die Sie daraus entwickelt haben, lassen sich für das Unternehmen spezifische Vor- und Nachteile einer gemeinsamen Zielverfolgung mit anderen Unternehmen in einer Kooperation identifizieren.

*Welche möglichen Vor- und Nachteile sehen Sie in einer Kooperation? Tragen Sie diese in den Kooperationsbilanzbogen (siehe Tabelle 1) in die Spalten 2 und 6 ein. Die folgenden, allgemeinen Vor- und Nachteile sollen als Orientierung bei der Ermittlung dienen:*

**Tabelle 1.** Allgemeine Vor- und Nachteile einer Kooperation

| | Vorteile | Nachteile |
|---|---|---|
| **Risiko-** | - Risikominderung durch Fehlerausgleich<br>- Risikostreuung durch Investitionsaufteilung<br>- Schutz gegenüber Übernahmen | - Gefahr der einseitigen Ausnutzung der Kooperation<br>- operative Abhängigkeit von Partnern<br>- Technologie-Know-how-Transfer<br>- Sichtbarwerden der Marketingstrategie |
| **Kosten-** | - Kostendegression durch Größenvorteile<br>- Vermeidung von Doppelaktivitäten | - Kommunikationsprobleme<br>- längere Entscheidungszeiten<br>- Reise- und Vertragskosten<br>- Reintegrationskosten |
| **Ergebnis-** | - breiteres Verwendungsspektrum<br>- schnellere Markterschließung<br>- Entwicklung von Standards und Systemführerschaften | - kollegiale Abstimmung erforderlich<br>- keine alleinige Nutzung von Wettbewerbsvorteilen |
| **Ressourcen-** | - Verstärkung des Finanzpotenzials<br>- Verbesserung der Sachmittelausstattung<br>- Steigerung des Qualifikationsniveaus der Mitarbeiter<br>- Ergänzung des technischen Know-hows<br>- Verbesserung des Marktzugangs | - für das Kooperationsprojekt gebundene Ressourcen |

**Schritt Nr. 2: Gewichten Sie die Vor- und Nachteile hinsichtlich ihrer Übereinstimmung mit den Unternehmenszielen**

Die Vor- und Nachteile, die sich mit einem Kooperationsvorhaben möglicherweise ergeben, haben einen unterschiedlichen Einfluss auf die Ziele, die Sie verfolgen. Einige Vorteile unterstützen die in der Zielformulierung festgelegten Vorgaben, andere ergänzen sie nur. Vergleichbares gilt für die identifizierten Nachteile, die im Kooperationsprojekt auftreten können. Einige Nachteile haben einen direkten, störenden Einfluss auf die formulierten Ziele, andere haben über ihren Status als Nachteil hinaus keine weiteren hemmenden Auswirkungen.

*Ermitteln Sie für alle in Schritt 1 identifizierten Vor- und Nachteile die Zielkonformität. Vorteile mit einem hohen Unterstützungsgrad erhalten 2 Punkte. Ergänzende Vorteile, die keinen Einfluss auf die festgelegten Ziele haben, sind mit 1 Punkt zu bewerten. Verfahren Sie analog mit den identifizierten Nachteilen: 2 Punkte erhalten die, die einen hemmenden Einfluss auf die Zielverfolgung haben, neutrale werden mit 1 Punkt bewertet.*

*Berücksichtigen Sie bei der Bewertung neben dem Unterstützungsgrad auch den in der Zielformulierung festgelegten Stellenwert des Zieles. Dies geschieht in der Form, indem Vor- bzw. Nachteile, die einen Einfluss auf Ziele hoher Priorität haben, mit dem Faktor 2, andere mit dem Faktor 1 eingehen. Den sich auf diese Weise ergebende Wert für die Zielkonformität ZK tragen Sie in die Spalte 3 bzw. 7 des Kooperationsbilanzbogens ein.*

**Schritt Nr. 3: Ermitteln Sie den Stellenwert anhand der Wahrscheinlichkeit des Auftretens**

Bei den Vor- und Nachteilen, die Sie in Schritt 1 gesammelt haben, handelt es sich nur um Voraussagen. Nicht alle werden eintreten. Für die Aufstellung einer möglichst verlässlichen Kooperationsbilanz ist es daher notwendig, die in Schritt 1 getroffenen Aussagen hinsichtlich der Wahrscheinlichkeit ihres Auftretens zu normieren.

*Beurteilen Sie die Vor- und Nachteile ihrer Kooperationsbilanz. Vergeben sie dazu für jede Voraussage die Wahrscheinlichkeit p. Die Werte von p können zwischen „0" (unmögliches Ereignis) und „1" (sicheres Ereignis) liegen. Tragen Sie die entsprechenden Einschätzungen im Kooperationsbilanzbogen (siehe Tabelle 2) in die Spalten 4 und 8 ein. Multiplizieren Sie anschließend für eine Normierung der Vor- und Nachteile zeilenweise die Werte der Spalten 3 und 4 bzw. der Spalten 7 und 8. Tragen Sie den sich daraus ergebenden Stellenwert ST = ZK x p in die Spalte 5 bzw. 9 des Kooperationsbilanzbogens ein.*

**Tabelle 2.** Der Kooperationsbilanzbogen

| | Vorteile | Zielkonformität ZK | Wahrscheinlichkeit p | Gewichtung G = ZK x p | Nachteile | Zielkonformität ZK | Wahrscheinlichkeit p | Gewichtung G = ZK x p |
|---|---|---|---|---|---|---|---|---|
| Risiko | | | | | | | | |
| | | | | | | | | |
| | | | | | | | | |
| | | | | | | | | |
| | | | | | | | | |
| Kosten | | | | | | | | |
| | | | | | | | | |
| | | | | | | | | |
| | | | | | | | | |
| | | | | | | | | |
| Ergebnis | | | | | | | | |
| | | | | | | | | |
| | | | | | | | | |
| | | | | | | | | |
| | | | | | | | | |
| | | | | | | | | |
| Ressourcen | | | | | | | | |
| | | | | | | | | |
| | | | | | | | | |
| | | | | | | | | |
| | | | | | | | | |
| | | | | | | | | |
| | | | Summe der Vorteile | | | | Summe der Nachteile | |

**Schritt Nr. 4: Verdichten Sie die bewerteten Vor- und Nachteile**
Für eine abschließende Aussage hinsichtlich des Lösungspotenzials einer Kooperation ist noch eine Verdichtung der gesammelten Werte erforderlich.

*Bilden Sie dazu jeweils die Summe für die Spalten 5 und 9 und ziehen anschließend den Wert der Spalte 9 von dem der Spalte 5 ab. Ergibt sich aus dieser Differenz ein positiver Wert, hat sich für Ihr Kooperationsvorhaben aus der Gegenüberstellung der Vor- und Nachteile eine positive Kooperationsbilanz ergeben.*

Wenn Sie nochmals die Tabelle 2 betrachten, sehen Sie, dass als Ergebnis an dieser Stelle zweierlei herauskommen kann: Die Nachteile überwiegen – und Sie entscheiden sich gegen eine Kooperation. Oder Sie kommen zu der Ansicht, dass eine Kooperation eine durchaus lohnende Option sein könnte. Dann werden Sie beginnen, sich nach strategischen Partnern umzusehen.

## 1.5 Strategische Partner suchen – mit wem wollen wir kooperieren?

Zu Beginn der Partnersuche sind die Anforderungen an die Kooperation und die potenziellen Partner festzulegen. Dabei sind nicht nur die gewünschten Fähigkeiten der Partner zu bestimmen, sondern auch die eigenen Fähigkeiten und deren Ergänzungsbedarf zu eruieren. Um anderen Unternehmen die Attraktivität des zu wählenden SCM-Konzeptes zu verdeutlichen, gilt es zu ermitteln, welche Vorteile sich den einzelnen Partnern bieten und welches die Erfolgsaussichten sind, an denen sie teilhaben können. Diese sind dann geeignet, zu dokumentieren und mit den potenziellen Partnern zu diskutieren.

Um potenzielle Partner bewerten zu können, holt man am besten umfassende Informationen über sie ein und wertet sie aus. Anzumerken ist allerdings, dass die Suche nach einem geeigneten Kooperationspartner vor allem auf intransparenten Märkten schwierig ist. Abhilfe können hierzu sogenannte Kooperationsbörsen schaffen. Aus dem Pool potenzieller Kooperationspartner sind die geeigneten auszuwählen. Die Auswahl sollte möglichst sorgfältig erfolgen, da sie unter Umständen eine lange Bindungswirkung hat und der Erfolg maßgeblich von der Wahl der „richtigen" Partner abhängt. Wichtige Kriterien bei der Auswahl sind,

- ob der Partner die festgelegten Anforderungen erfüllt und
- die Ziele, die jeder mit der Zusammenarbeit verfolgt, harmonieren bzw. zumindest kompatibel und nicht konfliktär sind.

Erste Wahl sind selbstverständlich diejenigen Partner, mit denen man bereits erfolgreich zusammenarbeitet. Daneben ist zu beurteilen, ob der Partner Engagement zeigt, z. B. zur Umsetzung innovativer Konzepte, ob er bereit ist, Informationen auszutauschen, i. a. unentbehrlich für das erfolgreiche Bestehen von Kooperationen. Teamfähigkeit, Zuverlässigkeit und Fairness sind weitere Bewertungskriterien, deren Erfüllung im späteren Kooperationsbetrieb von hoher Bedeutung sind. Weitere wesentliche Aspekte sind das Entgegenbringen von Offenheit und Vertrauen. Die meisten Probleme bei Kooperationen liegen bekanntlich weniger im ökonomischen als vielmehr im außerökonomischen, interpersonellen Bereich. Aus diesem Grund sind bereits in dieser frühen Phase des Projektes die „Kompatibilität" und die Kooperationsfähigkeit der operativen

Projektes die „Kompatibilität" und die Kooperationsfähigkeit der operativen Kräfte zu berücksichtigen. Dies haben wir in Teil 2 ausführlich beschrieben.

**Tipp: Bilden Sie unbedingt ein Gründungsteam**
Im Kooperationsgestaltungsprozess sind eine Vielzahl von Hürden zu überwinden, bis aus einer ersten Interessenbekundung eine echte Partnerschaft geworden ist. Misstrauen und die Präferierung persönlicher Interessen können die Kooperationsverhandlungen in die Länge ziehen und ihnen die notwendige Eigendynamik nehmen. Deshalb gilt es, die nach der gemeinsamen Verabschiedung eines Letters of Intent (LOI) in der Regel entstandene Euphorie und Motivation für eine rasche Umsetzung der getroffenen Vereinbarungen zu bündeln und zweckgerichtet einzusetzen. Daher empfiehlt sich zu Beginn der Verhandlungen die Bildung eines Gründungsteams (den Nukleus des späteren Kernteams!), dessen vorrangige Aufgabe zum einen die Lenkung und Umsetzung des Kooperationsgestaltungsprozesses und zum anderen die Entwicklung bzw. Förderung eines kooperationsförderlichen Umfelds bei den beteiligten Unternehmen ist.

**Die Anforderungen an ein Gründungsteam**
Um zu Beginn der Zusammenarbeit mögliche Konfliktpotenziale zu vermeiden, sollte man unbedingt gewisse Anforderungen an dieses Team stellen. Von entscheidender Bedeutung ist vor allem seine homogene Zusammensetzung durch eine Beteiligung aller Unternehmen. Diese sollten sich, entsprechend des strategischen Stellenwertes des Projektes, aus dem oberen und mittleren Management, einschließlich der von der Zusammenarbeit betroffenen Prozessverantwortlichen rekrutieren. Die einzelnen Unternehmensvertreter sollten neben einer ausgeprägten Kooperationskultur (Bereitschaft, Bewusstsein, Fähigkeit und Erfahrung) und fachlicher Kompetenz vor allem über eine entsprechend hohe Hausmacht im eigenen Unternehmen verfügen. Während der Kooperationsverhandlungen ist es von Zeit zu Zeit notwendig, kooperationsförderliche Entscheidungen zu unterstützen, die evtl. auch den Interessen des eigenen Unternehmens zuwiderlaufen. Die Unternehmensvertreter müssen die Macht haben, damit verbundene Maßnahmen im eigenen Hause schnell und ohne großen Widerstand umzusetzen, um den Kooperationserfolg nicht zu gefährden. In den Kooperationsgestaltungsprozessen können diese Anforderungen durch die Gewinnung der Geschäftsführer bzw. der Eigentümer erfüllt werden. Diesen ist es möglich, in den Kooperationsgesprächen – auch ohne Rücksprache – verbindliche Zusagen zu machen.

## 1.6 Gemeinsam das Ziel ins Visier nehmen – das Zielsystem entwickeln

Wer Ziele fixiert, ermöglicht eine klare Aufgabenstellung und eine faire Bewertung der erbrachten Leistungen bei der Projektrealisierung. Außerdem gestattet das Setzen von Zielen eine kooperative und zielgerichtete Projektführung, die schon bei der Zielsuche beginnt. Differenzierte Zielvorstellungen zwingen zum gründlichen Überdenken der Zielkonsequenzen. Stimmt man die Ziele verschiedener Interessen rechtzeitig ab, so wirkt sich dies in der Regel zum Vorteil des

Projektes und dessen Ablauf aus. Bei der Zielabstimmung können die verschiedenen Meinungen häufig sehr hart vertreten werden. Wichtig ist es, dass man sich trotz Meinungsverschiedenheiten zu einer einheitlichen Zielformulierung durchringt, die klar und deutlich ist. Die Zielabstimmung führt zur Zielformulierung und schließlich zur Zielvereinbarung. Diese gestattet eine kooperative Zielüberwachung, d. h. Eigenüberwachung als auch faire Fremdüberwachung (üblich z. B. beim Management by Objectives, MbO).

Im Rahmen der eigentlichen Projektarbeit wird nun zwischen den beteiligten Partnern ein gemeinsames Zielsystem ausgearbeitet und verhandelt, auf dessen Basis später die Prozesse definiert werden. Dadurch ist sichergestellt, dass die Ziele nicht durch einen Kooperationspartner dominiert werden. Dabei ist zu beachten, dass der Grad der Annäherung an die Ziele der einzelnen Partner mindestens so hoch sein muss, wie wenn ein Unternehmen die Teilaufgaben alleine erfüllen würde. Die Vorteile einer Kooperation müssen die damit verbundenen Nachteile klar überwiegen, d. h. der für eine Kooperation zu betreibende Aufwand (z. B. Kosten für Anbahnung und Umsetzung der Kooperation) muss in einem akzeptablen Verhältnis zu ihrem Ertrag stehen.

Darüber hinaus müssen erfolgsfördernde Faktoren identifiziert und Hindernisse beseitigt werden. Aufgrund der hohen Bedeutung persönlicher Beziehungen bei der Gestaltung von Kooperationen sind auch die jeweiligen Mitarbeiter bei der Festlegung von Kooperationszielen zu beteiligen. Die in Abb. 5 dargestellten Aspekte sollte man bei der unternehmensübergreifenden Festlegung von Kooperationszielen berücksichtigen.

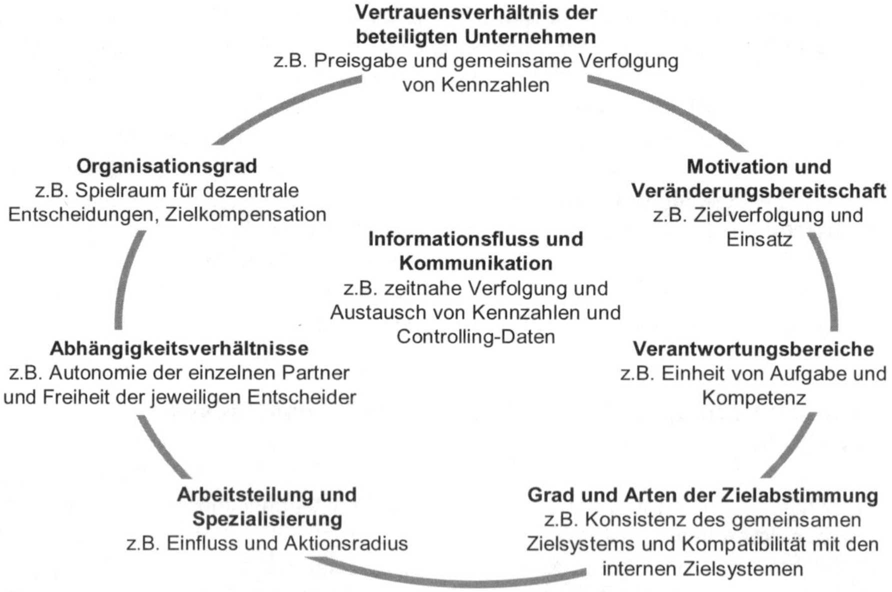


**Abb. 5.** Unternehmensübergreifende Kooperationsziele festlegen

**Zielkriterien ermitteln**
Eine wichtige Voraussetzung für die Festlegung der Ziele ist die Ermittlung geeigneter Zielkriterien. Die Zielkriterienermittlung dient dazu, den Betrachtungsbereich einzugrenzen und Kriterien festzulegen, nach denen die Prozesse in der Phase 2 unseres Modells optimiert werden sollen. Es ist dabei von Vorteil, *quantitativ* und *qualitativ* bewertbare Zielkriterien zu unterscheiden. Die Aufgabe, Zielkriterien zu ermitteln, ist vielschichtig und setzt umfangreiches Erfahrungswissen aus den operativen Prozessen voraus. Es empfiehlt sich daher, Zielkriterien in einer Teamarbeit zu ermitteln. Das Ergebnis der Zielkriterienermittlung ist eine Übersicht der identifizierten quantitativen und qualitativen Einflussfaktoren auf die Kooperationsgestaltung. Üblicherweise stellt man die *gewichteten* Einflussfaktoren in einem Schema dar. Das folgende Beispiel in Tabelle 3 ist das Ergebnis bei einem Fahrzeughersteller.

**Tabelle 3.** Zielkriterienermittlung (nach Thaler 2001, S. 227)

| Zielkriterien | Beschreibung |
|---|---|
| Lieferabrufqualität verbessern | Lieferabrufqualität bei ausgewählten Lieferanten und Bauteilen messen und verbessern |
| Prognosequalität verbessern | Prognosequalität der Vorschau und Abrufdaten messen und verbessern (Benchmarking) |
| Kostenwirkungen identifizieren | Kostenwirkungen analysieren, Wirkungsanalyse schwankender Abrufmengen, Kostensenkungen realisieren |
| Lieferservicegrad erhöhen | Messung Lieferservicegrad, Maßnahmen zur Verbesserung ermitteln |
| Prozessstabilisierung in der logistischen Kette erreichen | Erkennung und Festlegung von Maßnahmen zur Prozessstabilisierung |

Legt man Ziele fest, sollte man unbedingt diejenigen Mitarbeiter berücksichtigen, die sie auf der operativen Ebene verfolgen und erreichen sollen. Dazu bietet es sich an, die in der Tabelle 4 zusammengefassten kritischen Erfolgsfaktoren bereits bei der Zielfestlegung und -vermittlung zu prüfen.

**Den SCM-Konzeptumfang festlegen**
Bevor eine geeignete Projektorganisation aufgebaut werden kann, zu deren Aufgabe die detaillierte Ausarbeitung und Umsetzung des SCM-Konzeptes gehören wird, sollte auf zentraler Ebene der angestrebte Konzeptumfang festgelegt bzw. zwischen den Partnern ausgehandelt werden. Er definiert den groben Rahmen, in dem sich die anschließende Konzeption und Umsetzung bewegen darf. Festgelegt wird hier, welche Bereiche bei welchem Kooperationspartner in die Konzeption einbezogen werden sollen, wie tiefgreifend die Veränderungen bei den einzelnen Partnern sein dürfen und welche Randbedingungen und Restriktionen bei den einzelnen Partnern zu beachten sind.

**Tabelle 4.** Kritische Erfolgsfaktoren und was Sie beachten sollten

| Kritischer Erfolgsfaktor | Tipps, was Sie beachten sollten |
|---|---|
| Interessen des Unternehmens und der Mitarbeiter | - Beachten Sie die Interessenlage der Mitarbeiter (Zukunftsperspektive, Motivation, persönliche Ziele).<br>- Vermeiden Sie Zielkonflikte, indem Sie Unternehmens- und Mitarbeiterinteressen gleichberechtigt fördern. |
| Persönlichkeit der Mitarbeiter | - Fördern Sie Überzeugen durch Einsicht und Verständnis.<br>- Vermeiden Sie hingegen "Überzeugen“ durch Weisung oder Druck. |
| Methodisches Grundverständnis | - Detailplanung der Veränderungen ist meist unrealistisch.<br>- Vermeiden Sie eine zu umfangreiche und zu detaillierte Analyse des Ist-Zustandes.<br>- Lehnen Sie bei der Konzeptentwicklung mögliche Gestaltungsalternativen nicht von vornherein ab. |
| Vertrauen | - Binden Sie die Geschäftsführung in die Projektarbeit, denn die Unterstützung durch die Leitungsebene fördert das Vertrauen der Mitarbeiter.<br>- Vermeiden Sie zaghaftes Mitwirken und halbherzige Unterstützung durch die Leitungsebene. |
| Verantwortung | - Die Verantwortung sollte im Projektteam verteilt werden.<br>- Vermeiden Sie die Überforderung der Mitarbeiter bei der methodischen und systematischen Problemlösung.<br>- Vermieden werden sollte auch eine zu starke Einwirkung der Leitungsebene auf die Details des Umgestaltungsprozesses. |
| Transparenz und Offenheit | - Die unternehmerische Zielsetzungen sollte offen darlegt und glaubwürdig vermittelt werden.<br>- Vermeiden Sie die unzureichende Einbindung und mangelnde (ggf. zu späte) Information der betroffenen Mitarbeiter. |
| Motivation und Initiative | - Motivation und Initiative entsteht aus Interesse und Freude an der Arbeit.<br>- Streben Sie eine gemeinsame Realisierung von „Vorzeigeerfolgen“ an („Quick Wins“!). |

## 1.7 Die Erfolgskriterien und Performancemaße festlegen

Für die Gestaltung von SCM-Organisationen wird immer wieder betont, dass quantitative und letztlich monetäre Beurteilungskriterien zur Messung des Erreichungsgrades der Ziele, die der Gestaltung zugrunde liegen, unabdingbar sind. Solche Maßgrößen dienen als Indikatoren für die Effektivität und Effizienz der Prozesse, Strukturen und Systeme. Anhand dieser Messgrößen kann man

- Prozesse beurteilen,
- Gestaltungsalternativen bewerten und vergleichen sowie
- deren wirtschaftliche Konsequenzen aufzeigen.

**Tabelle 5.** Strukturierung von Supply Chain Kennzahlen (Ebene 1)

| Kennzahlenkategorie | Kennzahlbezeichnung | Einsatz/Verwendung | |
|---|---|---|---|
| Lieferleistung<br>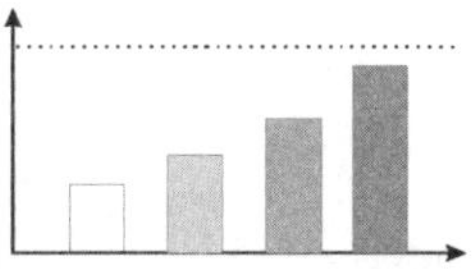 | Lieferleistung<br>Lieferfähigkeit<br>Durchlaufzeit | extern ☑<br>extern ☐<br>extern ☑ | intern ☑<br>intern ☑<br>intern ☑ |
| Flexibilität und Reaktionszeit<br>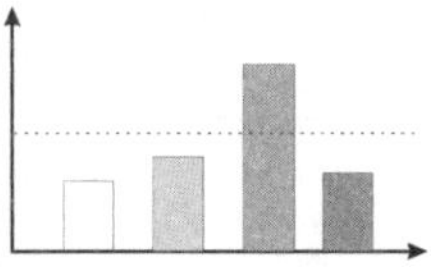 | Fehlerfreie Auftragsabwicklung<br>Reaktionszeit der gesamten Supply Chain<br>Reaktionszeit des Prozesses<br>Produktionsflexibilität | extern ☐<br>extern ☑<br>extern ☑<br>extern ☐ | intern ☑<br>intern ☐<br>intern ☑<br>intern ☑ |
| Kosten<br>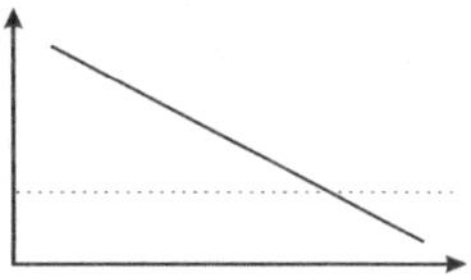 | Kosten des SCM<br>Reklamationen<br>Retouren<br>Nacharbeit | extern ☑<br>extern ☐<br>extern ☑<br>extern ☐ | intern ☑<br>intern ☑<br>intern ☐<br>intern ☑ |
| Kapital<br>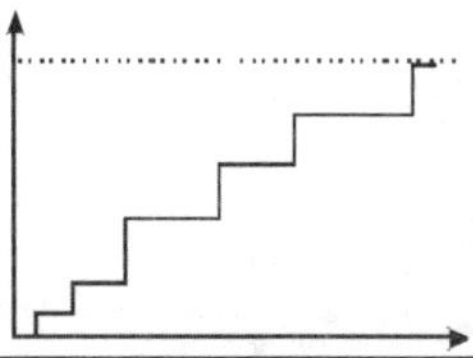 | Cash to cash Durchlaufzeit<br>Wertschöpfungsproduktivität<br>Bestandsreichweite<br>Kapitalumschlag | extern ☑<br>extern ☐<br>extern ☐<br>extern ☐ | intern ☐<br>intern ☑<br>intern ☑<br>intern ☑ |

Darüber hinaus bilden sie die Grundlage für periodische Soll-Ist-Vergleiche zur Überwachung und Kontrolle realisierter Prozesse, so dass eine kontinuierliche Prozessverbesserung ermöglicht wird. Bevor die eigentliche Konzeption in der Phase 2 beginnen kann, sollten zur Sicherstellung einer effizienten Durchführung sowie zur frühzeitigen Erkennung von Fehlentwicklungen und Verbesserungspotenzialen in den Abläufen geeignete Steuerungs- und Kontrollinstrumente durch einen Lenkungsausschuss eingerichtet werden. Der Einsatz solcher Instrumente setzt die Festlegung entsprechender Performancemaße voraus. Um die Kennzahlen strukturieren zu können, empfiehlt sich die Einteilung in Kategorien.

Tabelle 5 verdeutlicht an einigen, an die Kennzahlen des SCOR-Modells angelehnten Beispielen, wie die Suche, Definition und Einteilung von Kennzahlen durch eine geeignete Systematik unterstützt werden kann. Neben der reinen Bezeichnung einer Kennzahl sind weitere Merkmale festzulegen. Dazu gehören z. B. Definitionen, Berechnungsvorschriften, Veröffentlichungsvorschriften, Ermittlungszyklen, Darstellungstechniken, Einsatzgebiet und Verwendungszweck oder der Adressat einer Kennzahl. Die Anzahl der Merkmale sowie ihre jeweiligen Ausprägungen sind zwischen den Kooperationspartnern auszuhandeln und zu dokumentieren.

Um weiter strukturieren zu können, sind die Kennzahlen auf weiteren Detailebenen weiter aufzulösen. Die Tabelle 6 zeigt dies anhand einiger Beispiele für Leistungs- und Diagnosekennzahlen.

**Tabelle 6.** Leistungs- und Diagnosekennzahlen des SCOR-Modells

| | **Ebene 2 Leistungskennzahlen** | **Ebene 3 Diagnosekennzahlen** | | |
|---|---|---|---|---|
| |  Zykluszeit, Qualität, Kundenzufriedenheit, Kosten | **Supply Chain Komplexität** | **Supply Chain Konfiguration** | **Supply Chain Management** |
| Planen | • Planungskosten von Bedarf/Nachfrage<br>• Finanzierungs- und Planungskosten der Supply Chain<br>• Bestandsreichweite | • % der Bestelländerungen<br>• Anzahl der bestellbaren/lagerhaltigen Positionen<br>• Produktionsvolumen<br>• Kosten der Lagerhaltung | • Produktionsvolumen je Kanal<br>• Anzahl der Kanäle<br>• Komplexität der Supply Chain | • Planungszyklus<br>• Vorhersagegenauigkeit<br>• Bestandsreichweite obsuleter Produkte<br>• Neuplanungszyklus<br>• Methoden der Bestelleingabe<br>• Art der Bestelleingabe |
| Beschaffen | • Materialkosten<br>• Bestandsreichweite<br>• Zykluszeit der Beschaffung | • % der Ausgaben für Materialzukauf nach Entfernung<br>• Rohmaterialreichweite | • Materialeinkauf nach Geographie<br>• % der Materialeinkaufskosten nach Entfernung<br>• Komplexität | • Lieferantenlieferleistung<br>• Zahlungszeitraum<br>• % der eingegangenen Einzelteile mit Umlaufzeit <8 Wochen<br>• Prozentsatz für Planreduzierung ohne Zusatzkosten |

Die Überprüfung dieser Kennzahlen erfolgt in den beiden Phasen Gestaltung als auch Betrieb einer Kooperation (siehe Lebenszyklusmodell in Teil 2). Dabei kann es sowohl zu kurzfristigen als auch zu langfristigen Rückkoppelungen in vorgelagerte Gestaltungsphasen kommen. Kurzfristige Rückkoppelungen sind notwendig, um die Struktur und die Abläufe der Kooperation an veränderte Rahmenbedingungen oder Ziele anzupassen. Bei langfristigen Rückkoppelungen überprüfen die Partner ihren grundsätzlichen Kooperationsbedarf.

## 1.8 Die Projektorganisation aufbauen und die Ergebnisse kommunizieren

Zu Beginn eines Reorganisationsvorhabens sollten Sie unbedingt eine geeignete Organisationsform für die unternehmensinternen und -externen Mitarbeiter, die an diesem Vorhaben beteiligt sind, definieren. Zweckmäßigerweise wird für die Reorganisation eine Projektorganisation geschaffen, die für die Dauer des Projekts von der Analyse bis zur Umsetzung Bestand hat. Dies ist schon deshalb erforderlich, weil sich der Untersuchungsbereich häufig auf große Bereiche des Unternehmens, auf Querschnittsfunktionen oder sogar auf unternehmensübergreifende Prozesse bezieht. Stets gelangt deshalb eine große Zahl von Mitarbeitern mit den im Projekt involvierten Mitarbeitern in Kontakt. Bei eindeutiger Platzierung dieser Mitarbeiter innerhalb der Unternehmensorganisation kann Vertrauen bei den übrigen Mitarbeitern geschaffen werden, das ja den Untersuchungsbereich darstellt. Im Folgenden wollen wir eine Prozessorganisation unter der Einbeziehung eines externen Beraters skizzieren, der als Moderator fungiert und über die entsprechenden Methodenkenntnisse verfügt. Die für ein Prozesskettenprojekt bewährte Projektorganisation umfasst vier zentrale Ebenen:

- den Lenkungsausschuss,
- die Projektleitung,
- das Kernteam und
- die Aufgabenteams.

**Der Lenkungsausschuss**
setzt die Projektleitung und die Kernteams ein und überwacht Meilensteine sowie die Erreichung des Endergebnisses. Im Lenkungsausschuss sollten Mitglieder der Geschäftsleitung vertreten sein, denn Ergebnisse der Analysephase sind oftmals organisatorische Veränderungen, die nur durch die Geschäftsleitung legitimiert werden können. Die Verantwortung und Koordination des Prozesskettenprojektes obliegt der Projektleitung. Die Projektleitung setzt sich aus dem Projektleiter seitens des Unternehmens, aus dem Projektleiter seitens des hinzugezogenen Beraters und aus den Leitern der einzelnen Kernteams zusammen. Damit wird der obersten Leitung Gelegenheit gegeben, sich aus erster Hand über den Projektfortschritt und zentrale Ergebnisse informieren und weiterhin dem Projektteam die notwendige Unterstützung zum Ausdruck bringen zu können.

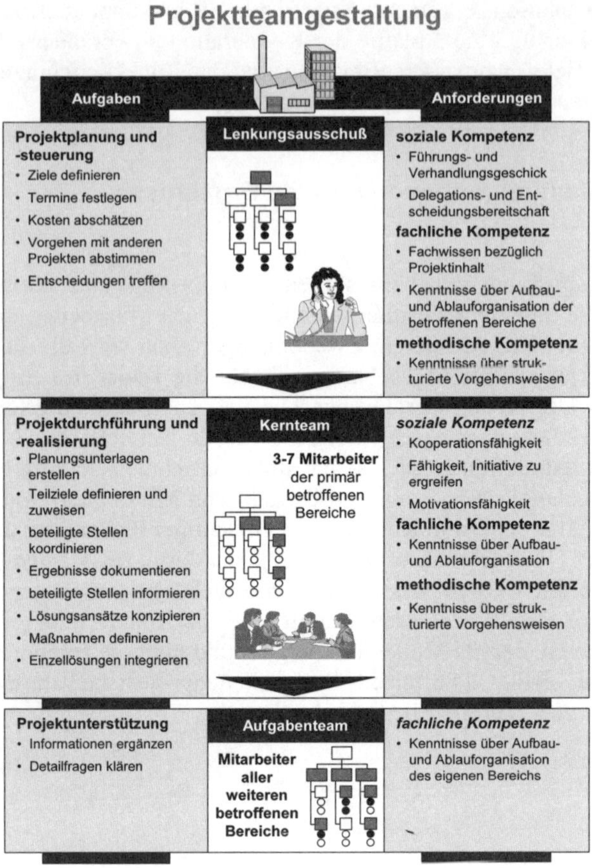


**Abb. 6.** Die Projektorganisation

Typische Aufgaben im Lenkungsausschuss, die sich in vorbereitende Aufgaben und solche, die während der Durchführung zu leisten sind, differenzieren lassen, zeigt die Tabelle 7.

**Die Projektleitung**
stellt das Projekt und die darin angewandte Methode in den Gesamtzusammenhang der organisatorischen Planungsmaßnahmen des Unternehmens. Weiterhin trifft sie Richtlinien, formuliert die Gesamtstrategie und gibt für die einzelnen Phasen des Prozesskettenprojekts die Ziele vor. Sie überwacht den Projektfortschritt und ruft Reviews ein. In einer späteren Phase obliegt der Projektleitung die Organisation des Kernteams.

**Die Aufgabe des Kernteams**
besteht vor allem darin, sich das notwendige Basiswissen über die Organisationsstrukturen und Prozesse im Unternehmen sowie die für das Projekt erforderliche methodische und fachliche Kompetenz anzueignen, um geeignete Reorganisati-

onskonzepte erarbeiten und umsetzen zu können. Durch die permanente Beteiligung des Kernteams an Sitzungen sollte vor allem eine bereichsübergreifende Sichtweise gewährleistet werden, die für die Konsistenz der erarbeiteten Reorganisationskonzepte sorgt. Eine weitere wesentliche Aufgabe stellt die Koordination und Sicherstellung des Informationsflusses zwischen Lenkungsausschuss und Aufgabenteams dar. Es empfiehlt sich, einen regelmäßigen Statusbericht über die in den Aufgabenteams erarbeiteten Ergebnisse vorzusehen. Das Kernteam sollte aus drei bis sieben Mitarbeitern der jeweils primär betroffenen Bereiche bestehen.

**Tabelle 7.** Typische Aufgaben im Lenkungsausschuss (zitiert aus Thaler, S. 221)

| Vorbereitende Aufgaben des Lenkungsausschusses | Aufgaben während der Durchführung des Projektes |
|---|---|
| Festlegung von Aufgabenteams für Prozesse und Aufgabenbereiche, in denen Verbesserungsmaßnahmen durchgeführt werden | Koordination zwischen Lenkungsausschuss und Aufgabenteam(s): Terminplanung, Informationsfluss zwischen den Teams |
| Mitarbeiterauswahl zur Teambildung | Unterstützung bei der Umsetzung der erarbeiteten Verbesserungsmaßnahmen |
| Festlegen von Moderatoren | Genehmigung von Investitions- und Qualifikationsmaßnahmen |
| Entwicklung von Schulungsmaßnahmen | Erfolgskontrolle |
| Einbezug des Betriebsrates | Mitarbeiterinformation |

**Das Aufgabenteam**
besteht aus permanenten und fakultativen Mitgliedern. Bei den permanenten Teammitgliedern handelt es sich um Mitarbeiter aus den in den Unternehmensprozess involvierten Organisationseinheiten. Ihnen obliegt die Analyse und Optimierung der Unternehmensprozesse. Für die Bewältigung dieser Aufgabe ist häufig weiterführendes Expertenwissen wie beispielsweise aus dem EDV-Bereich oder der Personalabteilung notwendig. Über diese Teammitglieder, die temporäre Unterstützung leisten, wird die Integration von fachspezifischem Wissen in den Problemlösungsprozess gewährleistet. Der Leiter eines Aufgabenteams, der gleichzeitig Mitglied eines Kernteams sein sollte, integriert die durch ein Aufgabenteam erarbeiteten Beiträge in den Problemlösungsprozess.

**Tabelle 8.** Aufgaben des Kernteams

| vor- und nachbereitende Aufgaben | Aufgaben bei der Projektdurchführung |
|---|---|
| - Organisation und Festlegung der Projektsitzungen des Aufgabenteams<br>- Einbeziehung von Spezialisten in das Team<br>- Erarbeitung von Aktionsplänen (Wer macht was bis wann ?)<br>- Darstellung der Prozessabläufe | - Koordination innerhalb des Aufgabenteams<br>- Terminplanung, Maßnahmenerarbeitung<br>- Anwendung systematischer Problemlösungsmethoden<br>- Umsetzung der erarbeiteten Verbesserungsmaßnahmen<br>- Problemabfrage, Ermittlung und Rangfindung von Zielkriterien<br>- Präsentation/ Rückmeldung von erarbeiteten Ergebnissen im Rahmender Teamsitzungen<br>- Entwicklung von Soll-Konzepten |

Die Realisierung und betriebliche Umsetzung von Maßnahmen zur Verbesserung und Vereinfachung von Prozessen kann durch eine intensive fachliche Begleitung und Betreuung der Aufgabenteams (engl.: coaching) verbessert werden. Das Coaching kann durch interne Stellen oder durch externe Berater durchgeführt werden. Typische Aufgaben der Prozessbegleitung sind sowohl die Unterstützung der inhaltlichen Arbeit des Kernteams als auch die interne Koordination und die Aufrechterhaltung des Informationsflusses mit dem Lenkungsausschuss (siehe Tabelle 8).

**Tabelle 9.** Aufgaben des Aufgabenteams

| vor- und nachbereitende Aufgaben | Aufgaben bei der Projektdurchführung |
|---|---|
| - Planung und Vorbereitung der Teamsitzungen<br>- Herstellen einer kooperativen Arbeitsatmosphäre<br>- Erstellung von Sitzungsprotokollen<br>- Einbringen von Fachkompetenz, Erfahrung und "Neutralität" | - Leitung und Moderation von Teamsitzungen<br>- Einbringen von Beschreibungsmethoden für die Darstellung des Prozessablaufes<br>- Sicherstellung einer systematischen Vorgehensweise<br>- Visualisierung des Gesprächverlaufs mit Hilfe von Moderationstechniken und Moderationshilfsmitteln<br>- Abstimmung und Beratung über die entwickelten Lösungsvorschläge<br>- Präsentation der Ergebnisse im Lenkungsausschuss |

**Ein externer Berater**
kann mit seiner Methodenkompetenz die Analyse der Unternehmensprozesse unterstützen. Er übernimmt – wenn gewünscht – die Moderation der in den folgenden Phasen durchzuführenden Workshops und unterstützt die Teammitglieder bei der Definition von phasenspezifischen Aufgabenpaketen. Die Lösungen dieser Aufgaben werden auf der Basis einer engen Kooperation zwischen dem externen Berater und den Mitarbeitern des Unternehmens erarbeitet. Die Grundlage der Kooperation bilden gezielte Schulungsmaßnahmen in der Anwendung der Methoden des Prozesskettenmanagements. Die Zusammenarbeit zwischen den externen

Beratern und den Mitarbeitern wird sowohl über die Projektleitung als auch über die Kernteams realisiert. Eine wirkungsvolle Prozessoptimierung kann jedoch nur dann erfolgen, wenn sich beide Kooperationspartner gleichermaßen in diese Gestaltungsaufgabe einbringen. Die Mitglieder der Kernteams werden daher über mehrere Workshop-Veranstaltungen mit dem Konzept des Prozesskettenmanagements vertraut gemacht und geschult.

Die Realisierung einer derartigen Projektorganisation ermöglicht es dem Unternehmen, mit relativ geringem Aufwand eine größere Anzahl von Mitarbeitern an dem SCM-Projekt teilhaben zu lassen. Außerdem schafft diese Mitwirkung am Veränderungsprozess die für die Umsetzung der Lösungen notwendige Akzeptanz.

**Ergebnisse kommunizieren – wichtig für den Erfolg**

Damit optimale Voraussetzungen für den Start kontinuierlicher Verbesserungsprozesse geschaffen werden, sollten die aus Optimierungsmaßnahmen resultierenden Ablaufänderungen jedem Funktionsbereich erklärt und begründet werden. Dies kann z. B. auch mit den in der Analyse- und Optimierungsphase erstellten Prozessplänen anschaulich praktiziert werden. Darüber hinaus sind die mit dem „neuen“ Prozess einhergehenden Anpassungen der Aufgaben, Kompetenzen, Verantwortlichkeiten und erforderlichen Qualifikationen in den individuellen Tätigkeitsbereichen betroffener Mitarbeiter transparent zu machen. Ein derartiges Kommunikationsprogramm, das konstruktiv auf die Befürchtungen der Mitarbeiter eingeht, kann sowohl auf schriftliche Medien, wie z. B. einen „Projekt-Letter“, als auch auf interaktive Medien, wie beispielsweise Workshops und Abteilungsdiskussionen mit den betroffenen Mitarbeitern zu Fach- und Führungsthemen im Zusammenhang mit den neuen Prozessen, zurückgreifen.

Um das Risiko von Fehlschlägen bei der Umsetzung anspruchsvoller Konzeptionen zu minimieren, sollten Sie die betroffenen Mitarbeiter möglichst umfassend und frühzeitig informieren und einbinden. Dazu bieten sich folgende Maßnahmen an:

- rechtzeitige Bekanntgabe der Ziele, Vorgehensweisen und Maßnahmen zur Prozessoptimierung,
- Schaffung intensiver Kontakte zwischen Leitungs- und Mitarbeiterebene, um laufend Anregungen und Vorschläge zu sammeln,
- aktive Beteiligung der Mitarbeiter bei der Vorbereitung und Durchführung von Maßnahmen.

Die Bekanntgabe der Maßnahmen und ihrer jeweiligen Ergebnisse erfolgt nicht nur nach der ersten Phase, sondern projektbegleitend in jeder der weiteren Phasen auf einem jeweils entsprechend detaillierteren Niveau. Die Bekanntgabe von Ergebnissen kann im Rahmen einer unternehmensweiten, allgemeinen Informationsveranstaltung erfolgen sowie in spezifischeren Anwender-Workshops. Die unternehmensweite Informationsveranstaltung dient in der Phase 1 der ersten Bekanntgabe der SCM-Pläne, um (möglichen) Ängsten von Mitarbeitern entgegenzuwirken und Gerüchten vorzubeugen. Im Rahmen der Anwender-Workshops geht es darum, die zukünftigen Anwender über das beabsichtigte Projekt zu informieren, ihnen die Ziele und die Vorgehensweise zu erläutern. Besonders sinnvoll ist es, mit dem Teilnehmerkreis über eine strukturierte Befragung und Auswertung die Erwartungen, Befürchtungen und Anforderungen aus ihrer persönlichen Sicht zu ermitteln. Daraus kann der Lenkungsausschuss unter Beteiligung der einzelnen Projektteams den Handlungsbedarf ableiten, der die Notwendigkeit einer SCM-Strategie verdeutlicht. Daraus leiten sich dann die quantitativen Zielvereinbarungen ab, die mit der SCM-Einführung erreicht werden sollen.

**Ergebnisse der Phase 1**

Sie haben...

- ... gemeinsam mit Ihren Kooperationspartnern ein Zielsystem entwickelt, basierend auf den relevanten Kennzahlen/ Messgrößen.
- ...einen Kooperationsvertrag (oder auch nur eine kurze Absichtserklärung) entworfen und unterschrieben.
- ... die Projektorganisation auf den Weg gebracht, bestehend aus Lenkungsausschuss, Projektleiter, Kern- und Aufgabenteam.
- ... daran gedacht, die (Zwischen-) Ergebnisse in Ihrem Unternehmen an alle/ an die betroffenen Mitarbeiter zu kommunizieren.

# 2 Die Gestaltung der Prozesse – die Phase 2

## 2.1 Wo alles beginnt – die Ist-Situation der Prozesse und Strukturen analysieren

Um die Leistungsfähigkeit einer Kooperation aufzubauen und zu erhalten, ist die Gestaltung der Geschäftsprozesse eine notwendige Voraussetzung. In diesen Geschäftsprozessen ist oftmals ein hohes Rationalisierungspotenzial vorhanden, das es auszuschöpfen gilt. So können Abläufe zeitlich gestrafft, umständliche Dokumentenflüsse vereinfacht, Medienbrüche eliminiert, redundante Ausführungen von Funktionen vermieden, Funktionen über Unternehmensgrenzen hinweg zu Partnerunternehmen verlagert und Schnittstellen harmonisiert werden. Wir hatten dies in Teil 1 und Teil 3 bereits beschrieben.

Sie erinnern sich vielleicht an das, was wir in Teil 2 gesagt haben: Eine umfassende Prozessorientierung als Strategie für die Kooperation als Ganzes fordert, die Prozesse zum Ausgangspunkt der organisatorischen Gestaltung zu machen. Zunächst sind also die Prozesse zu identifizieren und dann als ablauforganisatorische Entscheidungstatbestände zu strukturieren. Dies bedeutet, dass die Aufbauorganisation an den Prozessen ausgerichtet wird und damit von der Ablauforganisation bestimmt wird. Entgegen der herkömmlichen Maxime „Process follows Structure follows Strategy" gilt nun „Structure follows Process follows Strategy". In diesem Sinn soll unter Prozessorganisation eine „prozessorientierte Organisationsgestaltung" verstanden werden, in der die Stellen- und Abteilungsbildung unter Berücksichtigung spezifischer Erfordernisse des Ablaufs betrieblicher Prozesse im Rahmen der Leistungserstellung und -verwertung konzipiert werden.

Bevor mit der Gestaltung der prozessorientierten Organisation begonnen werden kann, sind die derzeit existierenden Prozesse und Strukturen bei den beteiligten Kooperationspartnern genau zu analysieren. Die Analyse sollte sich dabei besonders auf die in der Tabelle 10 zusammengefassten Betrachtungsbereiche und Aspekte beziehen.

**Tabelle 10.** Beschreibung der Ausgangssituation – Ist-Zustand

| Betrachtungsbereich | Zentrale Aspekte im Betrachtungsbereich |
|---|---|
| Prozessanalyse | - Ablaufanalyse des regulären Betriebes (Materialfluss, Energiefluss, Informationsfluss im Normalbetrieb)<br>- Ablaufanalyse des irregulären Betriebes (Notbetrieb, gestörter Betrieb) |
| Strukturanalyse (Arbeitsgebiete, Verantwortlichkeiten, Zuständigkeiten) | - Allgemeine organisatorische Regelungen der Unternehmen, Bereiche, Gruppen<br>- Organisationsstrukturen und deren Kohärenz bei den Kooperationspartnern<br>- Aufbauorganisation in den Unternehmen<br>- Führungsstruktur<br>- Engineering<br>- Planung<br>- Produktion<br>- Qualität<br>- Dienstleistungen<br>- Betriebsorganisation<br>- Arbeitsanweisungen<br>- Vorgaben, Kontrollen, Berichte<br>- Prozeduren, Fertigungsanweisungen, Rezepturen<br>- Berichtswesen (Arbeits- und Produktionsberichte) |
| IT-Prozesse und -Strukturen | - IT-Bestand<br>- Kommunikationsebenen<br>- Prozessabwicklung durch IT<br>- Mensch/IT-Verhältnis<br>- Rechner-Rechner-Beziehungen<br>- Bedienungsaspekte<br>- Transaktionsstruktur (Datenein-/ -ausgabe, Frequenz)<br>- Daten des Verbundes<br>- Datenbewegung (Übertragungsverfahren, Raten, Mengen)<br>- Datenbestände<br>- Dateien/ Strukturen<br>- Datenübernahme, Zugriff (zeitliche und inhaltliche Gültigkeit)<br>- Datensicherung<br>- Datenschutz |

Im Mittelpunkt der Analyse stehen dabei die ablaufenden Geschäfts- und Unternehmensprozesse. Sie werden gemeinsam von dem Kernteam und den Aufgabenteams mit den Mitarbeitern analysiert, modelliert und dokumentiert. Die Ausprägungen der einzelnen Anforderungen der SCM-Strategien richten sich an diesen unternehmensübergreifenden Abläufen aus. Die Analysephase dient deshalb der Analyse und Gestaltung der Kooperationsprozesse. Dabei werden jedoch nicht alle, sondern lediglich die relevanten Prozesse untersucht und Grobabläufe konzipiert.

**Die Basis schaffen**

Die Prozessanalyse liefert Kenntnis und Transparenz der Einzelaktivitäten – ohne sie ist keine sinnvolle Prozessgestaltung möglich. Phase 2 dient der detaillierten Analyse der Prozesse und Strukturen sowie der groben Entwicklung des SCM-Konzeptes. Phase 2 wird von den einzelnen Projektteams in ihren Bereichen durchgeführt und durch das Kernteam koordiniert, das in regelmäßigen Abständen an den Lenkungsausschuss berichtet. Diese Phase ist im Wesentlichen dadurch gekennzeichnet, dass

- die Vorgaben des zentralen Managements aus der Phase 1 analysiert,
- der Ist-Zustandes aufgenommen
- und geeignete Prozess- bzw. Organisationsvarianten zur Umsetzung der zuvor entwickelten Visionen und Zielsetzungen abgeleitet werden.

Die folgende Abbildung zeigt noch einmal für das Beispiel der Prozesse des Auftragsdurchlaufs für einen Kunden, was man aus einem Prozesskettenplan im Hinblick auf den Ist-Zustand alles „herauslesen“ kann.

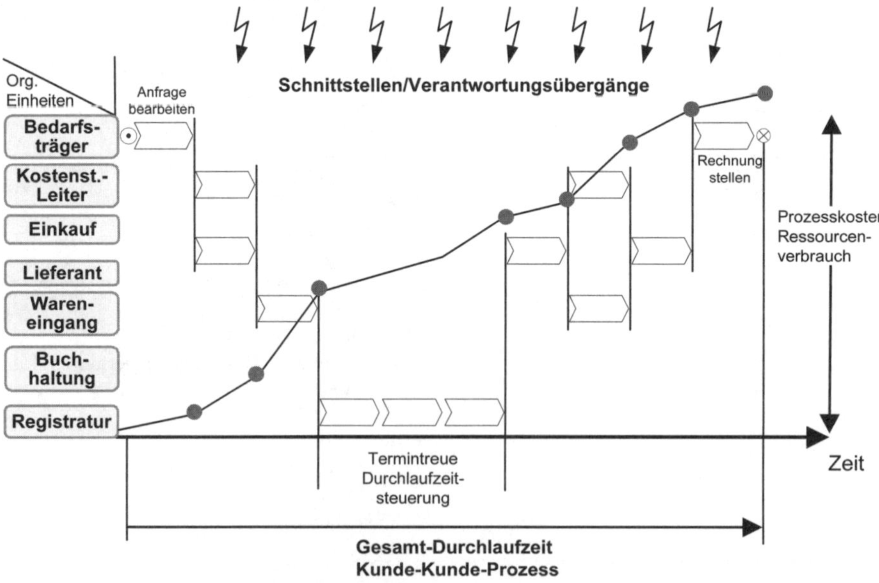


**Abb. 7.** Beispiel eines Prozesskettenplans

**Die aufbauorganisatorischen Aspekte erfassen**

Sind die Prozesse bekannt, geht es im nächsten Schritt um die Erfassung der aufbauorganisatorischen Aspekte. Neben der reinen Erfassung der allgemeinen organisatorischen Regelungen der beteiligten Unternehmen, Bereiche und Gruppen steht dabei jedoch insbesondere die Untersuchung der Kohärenz der Organisationsstrukturen bei den beteiligten Kooperationspartnern im Vordergrund. Die Kohärenzanalyse beispielsweise gibt Aufschluss über die organisatorische und unternehmenskulturelle Kompatibilität der beteiligten Partner bzw. über Maßnahmen zur Anpassung der organisatorischen Aspekte. Bei der Analyse der Aufbauorganisation in den einzelnen Unternehmen sollte man das Augenmerk deshalb auf folgende Aspekte richten:

- Analyse der Führungsstrukturen,
- organisatorische Gliederung der gesamten SC-Planung,
- organisatorischen Randbedingungen der Produktion und des Qualitätswesens bzw. der angebotenen Dienstleistungen,
- die zwischen den Partnern derzeit noch existierenden Schnittstellen und die Möglichkeiten zu ihrer Beseitigung bzw. Optimierung.

Um die Aufbauorganisation im Unternehmen und die zu beteiligenden Organisationseinheiten von Kunden, Lieferanten und Dienstleistern ausreichend genau erfassen zu können, empfiehlt es sich, die Prozessketten noch sehr viel detaillierter zu erfassen. Dieser Sachverhalt wird in Abb. 8. dargestellt.

Als Beispiel sei hier die Prozesskette eines Beschaffungsprozesses für sogenannte nicht identifizierte C-Teile (keine Stücklistenteile) gezeigt, die mit der Einführung von e-Procurement verbessert werden soll.. Diese Prozesskette beschreibt in herkömmlichen Organisationen zwischen dem Bedarfsträger im Unternehmen und dem Lieferanten eine Fülle von Teilprozessen, die teils kontrollierender, teils arbeitsteilender Natur sind. Eigentlich müssten mit den Möglichkeiten eines e-Procurements lediglich nur noch die Organisationseinheiten Bedarfsträger, Kostenstelle, Lieferant und Finanzbuchhaltung am Beschaffungsprozess beteiligt sein – vorausgesetzt, man gestaltet den Prozess mit Internet, digitalen Katalogen und solchen Lieferanten, die die Transportdienstleistung und Zustellung zum Bedarfsträger auch gleich mit abdecken.

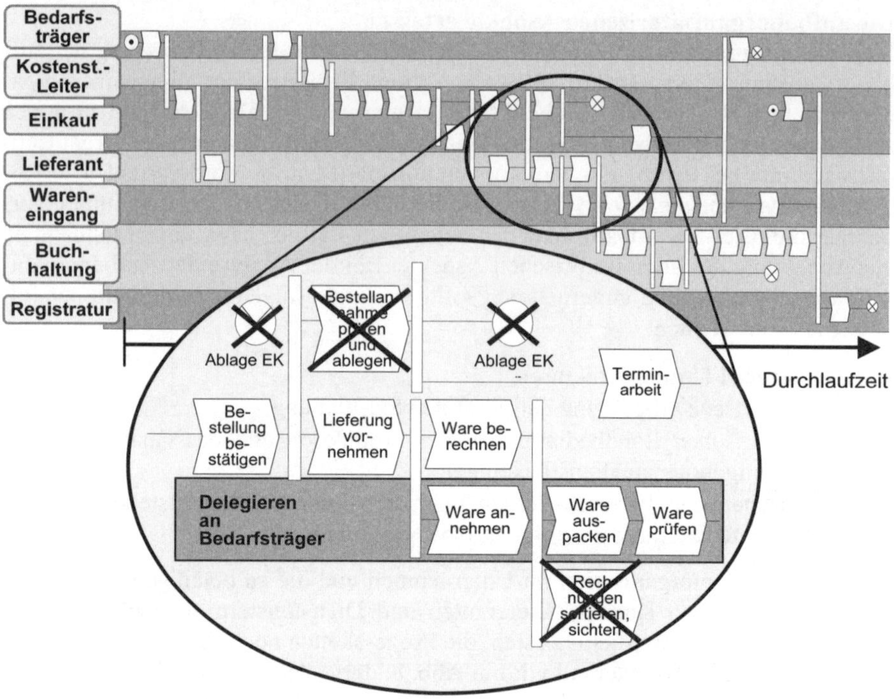


**Abb. 8.** Detaillierte Darstellung der Prozesskette

In Abb. 8 sind nur einige der 35 üblicherweise etablierten und zukünftig neu zu strukturierenden Teilprozesse herausgehoben. Festzustellen bleibt, dass man in diesem Beispiel durch die Einführung von e-Procurement mindestens 19 dieser Prozesse eliminieren und einige Prozesse in eine neue Verantwortung geben kann (hauptsächlich in die der Dienstleistung und des Bedarfsträgers). Schließlich müssen nur noch drei Organisationseinheiten beteiligt sein. C-Teile werden üblicherweise folgendermaßen charakterisiert:

- Sie machen 20-25 Prozent des gesamten Beschaffungswertes eines Unternehmens aus.
- Der Beschaffungsprozess für diese Teile nimmt 60-70 Prozent des Gesamtaufwandes in der Beschaffung in Anspruch.
- Ca. 80 Prozent aller Lieferanten sind damit befasst.
- 90 Prozent aller Teile sind C-Teile.

Erfolgsmeldungen aufgrund eines umfassenden „Prozessketten-Reengineerings" in der Beschaffung lesen sich wie folgt:

- Senkung der Bestellkosten von 279,- DM pro Bestellung auf 35,- DM.
- Reduzierung der Bestellauftragsdurchlaufzeit (Bedarfsmeldung des Bedarfsträgers bis zur Übergabe der Teile) von durchschnittlich 16 Tagen auf 1,5 Tage.

- Gesamtbearbeitungszeit (Prozesszeit) für eine Bestellung: früher 182 Minuten, heute 18 Minuten.
- Reduzierung der Teilprozessanzahl von früher 46 auf 12.
- Die Beteiligung von Organisationseinheiten bzw. Verantwortungsstellen am Bestellprozess im Unternehmen wurde von acht auf zwei reduziert.

Diese Potenziale erfordern einen Umgestaltungsprozess, dessen Aufwand und Schwierigkeiten allerdings nicht zu unterschätzen sind. In der Prozessanalyse wird einvernehmlich festgelegt,

- für welche Teile,
- mit welcher Organisation Einsparungen,
- in welchen Teilprozessen und
- in welcher Höhe

möglich sind. Erst dann lassen sich Einsparungen gegenüber den Kosten eines e-Procurements rechnen. Die Kosten (z. B. Gebühren für die Teilnahme am Marktplatz, Transaktionsgebühren, SW-Lizenzen, Belieferung) werden mit fünf bis 30 Prozent, gemessen am Einkaufswert, angegeben (teilespezifisch). Auf wirtschaftliche Lösungen kommt man auch nur dann, wenn man den Reorganisationsaufwand im eigenen Unternehmen kalkulierbar macht. Letztlich lassen sich Projekte im C-Teile-Management nur „rechnen“, wenn man die strategischen Chancen mit bewertet. Sie werden es bereits festgestellt haben: Dieses Praxisbeispiel zeigt v. a. auch, welchen Stellenwert die IT beim Prozesskettenmanagement besitzt.

**Die Analyse der IT-Prozesse und -Strukturen**

Da die Entwicklung und Umsetzung von SCM-Konzepten stark mit der organisatorischen Strukturierung der DV-Landschaft bei den beteiligten Partnern sowie mit der DV-Unterstützung der Auftragsabwicklungsprozesse zusammenhängt, sind im nächsten Schritt die IT-Prozesse und -Strukturen zu analysieren.

Analysiert man die DV-Unterstützung der Prozessabwicklung entlang der gesamten Supply Chain, so spielen neben der Abwicklung der unternehmensinternen Datenbewegungen (denken Sie an die genutzten Übertragungsverfahren, Datenarten, -raten und -mengen), der Transaktionsstruktur (Planungszyklen, Datenein-/ -ausgabe, Frequenz), der Optimierungsverfahren sowie der Datenwege insbesondere die Informations- und Kommunikationsprozesse über die Grenzen der einzelnen unternehmensspezifischen Systeme hinaus eine wichtige Rolle.(Thaler 2001). Hier sind die derzeit eingesetzten Verfahren und Prozesse zur Datenübernahme, die gegenseitigen Zugriffsmöglichkeiten (zeitliche und inhaltliche Gültigkeit), die übergeordnete Planungsintegrität sowie Medienbrüche und Schnittstellenkompatibilität von besonderer Bedeutung.

Die Analyse des Berichtswesens (Arbeits- und Produktionsberichte) gibt darüber hinaus Aufschluss über die Abläufe bei den Rückmelde- und Lenkungsprozessen. Auch hier ist die Kompatibilität der Abläufe auf den einzelnen Ebenen sowohl in zeitlicher als auch in qualitativer und quantitativer Hinsicht zu untersuchen. Auf der Detailebene spielen dann DV-systeminterne Abläufe, Algorithmen und Bedienungsaspekte eine Rolle, die ebenfalls vor dem Hintergrund der Kompatibilität und Integrierbarkeit zu untersuchen sind.

Bei der Analyse der IT-Strukturen ist der Bestand an DV-Systemen (bzgl. der Hard- und Software) zu untersuchen. Hier empfiehlt sich aufbauend auf der IT-Prozess Analyse das Erstellen einer DV-Landkarte, um sich einen schnellen Überblick zu verschaffen, welche Systeme was machen und wie sie miteinander kommunizieren. Zur Analyse der IT-Strukturen zählt auch die Untersuchung der innerbetrieblichen Datenbestände sowie die Feststellung der Datenumfänge des gesamten Verbundes.

**Datensicherung und -schutz**

Gerade im Zusammenhang mit Kooperationen über die Grenzen des eigenen Unternehmens hinweg spielen Aspekte der Datensicherung und des Datenschutzes eine wichtige Rolle. Denn die Sicherung des Datenaustauschs fällt nun nicht mehr nur in den Zuständigkeitsbereich eines Unternehmens. Vielmehr muss im Interesse aller beteiligten Unternehmen eine geeignete Organisationsstruktur gefunden werden, um die ausgetauschten Daten vor dem Zugriff Unbefugter zu schützen. Die Analyse der vorhandenen Sicherungseinrichtungen und deren Defizite liefert dazu die ersten Grundlagen.

**Analysieren Sie erfolgreich mit der Methode des Prozesskettenmanagements**

Wir haben in Teil 3 ausführlich über die Notwendigkeit einer ganzheitlichen Prozessorientierung gesprochen. Damit Sie die jeweiligen Aufgaben, die bei der Umsetzung auf Sie zukommen, gezielt durchführen können, benötigen Sie eine geeignete methodische Unterstützung. Dazu ist das schon mehrfach angesprochene Prozesskettenmanagement geeignet, denn hier werden Methoden bereitgestellt, die auf dem Modell der Prozesskette aufbauend die Neugestaltung und anschließende kontinuierliche Verbesserung von Unternehmensprozessen unterstützen. Im Fokus des Prozesskettenmanagements stehen insbesondere die unternehmensinternen und –übergreifenden logistischen Prozesse.

Voraussetzung für eine prozessorientierte Gestaltung der Supply Chain ist zum einen eine prozessorientierte Denk- und Verhaltensweise der beteiligten Partner und zum anderen (beginnend in Phase 1) eine Darstellung des Ist-Zustandes aller Unternehmen in einer Prozesssicht. Durch die konsequente Prozessorientierung schaffen Sie Transparenz, die Sie benötigen, um eine detaillierte Prozessbetrachtung durchführen zu können. Auf diese Weise sind dann beispielsweise Aussagen möglich, wo unnötige Puffer-, Transport- und Lagerprozesse den Auftragsdurchlauf in die Länge ziehen und wo Abstimmungsaufwände und Informationsdefizite durch ein effizientes Schnittstellenmanagement reduziert werden können. Damit Sie sich gut zurechtfinden, haben wir übrigens alles zum Thema Prozesskettenmanagement in ein graues Raster gesetzt. Wie Sie in Abb. 9 erkennen können, befinden wir uns noch immer in der Analysephase: Fünf wichtige Schritte aus dem Repertoire des Prozesskettenmanagements wollen wir Ihnen im Folgenden kurz näher erläutern.

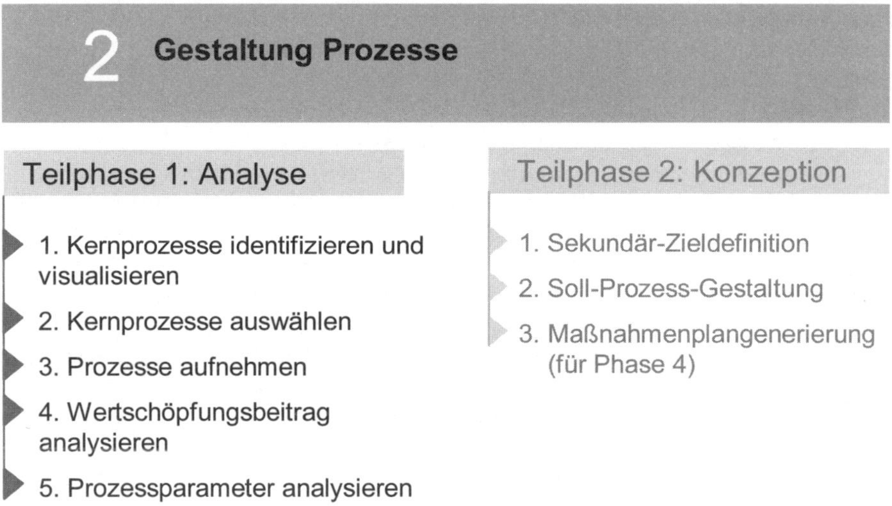


**Abb. 9.** Prozesskettemanagement - Schritte in der Analysephase

**Die Prozesskettenanalyse**

**Schritt 1: Die Kernprozesse identifizieren und visualisieren**

Die zentrale Aufgabe dieses Schrittes besteht darin, eine Liste mit den relevanten Kernprozessen zu identifizieren. Relevant meint: Unternehmensprozesse, die Kundenanforderungen erfüllen. Hier kommt es darauf an, eine überschaubare Anzahl von Kernprozessen zu finden und zu visualisieren, die den „roten Faden" für die Analysephase und die sich daran anschließende Konzeptionsphase bilden (können). Meist ist es schwer, die bereichsübergreifenden Prozessen von den bereichsinternen zu trennen, so dass die Untersuchungsbereiche viel Zeit in der Abstimmung des Ablaufes der Analysephase vertun. Relevante Fragestellungen in diesem Zusammenhang sind beispielsweise „Welche Prozesse existieren und welche Schlüsselfaktoren sind relevant?", „Welche Aufgaben sind durchzuführen?", „Welche Einflussfaktoren sind prozessbestimmend und wie beeinflussen diese den Prozess?" oder „Welche Konsequenzen ergeben sich für den Idealprozess?" Ausgehend von den Hauptprozessen „Beschaffen", „Herstellen" und „Liefern" erfolgt zunächst eine Einteilung in die Prozesskategorien „Lenkungsprozesse" und „operative Prozesse". Die Detailanalyse der Prozesse erfolgt anschließend gemäß des Prozessketteninstrumentariums (siehe Kapitel 3) anhand der 17 Potenzialklassen getrennt nach diesen Prozesskategorien. Im Rahmen der Lenkungsprozesse werden alle relevanten Planungs- und Entscheidungsprozesse untersucht, die einen Bezug zu den operativen Logistikprozessen aufweisen.

Generell lassen sich Prozesse nach ihrer Zeitorientierung, ihrem Bezug zum Endkunden, ihrer Zuordnung zu logistischen Kernbereichen oder nach ihren Flussobjekten unterscheiden. Planungsprozesse lassen sich in die Kategorien lang-, mittel- oder kurzfristige Prozesse unterscheiden. Weiterhin gibt es Prozesse der Beschaffungs-, Produktions-, Distributions- und Finanzlogistik. Zusätzlich kann man zwischen informationsfluss- oder materialflussbezogenen Prozessen unterscheiden.

Um Kernprozesse zu identifizieren, lassen sich Referenzmodelle für Aufgaben oder Prozesse des Supply Chain Management verwenden. Ein Beispiel hierfür ist das im Teil 3 beschriebene SCOR-Modell, das auf der obersten Ebene zwischen den Prozessen Planen, Beschaffen, Herstellen und Liefern unterscheidet. Auf der nächsten Ebene bietet das Modell für die unterschiedlichen Auftragsauslösungsarten (make-to-deliver, make-to-order, assemble-to-order etc.) spezifische Konfigurationen für logistische Kernprozesse an. Diese Kernprozesse werden auf weiteren Stufen detailliert. Ausgehend von diesen Referenzbeispielen kann das Kernteam die in der Praxis vorhandenen Prozesse identifizieren und in das Schema einordnen.

Ein anderes, seit einigen Jahren bewährtes Modell für den Bereich der Auftragsabwicklung ist das „Aachener PPS-Modell“ (Luczak u. Eversheim 1998). Es ist ein allgemeines Modell für die Beschreibung der Auftragsabwicklung und beinhaltet als eine Komponente die wesentlichen Aufgaben der Produktionsprogrammplanung, Produktionsbedarfsplanung, Eigenfertigungsplanung und -steuerung sowie Fremdfertigungsplanung und -steuerung. Für eine übergreifende Betrachtung der zum SCM gehörenden Prozesse ist dieses Modell allerdings zu ergänzen.

**Das Ziel – eine Liste mit den bedeutendsten Unternehmensprozessen**

Das Ziel dieses Schrittes besteht darin, eine Liste mit den zur Erfüllung der Kundenanforderungen bedeutendsten Unternehmensprozessen zu erarbeiten. Dazu ist eine Prozessbezeichnung zu generieren, die Aufschluss über den Anfangs- und den Endpunkt des jeweiligen Prozesses gibt. Dieser Endpunkt repräsentiert in der Begriffswelt des Prozesskettenmanagements die Senke des Prozesses. Als Pendant zu den Senken ist mit dem Anfangspunkt des Prozesses die Quelle zu benennen. Die vom Kernteam festzulegende Prozessbezeichnung sollte damit auf alle Aktivitäten implizit hinweisen, die zwischen der Quelle (dem Prozessanfang) und der Senke (dem Prozessende) durchgeführt werden müssen. Tabelle 11 zeigt beispielhaft einige Prozesse, die für die Logistik von herausragender Bedeutung sind und die Ausgangspunkt einer Prozessanalyse sein können. Die Erarbeitung einer derartigen Liste von Unternehmensprozessen ist als die konkrete Aufgabe dieses Schrittes anzusehen.

Das Aufgabenteam wird an dieser Stelle eventuell zum ersten Mal mit einem Denken in Prozessen konfrontiert. Die Auflistung der spezifischen Prozesse mag zunächst trivial erscheinen. In der Praxis erweist sich ihre Erstellung oftmals jedoch als nicht ganz so einfach, wie man möglicherweise vermuten mag. Der Grund: viele Mitarbeiter denken in der Regel noch immer in Funktionen. Während ihnen das Aufstellen oder das Beschreiben von unternehmensspezifischen Organigrammen ebenso geläufig ist wie die Darstellung von Abläufen innerhalb ihrer Abteilungen, verlangt die Identifikation relevanter Prozesse für das Supply Chain

Management ein Denken, das Unternehmens-, Abteilungs- und Funktionsbereichsgrenzen überwindet.

**Tabelle 11.** Beispiele für SCM-Prozesse

| | | |
|---|---|---|
| **Entwickeln**<br>- Entwurf bis Prototyp<br>- Produktentwicklung | **Herstellen**<br>- Kapazitätsplanung<br>- Auftragsabwicklung<br>- Produzieren<br>- Identifizierung Wartungsbedarf bis Instandsetzung<br>- Instandhaltungsprozess | **Verkaufen**<br>- Kundenberatung.<br>- Akquisitionsprozess<br>- Kundenanfrage bis bearbeitete Kundenanfrage<br>- Anfrage bis Auftragseingang<br>- Auftragseingang bis Zahlung |
| **Customizing**<br>- Kundenanfrage bis Problemlösung | **Lagern und Transportieren**<br>- Lagerüberwachung<br>- Transportplanung | **Service**<br>- Kundendienstprozess<br>- Beschwerdemanagement |
| **Beschaffen**<br>- Lieferantenauswahl<br>- Bestellung bis korrekter Objekteingang<br>- Beschaffungsprozess | | |

**Schritt 2: Kernprozesse auswählen**

Will man Logistikprozesse grundlegend neu gestalten, so ist man gut beraten, zunächst eine Fokussierung auf die für die Supply Chain wesentlichsten Prozesse vorzunehmen. In anderen Worten: man konzentriert die Projektaktivitäten zunächst auf einige wenige Hauptprozesse. Bei der Auswahlentscheidung für das weitere Vorgehen sind zwei wesentliche Leitfragen zu beantworten:

**Leitfrage 1:** Welche Bedeutung haben die Unternehmensprozesse bezüglich der Erfüllung wichtiger Kundenanforderungen?

Unternehmensprozesse haben einen unterschiedlich hohen Einfluss auf die Erfüllung der betrachteten Kundenanforderungen. Hierfür ist zunächst ein Zusammenhang zwischen den ermittelten Kundenanforderungen und den wesentlichen Unternehmensprozessen herzustellen. Dies sollte man im Anschluss bewerten.

**Leitfrage 2:** Welches Verbesserungspotenzial soll bei der Neugestaltung der Prozesse erreicht werden?

Das Verbesserungspotenzial in der Erfüllung der Kundenanforderungen resultiert aus dem (in diesem Kapitel nicht eigens dargestellten) Wettbewerbsvergleich, aus dem hervorgeht, wie gut das eigene Unternehmen einzelne aus Kundensicht wichtige Anforderungen im Vergleich zu den stärksten Wettbewerbern erfüllt. Bei der Selektion der Prozesse sollte man darauf achten, dass der Untersuchungsbereich ausreichend breit gewählt wird, da sonst die Freiräume für eine Prozessneugestaltung nicht ausreichend dimensioniert sind.

**Schritt 3: Prozesse aufnehmen**

Das Hauptziel dieses Schrittes dient der Erfassung des Ist-Zustandes aller zuvor ausgewählten Unternehmensprozesse. Das Aufgabenteam muss hierzu das auf langjähriger Erfahrung basierende Prozesswissen der operativen Mitarbeiter einbinden. Deren aktive Unterstützung ist eine grundlegende Voraussetzung für das Gelingen dieses Schrittes. Die für die Visualisierung und Analyse des Prozesses notwendigen Informationen werden hauptsächlich über Mitarbeiterinterviews erschlossen. Die Mitarbeiter aus den jeweiligen Organisationseinheiten und Abteilungen berichten, welche Aktivitäten in welcher Reihenfolge durchgeführt werden.

Eine weitere Möglichkeit, sich einen Überblick über die Abläufe in dem untersuchten Unternehmen zu erschließen, sind die bereits vorhandenen Unterlagen, die im Rahmen von Qualitätsaudits und Zertifizierungen erstellt wurden. Die Aussagekraft dieser Dokumentationen sollten jedoch, so unsere Erfahrung, durch das Kernteam hinterfragt werden. Denn häufig beinhalten diese Dokumentationen ausschließlich den reibungslosen „Normalprozess" und vernachlässigen die Darstellung zeitverbrauchender Rekursionen oder Blindprozesse.

Der Prozess wird durch das Aufgabenteam vollständig aufgenommen und in Form eines Prozesskettenplanes abgebildet. Nach dem Aufbau des Prozesskettenplanes sollte die Darstellung durch die Prozessinhaber (-verantwortlichen) verifiziert und – falls erforderlich – ergänzt werden. Prozessinhaber sind die Mitarbeiter, die die jeweiligen Prozesse im Tagesgeschäft ausführen. Sie verfügen daher über die für Prozess-Analysen notwendigen Informationen. In mehreren aufeinander folgenden Workshops werden die Korrekturen laufend in den Prozesskettenplan eingearbeitet. Dieser Zyklus wird solange durchlaufen, bis der Prozesskettenplan die Abläufe im Unternehmen korrekt widerspiegelt.

**Schritt 4: Den Wertschöpfungsbeitrag der Prozesse analysieren**

Während der Schwerpunkt der Prozessvisualisierung dazu dient, einen Überblick über die grundsätzliche Struktur der Prozesse zu erlangen, besteht die Aufgabe der Prozessanalyse in der Bestimmung der Prozessleistung hinsichtlich der Größen Zeit, Kosten und Qualität. Erst die simultane Berücksichtigung dieser drei Leistungsgrößen erlaubt eine ganzheitliche Bewertung der Prozessleistung. Sie sind daher von wesentlicher Bedeutung für die Beurteilung eines Prozesses. Auf der einen Seite kostet das Bereinigen von Qualitätsdefiziten in den Prozessen Zeit und Geld. Auf der anderen Seite sind die Prozesskosten und die Durchlaufzeit zwei weitere, sich ergänzende Erfolgsfaktoren im Wettbewerb mit anderen Unternehmen.

Eine erste Annäherung an die Analyse kann die Klassifizierung der Prozesse nach ihrem Beitrag zum Kundennutzen sein, um anschließend eine stärker qualitativ orientierte Vorgehensweise vorzunehmen, bei der Schwachstellen eines Unternehmensprozesses erkannt werden. Die Beurteilung der Prozesse geschieht mit der Frage, welchen Beitrag einzelne Prozesse zur Erzielung des Kundennutzens leisten. Im Rahmen dieser Fragestellung lassen sich zur gezielten und schnellen Erkennung von Optimierungspotenzialen die Prozesse in die vier Typen Nutz-, Stütz-, Blind- und Fehlprozesse klassifizieren.

**Tabelle 12.** Vier Typen von Prozessen

| Typ | Beschreibung |
|---|---|
| Nutzprozesse | Dies sind geplante Prozesse, die in ihrer Summe das fertige Produkt oder die vollständige Dienstleistung zum Ergebnis haben. Den durch die Nutzprozesse in Anspruch genommenen Ressourcen steht eine Steigerung des Kundennutzens gegenüber. Der externe Kunde wird ausschließlich diese Prozesse erkennen und entsprechend honorieren. |
| Stützprozesse | Dies sind ebenfalls geplante Prozesse (beispielsweise der Transport zwischen zwei Bearbeitungsstationen). Sie haben die Aufgabe, die Nutzprozesse zu unterstützen. Stützprozesse müssen im Rahmen der internen Kunden-Lieferanten Beziehungen erbracht werden und erbringen nur den internen, für die Weiterverarbeitung des Auftrags zuständigen Kunden, einen Nutzen. Da der externe Kunde den Nutzen dieser Prozesse nicht wahrnehmen kann, steigern Stützprozesse nicht den externen Kundennutzen. Stützprozesse sind deshalb auf das *notwendige Minimum* zu *reduzieren*. |
| Blindprozesse | Dies sind ungeplante Prozesse, die durch vorangegangene, nicht ausreichend fähige Nutz- und Stützprozesse verursacht werden (wie z. B. Rückfragen aufgrund mangelnder Information oder Suchtätigkeiten). Blindprozesse nehmen Ressourcen in Anspruch, erbringen jedoch keinen Kundennutzen. Sie führen daher zu einem Anstieg der Kosten, ohne dass sich am Markt ein höherer Preis für die Leistung erzielen lässt. Blindprozesse sind unbedingt zu *vermeiden*. |
| Fehlprozesse | sind auch ungeplant und führen dazu, dass getroffene Mengen- und Terminvereinbarungen nicht eingehalten werden können oder dass Nutzprozesse wiederholt werden müssen. Ebenso wie Blindprozesse entstehen auch Fehlprozesse infolge vorangegangener, nicht fähiger Nutz- und Stützprozesse. Fehlprozesse reduzieren den Kundennutzen, obwohl Ressourcen zur Leistungserstellung ge- oder verbraucht werden. Fehlprozesse sind aus diesem Grund ebenfalls *unbedingt* zu *vermeiden*. |

Aber auch Nutzprozesse können durchaus verbesserungswürdig sein. Hier gilt es, bei gleichem Kundennutzen den Ressourcenverbrauch zu verringern bzw. bei gleichem Ressourcenverbrauch den Kundennutzen zu erhöhen. Dazu wird das in Frage kommende Prozesskettenelement genauer untersucht, indem man weiter detailliert. Aus dieser feineren Ebene der Analyse wird jetzt für jedes neue Element der Kundennutzen ermittelt. Das geschieht wieder in der Weise, dass man zwischen Nutz-, Stütz-, Blind- und Fehlprozessen unterscheidet (Abb. 10).

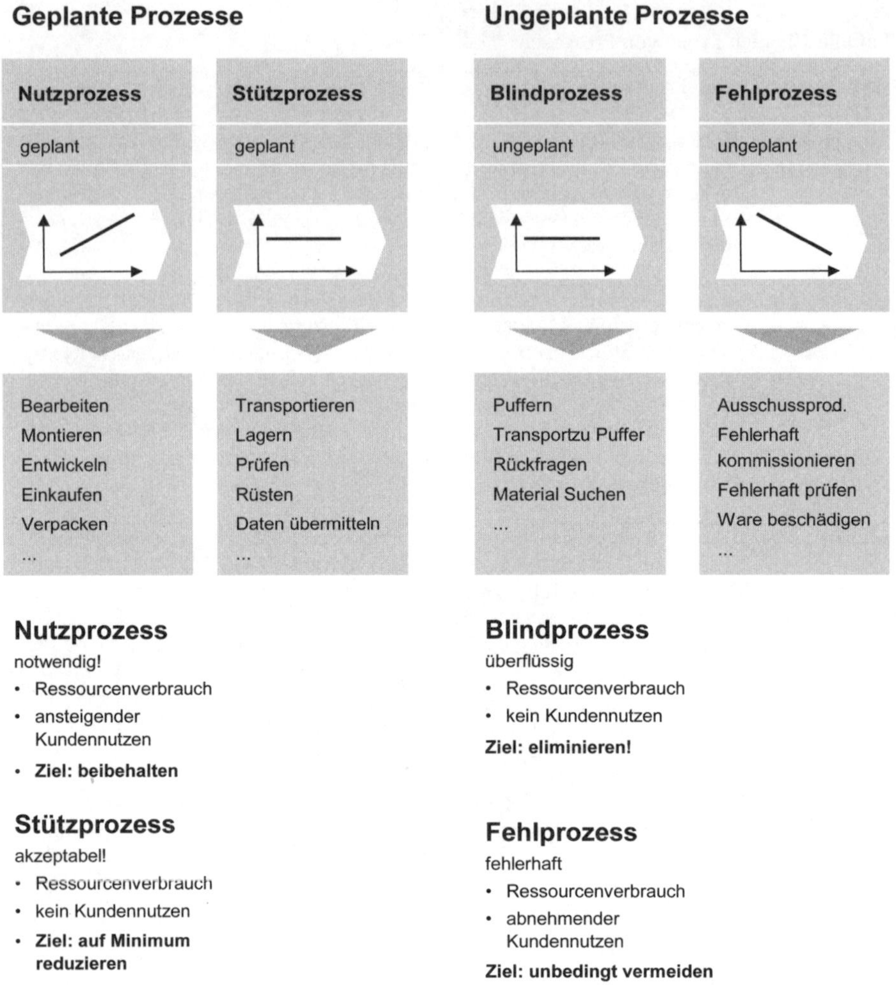


**Abb. 10.** Der Beitrag der Prozesse zum Kundennutzen

Um Prozesse zu beurteilen und Optimierungspotenziale aufzudecken, braucht man den Verlauf des Kundennutzens in Abhängigkeit vom Ressourcenverbrauch nicht quantitativ zu bestimmen. An dieser Stelle reicht in der Regel eine qualitative Schätzung des Verlaufes aus. Dabei wird das Ziel verfolgt, solche Prozesse zu identifizieren, die nicht in der Lage sind, die an sie gestellten Anforderungen zu erfüllen. Eindeutige Zeichen hierfür sind ungeplante Prozesse in der Prozesskette. Die ungeplanten Blind- und Fehlprozesse werden von nicht fähigen, in der Prozesskette immer zeitlich vorgelagerten Prozessen verursacht. So wird beispielsweise der ungeplante Prozess „bei Auftragsannahme rückfragen“ von dem zeitlich vorgelagerten Prozess „mit dem Kunden Liefertermin und Menge vereinbaren“

verursacht, der nicht ausreichend fähig ist, weil beispielsweise eine Artikelnummer oder -bezeichnung auf dem Auftragsdokument nicht vollständig dokumentiert ist oder gänzlich fehlt.

Wenn man also feststellt, dass ein Prozess nicht oder nur zu einem unzureichenden Prozentsatz wie geplant durchgeführt werden kann und somit häufig ungeplante Prozesse zur Erbringung des Kundennutzens durchgeführt werden müssen, so ist in der Prozesskette nach den Ursachen zu suchen. Außerdem sollte man Korrekturmaßnahmen diskutieren. Mit der Identifikation der prozessbezogenen Schwachstellen endet die Analysephase. Die ausgemachten Verbesserungspotenziale müssen nun in der Optimierungsphase gezielt ausgeschöpft werden.

**Schritt 5: Die Prozessparameter analysieren – Ansatzpunkt für eine Optimierung**
Vielfach werden strukturelle Schwachstellen schon bei der beschriebenen Prozess-Visualisierung deutlich. Mit der Auswertung der Analyseergebnisse lassen sich weitere Ansatzpunkte für eine Optimierung identifizieren. Wir wollen Ihnen beispielhaft zwei Diagramme (von mehreren möglichen) vorstellen.

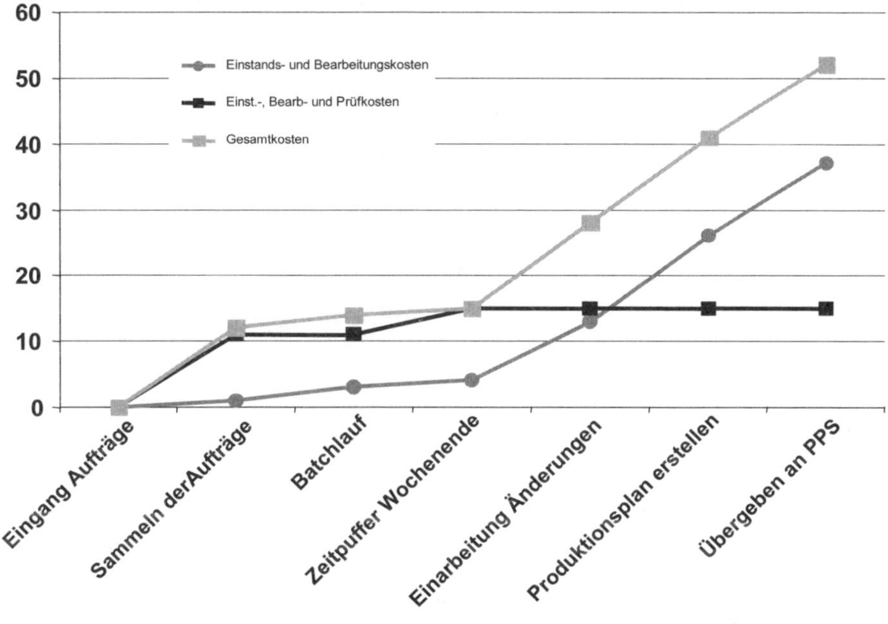


**Abb. 11.** Prozesskosten-Diagramm

**Das Prozesskosten-Diagramm**
Die Abb. 11 zeigt die über einer Prozesskette kumulierten Prozesskosten. Da in dem hier dargestellten Beispiel keine Einstandskosten einfließen, beginnt die Prozesskostenkurve im Ursprung des Diagramms. Wenn in einer Prozesskette Einstandskosten zu berücksichtigen sind (beispielsweise für Zukaufteile), so werden diese den Quellen hinterlegt. Die ausgewiesenen Prozesskosten werden, falls

es sich um logistische Kernprozesse handelt, entsprechend den einzelnen Prozesstypen Bearbeiten, Prüfen, Lagern und Transportieren differenziert. Diese Form der Darstellung veranschaulicht die prozesstypenspezifischen Kostenzuwächse. So wird zum einen deutlich, welchen Anteil die Bearbeitungskosten an den Gesamtkosten haben und zum anderen, welche Teilprozesse die Kostentreiber in einer Prozesskette sind. Genau diese kostentreibenden Prozesse bilden den vorrangigen Gegenstand von Optimierungsmaßnahmen.

**Das Durchlaufzeiten-Diagramm**

Vergleichbar mit der Darstellung der Prozesskosten erfolgt im Durchlaufzeiten-Diagramm (siehe Abb. 12) eine Kumulation der Durchlaufzeiten je Teilprozess und eine Differenzierung nach den Prozesstypen Bearbeiten, Prüfen, Lagern und Transportieren. Die untere Kurve verdeutlicht sowohl die den Quellen hinterlegten als auch die für Bearbeitungsprozesse zu berücksichtigenden Durchlaufzeitanteile. Aus diesem Diagramm geht zum einen hervor, wie hoch die Zeitanteile der Bearbeitungsprozesse an der Gesamtdurchlaufzeit sind und zum anderen, welche Prozesse welchen Zeitzuwachs verursachen. Das Diagramm zeigt somit, in welchen Bereichen der Prozesskette die „Zeittreiber" liegen.

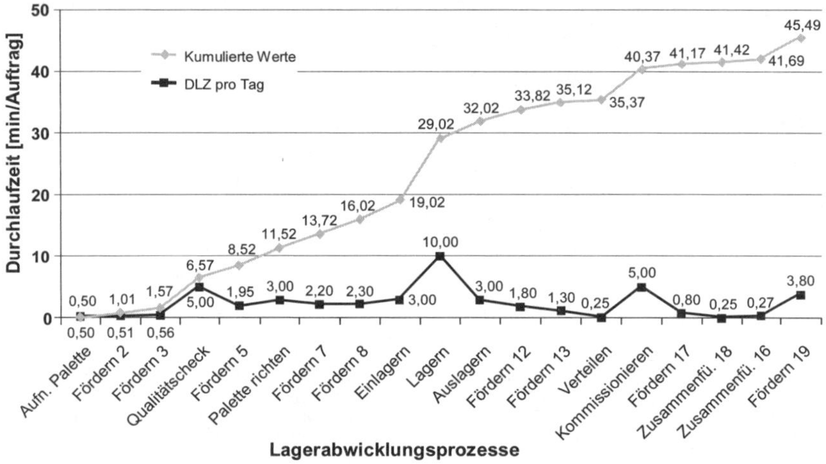


**Abb. 12.** Durchlaufzeiten-Diagramm

## 2.2 Wo alles hinführen soll – die SCM-Prozesse und Strukturen neu konzipieren

Wir befinden uns nun in der Konzeptionsphase. Die Modellierung und Gestaltung der SCM-Prozesse basiert auf den Ergebnissen der vorangegangenen Analysephase. Die identifizierten Problemschwerpunkte und Schwachstellen sind möglichst durch entsprechende Veränderungen der Abläufe bzw. Organisationsstrukturen zu beseitigen. Ehe Organisationsstrukturen neu gestaltet werden, ist zunächst eine

Optimierung der unternehmensübergreifenden Prozesse anzustreben, bevor die Verbesserung unternehmensinterner Prozesse konzipiert wird. Durch die Optimierungsmaßnahmen im Rahmen eines Soll-Konzeptes für die Organisation werden insbesondere mittel- bis langfristige Weichen für eine effiziente Auftragsabwicklung entlang der gesamten logistischen Kette gestellt. Das erarbeitete Soll-Konzept stellt die Grundlage der anschließenden SCM-Systemauswahl dar. Bei der Umsetzung des Soll-Konzepts ist darauf zu achten, dass zunächst nur die grundlegenden organisatorischen Zusammenhänge und Abläufe zu definieren sind. Die Erfahrung hat gezeigt, dass zu detaillierte Konzepte möglicherweise bei einer nachfolgenden Systemauswahl die Nutzung von Standardfunktionalitäten zu sehr eingrenzen.

**Gestaltungsparameter helfen weiter**

Die weiterführende Detaillierung wird zweckmäßig erst nach der endgültigen Auswahl eines SCM-Systems vorgenommen bzw. im Rahmen von Teilprojekten behandelt. Hinsichtlich der individuellen Umsetzungsstrategie können an dieser Stelle keine allgemeingültigen Aussagen getroffen werden, da hierfür stets unternehmensspezifische Zielsetzungen, Schwachstellen und Randbedingungen ausschlaggebend sind. Auf Basis der vorhandenen Projekterfahrung können hier jedoch wesentliche Gestaltungsgrößen aufgezeigt werden, deren Ausprägungen bei der Reorganisation im Rahmen eines SCM-Projektes festzulegen sind. Diese „Gestaltungsparameter“ beziehen sich sowohl auf rein organisatorische Fragestellungen als auch auf die EDV-Unterstützung und können jeweils entweder einem direkten oder einem erweiterten Gestaltungsfeld zugeordnet werden. Die Verwirklichung dauerhaft effizienter Geschäftsprozesse erfordert Handlungen in beiden Gestaltungsfeldern.

Bei der Gestaltung eines unternehmensübergreifenden SCM-Konzeptes sind die notwendige Ablaufstruktur und Organisation von Geschäftsprozessen zunächst nicht gegeben. Gestaltungsmaßnahmen für Geschäftsprozesse umfassen in diesem Sinn alle Aktivitäten, welche die Schaffung einer effizienten Struktur und einer effizienten Organisation von Prozessen zum Ziel haben. Darüber hinaus bedarf es einer laufenden Überprüfung der Prozesse, ob sie zum Betrachtungszeitpunkt angemessen sind, d. h. den Rahmenbedingungen und Zielen der Unternehmen gerecht werden. Die Gestaltung von Prozessen ist kein einmaliger Akt. Man kann folgende Abschnitte unterscheiden:

- Modellierung der Prozesse,
- Problem- und Schwachstellendiagnose der Prozesse,
- Ableitung der Gestaltungsziele aus den strategischen Vorgaben,
- Entwicklung von Gestaltungsalternativen für die Prozesse sowie
- Bewertung und Auswahl von Gestaltungsalternativen.

Prozessmodelle als das immaterielle Abbild realer Prozesse dienen dazu, Komplexität zu reduzieren und sind ein Hilfsmittel zur Erklärung und Gestaltung realer Prozesse. Mit Prozessmodellen werden Abläufe allen Prozessbeteiligten transparent gemacht und die fachlichen Inhalte der Prozesse kommuniziert. Sie dienen damit auch als einheitliche Gesprächs- und Entscheidungsgrundlage. Methoden zur Prozessmodellierung weisen jedoch häufig zu große Freiheitsgrade auf, so dass Interpretationsspielräume bestehen und eine intersubjektive Nachvollziehbarkeit nicht immer gewährleistet werden kann. Dies gilt insbesondere für den Fall, wenn unterschiedliche Unternehmensbereiche an einer Modellerstellung mitwirken. Um die Modellqualität zu erhöhen, wurden deshalb von Becker, Rosemann und Schütte (1991) die Grundsätze ordnungsmäßiger Modellierung (GoM) als Gestaltungsempfehlung für eine bedarfsgerechte Prozessmodellierung entwickelt.

**Geschäftsprozesse umfassend und transparent abbilden**

Über die Zuordnung der einzelnen Tätigkeit zur Erledigung einer vorgegebenen Aufgabenstellung wird der Ablauf in der zeitlichen Reihenfolge über definierte Vorgänger- und Nachfolgerbeziehung der gefundenen Teilprozesse modelliert und so transparent abgebildet. Die dabei nutzbaren Ansatzpunkte zur Veränderung der Geschäftsprozesse können sein:

- Kunde-Lieferant-Beziehung,
- Informations-Input,
- Informations-Output,
- SCM-Aufgabe (aus dem Aufgabenmodell, z. B. der genaue Arbeitsinhalt),
- verwendete Dokumente (Informationen),
- Zeit (Termin)-Restriktionen und Vorgaben,
- Potenziale (Zeiten/ Kosten/ Qualität) sowie
- Verantwortlichkeiten, Zuständigkeiten.

Welche Geschäftsprozesse prinzipiell Gegenstand von Gestaltungsaktivitäten sein sollen, wird in Literatur und Praxis oft unterschiedlich gesehen. Einerseits wird gefordert, dass lediglich repetitive Prozesse, die einen hohen Standardisierungsgrad aufweisen, gestaltet werden sollen. Andererseits wird bekräftigt, dass einmalige Prozesse und Prozesse mit geringer Wiederholung nicht von der Prozessgestaltung ausgeschlossen werden dürfen, da durch sie Erkenntnisse für zukünftige, vergleichbare Prozesse gewonnen werden können. Es ist zwar unbestritten, dass vor allem die Gestaltung repetitiver Prozesse sinnvoll ist, dennoch sollen nach Auffassung der Autoren auch nicht-repetitive Prozesse Gestaltungsobjekte sein. Einigkeit herrscht indes bezüglich der Integration von Lenkungsprozessen und operativen Prozessen.

**Das Neudesign der Prozesse in der Konzeptionsphase**

Die Konzeptionsphase hat die Neugestaltung und Verbesserung der logistischen Prozesse zum Gegenstand. Sie sieht im Prozesskettenmanagement drei Schritte vor (siehe hierzu auch Abb. 13):

- Schritt 1: Sekundär-Zieldefinition,
- Schritt 2: Soll-Prozess-Gestaltung (beinhaltet Grob- und Feinkonzeption),
- Schritt 3: Maßnahmenplangenerierung (Umsetzung in Phase 4).

Der Schwerpunkt liegt nun auf der Entwicklung von Ideen sowie deren Bewertung. Das Ergebnis ist ein erstes grobes Soll-Konzept, das die zuvor festgelegten Zielsetzungen verfolgt. Es beinhaltet überdies eine Prüfung auf Realisierbarkeit.

Die Basis sind die Daten, die Sie in der Analysephase gewonnen haben. Je nach Umfang und Detaillierungsgrad kann diese Phase den Charakter einer „Hauptstudie“ haben. Die konkrete Ausgestaltung der Prozessveränderungen ist dann den einzelnen Aufgabenteams vorbehalten, denn ihre Aufgabenfelder liegen in der Bearbeitung einzelner Problemstellungen im Rahmen von „Teilstudien“.

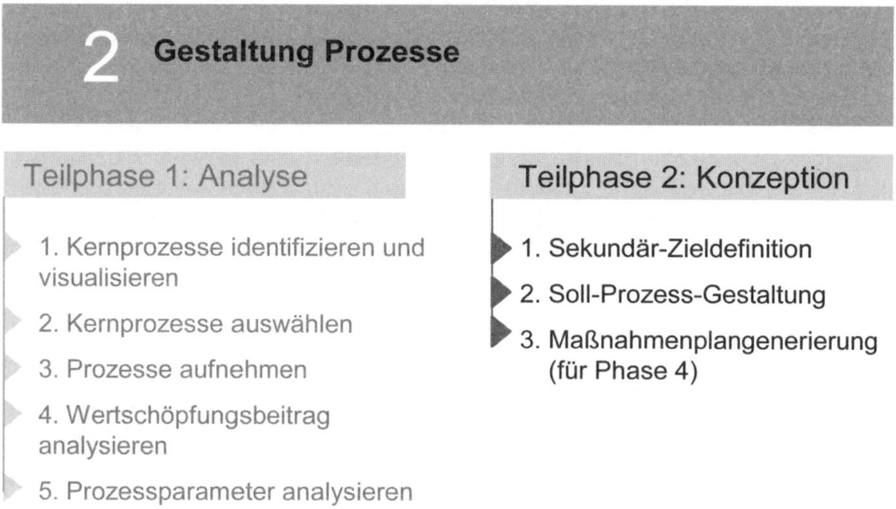


**Abb. 13.** Schritte in der Konzeptionsphase

**Schritt Nr. 1: Die Sekundär-Zieldefinition**
Die zu einem früheren Zeitpunkt vorgenommene Primärzieldefinition basiert i. d. R. auf marktbezogenen Angaben, die z. B. auf einer Befragung der Kunden und einer Erhebung ihrer Anforderungen sowie einem Wettbewerbsvergleich und den angestrebten, zukünftigen Differenzierungsmerkmalen basieren. Die an dieser Stelle bereits festgelegten Ziele kann man daher auch als extern induzierte Ziele bezeichnen. Sie sind auf der Grundlage der Ergebnisse der Analysephase in interne Zielgrößen umzuwandeln. Die Analysephase hat anhand der Aufnahme und Visualisierung der Prozesse sowie sekundärer Daten und Kennzahlen die zielgrößenbezogenen Leistungslücken verdeutlicht. Aus ihnen lässt sich dann am Ende dieser Phase ein Maßnahmenplan ableiten (im Schritt 3).

Wenn Sie sich mit der Sekundär-Zieldefinition beschäftigen, haben Sie auch genau den Zeitpunkt erwischt, an dem die am Projekt beteiligten Partner ihre Anforderungen an die Supply Chain überarbeiten und präzisieren sollten. Denn mit der detaillierten Kenntnis der tatsächlichen Prozesse kann jeder die ursprünglichen Annahmen aus einzelnen Teilbereichen neu beurteilen. Randbedingungen, die zunächst womöglich überbewertet oder im anderen Fall unberücksichtigt geblieben sind, kann man auf diese Weise in Bezug auf ihre Relevanz für eine übergreifende

Optimierung der Supply Chain neu festlegen. Dies hat einen nicht zu unterschätzenden Einfluss auf die anschließenden Schritte.

**Schritt 2: Die Soll-Prozess-Gestaltung**
Für das Neu-Design der Prozessketten ist die Teamarbeit unter Beteiligung aller Partner der Supply Chain eine grundlegende Voraussetzung. Eine grundsätzliche Projektorganisation haben wir Ihnen bereits vorgestellt. Häufig ist in der Praxis festzustellen, dass an unterschiedlichen Stellen im Unternehmen zwar vielfältige Veränderungsansätze entwickelt worden sind, sich dann aber aufgrund der widersprüchlichen Interessen nicht durchsetzen können.

Bei diesem Schritt unterscheiden wir das Erstellen eines Grob- und eines Feinkonzeptes (siehe Abb. 14). Die Ergebnisse finden Eingang in einen Maßnahmenplan, der im nächsten Schritt erstellt wird. Dieser Maßnahmenplan wird in Phase 3 aufgrund der Anforderungen, die aus der IT-Konzeption resultieren, nochmals überprüft und modifiziert.

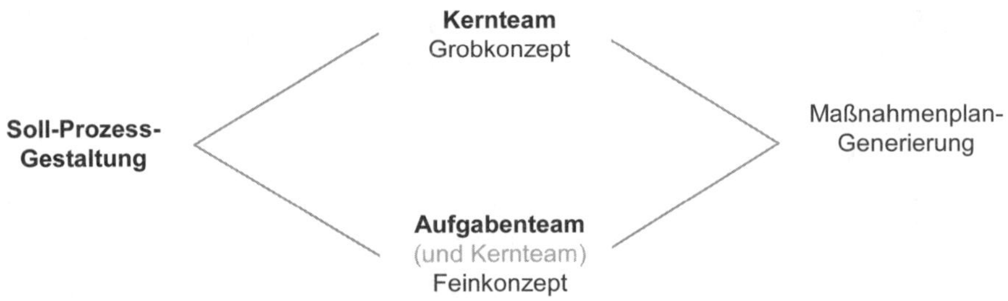


**Abb. 14.** Auf dem Weg zum Maßnahmenplan

Mit einem Projekt nach dem hier vorgestellten Ablaufplan besteht an dieser Stelle die Chance, unter den Mitgliedern des Kernteams den notwendigen Konsens zur Formulierung von zukünftig anzustrebenden Zielgrößen zu finden. Ein wesentlicher Motor hierfür ist die durch die Prozessvisualisierung geschaffene Transparenz über die Gesamtzusammenhänge in den komplexen Prozessen. Ausgestattet mit den Erkenntnissen aus der Analysephase haben die Teammitglieder häufig ein derart breites Wissen über die Supply Chain gewinnen können, dass sie willens und fähig sind, die neu gesetzte Zielsetzung zu erfüllen.

Die notwendigen Lösungsansätze lassen sich durch zwei unterschiedliche Vorgehensweisen erreichen. Da ist erstens der klassische Ansatz, der auf der Basis der Analyseergebnisse sukzessive Lösungsalternativen entwickelt sowie zweitens der Ansatz des Idealkonzeptes, der weitgehend losgelöst von existierenden Randbedingungen völlig neue Gestaltungswege geht. Da weder der klassische Ansatz ohne kreative und innovative Verbesserungsideen noch das Idealkonzept ohne Bezug zum Ist-Zustand auskommt, sind beide Vorgehensweisen sinnvollerweise miteinander zu verknüpfen.

Eine geeignete Plattform für diese Verknüpfung stellen die Potenzialklassen des Prozesskettenmanagements dar (siehe hierzu auch Teil 3). Jede einzelne Potenzialklasse beschreibt ein Suchfeld für neue Ideen und Innovationsansätze. Die

Potenzialklassen stellen ein Gliederungsschema für Reorganisationsansätze dar. Sie liefern damit erste Hinweise für mögliche Variationen der bisherigen Prozessstrukturen. Die Potenzialklassen sind der Startpunkt für den Einsatz von Kreativitätstechniken wie beispielsweise der Brainstorming- oder Morphologie-Methode. Sie bewegen die Teammitgliedern zum Verlassen herkömmlicher Sichtweisen, indem sie veranlasst werden, sich mit einer Vielzahl unterschiedlicher, fremdartiger Facetten eines Problems auseinanderzusetzen. Zusätzlich eignet sich im übrigen auch die Prozessketten-Fehler-Möglichkeits- und Einflussanalyse (FMEA), um Defizite vorhandener Prozesse aufzudecken und Maßnahmen zu ihrer Beseitigung zu erarbeiten.

Eine weitere Quelle für Verbesserungsansätze ist der Vergleich der analysierten Prozesse mit Referenzprozessen. Hierbei sollte jedoch der jeweilige Detaillierungsgrad der Teilprozesse übereinstimmen. Je nach Aufgabenstellung sollten unterschiedliche Referenzprozesse zum Einsatz kommen. Bei einer Definition von Logistikprozessen auf strategischer Ebene bietet sich z. B. der Einsatz des bereits beschriebenen SCOR-Modells an mit den Ebenen 1 bis 3 (Top Level, Configuration Level und Process Element Level). Ab Ebene 3 können Sie das Prozesskettenmodell einsetzen (siehe Abb. 15). Ist der Fokus des SCM-Projektes z. B. die Einführung eines (Standard-)DV-Systems, so können die z. B. durch Scheer definierten Geschäftsprozesse verwendet werden (Scheer 1998). Die erarbeiteten Lösungsalternativen werden in Form von Prozessvarianten konkretisiert, bewertet und in neue Prozesskettenpläne eingearbeitet.

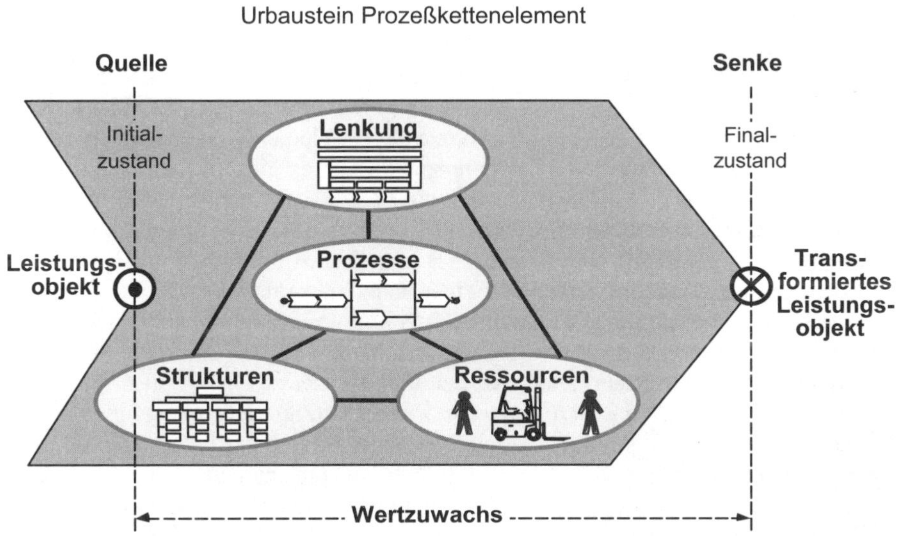


**Abb. 15.** Das Prozesskettenmodell (Kuhn 95)

Ergebnis dieser Konzeptionsphase ist der Entwurf einer visionären Supply Chain, in der innovative, kreative Ideen und Vorschläge unabhängig von ihrer Realisierungswahrscheinlichkeit dargestellt sind. Durch eine Vielzahl von innovativen Ideen soll der Horizont für Veränderungsmaßnahmen bei den Beteiligten erweitert werden. Beim Brainstorming beispielsweise regt ein Teilnehmer die anderen an und erfährt Anregung von den anderen. Das Aufgreifen von Ideen nutzt den synergetischen Leistungsvorteil einer Gruppe gegenüber der Einzelarbeit. Nur in einem kritikfreien Raum erleben die Teammitglieder den Spaß an der Kreativität. Erst in einem zweiten Schritt wird aus der Visionskette die Soll-Kette entwickelt, in dem für jede überlegte Maßnahme eine Potenzial- und Investitionsabschätzung erstellt wird. Auf dieser Basis wird je nach Tragweite der Entscheidung die Projektleitung oder der Lenkungsausschuss eine Empfehlung für die Realisierung der Maßnahme empfehlen oder genehmigen.

Das in Abb. 15 dargestellte Prozesskettenelement ist als selbstähnliches Modell zu verstehen. Diese Selbstähnlichkeit erlaubt eine beliebig feine Detaillierung jedes Prozesskettenelementes. In der Konsequenz resultiert daraus die Möglichkeit, dass ein Teilprozess wieder eine Prozesskette in sich beinhalten kann. Für eine vollständige Beschreibung dienen die Parameter Lenkung, Prozess, Struktur, Ressourcen, Quelle und Senke. Welche fünf elementaren Fragen eines Systems zu beantworten und womit die Optimierungsansätze der Geschäftsprozesse zu charakterisieren sind, ergänzen wir hier: zur Anpassung an veränderte Umfeldbedingungen und zur Erfüllung der Unternehmensziele werden aus diesen Parametern die Potenzialklassen des Prozesskettenmanagements abgeleitet (vgl. hierzu Abb. 16). Sie stellen ein wichtiges Element des Prozesskettenmanagements dar, weil sie die Stellschrauben einer Prozessoptimierung sind.

An dieser Stelle sollten wir uns doch noch einmal vor Augen führen, was in einem Prozess (bzw. in einem Prozesskettenelement) grundsätzlich beeinflusst oder verändert werden kann.

Hierfür wurde der Begriff Potenzialklassen geprägt. Im Teil 3 (siehe Abb. 18 ) hatten wir schon beschrieben, was die Funktionen Prozess, Quelle/ Senke, Ressourcen, Strukturen und Lenkung des Prozesskettenelementes zu bedeuten haben. Jetzt wollen wir definieren, welche Potenzialklassen es gibt und wie sie sich gegenseitig beeinflussen. Vielleicht ist das die ganze Kunst der Logistik oder des Supply Chain Managements: zu wissen oder vorherzusagen, wie sich die Leistung eines Prozesses verändert, wenn man z. B. die Dispositionsstrategie in der Lenkungsebene eines Lagerprozesses von einer Kapazitätsnutzungsoptimierung in eine Durchlaufzeitverkürzung bzw. Reaktionszeitminimierung überführt. Denn dies wirkt sich sofort auf die Flächenbedarfe im Wareneingang aus: Die Ressource Fläche muss erhöht werden. Das bedeutet aber ein neues Layout, also eine neue Anordnungsstruktur. Wir sehen, dass durch eine Veränderung in irgendeiner Potenzialklasse sofort Änderungen in anderen Potenzialklassen hervorgerufen oder sogar zwingend werden. Wir haben es immer mit mehrdimensionalen Veränderungsprozessen zu tun, wenn wir das Konzept eines Prozesses verändern wollen.

Deswegen lohnt es sich, zumindest alle Potenzialklassen – es gibt übrigens 17, wie man in Abb. 16 abzählen kann – zu checken, inwieweit eine gegenseitige Beeinflussung ausgeschlossen oder in etwa quantifiziert werden kann. Dafür macht es Sinn, die 17 Potenzialklassen möglichst allgemeingültig und damit für alle Prozesse übertragbar zu definieren.

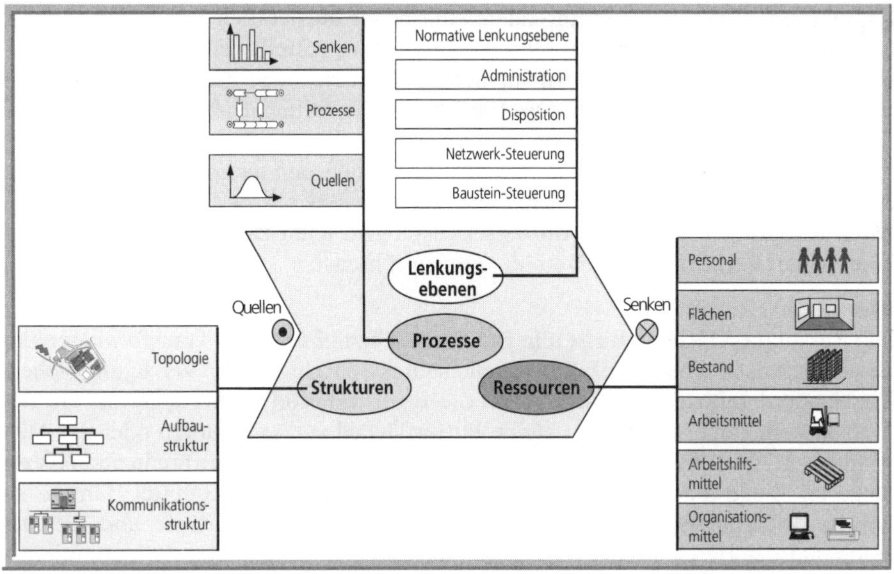


**Abb. 16.** Aus dem Prozesskettenmodell abgeleitete Potenzialklassen nach (Kuhn 1995)

Die Operationalisierung der beschriebenen Ziele des Prozesskettenmanagements geschieht anhand dieser Potenzialklassen. Jede über eine Potenzialklasse realisierte Einflussnahme auf ein Prozesskettenelement lässt sich dabei entsprechend der Wirkung hinterfragen. Beginnend mit den Ressourcen beschreiben wir im folgenden alle Klassen. Diese Beschreibung ist notwendigerweise sehr allgemeingültig gehalten und muss für die diversen Prozesstypen oder Teilprozesse der Anwendung weiter spezifiziert werden.

**Ressourcen**

Unter Ressourcen werden die benötigten personellen, materialflusstechnischen und informationstechnischen Mittel verstanden, die ein Auftrag zur Durchführung benötigt. Ressourcen erzeugen bei definierter Leistung Kosten und müssen deshalb für die Ausführung des Auftrages minimiert werden. Die Ressourcen werden auch die „sechs knappen Betriebsmittel der Logistik" genannt. Die Inanspruchnahme der Ressourcen legt bei vorgegebener Systemlast die Leistungsfähigkeit, Leistungsreserven und insbesondere die Kosten eines jeden Prozesskettenelements fest. Zu ihnen zählen das Personal, die Fläche, der Bestand, die Arbeitsmittel, die Arbeitshilfsmittel und die Organisationsmittel.

Arbeitsmittel, Arbeitshilfsmittel und Organisationsmittel tragen dazu bei, Durchlaufzeiten und Kapazitätsauslastungen durch verkürzte Übernahmezeiten zu optimieren. Ferner erlaubt der flexible Personaleinsatz, beispielsweise auf variierende Auftragslasten zu reagieren.

**Personal**

Unter der Ressource Personal werden sämtliche Mitarbeiter verstanden, die einem Prozess während seiner Betriebszeit zur Verfügung stehen. Das Personal beschreibt zum einen den ausführenden Mitarbeiter hinsichtlich seiner Ausbildung, Qualifikation und Motivation. Durch Schulungen, Anreize und Entlohnungssysteme wird der Ausbildungshorizont der Mitarbeiter sowie die Qualität der Auftragsdurchführung beeinflusst. Die Einführung der Gruppenarbeit erhöht die Motivation und dadurch die Güte der Auftragsdurchführung. Zum anderen beschreibt die Potenzialklasse Personal die Arbeitsorganisation und dadurch die Flexibilisierung der Arbeits- bzw. Pausenzeit. Eine Anpassung der Arbeitszeit an die verfügbaren Kapazitäten bzw. der Auftragseinlastung in allen Bereichen kann zu einer erheblichen Verkürzung der Durchlaufzeiten führen.

**Fläche**
Die Ressource Fläche umfasst alle Betriebsflächen, die für die Transformation des Basisobjektes in einem Prozess während seiner Betriebszeit zur Verfügung stehen. Sie besitzt damit sowohl Einfluss auf die Investitionskosten als auch auf die Betriebskosten. Dabei können zu kleine Pufferflächen zu Staus führen oder die Auswahlmöglichkeiten zwischen mehreren Aufträgen (Reihenfolgen) reduzieren. Verlängerte Wege oder nachteilige Anordnungen der Betriebsmittel führen zu höheren Übergangszeiten. Flächenkosten wie zusätzliche Energie und die Beleuchtung der Bereiche sind mit ergonomischen Anforderungen zu kombinieren. Es ist ein Kompromiss zwischen ökologischen Maßnahmen einerseits und der ökonomischen Effizienz dieser Maßnahmen andererseits zu finden.

**Bestände**
Der Bestand beschreibt die Anzahl der Basisobjekte in einem Prozess (Pielok 1995). Bestände können sowohl Materialvorräte (wie z.B. Rohstoffe, Zwischenprodukte oder Endprodukte) als auch die Anzahl an Kunden- oder Fertigungsaufträgen sein. Diese können bereits in das System eingelastet sein (disponibler Bestand), wenn sie physisch noch gar nicht verfügbar sind. Auf diese Weise kann man sie einplanen, bevor sie den Prozess durchlaufen (Bestände durch Informationen ersetzen). Ferner haben Bestände Einfluss auf die logistischen Zielgrößen, da sie mit den Kapazitäten, Durchlaufzeiten und dem Kundennutzen in direktem Zusammenhang stehen. Da sich diese Zielgrößen entgegengesetzt verhalten, ist die „Harmonisierung der Bestände“ und oft eine ganzheitliche Bestandsminimierung über die gesamte Prozesskette notwendig.

Veränderungen im Bereich der Lenkungsebene, Struktur, Prozesse sowie der Ressourcen und die damit verbundenen Auswirkungen beeinflussen die Bestände. In Abhängigkeit dieser Bestände variieren alle übrigen logistischen Zielgrößen.

**Arbeitsmittel**
Die Arbeitsmittel sind die Ressourcen, die direkt eine Transformation des Objektes bewirken. Typische Arbeitsmittel sind Anlagen- und Betriebsmittel wie Produktionsmaschinen und -anlagen oder Förder- und Lagersysteme, die einem Prozess zugeordnet werden. Im Falle des innerbetrieblichen Transportes werden unter Arbeitsmittel die Transportmittel als maßgebliches Instrumentarium zur Aufnahme, Beförderung und Abgabe des Transportgutes verstanden. Sie sind somit für den Transfer von einer physischen Quelle zur Senke verantwortlich. Ihre Leistungsfähigkeit nimmt dabei großen Einfluss auf die Zielgrößen Kapazitätsauslas-

tung und Durchlaufzeit. Nur durch die Abstimmung der Arbeitsmittel mit den in direktem Zusammenhang stehenden Arbeitshilfsmitteln und Schnittstellen kann ein leistungsfähiger Prozess realisiert werden.

**Arbeitshilfsmittel**

Die Arbeitshilfsmittel werden neben den direkten Bearbeitungsmitteln für die Objekttransformation benötigt. Zu ihnen zählen u. a. die Ladehilfsmittel. Sie werden benötigt, um Aufträge durchzuführen. Ihre zeitpunktpunktgenaue Bereitstellung hilft die Durchlaufzeit zu beschleunigen. Somit ist diese Potenzialklasse notwendig zur Steuerung von Prozessen. Besonders in der externen Logistik ist die Auswahl der Hilfsmittel entscheidend. Speditionen, Logistikdienstleister oder die Nutzung eines Mehrwegpools ermöglichen eine Optimierung der Rücktransporte an Leerpaletten. Leerfahrten und die damit verbundenen Kosten können erheblich gesenkt werden.

Eine Abstimmung mit den Arbeitsmitteln minimiert die Umschlagszeit. Ist z. B. eine erhöhte Anzahl an unterschiedlichen Ladungsträgern im Umlauf, müssen diese entsprechend ihrem Bestimmungsort verteilt werden, wodurch ein erhöhter Handlingaufwand entsteht. Ebenso kann ein weiterer Umschlag auf kundenspezifische Ladehilfsmittel auftreten, wodurch Mehraufwand und Kosten entstehen.

**Organisationsmittel**

Organisationsmittel sind notwendig zur Informationsverarbeitung und haben unterschiedlichen Einfluss auf die logistischen Zielgrößen. Dazu zählen Informationsträger (z. B. Barcodes etc.) genauso wie Informationsspeicher und technische Realisierungen, die zur Verwaltung von Informationen mit Hilfe von Computern benötigt werden, um übertragen (z. B. EDI-Systeme mit Daten-Fern-Übertragung) und bearbeitet werden zu können (z. B. Computer-Analyse-Programme wie Simulation oder Distributionsprogramme). Durch die Informationsträger sind notwendige und vorher eingespeicherte Daten bekannt (u. a. Zielinformationen, Auszeichnungshinweise, Handhabungsvorschriften oder Gefahrgutinformationen). Die lückenlose Sendeverfolgbarkeit sowie eine Vermeidung von Medienbrüchen kann realisiert werden. Eine Verbesserung der Informationsqualität unterstützt die Optimierung von Transport-, Sortier- und Umschlagsprozessen.

**Prozesse**

Prozesse sind eine geordnete und zielgerichtete Folge verbundener Aktivitäten oder Ereignisse, die in einem engen Zusammenhang zueinander stehen. Die Transformation der Leistungsobjekte ist als Prozess definiert, die mit Hilfe der Grundprozesse Bearbeiten/ Prüfen, Lagern und Transportieren zugeordnet werden können. Die Prozesse stellen somit das Grundgerüst dar, in welchem die Leistungsobjekte transformiert werden können. Die in den Prozessen transformierten Leistungsobjekte werden in Quellen generiert, welche den Beginn einer Folge von Prozessen dokumentieren. Hat das Leistungsobjekt die Senke erreicht, ist die Transformation abgeschlossen.

**Quellen**

Die Quelle beschreibt die Austauschbeziehungen der Elemente mit der Umwelt bzw. den Systemlasten. Quellen repräsentieren die „Gesamtheit der in das System eingehenden bzw. durchlaufenden Daten und die das Verhalten beeinflussenden Größen“ (Beckmann 1996). Sie legen die Systemlasten zusammen mit den Senken fest. Quellen sind die Eingänge der Prozesskettenelemente und beschreiben die Art und Menge der Basisobjekte, welche in das Prozesskettenelement einlaufen. Neben der Anzahl der Basisobjekte pro Zeiteinheit, der Verteilung der Basisobjektanzahlen und den Typen der Basisobjekte bildet die Verteilung dieser Typen auf die Gesamtzahl der Basisobjekte die eingangsseitige Systemlast.

**Senken**
Senken beschreiben die in die nachfolgenden Prozesse einfließenden Objekte bzw. Größen. Dazu gehören die transformierten Leistungsobjekte, die Informationen über die Auftragsbestätigung sowie mögliche Abweichungen zu den vorher definierten Zielen liefern. Gelangt das Objekt (Information oder Material) an die Senke, so löst es ein Abrufverhalten des nachfolgenden Prozesses aus. Der Prozess ist dann abgeschlossen, wenn das Objekt das Prozesskettenelement verlassen hat.

**Prozessstruktur**
Die Prozesse bzw. Teilprozesse bilden gemeinsam mit den Quellen und Senken die Prozessstruktur, die beliebig detailliert werden kann. Man unterscheidet die Prozesstypen:

- Bearbeiten/Prüfen,
- Transportieren,
- Lagern bzw. Puffern.

Die Prozessfähigkeit und der Kundennutzen können gesteigert werden, wenn diese Prozessstruktur analysiert und zielgerichtet verändert wird. Dies gelingt durch

- Zusammenfassen,
- Parallelisieren,
- Erweitern,
- Verkürzen,
- Eliminieren oder
- Vertauschen von Prozessen.

Bei der Analyse wird der Ist-Zustand in Form von Prozessketten aufgenommen, welche die aktuellen Prozessabläufe eines Bereiches beschreiben. Sie werden später als Grundlage für den Vergleich mit dem Soll-Zustand genutzt.

**Strukturen**
Über die Struktur wird der Bezug zwischen der ablauforientierten Prozesskette und den Strukturen des entsprechenden Unternehmensbereichs hergestellt. Strukturen sind „momentan stillstehende, in das Unternehmen eingebettete Prozesse“ (Beckmann 1996), die in hohem Maße statisch, aber nicht grundsätzlich unveränderbar sind. Zu den Strukturen zählen das Layout, die Aufbauorganisation und die technische Kommunikationsstruktur. Das Layout beschreibt die räumliche Anordnung von Betriebsmitteln auf den Unternehmensflächen. Die Aufbauorganisation legt die Prozessverantwortung innerhalb der Prozesse fest. Die IT-Struktur und die

EDV-Systeme bilden die Basis für die technische Kommunikationsstruktur. Sie definiert die Informationsflüsse und die entsprechenden Schnittstellen innerhalb des Prozesses. Die Leistungsfähigkeit eines Prozesses wird maßgeblich durch die interne Struktur seiner Teilprozesse bestimmt. Es ist notwendig, Prozesse und die entsprechenden Strukturen des Unternehmensbereichs so aufeinander abzustimmen, dass die Prozesskette ein Minimum an Schnittstellen durchläuft.

**Layout**
In der Potenzialklasse Layout wird die Anordnung der Arbeitsmittel und der Fläche bestimmt sowie die diversen Transportwege festgelegt. Das Layout – oft auch als Topologie bezeichnet – beeinflusst maßgeblich die logistikgerechte Flächennutzung. Das interne sowie externe Layout beschreiben u. a., wie viele Lager- oder Pufferbereiche, „wo und wie" von den Objekten und Betriebsmitteln genutzt werden können. Dabei unterstützt eine Optimierung der Prozessabläufe (beispielsweise durch eine Minimierung der Wege) die Flächennutzung. Das Layout muss so gestaltet werden, dass Umschlagprozesse vermieden oder reduziert werden. Dabei besteht die Möglichkeit, Übergangszeiten durch eine optimierte Anordnung der Stationen reduzieren zu können.

**Aufbauorganisation**
In der Potenzialklasse Aufbauorganisation werden die Kommunikations- und Entscheidungsstrukturen realisiert. Diese bestimmen den Vollzug der Austauschbeziehungen innerhalb der Prozesskette und die Festlegung der dazugehörigen verantwortlichen Personen. Damit hat die Aufbauorganisation Einfluss auf die Wege, die der Informationsfluss (aber auch der eigentliche Prozess) beansprucht. Ziel ist es, Schnittstellen und die damit verbundenen Zeitverzögerungen zu minimieren sowie Hierarchien abzubauen. Trotzdem soll durch eine Implementierung von teilautonomen Bereichen die Flexibilität erhöht werden. Dies ist nur durch eine Erweiterung der Verantwortungsbereiche bzw. einer Ausdehnung der Entscheidungsbefugnisse umzusetzen. Dadurch kann ein häufiger Wechsel von Verantwortungsbereichen verhindert werden. Bedingung für die erfolgreiche Umsetzung ist die Ausrichtung der Aufbauorganisation entlang des Auftragsflusses und die Zentralisierung der Disposition. Dementsprechend ist die Verantwortungs- und Kommunikationsstruktur von einer vertikalen zu einer horizontalen Entscheidungsstruktur zu verändern. Ergebnis dieser Veränderungen ist, dass Bereiche Informationen schneller austauschen bzw. Ressourcen flexibler nutzen. So werden unnötige Pufferzeiten reduziert, die Durchlaufzeit wird minimiert.

**Technische Kommunikationsstruktur**
Diese Potenzialklasse beinhaltet die technische Vernetzung aller implementierten externen bzw. internen Systeme (z. B. Dispositionssysteme). Dabei sorgen verbundene, gemeinsam agierende und sich ergänzende Systeme für einen schnellen Datenaustausch. Die angrenzenden Prozesse werden durch die Realisierung einfacher und rationeller Kodierungs- und Identifikationstechniken schneller angestoßen.

**Lenkungsebenen**

Jeder Prozess benötigt Regeln und Steuerungsvorschriften, die den Entscheidungsspielraum bezüglich der vor- und nachgeschalteten Prozesse, untergeordnete Teilprozesse und übergeordnete Instanzen definieren. Die Funktion wird durch die Lenkungsebene wahrgenommen. Beckmann beschreibt die Lenkung als eine „Eigenschaft von Systemen, die deren Fähigkeit bezeichnet, sich zielgerichtet zu steuern und selbst unter Kontrolle zu halten". Durch den Einfluss der Lenkungsebenen werden Prozesse genau definiert und selbstähnlich beschrieben. Sie schildern die Verbundenheit der Prozesse im Gesamtsystem und definieren sich zu fünf Lenkungsebenen, die wie folgt bezeichnet werden:

- Normative Gestaltungsebene
- Administrative Gestaltungsebene
- Dispositive Gestaltungsebene
- Netzwerkebene
- Steuerung

Die Lenkung mit ihren fünf Ebenen erfüllt unterschiedliche Aufgaben bei der Koordinierung und Regelung der Einzelprozesse durch implementierte Regel- und Steuerungsvorschriften. Es werden untergeordnete Systeme, übergeordnete Kompetenzen und benachbarte Prozesse bestimmt. Durch die Integration von Funktionen in den entsprechenden Ebenen sind die Vorschriften notwendig für die Planung, Steuerung und Überwachung der Abläufe sowie der permanenten Planungsbereitschaft. Außerdem gewährleisten sie die Funktionalität des Systems.

**Normative Gestaltungsebene**

In der höchsten Ebene werden übergeordnete Werte, Normen und Ziele beschrieben, welche Bestandteil der Unternehmenskultur bzw. -philosophie sind. Der gesamte Prozess wird hinsichtlich aller dort auftretenden Potenzialklassen hinterfragt (Einfluss von Veränderungen der Senken, Quellen, Zielgebiete, Partnerschaften bzw. Kooperationen etc.) und in einem kontinuierlichen Verbesserungsprozess optimiert. Somit werden Rahmenbedingungen für die Implementierung geschaffen. Dies geschieht ausschließlich durch die in ihr festgelegten Normen, Werte und Ziele. Der Einfluss der normativen Ebene ist zwar indirekt, aber dennoch entscheidend. Die hier festgelegten Ziele sollen durch die übrigen Potenzialklassen erreicht werden.

**Administrative Gestaltungsebene**

Die Administration bildet die Schnittstelle zu über- bzw. nebengeordneten Systemen im Unternehmen. Somit stellt sie die Verbindung zur Außenwelt bzw. den vor- oder nachgeschalteten Prozessketten sicher und beeinflusst so die Aufträge der Kunden bzw. Lieferanten. Ihre Intelligenz nimmt Einfluss auf das zu lenkende System im Sinne einer ausgewogenen Systemlast. Diese wird in Form von Aufträgen, deren Sammlung, Reihung und Analyse von Zusatzinformationen sowie Beschreibung der Regeln zur Systemlaständerung bei Regelabweichung erzeugt. Durch die Erfassung verschiedener Trends (wie z. B. spezielle Servicewünsche oder Entwicklungen in der Logistik) müssen Ziele permanent hinterfragt und angepasst werden. Neue Zielgrößen für Zeit, Kosten und Qualität sind festzulegen. Deren Durchsetzung gelingt u.a. durch Änderungen in der administrativen Lenkungsebene. Diese Lenkungsebene hat vorausschauenden Charakter, damit Anpassungen der Unternehmenswelt nicht erst durchgeführt werden, wenn die dispositive Ebene, Netzwerk- oder Steuerebene Abnormalitäten der logistischen Zielgrößen erkennen lassen.

Es ist zu analysieren und festzulegen, wie die Wettbewerbsfähigkeit erhalten und die Kundenanforderungen erfüllt werden können. Dabei sind die Zielvorgaben der normativen sowie die Rückmeldungen der dispositiven Ebene zu berücksichtigen. So gelingt es der Administration auf Zeit-, Kosten- und Qualitätspotenziale Einfluss zu nehmen.

**Dispositive Gestaltungsebene**
Diese Ebene verwaltet die anstehenden Informationen und Kundenaufträge unter Beachtung von Randbedingungen und vorher implementierten Optimierungskriterien beim Ressourceneinsatz. Somit koordiniert sie die Netzwerke (Netzwerkebene) mit den Schnittstellen anderer Informationsprozesse (administrative Ebene). Sie verarbeitet Informationen aus den Prozessen bzw. deren Zustandsinformationen.

Nachdem Bedarf und Leistung miteinander abgeglichen, Strategien zur Ausführung der Aufträge implementiert bzw. unter Berücksichtigung entsprechender Randbedingungen angestoßen wurden, werden die Aufträge den entsprechenden Ressourcen zugewiesen. Diese veränderbare Zuordnung gestattet eine flexible Nutzung von Ressourcen im Prozess im Sinne einer schnellen Anpassung an die sich permanent wandelnden Kundenwünsche. Somit ist es möglich, bei Unterlast die Anzahl der Ressourcen zu verringern oder diese bei erhöhtem Aufkommen optimal auszunutzen.

Folglich besitzt die dispositive Ebene vielfältige Ansätze und Potenziale zur Optimierung. Ihre unterschiedlichen Strategien sowohl bei der Auftragseinlastung als auch im Hinblick auf die Reihenfolge der Auftragsabarbeitung haben einen merklichen Einfluss auf die Kapazitätsauslastung der Betriebsmittel und die Durchlaufzeit eines Auftrages.

**Netzwerkebene**
Das Netzwerk koordiniert und synchronisiert mehrere zusammengefügte Prozesse, um entsprechende Kundenanforderungen zu erfüllen. Die Intelligenz sowie die implementierten Entscheidungsregeln des Netzwerkes sind jedoch „autonom". Somit können komplexe Funktionen ohne Rückkopplung zu übergeordneten Informationsprozessen erfüllt werden. Bei Engpässen müssen Maßnahmen eingeleitet werden, die einen kurzfristigen Ressourcenabgleich erlauben. Das Netzwerk unterscheidet sich im Vergleich zur dispositiven Ebene dahingehend, dass es sich hierbei nicht um optimierende Zuordnung von Aufträgen zu Betriebsmitteln, sondern um autonome Regeln für den flexiblen Einsatz austauschbarer Ressourcen handelt. Netzwerkregeln kann man mit Durchlaufplänen (Arbeitsplänen) für den Weg eines Fertigungsauftrages durch die Produktion oder mit Fahrplänen im Verkehrswesen vergleichen.

**Steuerung**

In der Steuerungsebene sind Ablaufregeln hinterlegt, die Funktionsbereiche mit jeweils einer einzigen Steuer- bzw. Zielinformation versehen und Operationen an oder mit einem Leistungsobjekt autonom ausführen. Eine „Intelligenz" verwaltet dabei eine begrenzte Anzahl alternativer Ablaufregeln und steuert somit einzelne operative Teilprozesse. Dabei wird jede Ressource bzw. Kapazität für sich mit einer spezifisch hinterlegten Prozesszeit als autonomes System beurteilt. Der Prozess wird durch Steuersignale aus der Netzwerkebene angestoßen. Anschließend erreicht das durchlaufende Objekt i. d. R. einen Systemzustand, woraufhin der Funktionsbereich eine entsprechende Rückmeldung an die Netzwerkebene übermittelt.

Ferner werden in dieser Ebene die logistischen Ziele „gemessen und mit den getroffenen Vereinbarungen verglichen". Die Prozesszeiten (die i. d. R. unabhängig von der Steuerungsebene sind) werden von den Ressourcen sowie von den Prozessen festgelegt oder gemessen (Betriebsdatenerfassung, Maschinendatenerfassung).

Das folgende Beispiel gibt das Ergebnis eines Konzeptionsprojektes wider, in dem herausgefunden werden sollte, was sich in dem Distributionsprozess für die Produkte ändern muss, die zukünftig über das Internet bestellt werden. Dabei soll nicht das Ergebnis einer Planung dokumentiert werden, die die Einführung einer e-Commerce-Lösung für Kundenbestellungen ergab. Es zeigt aber, so hoffen wir jedenfalls, auf anschauliche Weise, welchen Nutzen die methodische und systematische Vorgehensweise mit Hilfe des Prozesskettenisntrumentariums bringt.

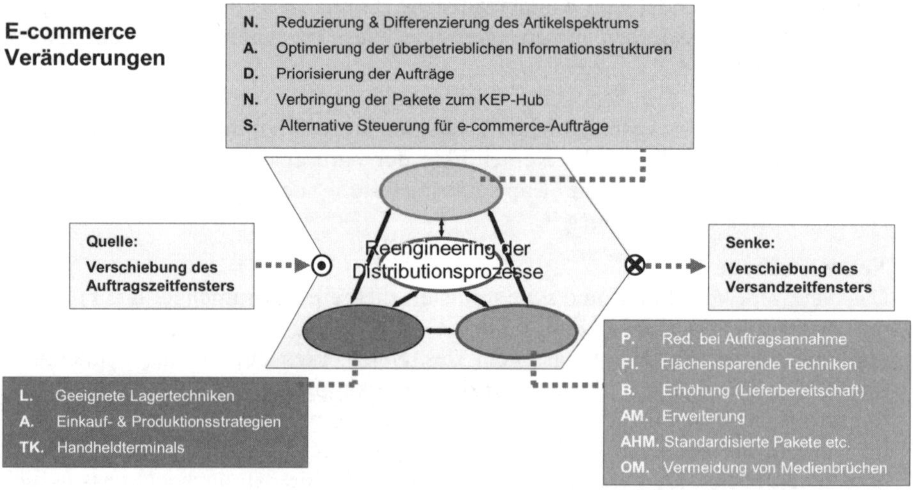


**Abb. 17.** Übersicht über die Veränderungen innerhalb der 17 Potenzialklassen

In Tabelle 13 werden die jeweils wichtigsten Veränderungen den Potenzialklassen zugeordnet. Hieraus werden wesentliche Handlungsbausteine abgeleitet, die mit Hilfe der Potenzialklassen beschrieben werden. Diese daraus abzuleitenden Maßnahmen bleiben natürlich nicht auf die Distribution beschränkt. Im Rahmen der prozessorientierten Planung werden die Produktions- und Beschaffungsprozesse natürlich ebenfalls angepasst (s. Abb. 18).

In der nachfolgenden Tabelle sind die konzipierten Maßnahmen aufgelistet (die in der praktischen Projektarbeit natürlich weiter spezifiziert werden müssen). Wichtig ist uns in dieser Darstellung eines Praxisprojektes, wie methodisch die Auswirkungen einer Potenzialklasse auf andere erfasst und dargestellt werden kann. Man kann diese Vorgehensweise durchaus mit Checklisten vergleichen, mit denen man gezwungen wird, der Vernetzung bestimmter Handlungen mit weiterführenden Maßnahmen nachzukommen.

**Tabelle 13.** Ein Beispiel für konkrete Maßnahmen

| | |
|---|---|
| **Änderungen innerhalb der Ressourcen** | |
| Personal | • Reduzierung der Mitarbeiter innerhalb des Versands aufgrund verschlankter Prozesse<br>• Reduzierung der Mitarbeiter in der Auftragsannahme durch die direkte Anbindung des Kunden an das Versandlager |
| Fläche | • Einsatz platzsparender Lagertechniken |
| Bestände | • Erhöhung der Bestände zur Sicherstellung der Lieferbereitschaft |
| Arbeitsmittel | • Integration einer weiteren Verpackungsstraße<br>• Größere Kommissionierwagen zur Parallelbearbeitung mehrerer Aufträge<br>• Neue Lagertechniken |
| Arbeitsmittel | • Standardisierte und selbstklebende Pakete |
| Organisationsmittel | • Vermeidung von Medienbrüchen durch die Nutzung KEP-spezifischer Label/Etiketten<br>• Beilage der Rechnung/ Quittung |
| **Änderungen innerhalb der Strukturen** | |
| Layout | • Anordnung geeigneter Lagertechniken (dynamische Lagersysteme, z. B. Autom. Kleinteilelager, DLR etc.)<br>• Integration vollautomatischer Verpackungsstraßen |
| Aufbauorganisation | • Veränderung durch Einkaufs- und Produktionsstrategien: Schaffung von Rahmenverträgen etc.<br>• Änderung der Zahlungsmöglichkeiten: Sammelrechnung über Dienstleister |
| Technische Kommunikationsstruktur | • Einsatz von Handheldterminals<br>• Anbindung der Kunden direkt an das Versandlager mittels Internet |

**Tabelle 13.** (Fortsetzung)

| **Änderungen innerhalb der Lenkungsebene** | |
|---|---|
| Normative Gestaltungsebene | • Reduzierung des Artikelspektrums<br>• Differenzierung des Artikelspektrums auf Standardware (e-Commerce) bzw. kundenspezifische Fertigung (Standardversand) |
| Administrative Gestaltungsebene | • Versand mittels KEP bis zu einem definierten Zeitfenster, anschließend Versand mittels kostenintensiveren Klein-KEP<br>• Verbringung der Pakete durch kleinere Unternehmen zum KEP-Hub<br>• Optimierung der überbetrieblichen Informationsstruktur (Information an Kunden bezüglich Auslieferungstermin etc.) |
| Dispositive Gestaltungsebene | • Priorisierung der Aufträge |
| Netzwerk | • Optimierung der Artikelanordnung |
| Steuerung | • Schaffung alternativer Steuerungen für e-Commerce-Aufträge |

Um die Verantwortung für die Umsetzung (bzw. Detaillierung) dieser Maßnahmen zuordnen zu können, werden die Prozessketten der Analyse- bzw. Konzeptphase weitergenutzt. Auf diese Weise werden die Prozesseigner der Teilprozesse unmissverständlich mit den Maßnahmen verbunden.

In diesem und vielen anderen Projekten entwickelt sich immer mehr ein Planungs- und Realisierungsdilemma. Eine Maßnahme (wie z. B. die Kundenanbindung durch e-Commerce) macht eine große Anzahl von Anpassungen bestehender Systemkomponenten erforderlich, so dass man die Wirkung einer Maßnahme für sich gar nicht bewerten kann und die Realisierung solcher Planungsergebnisse ein völlig neues Anlaufmanagement benötigt. Es festigt sich zunehmend die Erkenntnis, dass zukünftige Planungsprozesse nicht mehr vom „Groben zum Feinen" gehen – also dem klassischen Prozessablauf „Ist-Analyse, Grobplanung, Feinplanung, Realisierungsplanung" folgen werden. Stattdessen wird man bestehende Prozesse als Simulationsmodell hoher Detailtreue abbilden (oder Referenzmodelle für repräsentative Prozessketten entwickeln), mit diesen Modellen Veränderungspotenziale experimentell untersuchen und die Ergebnisse der Modellexperimente zu Kennzahlen verdichten, die dann zur Umsetzungs- bzw. Realisierungsentscheidung führen oder nicht. Der Planungsprozess wird also umgekehrt: Man geht vom „Feinen zum Groben". Dieser Weg hat erhebliche Vorteile.

- Die Detailtreue der Modelle nimmt die Regeln und Algorithmen so auf, wie sie auch in der Realität programmiert werden müssen.
- Die Geschäftsprozesse im Modell sind die gleichen wie in der Realität.
- Das Modell liefert die Testumgebung für die gedachten Abläufe.
- Die entsprechende Software kann aus der Planung direkt und getestet in den Betrieb überführt werden: Planung und Realisierung werden parallelisiert.

- Die Animations- und Simulationstechniken sind bereits so weit, dass man Maßnahmenbündel und ihre Wirkungen experimentieren und visualisieren kann, so dass die bisher fehlende Transparenz geliefert und die betroffenen Mitarbeiter am Gestaltungsprozess beteiligt und vorab trainiert werden können.

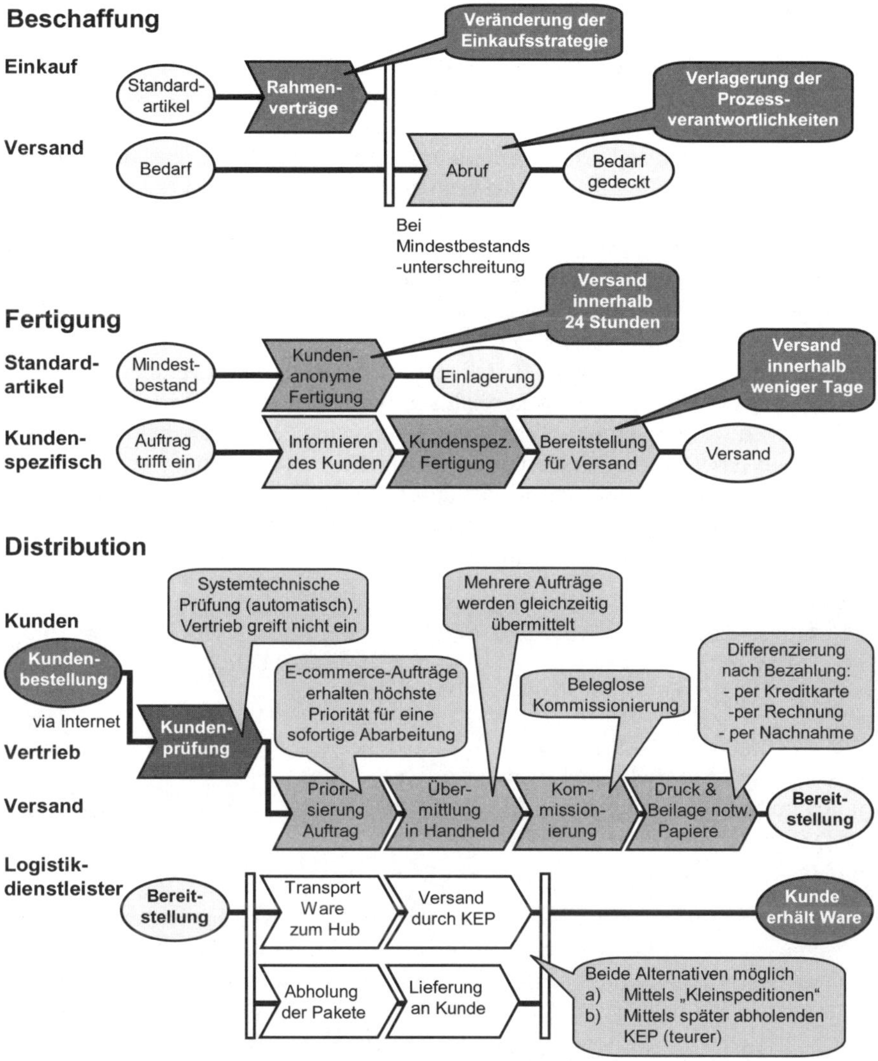


**Abb. 18.** Veränderungen im Prozesskettenplan: Auswirkungen auf Beschaffung, Fertigung und Distribution

Damit würde der heute noch schwierige Realisierungsprozess neuer Geschäftsprozesse entscheidend verkürzt. Das gesamte Anlaufmanagement wird verändert und zeitlich verkürzt. Auch diese Vision einer geänderten Planung und Realisierung von Prozessketten der Logistik basiert auf den neuen Chancen, welche die I&K-Technologien heute bieten.

Genauso wie diese Prozesse der Gestaltung und die ihrer Vorgehensmodelle werden auch die Unternehmensstrukturen auf den Prüfstand gestellt werden müssen. Es ist in dem Zeitalter des e-Commerce kaum noch begründbar, dass es getrennte Einkaufs- und Vertriebsabteilungen in einem Unternehmen gibt, oder dass Produktionsplanungs- und Steuerungssysteme eines Unternehmens nicht mit denen anderer Unternehmen verbunden sind. Man kann heute schon absehen, dass Logistikdienstleister in den Supply Chains Koordinationsaufgaben übernehmen, die heute noch in der isolierten Verantwortung der Produktion oder der Arbeitsvorbereitung der jeweiligen Unternehmungen liegen. Die Netzwerke der Zukunft werden industrielogistische Strukturen hervorbringen, die weit mehr Veränderung bewirken werden, als die hier angedeuteten. Denn in Zukunft wird es nicht mehr den Wettbewerb der Unternehmen geben, sondern den der Netze.

Um die Potenziale der möglichen Alternativen quantifizieren zu können, muss man sie manchmal einer Simulationsuntersuchungen unterziehen. Da das Experimentieren am realen System z. B. bei der Einführung eines veränderten Fertigungssteuerungsverfahrens zu risikoreich sein kann und den laufenden Betrieb erheblich stören würde, bieten Simulationsuntersuchungen einen hervorragenden Ausweg, um das Informationsdefizit zu füllen. Eine Entscheidung zwischen den Lösungsalternativen erfolgt anhand der durch Prozessveränderungen erschließbaren Kosten-, Zeit- und Flexibilitätspotenziale, weiterer organisatorischer Kriterien und einer Einschätzung des Ressourcenbedarfs für die Umsetzung.

**Schritt 3: Einen Maßnahmenplan generieren (für Phase 4)**
Die Lösungsalternativen, die Sie in der Prozessoptimierung erarbeitet haben, müssen Sie in diesem Schritt nun priorisieren und in einen Maßnahmenplan überführen. Die Priorisierung erfolgt auf Basis folgender Aspekte:

- erwartete Maßnahmeneffekte,
- erforderliche personelle und finanzielle Ressourcen,
- potenzielle Auswirkungen auf die Mitarbeiter,
- zur Verfügung stehende Kontrollsysteme und
- zu erwartender Trainingsaufwand.

In diesem Schritt geht es entsprechend darum, die organisatorischen, personellen, technischen und kommunikativen Voraussetzungen zu schaffen, die für die Umsetzung der Maßnahmen notwendig sind. Die Prozessveränderungen können beispielsweise aus einer veränderten Arbeitsteilung im Beschaffungsprozess zwischen dem Unternehmen und seinen Lieferanten oder einer verstärkten Parallelisierung von Aktivitäten in der Fertigung einzelner Komponenten bestehen, die bislang sequenziell bearbeitet wurden. Hier sind die schnell umsetzbaren Lösungsalternativen von den umfangreichen Maßnahmen zu unterscheiden, deren Realisierung einen hohen Aufwand verursacht. Während die über die Prozess-Analyse deutlich gewordenen kleinen Prozessprobleme relativ leicht behoben werden können („Quick Wins“, siehe Abb. 19), machen die tiefgreifenden Optimierungsmaßnahmen mit hohem Realisierungsaufwand die Initiierung von Folgeprojekten mit eigener Projektorganisation erforderlich. Die hier aufzubauende Projektlandschaft muss insbesondere die häufig zwischen den Lösungsalternativen existierenden inhaltlichen und zeitlichen Interdependenzen berücksichtigen. In diesem Fall sollte eine Koordination der einzelnen Projekte über einen Lenkungsausschuss erfolgen. Falls dies nicht erreicht werden kann, besteht die Gefahr, dass das angestrebte Gesamtergebnis durch wieder in Teilaspekte zerfallende Projektlandschaft nicht erreicht werden kann und das gewünschte Gesamtoptimum un-erreicht bleibt.

Das Ergebnis dieses Schrittes ist die Fixierung von Veränderungsmaßnahmen mit der höchsten Priorität, ihrer Anfangs- und Endzeit und den Hauptverantwortlichen.

**Abb. 19.** Portfolio von Maßnahmen zur Prozessneugestaltung

### Die SCM-Organisation grob gestalten – die parallele Bearbeitung von Aufbau- und Ablauforganisation

Die Organisation von Unternehmen wird zur besseren Durchdringung ihrer Komplexität herkömmlich in Aufbau- und Ablauforganisation unterschieden. Im Gegensatz zur statischen Aufbauorganisation wird durch die Ablauforganisation der dynamische Aspekt einer Organisation verkörpert. Bei der Gestaltung einer SCM-Organisation sollte von den logistischen Prozessen ausgegangen werden. Die Grenzen des Potenzials zur Gestaltung von Abläufen werden jedoch durch die aufbauorganisatorischen Prämissen gesetzt. Aus diesem Grund müssen bereits bei der groben Gestaltung der SCM-Organisation Aufbau und Ablauf gemeinsam betrachtet werden.

Was die wesentlichen Phasen beim Management von Kooperationen anbelangt, so sind bereits umfangreiche, jedoch meist eher allgemeine Erkenntnisse und Erfahrungen vorhanden. Neben der Beschäftigung mit den einzelnen Kooperationsformen und -modellen sowie einer geeigneten Kooperationskultur im Zusammenhang mit SCM ist jedoch die Gestaltung unternehmensübergreifenden Geschäftsprozesse sowie die Einbindung der einzelnen Prozesseigner (Aufgabenträger) in die Aufbau- und Ablauforganisation ein bislang noch vernachlässigter Bereich. Gleichberechtigt neben den Aspekten, die einer Kooperation ihre äußere Form geben, muss auch die Gestaltung der unternehmensübergreifenden Geschäftsprozesse stehen. Mit der Gestaltung unternehmensübergreifender Geschäftsprozesse haben wir uns in Teil 3 beschäftigt. Die Einbindung der Aufgabenträger in die Aufbau- und Ablauforganisation sind Betrachtungsgegenstand der folgenden Ausführungen.

**Die Aufbauorganisation von Kooperationen (Strukturvariationen)**
Bekanntlich gehören u. a. folgende Inhalte zur Aufbauorganisation: das Bilden von Stellen (d. h. das Zusammenfassen von Aufgaben zu Aufgabenträgern der Kooperation), die Zuordnung von Kompetenz und Verantwortung zu den verschiedenen Aufgabenträgern (dem Aufgabenträger werden Rechte und Befugnisse zugeteilt), die Verbindung von Aufgabenträgern durch Leitungsbeziehungen (d. h. Über- bzw. Unterordnung), das Einrichten von Kommunikationsbeziehungen (Einrichten von Wegen zum Informationstransport) und das Bereitstellen von Sachmitteln. Aus Sicht eines Aufgabenträgers steht damit fest:

- ...was er zu tun hat.
- ...welche Befugnisse und Verantwortlichkeiten er hat.
- ...wem er unter- bzw. übergeordnet ist.
- ...welche Informationen er erhält bzw. zu liefern hat
- ...welche Kommunikationswege ihm zur Verfügung stehen und
- ...welche Sachmittel bereitstehen.

Mit der Einbindung unterschiedlicher Aufgabenträger einer Kooperation in die Aufbauorganisation einer Kooperation ergeben sich entlang der Prozesskette bei einem Wechsel des Aufgabenträgers Schnittstellen im Abwicklungsprozess. Diese Schnittstellen sollten Sie im Hinblick auf die Zielgrößen „Durchlaufzeit", „Prozesskosten" und „Qualität" genau definieren. Dabei müssen folgende Fragen beantwortet werden:

**Fragen zu Schnittstellen im Abwicklungsprozess**

**Welche Informationen benötigt der nachgelagerte Prozess als Input?**
In diesem Zusammenhang geht es nicht nur um die reine Bereitstellung von Informationen, sondern ebenso um die Einhaltung (in Abhängigkeit von der Art der Information) des richtigen Zeitpunktes der Bereitstellung. Diesbezüglich ist zu unterscheiden, zwischen

- dispositiven Informationen, die den Charakter von Weisungen/ Aufträgen haben,
- warenbegleitenden oder zeitlich nachgelagerten Informationen (z. B. Meldungen/ Vollzugsinformationen) und
- Service-Informationen, die keinen unmittelbaren Bezug zum Materialfluss haben.

**Welche Materialien und Hilfsmittel müssen bereitgestellt werden?**
Mit der Formulierung der Anforderungen an eine ideale Abwicklung sind auch die dafür benötigten Arbeits-, Hilfs- und Organisationsmittel festzulegen. Sie müssen bei der Definition der Schnittstellen im Prozess berücksichtigt werden, da sie dem Aufgabenträger zum Teil erst kurz vor oder während der Bearbeitung einer Aufgabe zur Verfügung gestellt werden müssen. Im Hinblick auf die Einhaltung der Qualität, Durchlaufzeiten und Prozesskosten geht es auch hier über die reine Bereitstellung hinaus.

**Wann muss der vorgelagerte Prozess spätestens abgeschlossen sein?**
Zur Sicherstellung einer termingerechten Abwicklung der Prozesse müssen immer wieder Meilensteine im Prozessablauf sowie grobe Zeitkorridore für die einzelnen Teilprozesse definiert werden. Die Einhaltung des Terminplans ist nicht nur eine zwingende Notwendigkeit für die operativen Einheiten, sie dient auch der Orientierung und Abstimmung des voreilenden und begleitenden Informations- und Materialflusses.

**Welche Mindestanforderungen sind an den Auftragsfortschritt und die Qualität der Ausführung zu stellen?**
Nachgelagerte Prozesse können die an sie gestellten Anforderungen nur dann erfüllen, wenn sie einen optimalen Input als Grundlage der Leistungserstellung erhalten. Daher wird der nachgelagerte Aufgabenträger mit dem Wechsel des Verantwortungsbereiches eine Eingangsprüfung aller für ihn erforderlichen Ressourcen hinsichtlich Qualität und Zeitpunkt der Bereitstellung vornehmen. Diese Vorgehensweise sichert ein systematisches und regelmäßiges Controlling.

**Welche Weisungsbefugnisse und Kompetenzen sind an die Aufgabenträger zu verteilen?**
Mit dem Wechsel des Aufgabenträgers geht auch die Verantwortung und damit die Kompetenzen auf eine andere Organisationseinheit im Kooperationsverbund über. Da es in der Praxis immer wieder zu Abweichungen vom geplanten Ablauf aufgrund von Störeinflüssen innerhalb oder außerhalb des Verbundes kommt, müssen korrigierende Maßnahmen getroffen werden. Zur Festlegung der einzelnen Maßnahmen und auch der jeweils Ausführenden müssen die Weisungsbefugnisse und Kompetenzen klar verteilt sein.

Um eine planmäßige Abwicklung der Prozesse sicherzustellen, sind die Prozessverantwortlichen darauf angewiesen, dass ihren Prozessen vorgeschaltete Abläufe ebenfalls wie vereinbart umgesetzt worden sind und dass sie den für ihren Prozess erforderlichen Input in der richtigen Qualität und zur richtigen Zeit erhalten.

**Grundlagen der Ablauforganisation bei Kooperationen (Prozessvariationen)**
Im Unterschied zur Aufbauorganisation befasst sich die Ablauforganisation mit der Strukturierung von Prozessen, um Aufgaben zu erfüllen. Die Ablauforganisation regelt den grundsätzlichen Ablauf der normalen Geschäftsvorfälle, um ein rationelles und einheitliches Vorgehen sicherzustellen. Wichtigstes Ziel bei der Gestaltung der Ablauforganisation ist es, Arbeitsabläufe zu definieren, die eine

möglichst hohe Effizienz aufweisen. Als erster Schritt ist zunächst die Ordnung des Arbeitsinhaltes durchzuführen. Aus der Gesamtaufgabe (der Kooperation) und ihrer Zerlegung in Teilaufgaben ergibt sich, an welchen Arbeitsobjekten welche Verrichtungen erforderlich sind. Dies bedeutet, dass z. B. bestimmt wird, welche Fertigungsaufgaben für die Herstellung eines Produktes durchgeführt werden müssen. Ein weiterer Schritt bei der Bildung der Ablauforganisation ist die Regelung von Zeitfolge, Zeitdauer und Zeitpunkt der einzelnen Verrichtungen. Häufig ergibt sich für die Zeitfolge der Verrichtungen eine Vielzahl von unterschiedlichen Möglichkeiten. Die Festlegung der technologisch zweckmäßigen und wirtschaftlich sinnvollen Reihenfolge der Verrichtungen ist eine wichtige Voraussetzung zur Gestaltung der Ablauforganisation. Die Gestaltung der räumlichen (geographischen) Zuordnung der einzelnen Verrichtungen kann ebenfalls im Rahmen der Gestaltung der Ablauforganisation erfolgen. Im Anschluss an die genannten Schritte kann die Zuordnung der Prozesse zu einzelnen Partnern und zu einzelnen betrieblichen Stellen, d. h. zu bestimmten Gruppen oder Personen, vorgenommen werden.

**Prozesse und Organisationsstruktur detaillieren – die Feinkonzeption**
Jetzt erfolgt die Konzeptdetaillierung bis auf Parameterebene. Dies geschieht auf der Grundlage des zuvor definierten Grobmodells als integrierte Gestaltung der Prozesse und Strukturen. Gemeinsam mit den Mitarbeitern der betroffenen Bereiche werden dazu sowohl die detaillierten Soll-Prozesse und -Strukturen innerhalb der einzelnen beteiligten Unternehmen als auch die unternehmensübergreifenden Prozesse und Strukturen modelliert, gestaltet, optimiert und dokumentiert. Die Gestaltung selbst erfolgt genauso wie die grobe Konzeption zum einen nach dispositiven (d. h. planenden und steuernden bzw. informationsflussorientierten) Prozessen und zum anderen nach operativen (d. h. ausführenden bzw. materialflussorientierten) Betriebsprozessen. Bei der Detailplanung ist neben den Aufgabenteams auch das Kernteam mit beteiligt. Über sie erfolgt die Synchronisierung und die Integration der einzelnen Ergebnisse.

**Die Gestaltung der Detailprozesse**
Es geht jetzt für die Arbeitsteams darum, dass die zuvor durch das Kernteam als Grobkonzept entwickelten Prozesse weiter auszuarbeiten und die Realisierungsmöglichkeiten im Hinblick der für das Gesamtprojekt geltenden Zielgrößen zu hinterfragen. Als Methoden können für diesen Schritt die gleichen Kreativitätstechniken wie für den Schritt der Prozessoptimierung angewendet werden. Im Abschluss ist der neugestaltete Prozess ausführlich zu dokumentieren, so dass er für weitere Entwicklungsphasen zur Verfügung steht. Die Dokumentation hilft dem Projektteam, das Verständnis und die Akzeptanz für den neuen Prozess auf breiter Ebene voranzutreiben. Ergebnis der Ausgestaltung ist ein Soll-Prozess, den es gilt, auf den Ressourceneinsatz und die damit verbundene Zielerreichung zu überprüfen.

**Typen unternehmensübergreifender Geschäftsprozesse**
Abhängig vom Gegenstand einer Kooperation kann man unterschiedliche Typen unternehmensübergreifender Geschäftsprozesse unterscheiden. Analog zur Eintei-

lung in die Prozesskategorien „Lenkungsprozesse“ und „operative Prozesse“ und die Unterscheidung der Hauptprozesse „Planen“, „Beschaffen“, „Herstellen“ und „Liefern“ aus der Grobkonzeption kann man auch bei der Detaillierung der Prozesse verfahren. Es empfiehlt sich, bei der Prozess- und Strukturdetaillierung eine Liste anzufertigen und sie spezifisch zu ergänzen.

Im Zusammenhang mit der Gestaltung von SCM-Kooperationen sind jedoch nicht nur die späteren Betriebsprozesse von Bedeutung, sondern auch die Prozesse der Leistungsgestaltung. Sie dienen einerseits der Festlegung des Kooperationsumfangs und -gegenstandes, andererseits der organisatorischen Sicherstellung der kooperativen Lenkungsprozesse bzw. der operativen Prozesse. Solche Leistungsgestaltungsprozesse können nach Finanz-, Ressourcenmanagement- und Innovationsprozessen klassifiziert werden.

Diese Geschäftsprozesstypen weisen grundlegende Unterschiede auf, die sich sowohl auf die Gestaltung der Prozesse als auch auf ihre DV-technische Unterstützung auswirken. So bestehen bei Prozessen der kooperativen physischen Distribution von Produkten andere Anforderungen an eine DV-Unterstützung als bei Prozessen der kooperativen Entwicklung von Produkten oder Verfahren. Ebenso gibt es gravierende Unterschiede zwischen Prozessen, die Routinecharakter und einen hohen Standardisierungsgrad haben. Dies kann z. B. bei Prozessen der kooperativen Beschaffung der Fall sein oder bei Prozessen, die in unregelmäßigen Abständen stattfinden und relativ unstrukturiert sind (wie etwa Prozesse der kooperativen Forschung oder Finanzierung).

Neben den grundlegenden Unterschieden zwischen Geschäftsprozesstypen differieren auch die Ausprägungen eines Typs. Die Struktur eines unternehmensübergreifenden Geschäftsprozesses ist nicht nur von der konkreten Ausgestaltung einer Kooperation abhängig, sondern auch von der Branche, zu der die Kooperationspartner gehören. Für kooperative Beschaffungsprozesse in der Automobilindustrie gelten andere Rahmenbedingungen als beispielsweise in der chemischen Industrie. Denn dort bestehen besondere gesetzliche Auflagen bezüglich des Umweltschutzes, die mit dem Transport eventuell verbundenen Gefahren berücksichtigt werden müssen. Ähnliches gilt für Beschaffungsprozesse in der Nahrungs- und Genussmittelindustrie, in der die Verderblichkeit der Güter bestimmte Zeitrestriktionen für den Prozess vorgibt. Eine Detaillierung und Spezifikation der Prozesse kann demnach nur kooperationsspezifisch in Zusammenarbeit aller Beteiligten erfolgen.

### Den Datentransfer organisieren

Für einen reibungslosen Datenaustausch zwischen Unternehmen ist die Kompatibilität der bei den Partnern im Einsatz befindlichen Informationssysteme Voraussetzung. Resultat zahlreicher Standardisierungsbemühungen waren sowohl branchenspezifische als auch internationale Standards zu Datenformat und Datentransfer. Im Hinblick auf branchenübergreifende und internationale Kooperationen sind vor allem branchen- und länderunabhängige Standards von Bedeutung. Standardisierungsbedarf besteht jedoch nicht nur bei den Informationssystemen, die unternehmensübergreifende Geschäftsprozesse unterstützen, sondern auch bei den Geschäftsprozessen selbst. Damit Kooperationen flexibel und schnell realisiert werden können, sind standardisierte Prozessschnittstellen erforderlich, um die bei den Partnern stattfindenden Teile des Prozesses zu einem unternehmensübergreifenden Geschäftsprozess problemlos zusammenfügen zu können.

**Anforderungen an die EDV-Unterstützung formulieren**

Was die zu implementierenden SCM-Systeme anbelangt, so erfolgt eine detaillierte SCM-System-Konzepterstellung, die beinhaltet:

- Fachkonzepterstellung,
- Lastenheft-Dokumentation sowie
- SCM-Systemauswahl (mit Chancen- und Risikoanalyse, Testbetrieb und Erstellung eines Anwenderhandbuchs).

Die Bestimmung von aufbau- und ablauforganisatorischen Anforderungen an die EDV-Unterstützung ist ein weiterer wesentlicher Punkt der Prozess- und Strukturdetaillierung. Dabei unterscheidet man funktionale und systemtechnische Anforderungen. Zur Einschätzung des sinnvoll Realisierbaren bei der Prozess- und Strukturdetaillierung ist die spezifische Berücksichtigung von Informationen über die Leistungsmerkmale von marktüblichen Systemen notwendig. Wertvolle Hinweise finden Sie hierzu in der Marktstudie SCM Software (siehe Literaturverzeichnis am Ende von Kapitel 4). Falls das erforderliche Know-how bei den beteiligten Unternehmen nicht vorhanden ist, sollte zur Anforderungsanalyse externer und neutraler Sachverstand hinzugezogen werden. Vielfach kann dadurch zusätzlich im Aufgabenteam eine Überbetonung der Anforderungen einzelner Abteilungen oder Funktionsbereiche vermieden werden.

Bei der Umsetzung des SCM-Konzeptes ist unternehmensspezifisch festzulegen, in welchem Ausmaß die von den Mitarbeitern bei den einzelnen Kooperationspartnern auszuführenden Prozesse durch EDV-Funktionalitäten unterstützt werden können und sollen (z. B. automatische Bestellauslösung bei Lieferanten).

Wenn Sie die Prozesse und Strukturen im Detail neu konzipieren, können Sie grundsätzlich die gleichen Ansätze nutzen wie bei der Grobkonzeption. Auch hier sind verschiedene Konzeptvarianten zu entwickeln, die anschließend einander gegenübergestellt werden. Eine erste Aussonderung besonders ungeeigneter Alternativen kann dabei bereits durch die einzelnen Aufgabenteams erfolgen. Die verbleibenden Varianten werden bewertet und zur Kombination mit den Ergebnissen der übrigen Projektteams an das Kernteam übergeben. Das Kernteam hat nun die Aufgabe, die detaillierten Ergebnisse der einzelnen Projektteams zu einem konsistenten Gesamtkonzept zusammenzuführen und dieses Ergebnis dem Lenkungsausschuss zur Entscheidung vorzulegen.

**Die Durchführungsplanung (Vorbereitung für Phase 4)**

Aus detailliert dokumentierten Soll-Prozessen lassen sich konkrete Maßnahmen- und Zeitpläne mit entsprechenden Meilensteinen formulieren. Diese ermöglichen, eine strukturierte Umsetzung durchzuführen. Ferner sind Vereinbarungen über die gesetzten Ziele und Meilensteine für die Phase der Realisierung und der sich anschließenden Konsolidierungsphase zu treffen. Dabei geht es um die Definition von Toleranzen von Zielgrößen bei der Umsetzung der Maßnahmen, die Konsequenz in der Umsetzung, die Aufklärung von Fehlentwicklungen, die Kurskorrektur und die damit verbundene Weiterentwicklung der Prozesse und Strukturen sowie um die Honorierung umgesetzter Ziele.

**Priorisieren Sie Maßnahmen**

Unter Berücksichtigung des von der Komplexität abhängigen Gestaltungsaufwands können die Maßnahmen zur organisatorischen Regelung zu diesem Zeitpunkt bereits durch eine Gewichtung priorisiert werden. Dazu sind ebenfalls die mit den Maßnahmen verbundenen Potenziale qualitativ zu bestimmen und zu bewerten sowie Fristigkeiten hinsichtlich einer Maßnahmenumsetzung zu berücksichtigen. Von großem Interesse ist in vielen Fällen die Quantifizierung der Maßnahmenpotenziale, da sich hierdurch eine Möglichkeit der kostenmäßigen Beurteilung der Optimierungskonzepte ergibt.

Aus organisatorischer Sicht ist darüber hinaus jeweils der operative Entscheidungsspielraum der beteiligten Personen zu definieren (in diesem Zusammenhang z. B. auch die Vergabe von Zugriffsrechten für Funktionen und Daten). Um einerseits die Berücksichtigung von Kundenanforderungen zu ermöglichen, andererseits aber auch den durch Termin- oder Mengenänderungen verursachten Koordinationsaufwand in vertretbaren Grenzen zu halten, ist die notwendige Flexibilität der Prozesse festzulegen.

Nach Abschluss dieser Phase ist der Projekterfolg vom Lenkungsausschuss durch den Vergleich der zu Beginn aufgestellten Visionen und Ziele mit den tatsächlich realisierten Ergebnissen zu bewerten. Gegebenenfalls sind die umgesetzten Optimierungsansätze zu modifizieren bzw. Prozesse zur kontinuierlichen Verbesserung zu initiieren.

**Ergebnisse der Phase 2**

Phase 2 besteht aus den beiden Teilphasen Analyse und Konzeption.

Sie haben in der Analysephase...

- ... sich mit Hilfe der Prozessvisualisierung zunächst einen Überblick über die grundsätzliche Struktur der Prozesse verschafft und erste Problemschwerpunkte und strukturelle Schwachstellen entdeckt.
- ... anschließend mit Hilfe einer Prozessanalyse Transparenz über die relevanten Kernprozesse geschaffen („relevant" meint: Unternehmensprozesse, die Kundenanforderungen erfüllen, i. G. zu Blind- oder Fehlprozessen).
- ... Grobabläufe konzipiert.
- ... sich Ihre Prozesse sowohl bei regulärem als auch bei irregulärem Betrieb (Notfallbetrieb) angesehen.... eine Strukturanalyse durchgeführt (Arbeitsgebiete, Verantwortlichkeiten, Zuständigkeiten)
- ... die IT-Prozesse genauer analysiert, begonnen beim IT-Bestand über die Kommunikationsebene bis hin zu Rechner-Rechner-Beziehungen und Aspekte der Datensicherheit und des Datenschutzes.
- ... geeignete Prozess- und Strukturvarianten abgeleitet, um die in Phase 1 entwickelte Vision umzusetzen.
- ... die unternehmensinternen und -übergreifenden Schlüsselprozesse definiert, modelliert und dokumentiert.

- ... anschließend die aufbauorganisatorischen Aspekte erfasst.
- ... ein Referenzmodell wie SCOR oder das Prozesskettenmodell verwendet, um Kernprozesse zu identifizieren.
- ... die Kernprozesse visualisiert und Prozesskettenpläne entwickelt, in die Sie solange Korrekturen eingearbeitet haben, bis die Abläufe im Unternehmen korrekt widergespiegelt werden.
- .. die Prozessinhaber (-verantwortlichen) identifiziert und verifiziert.

Sie haben in der Konzeptionsphase...

- ... auf Basis der Daten, die Sie in der Analysephase gewonnen haben, ein erstes grobes Soll-Konzept entwickelt.
- ... dieses Soll-Konzept auf seine Realisierbarkeit hin überprüft.
- ... die identifizierten Problemschwerpunkte und Schwachstellen durch entsprechende Veränderungen der Abläufe bzw. Organisationsstrukturen beseitigt.
- ... Ihre analysierten Prozesse mit Referenzprozessen verglichen.
- ... visionäre Supply Chain Prozesse entwickelt, die in eine realisierbare Soll-Kette überführt wurde.
- ... ein Feinkonzept für die Detaillierung der Prozesse und Organisationsstruktur entwickelt.
- ... haben die Veränderungsmaßnahmen mit der höchsten Priorität fixiert, ihren Anfangs- und Endzeitpunkt und die Hauptverantwortlichen festgelegt.

# 3 Die Gestaltung der IT – die Phase 3

## 3.1. Eine integrierte IT-Konzeption entwickeln

Die bisherigen Ausführungen haben gezeigt: Die Optimierung der Zulieferkette ist heute die entscheidende Herausforderung für alle produzierenden und verteilenden Unternehmen, die ihren Marktanteil und ihre Rentabilität erhöhen wollen. Nur mit einer angepassten Softwarelösung können diese Anforderungen – basierend auf optimierten Prozessen und Organisation – realisiert werden. Eine effiziente Abwicklung von Geschäftsprozessen (und damit insbesondere auch von Teilprozessen der Supply Chain) ist ohne Einsatz leistungsfähiger IT-Lösungen heute undenkbar. Die IT ist quasi der „Enabler" für effiziente Geschäftsprozesse. Die rapiden Entwicklungen im Bereich der Informations- und Kommunikationstechnologien gestatten es, die Supply Chain noch effizienter zu gestalten. Wichtige Entwicklungssprünge dabei sind:

- Technologie (Hochleistungsrechner, Prozessoren, RAM usw.),
- verteilte/vernetzte DV (PC-Boom, Arbeitsplatz im Zentrum, X/Open, mobiles Computing),
- Internet, Intranet, Extranet, Online-Datenbanken, Info Highway-Server,
- automatische Identifikation (digitale Signatur) und Wiedererkennung,

- Verbreitung der Computer-Anwendungen bis in den privaten Bereich (Home-Computer, Multimedia, Chipkarte).

Diese Entwicklungen charakterisieren die zunehmende Leistungsfähigkeit und Bedeutung heutiger DV-Systeme. Eine SCM-Konzeption ohne Berücksichtigung der Einsatzmöglichkeiten leistungsfähiger SCM-Systeme ist deshalb heute nicht mehr denkbar.

**1. Ein IT-Projektteam bilden**

Sobald die Entscheidung für ein detailliertes SCM-Konzept unter Berücksichtigung der DV-technischen Anforderungen gefallen ist, wird im nächsten Schritt ein spezielles IT-Aufgabenteam gebildet, das in die bestehende Organisationsstruktur eingebettet ist. Mit seiner Hilfe werden jetzt sämtliche Aktivitäten mit Terminen und Verantwortlichkeiten bei der SCM-System-Einführung vor dem Hintergrund des zuvor entwickelten SCM-Konzeptes durchgeführt.

Wir wollen in diesem Zusammenhang auch einem möglichen Missverständnis bei den Begrifflichkeiten vorbeugen: "SCM-Konzept" bedeutet das *gesamte* Konzept Prozesse und IT, es ist von daher nicht nur auf die IT beschränkt.

Bei der Zusammensetzung des IT-Projektteams kommt es darauf an, Fach- und Methodenwissen aus den verschiedensten Bereichen zu kombinieren. In dem IT-Projektteam mit einem IT-Verantwortlichen an der Spitze, der auch im Kernteam vertreten ist, sind eine ganze Reihe der unterschiedlichen Beteiligten bei IT-Projekten zur Einführung von SCM-Lösungen vertreten: Systementwickler, Programmierer; Organisatoren aus den vorgelagerten Phasen; Vertreter der Fachabteilungen bzw. spätere Anwender; evtl. externe Berater und/oder Beteiligte aus anderen Unternehmen (Lieferanten, Distributoren, Kunden usw.). Das IT-Projektteam muss eng mit den anderen Aufgabenteams, die an der Prozessgestaltung gearbeitet haben, zusammenarbeiten und ggf. wesentliche Mitarbeiter dieser Teams integrieren.

Eine Besonderheit von SCM-Projekten wollen wir an dieser Stelle nochmals erwähnen, weil das IT-Management umdenken muss. Waren bislang oft die internen Anforderungen des Unternehmens das Maß aller Dinge, so sollte sich diese Denkweise radikal ändern. Es zwingt nämlich die Unternehmen, in den konzeptionellen Planungen der IT neben der Ausrichtung nach innen zusätzlich einen genauen und ständigen Blick auf die externen technischen Infrastrukturen von Lieferanten und Distributoren zu richten. Hier wird von allen an der Supply Chain beteiligten IT-Verantwortlichen ein hohes Maß an Kooperationsbereitschaft gefordert. Wichtig für den Erfolg ist es, die Zulieferer und Kunden mit ins Boot zu holen, ihre Probleme zu erfassen und zu begreifen. Sie erinnern sich an das, was wir in Kapitel 2 zum Thema Kooperation gesagt haben: kooperiert wird nicht nur im Prozess, sondern auch bei den IT-Verantwortlichen.

**2. Die Entwicklung des IT-Konzeptes**

Für die Entwicklung eines IT-Konzeptes sind zunächst ausgehend von den Sollprozessen, die in Phase 2 definiert wurden, die Prozesse zu identifizieren, die durch IT-Systeme unterstützt werden können und sollen. Diese Aufgabe muss vom IT-Projektteam in enger Zusammenarbeit mit den anderen Aufgabenteams durchgeführt werden, um einen Abgleich zwischen gewünschter und möglicher IT-Unterstützung zu finden.

Hierzu gehört auch die Aufgabe, die bestehenden IT-Strukturen hinsichtlich des Bestandes an eingesetzten DV-Systemen (bzgl. der Hard- und Software) in Form der DV-Landkarte zu untersuchen. Dies ist zum einen nötig, um zu erkennen, welche Unterstützung heutige Systeme vielleicht schon geben können, und zum anderen, um die Grundlage für die später notwendige Systemintegration zwischen neuen und alten IT-Systemen zu schaffen.

Zur Analyse der IT-Strukturen zählt auch die Untersuchung der innerbetrieblichen Datenbestände sowie die Feststellung der Datenumfänge des gesamten Verbundes. Diese Untersuchung gibt Aufschluss über die Datenmodelle der zu implementierenden Verbundsysteme.

Aus diesen analytischen und konzeptionellen Arbeiten lässt sich ein Maßnahmenplan für das weitere Vorgehen der IT-Gestaltung ableiten, der mit dem aus Phase 2 abgestimmt werden muss (siehe Abb. 20).

Hier kommen wir zum eigentlich wesentlichen Schritt: aus den Soll-Prozessen lässt sich die mögliche Softwareunterstützung ableiten. Dies ist in entsprechenden funktionalen Anforderungen abzulegen.

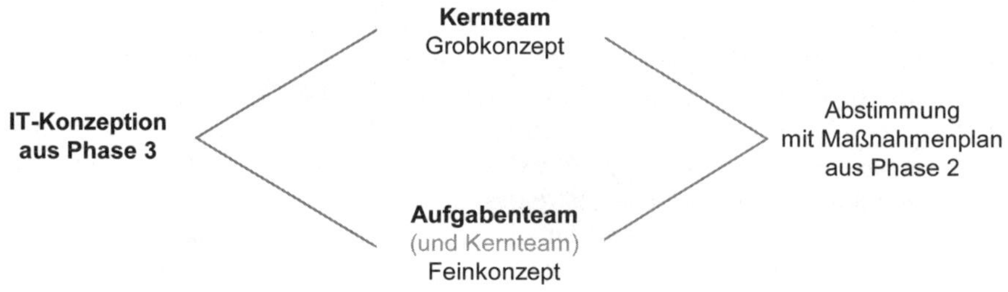


**Abb. 20.** Die Abstimmung mit dem Maßnahmenplan aus Phase 2

### 3. Die Definition von Business Cases

Ausgangspunkt für die detaillierte Beschreibung der funktionalen Anforderungen sind üblicherweise sogenannten Business Cases, in denen für einen konkreten Abschnitt der Supply Chain und spezifizierte Produktumfänge die in Phase 2 konzipierten Prozesse und insbesondere die durch die Software zu leistende Unterstützung beschrieben ist. Wesentlicher Bestandteil dieser Business Cases ist auch eine Kosten-Nutzen-Betrachtung des Software-Einsatzes.

Projekte zur Einführung von IT-gestützten SCM-Lösungen weisen eine besondere Komplexität auf. Darüber hinaus sind bzgl. informationstechnologischer Maßnahmen an den Arbeitsplätzen der Betroffenen besondere Ängste und Anforderungen zu berücksichtigen, die u.U. auch unabhängig von der Akzeptanz einer allgemeinen SCM-Konzeption getrennt zu betrachten sind. Zu Beginn der Arbeiten bei der IT-Konzepterstellung sollten daher gezielte „Einstimmungsmaßnahmen" eingeleitet und die notwendigen Grundsatzentscheidungen getroffen werden. Dazu gehört i.d.R. auch die Berücksichtigung von Wirtschaftlichkeitsüberlegungen. Denn in der Praxis besteht häufig die Notwendigkeit, einen Wirtschaftlichkeitsnachweis für die Supply-Chain-Software zu erbringen. Hierzu sollten zunächst – abgeleitet aus den übergreifenden Unternehmenszielen – die verfolgten Ziele bezogen auf den Business Case formuliert werden. Wichtig für die Argumentation ist danach die Kenntnis der Kosten-Nutzengrößen. Im Gegensatz zu den Kosten bereitet die Bewertung der Nutzenfaktoren eines integrierten Informationssystems mitunter besondere Probleme, weil es keine eindeutig definierten Kriterien zur Quantifizierung gibt. Häufig wird unterschieden zwischen monetär messbarem, schwer quantifizierbarem und nicht quantifizierbarem Nutzen. Mit dieser Unterteilung wird anerkannt, dass es Nutzenbestandteile gibt, die nicht um jeden Preis monetär messbar gemacht werden sollen. Nun kann man anhand der Prozesse festmachen, in wieweit die IT diese Verbesserung unterstützt bzw. welche Ziele damit in welchem Maße erreicht werden.

Eine weitergehende Differenzierung unterscheidet gegenwärtigen (direkten) Nutzen, Einsparung künftiger Kosten (indirekter Nutzen) und Nutzen aus den Sekundärwirkungen des Informationssystems bzw. den immateriellen Vorteilen (schwer fassbarer Nutzen). Die Unterscheidung der drei Nutzenkategorien erweist sich als durchaus sinnvoll, da klassische Verfahren der Wirtschaftlichkeitsbeurteilung häufig nur die erste und teilweise die zweite Stufe einbeziehen. Abhängig von der Ausrichtung und Intention eines Informationssystems mag dies durchaus gerechtfertigt sein, die Positionierung des Systems sollte jedoch bezüglich der Nutzenkategorien klar definiert sein.

Naturgemäß sind die Grenzen zwischen den dargestellten Nutzenkategorien fließend. So kann ein Informationssystem durchaus zur Kosteneinsparung beitragen, indem manuelle Auswertungen wegfallen, und gleichzeitig durch schnellere Reaktion auf Marktbedürfnisse strategische Vorteile eröffnen. Ist das Informationssystem auf die Unternehmensstrategie ausgerichtet, kann die Technologie mithelfen, die Branchenstrukturen zu verändern, Eintrittsbarrieren gegenüber neuen Mitbewerbern aufzubauen, neue Märkte zu schaffen und die kritischen Erfolgsfaktoren des Unternehmens zu fördern.

**4. Die Ableitung funktionaler Anforderungen an die IT-Systeme**

Alle gesammelten und aufbereiteten Informationen finden schließlich Eingang in ein unternehmenspezifisches, anbieterneutrales Lastenheft. Hier gehen auch die Prozessbeschreibungen und die detaillierten funktionalen Anforderungen mit ein. Dieses Lastenheft zeigt das Anforderungsprofil des SCM-Systems und ist die Grundlage für die Angebotseinholung. Üblicherweise wird als Basis des Lastenhefts ein konkreter Business Case ausgewählt, der im vorherigen Schritt definiert wurde. In Tabelle 14 sind die wesentlichen Bereiche eines Lastenheftes aufgeführt.

**Tabelle 14.** Die wesentlichen Bereiche eines Lastenheftes

| Bereich | Aspekte bzw. Inhalte des Bereiches |
|---|---|
| Anforderungen an die Schnittstellen | - Vollständige Schnittstellenübersicht:<br>- Benutzerschnittstellen (Masken, Protokolle)<br>- Systemschnittstellen (Übertragungs-Protokolle, Übertragungs-Formate, Übertragungs-Systeme<br>- Aufrufschnittstellen (Datenformate, Datentypen, Dateninhalte, Zugriffsmethoden) |
| Anforderungen an die Systemtechnik | - Herstellerneutrale Anforderungen, die durch die Aufgabenstellung und den Prozess festgelegt sind:<br>- Datenverarbeitung, -erfassung, -ausgabe, -erhaltung<br>- Verteilung der Daten<br>- Zugriff auf die Daten/Transaktionssicherung (Integrität, Konsistenz, Zugriffsrechte)<br>- Betriebssystem<br>- Funktionalitäten der Anwendungsprogramme<br>- Übernahme der Daten und Abläufe aus Altsystemen<br>- Programmiersprachen<br>- Hardware (Geräteaufstellungsplan (prozess-/aufgabenbedingt)<br>- Umgebungsbedingungen (klimatische, mechanische, elektrische, elektromagnetische Verträglichkeit)<br>- Leistungsdaten (Antwortzeiten, Durchsatz)<br>- Verfügbarkeit<br>- Robustheit (z.B. bei Fehleingaben, internen Fehlern)<br>- Verbrauchsdaten |
| Anforderungen an die Qualität | - Softwarequalität (Funktionstüchtigkeit, Betriebstüchtigkeit, Benutzerfreundlichkeit, Pflegbarkeit, Übertragbarkeit)<br>- Hardwarequalität<br>- Qualitätsnachweis mit Offenlegung der Qualitätskontrollpläne |

**Tabelle 14.** (Fortsetzung)

| | |
|---|---|
| Anforderungen für die Inbetriebnahme und den Einsatz | - Dokumentation aus der Sicht des Betreibers, der Systembetreuung<br>- Verzeichnis der Lieferunterlagen<br>- Umfang der einzelnen Unterlagen<br>- Aufbau der Unterlagen (Normen, Standards, Sprache)<br>- Aufbewahrung und Aktualisierung der Unterlagen<br>- Installation der Hardware und Software<br>- Inbetriebnahme<br>- Übernahme von Datenbeständen<br>- Probebetrieb, Abnahmen<br>- Bedingungen des Betriebes (Echtbetrieb, Simulationsbetrieb, Schichtbetrieb, Dauer, Unterbrechungen)<br>- Produkt-/Systemschulung (Plan, Kosten, Qualifikation)<br>- Anlauf, Wiederanlauf<br>- Instandhaltung, Softwarepflege und Software-Releasepflege (Standard-/Individualsoftware, Aktualisierungshäufigkeit, Kompatibilität, Randbedingungen) |
| Anforderungen an die Projektabwicklung | - Anforderungen an die Projektorganisation (Personal, Zuständigkeiten, Arbeitsorte/-räume, Arbeitsumfeld)<br>- Aktivitätenplan<br>- Meilensteine<br>- Konfigurationsmanagement<br>- Änderungsdienst<br>- Fehlerverfolgung<br>- Versionsverwaltung<br>- periodische Datensicherung<br>- Verwaltung sensitiver Daten<br>- Führung der Projekthistorie |
| Systemtechnische Lösung | - Gliederung und Beschreibung der systemtechnischen Lösung<br>- Strukturplan der systematischen Lösung<br>- Beschreibung der Einzelfunktionen<br>- Darstellung der Kommunikation und der Datenflüsse<br>- Erläuterung der Eingangsgrößen (Prozessgrößen, Prozessbilder, Masken, Eingaben)<br>- Erläuterungen der Ausgangsgrößen (Prozessausgaben, Prozessbilder, Protokolle)<br>- Erläuterung der Verarbeitungsfunktionen<br>- Darstellung von Abläufen und Zustandsübergängen |

Ein SCM-Tool muss alle für einen Business Case ermittelten Anforderungen erfüllen. Ergeben sich Änderungen im Produktionsablauf (etwa durch Eilaufträge oder Maschinenausfälle), kann sofort ein neuer Planungslauf angestoßen werden. Die SCM-Software gibt die Änderungen der Fertigungssituation in beide Richtungen der Wertschöpfungskette weiter. Das Programm ermittelt schließlich simultan neue Pläne für den Bedarf sowie alle Ressourcen und lässt Aussagen über Liefertermine in Echtzeit zu. Ohne integrierte Informationssysteme lassen sich optimierte Supply-Chain-Lösungen nicht realisieren. Übergreifende, weltweite Supply-Chain-Management-Lösungen erfordern eine gemeinsame technologische Plattform. Nur so können Kunden, Produzenten, Vertrieb und Lieferanten und die weiteren Geschäftspartner auch gemeinsam agieren und Informationen austauschen. In diesem Sinne muss auch das neu zu implementierende Anwendungssystem verstanden werden: Es sollte in der Lage sein, die Geschäftsprozesse innerhalb eines Unternehmens als auch zu Lieferanten und Kunden zu koordinieren. Die optimale Umsetzung durch integrierte IT-gestützte Lösungen ist ohne eine umfassende Planung und das Auflegen eines mehr oder weniger umfangreichen Projektes undenkbar

## 3.2 Die notwendige IT auswählen und Einführungsvorbereitungen treffen

Die Eignung der eingesetzten Anwendungssoftware hat einen entscheidenden Einfluss auf die erfolgreiche DV-Unterstützung der neu konzipierten Prozesse und Strukturen. Sowohl beim Einstieg als auch für den weiteren Ausbau der Computer-Anwendungen ist eine Eigenentwicklung heute aufgrund des notwendigen Spezialwissens und der Komplexität der Systeme nicht mehr denkbar. Deshalb bietet es sich ganz oder zumindest zum Teil an, diese Programme nicht selbst zu entwickeln, sondern fremd zu beschaffen. Damit rückt im Zusammenhang mit der Umsetzung von SCM-Konzepten das Problem der zweckmäßigen Softwareauswahl in den Mittelpunkt vieler Überlegungen.

Aufgrund des Angebotes an spezifischen computergestützten Werkzeugen für das Supply Chain Management stellt sich für die Entscheidungsträger das Auswahlproblem. Dabei kann sogar eine Mischung verschiedener Anbieter (Best of Breed) in Betracht kommen, beispielweise die Nutzung von ERP-Software durch einen bekannten Anbieter und als Ergänzung dazu ein leistungsfähiges SCM-Tool eines Spezialanbieters. Andererseits kann auch hier das Angebot von einem Anbieter wegen geringer Integrations- und laufender Betriebskosten sehr sinnvoll und deshalb vom Lenkungsausschuss gewünscht sein.

In der Auswahlphase geht es darum, Angebote einzuholen und zu sondieren sowie das geeignete System zu identifizieren. Als wichtige Randbedingung tritt dabei die Begrenzung des hierzu erforderlichen Aufwandes in den Vordergrund. Dazu hat sich eine gestufte Vorgehensweise als sinnvoll erwiesen, da mit jeweils angemessenem Aufwand eine sukzessive Detaillierung des Auswahlergebnisses und damit eine Reduzierung der betrachteten Systeme erzielbar ist. Ziel der Vorauswahl ist zunächst die schnelle und sorgfältige Reduzierung des Gesamtangebots relevanter SCM-Systeme auf eine kleine Gruppe von Favoriten. Schon die Vorauswahl eines geeigneten Systems stellt sich für den Anwender als besonders schwierig dar, denn die Systeme sind generell sehr umfangreich und komplex, außerdem muss eine Vielzahl verschiedenartigster Leistungsmerkmale berücksichtigt werden.

Hinzu kommen oft Randbedingungen wie Interessenskonflikte zwischen den beteiligten Unternehmen. Die zielgerichtete Durchführung einer systematischen Auswahl unterbleibt häufig, weil die Übersicht über die sich stellenden Aufgaben schlichtweg fehlt und weil man den Zusammenhang mit den Kooperationszielen (siehe Teil 2) nicht kennt. Die Unterstützung durch externe, neutrale Berater ist deshalb in den meisten Fällen anzuraten.

Zunehmend müssen Unternehmen auch beurteilen, ob ein bestehendes ERP-System integriert werden kann oder ob der Aufwand für eine angemessene Systemunterstützung zu hoch ist und auf neue Standards zurückgegriffen werden soll. Oft fällt die Entscheidung für ein bestimmtes SCM-System auf einer wenig abgesicherten, mehr subjektiven Basis. Das System wird aufgrund von zufälligen und unvollständigen Einzeleindrücken erworben. Die Wahrscheinlichkeit ist sehr hoch, eine funktional oder wirtschaftlich bessere Alternative nicht betrachtet zu haben.

**Vermeiden Sie diese häufig zu beobachtenden Fehler**

- Es fehlt eine systematische Übersicht über das Marktangebot.
- Anbieterangaben können wegen ihrer Komplexität nicht überprüft werden.
- Es existiert keine einheitliche Vergleichs- und Bewertungsgrundlage.
- Zuerst wählt man die die Hardware, erst danach die Software aus.
- Es findet überhaupt kein Vergleich statt, da durch eine langjährige Zusammenarbeit mit einem bestimmten Anbieter in anderen Unternehmensbereichen schon eine Vorentscheidung getroffen worden ist.
- SCM-Systeme müssen aufgrund einer Konzernentscheidung ungeprüft übernommen werden.

Das Problem in all den oben genannten Fällen: Sobald ein unzureichendes System einmal installiert worden ist, sind die möglichen Folgen kaum absehbar. Wegen des hohen Integrationsgrades der Systeme werden fast alle an der logistischen Kette beteiligten Unternehmen von den Folgen betroffen. Mit einem Aufwand, der den Kaufpreis für die ursprüngliche Software oft weit übersteigt, nimmt man dann meist Anpassungsprogrammierungen vor. Bewährte Abläufe müssen abgeändert werden, wenn man an den Grenzen der Softwareanpassung angelangt ist. In vielen Fällen werden die erwarteten Ziele häufig trotz der aufwendigen Anpassungen nicht erreicht. Ist der entsprechende Sachverstand und Erfahrungshintergrund sowie eine aktuelle und verlässliche Übersicht über den Systemmarkt nicht vorhanden, empfiehlt es sich unbedingt, eine qualifizierte und unabhängige externe Instanz bei der Systemauswahl hinzuzuziehen.

**5. Die Entwicklung einer Checkliste**
Um Software-Auswahlentscheidungen für SCM-Lösungen auf relativ sicherer Basis treffen zu können, ist es unbedingt empfehlenswert, die anstehenden Softwareentscheidungen systematisch zu planen und auszuführen. Sie ersparen sich spätere Enttäuschungen und einen unnötigen Umstellungsaufwand auf andere Produkte, wenn zunächst

- die Geschäftsprozesse und Aufgabenprofile im Rahmen des Supply-Chain-Management analysiert werden,
- klare Rahmenentscheidungen getroffen wurden und daraufhin
- die Anforderungen sorgfältig definiert wurden, die an das einzusetzende SCM-Produkt gestellt werden.

In der Praxis hat sich als sehr gutes Instrument eine Checkliste herausgestellt, um die geeigneten Tools auswählen zu können. Diese Checkliste enthält neben den funktionalen Anforderungen auch IT-Anforderungen (z.B. Schnittstellen, die bedient werden müssen) und allgemeine Anforderungen an das Unternehmen (Realisierungspartner, Standort in Deutschland, Erfahrungen in der Branche).

**6. Die Präselektion von Anbietern**
Hat man auf dem Markt Angebote eingeholt, erfolgt ein detaillierter Anbietervergleich, bei dem die Erfüllungsgrade der genannten Anforderungen festgestellt und untereinander verglichen werden. In Form einer Nutzwertanalyse erfolgt eine Bewertung, bei der neben der Funktionalität auch kosten- und systemtechnische Fragen sowie die Kompetenz des Anbieters mit bewertet werden. Mit der Hilfe der erstellten Checkliste erfolgt nun i.d.R. die Präselektion von Anbietern auf Basis von K.o.-Kriterien. Das Ziel lautet, alle möglichen Anbieter auf vier bis fünf Anbieter zu reduzieren.

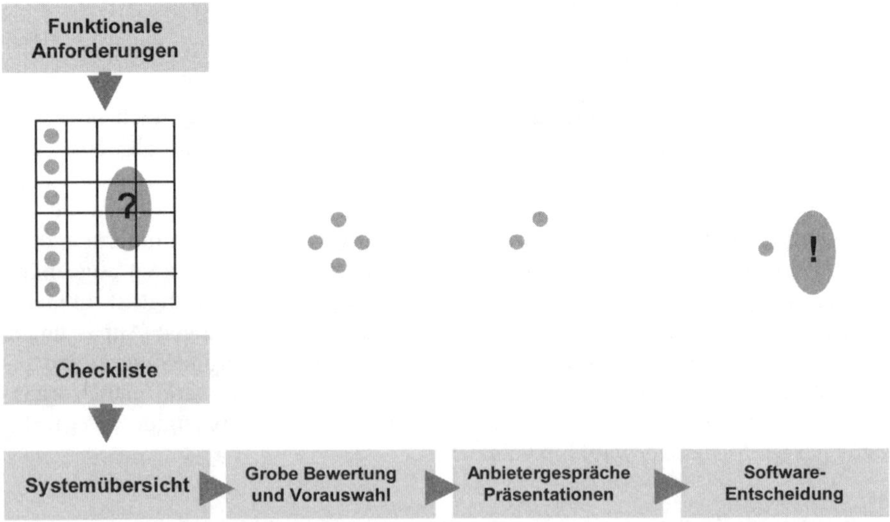


**Abb. 21.** Vorgehensweise zur Auswahl von SCM-Software

**7. Anbietergespräche und Präsentationen**

Hat man vier bis fünf interessante Anbieter identifiziert, folgen konkrete Anbietergespräche und Präsentationen dieser ausgewählten Anbieter - am besten auf Basis des/der betrachteten Business Cases.

Die Endauswahl kann dazu genutzt werden, den Anbieter kennen zu lernen und dessen Kooperationsbereitschaft zu prüfen. Die starke Einbindung der Mitarbeiter bei der Bewertung der Entscheidung für ein System erhöht zudem die Akzeptanz bei den späteren Systemnutzern. Dies ist vor dem Hintergrund einer langfristigen Partnerschaft zwischen Anwender und Anbieter ein nicht zu unterschätzender Aspekt, da ein SCM-System in einem Unternehmen immerhin eine Lebensdauer von mehreren Jahren besitzt. Wie wichtig es ist, dass die Vision vor der Software-Implementation steht, zeigt Ihnen die nachfolgende Abbildung eines renommierten Unternehmens, entwickelt in einem Workshop vor nicht all zu langer Zeit.

- Die Vision muss *vor* der Software-Implementation stehen.
- **Datenverfügbarkeit , -qualität** und **-aktualität** der Stamm und Bewegungsdaten
- **Globale Optimierung** geht vor lokaler Optimierung.
- Die gesamte **Organisation** ist gefordert, das ganze zu einem Erfolg zu machen. Die Softwarelösung hat „nur“ Hebelwirkung.
- **Akzeptanz** der betroffenen Mitarbeiter gewinnen, deren Arbeitsweise sich drastisch verändern wird
(geringere Arbeitsteilung, mehr Verantwortung, etc.)
- Hohe **Anforderungen an Know-How/Qualifikation/Engagement** der betroffenen Mitarbeiter, um den vollen SCM-Mehrwert abzuschöpfen.
- Disziplin: **Freiheitsgrade** in der gesamten Fabrik gehen zurück.

**Abb. 22.** High Performance SCM – die Herausforderungen

**8. Die Selektion eines Anbieters - die Endauswahl**

Im Rahmen der Endauswahl analysiert man schließlich die Systeme der Favoritengruppe daraufhin, in welchen Bereichen sie u. U. den Anforderungen nicht genügen, die aus der Prozess- und Strukturoptimierung resultieren. Und man überlegt, wie die so entstehende Lücke zwischen den Anforderungen des Anwenders und den Möglichkeiten des Anbieters geschlossen werden kann. Für die Bereiche, in denen EDV-Unterstützung nicht ausreicht, sollte man zusammen mit dem Anbieter klären, welche Lösungsvorschläge er für die einzelnen Problembereiche macht und welcher Anpassungsaufwand seitens des Anbieters und/ oder Anwenders damit verbunden ist. Im Einzelfall kann es aus Kostengründen sogar sinnvoll sein, dass man vom zuvor erarbeiteten Konzept abweicht. Wichtig ist an dieser Stelle lediglich, dass etwaige Kompromisse bewusst und mit Zustimmung des Projektteams eingegangen werden.

Da diese Fragen nur in enger Zusammenarbeit mit dem Anbieter geklärt werden können, führt man für die Endauswahl mit den Anbietern der Favoritengruppe am besten ausführliche Systemtests durch, indem man ausgewählte Testdaten verwendet. Basis dieser Tests ist der vorher spezifizierte Business Case, für den die Prozesse und Daten spezifiziert und erhoben wurden.

Zu diesem Zweck erstellt man einen unternehmensindividuellen und detaillierten Testfahrplan, auf dessen Grundlage eine Bewertung der Systeme erfolgt. Ergänzend zu den Systemtests kann man auch Besuche bei Anwendern der jeweiligen Systeme durchführen. Die Ergebnisse und die Vereinbarungen der Systemtests gehen in die Erstellung eines Verpflichtungsheftes ein, welches als Zusatzbestandteil in den Kaufvertrag aufgenommen werden sollte.

**9. Der Einstieg in die Prototypphase**

In der Praxis hat sich überdies bewährt, noch ein weitergehendes Vorgehen zu wählen. In diesem Fall wird die Software zunächst in einem begrenzten Funktions- bzw. Anwendungsumfang ohne Integration in den realen Betrieb realisiert, um darauf aufbauend Erkenntnisse über die Eignung der Prozesse und der Software zu ziehen, ohne das gesamte System in Mitleidenschaft zu ziehen. Ein Prototyp ist ein nicht operativ eingesetztes System, das aber die geforderte Funktionalität in Laborbedingungen nachweisen kann. Dies Phase ist optional und kann evtl. schon mit der Präsentation in den Anbietergesprächen abgedeckt sein – dies hängt von der Komplexität der Problemstellung und dem Abdeckungsgrad der Software ab.

**10. Die Pilotphase**

In der Pilotphase wird die Software für einen begrenzten Aufgabenumfang (Anzahl der eingebunden Lieferanten, Beschränkung der betrachteten Produkte und Teile, Eingrenzung des Funktionsumfangs) im realen Betrieb auf ihre Funktionalität erprobt. In anderen Worten: man bewertet die Resultate der Software für einen überschaubaren Einsatzbereich anhand definierter Kenngrößen. Häufig ergibt sich dann auch der Fall, dass man zu der Erkenntnis gelangt, zunächst einmal die Prozesse an die Fähigkeiten der Software anpassen zu müssen, anstatt neue IT-Funktionen für die geplanten Prozesse zu entwickeln.

**11. Das Optimieren der Software-Lösung**

Stellt sich die Software-Lösung (im besten Falle) als ein Erfolg heraus, so kann sie durch die gesammelte Piloterfahrung weiter optimiert werden. Auf der Grundlage der bis dato erzielten Ergebnisse wird i.d.R. in der nächsten Phase ein Roll-Out auf weitere Kettenpartner, Geschäftsbereiche, Teileumfänge etc. durchgeführt. Dabei wird das Know-how des ersten Pilotteams über Einführungsprobleme technischer, aber auch sozialer Art genutzt.

**Ergebnisse der Phase 3**

Sie haben...

- ...aus den Soll-Prozessen abgeleitet, an welchen Stellen eine IT-Unterstützung nötig und sinnvoll ist.
- ... Ihr IT-Projektteam festgelegt.
- ... auf Basis der dokumentierten Soll-Prozesse ein angepasstes IT-Konzept und einen Maßnahmenplan erstellt.

- ... Business Cases definiert, eine Kosten-Nutzen-Betrachtung durchgeführt und ein unternehmensspezifisches, aber anbieterneutrales Lastenheft erstellt, in das die Prozessbeschreibungen und die funktionalen Anforderungen einfließen.
- ... eine Checkliste entwickelt, um geeignete Tools auswählen zu können
- ... Anbietergespräche geführt, sich schließlich für einen Anbieter entschieden, die notwendige IT ausgewählt und erste Einführungsvorbereitungen getroffen.
- ... sind in eine Prototyp-Phase eingestiegen (optional), auf jeden Fall jedoch in eine Pilotphase
- und haben ein Roll-Out auf weitere Kettenpartner, Geschäftsbereiche, Teileumfänge etc. geplant.

# 4 Die Umsetzung des SCM-Konzepts – die Phase 4

Phase 4 dient der Implementierung des SCM-Konzeptes inkl. des Roll-Out des SCM-Systems. Sie erfolgt in den jeweils betroffenen Bereichen auf der Basis der vom Lenkungsausschuss genehmigten Konzeption im Rahmen des systemspezifisch auszugestaltenden Change Managements, das folgende Aspekte berücksichtigt:

- dosierter Einsatz geeigneter Management-Methoden,
- Sicherstellung einer offenen und positiven Kommunikation,
- Engagement und Durchhaltevermögen der Unternehmensleitung,
- Trennung zwischen Change Agent und Change Client,
- Beachtung und Abstimmung der notwendigen Zeiten für den Wandel.

## 4.1 Das SCM-Konzept im Change Management umsetzen

Organisationale Veränderungsprozesse sind kein unbekanntes Neuland. Erfahrene Praktiker beherrschen eine Vielzahl an Methoden, um Veränderungen im Zusammenhang mit der Umsetzung von SCM-Konzepten erfolgreich durchzusetzen. Die wichtigsten sind:

- *Pflichtenheft:* Es dient als zwischen Auftraggeber und Auftragnehmer abgestimmte Beschreibung der angestrebten Veränderung.
- *Projektstrukturplan:* Er zeigt ein vollständiges Bild der nötigen Tätigkeiten (z. B. Kundenbefragung, Ist-Analyse, Design-Soll-Konzept, Kommunikation, Training).
- Darstellung des *Projektablaufes* in Balken- oder Netzplänen. In Change-Projekten kommen dabei meist Phasenmodelle zum Einsatz.
- Installation von *Frühwarn-* und *Controllingsystemen.* Das Projektcontrolling bezieht sich meist auf Faktoren wie Ergebnisfortschritt, Kostenabweichung, Zeitabweichung oder Prognoserechnung.

Diese eher technisch orientierten Methoden sind jedoch nicht ausreichend, um einen Erfolg des Veränderungs-Prozesses zu garantieren. Veränderungen in Unternehmen sind nur durch Menschen und mit Menschen möglich. Motivation, Kultur, Kommunikation und Veränderungsbereitschaft sind hier wichtige Schlagworte. Fehlt bei den Betroffenen der Wille zur Veränderung, so ist der Fehlschlag programmiert. Um gezielt die Motivation zu erhöhen, setzt man verschiedenste Methoden ein oder beherzigt entsprechende Regeln:

**Einige Regeln**

**Das Change-Management-Team**
Wesentlicher Erfolgsfaktor ist das Change-Management-Team. Eine positive Kommunikation im Team sowie zwischen Team und Auftraggeber steigert dessen Leistungsfähigkeit. Veränderungsmanager sollten deshalb gezielt teambildende Maßnahmen einsetzen. Dies fängt mit einem Kick-Off in einer motivierenden Atmosphäre (z. B. im Rahmen eines Outdoor-Event) an, geht über gezielte Belohnungen (z. B. Teambonus oder Kamingespräche mit der Geschäftsführung) bis hin zu einem motivierenden Abschlussevent.

**Betroffene zu Beteiligten machen**
Unbekanntes erzeugt bei den meisten Menschen Angst und Widerstand. Wissen die Betroffenen nicht, was auf sie zukommt, so verbreiten sich durch die Gerüchteküchen schnell Horrormeldungen. Um dies zu vermeiden, sollten die Betroffenen rechtzeitig „aufgetaut" werden – ihnen muss die Notwendigkeit des Wandels bewusst werden. Dazu gehört eine frühzeitige Kommunikation, eine schlüssige Vision und ein gewisser Handlungs- und Leidensdruck. Neben ständigem Kommunizieren tritt meist die Notwendigkeit ein, früh und intensiv zu schulen. Nur wer sich nicht überfordert fühlt, ist bereit für Neues. Allgemein wird gefordert, Betroffene zu Beteiligten zu machen. Nur dann werden sie die angestrebten Veränderungen mittragen.

**Das Engagement der Unternehmensleitung**
Großes Engagement der Unternehmensleitung ist ein Muss. Viele Unternehmen meinen, größere Reorganisationen ihren Organisationsabteilungen überlassen zu können. Dies ist fatal – denn nur das Topmanagement hat die Schlagkraft, „Fürstentümer" aufzubrechen und die teilweise enormen Investitionen zu bewilligen.

**Wie Sie es nicht machen sollten**
Trotz geeigneter Methoden und umfangreich dokumentierter Erfahrungen mit erfolgreichen Change Management Prozessen scheitern auch heute noch viele Veränderungsprozesse oder führen nicht zum gewünschten Erfolg. Je nach Art und Umfang der Untersuchung kann man ein 50-75prozentiges Fehlschlagsrisiko bei größeren Veränderungsvorhaben diagnostizieren. Typisch ist dabei folgender Verlauf:

- Man beginnt mit riesiger Begeisterung.
- Ein Kick Off wird veranstaltet, das Management stellt sich voll und ganz hinter den Veränderungsprozess und erklärt das Gelingen als „überlebensnotwendig für die Zukunft des Unternehmens".

- Ein Kommunikationsprozess über die verschiedensten Medien (z. B. Firmenzeitschrift, Intranet) wird angestoßen.
- In der Folge wird mit viel Elan von einem meist hochmotivierten Team ein Soll-Konzept skizziert, das inhaltlich fundiert und tragfähig scheint.
- Spätestens mit der Umsetzung der geplanten Maßnahmen mehren sich die Zeichen, dass etwas ganz und gar nicht in Ordnung ist.
- Trotz der anfänglichen Begeisterung sind viele Betroffene enorm kritisch, wenn ihr persönliches Arbeitsumfeld verändert werden soll – sie verhalten sich zögerlich und bremsend.
- Das Projekt dauert nun länger als erwartet und entzieht sich langsam aber sicher der Aufmerksamkeit des Auftraggebers.
- Wichtige Sponsoren fangen an, sich anderen Aufgaben zuzuwenden.
- Besitztümer werden verteidigt – keiner will „am eigenen Ast sägen".
- Die Umsetzung gerät mehr und mehr ins Stocken.
- Am Ende ist abermals aus einer guten Idee ein „Schubladenprojekt" geworden.

Trotz des angedeuteten Fundus an Methoden, Regeln und Vorgehensweisen hat man etwas falsch gemacht. Nur was? – Oft zeigen sich zwei typische Problemfelder, die Hinweise auf die Ursachen des Scheiterns geben: Reorganisationen scheitern zum einen weniger an konzeptionellen, als an *Umsetzungsdefiziten*, d. h. die Konzeptionsphase läuft viel versprechend, aber die Umsetzung scheitert. Zum anderen scheitern Reorganisationen meist nicht auf der Sachebene, sondern auf der *kulturellen* Ebene des Unternehmens. Die Soll-Konzepte sind inhaltlich gut. Sie optimieren nicht nur bestehende Abläufe, sie orientieren sich auch an langfristigen Kernkompetenzen des Unternehmens, setzen auf Teamarbeit, Kundenorientierung und modernste Informationstechnologie. Aber sie werden nicht umgesetzt, weil einzelne Mitarbeiter einfach nicht wollen, weil Führungskräfte des mittleren Managements ihre Pfründe verteidigen, weil es an der Motivation fehlt, weil die Leute nicht überzeugt sind.

**Damit Veränderungsprozesse funktionieren**

In dieser Situation kann der Hilfesuchende in zwei Richtungen unterstützt werden: Zunächst kann man versuchen, ihm operativ bessere Handlungsmöglichkeiten aufzuzeigen (z.B. differenzierte Gestaltungsanleitungen für ein erfolgreiches Kommunikationsmanagement geben). Diese Möglichkeit scheint verlockend, da sie doch direkten Anwendungsbezug hat. Das Problem ist allerdings, dass dies schon vielfach geschehen und trotz des Gebrauchs aller Checklisten und Kochbücher das beschriebene Problem nicht gelöst ist. Was in der Realität jedoch häufig fehlt, ist eine treffende Vorstellung darüber, wie ein Veränderungsprozess überhaupt funktioniert – eine „geistige Landkarte" für den Change Manager, die sowohl harte und weiche Faktoren des Change Management erfasst als auch Zeit und Dynamik berücksichtigt. Auf der Basis dieser Karte können dann bessere Strategien des Change Managements entwickelt werden.

Eine solche Karte berücksichtigt, dass Veränderungsprozesse vielschichtig und alles andere als einfach zu verstehen sind. Oft wirkt scheinbar alles auf alles. Ein Kursverfall an der Wall Street kann dazu führen, dass der Vorstand ein anderes

Projekt priorisiert und wichtige Entscheidungen deshalb nicht getroffen werden. Dadurch kann die beschriebene Spirale des Misserfolgs eingeleitet werden. Ein in der Planung vernachlässigter Faktor kann in der Umsetzung zum Stolperstein werden. Eine scheinbar rein sachliche Entscheidung kann zu Frustration und Widerstand von Betroffenen führen. Um diese und weitere Faktoren zu erfassen, sollte die Karte alle relevanten Elemente umfassen, auch wenn sie „im Moment“ nicht im Fokus der Handlungen stehen. Die Karte wirkt somit als Gedankenstütze und Wegweiser zu den relevanten „Anlaufstationen“, die im Laufe des Change Management angesteuert werden sollten.

Jeder organisationale Veränderungsprozess ist nichts anderes als ein Kraftfeld, das zu jedem Zeitpunkt aus treibenden und bremsenden Kräften besteht. Das Kraftfeld beeinflusst die Entscheidungen, die im Rahmen des Veränderungsprozesses getroffen werden. Die Abb. 23 zeigt im oberen Teil den Veränderungsprozess als eine alternierende Folge von Entscheidungen und Handlungen, die jeweils zu einem neuen Zustand des Veränderungsobjektes (z. B. einer SCM-Kooperation) führen. Überwiegen die positiven Kräfte, so schreitet der Prozess voran – es werden entsprechende Entscheidungen getroffen und in Handlungen umgesetzt. Die Höhe der Kraft zu den jeweiligen Zeitpunkten ergibt über den Zeitverlauf gesehen eine charakteristische Kraftlinie des Veränderungsprozesses und kann mit seinem inhaltlichen Fortschritt assoziiert werden (Veil 1999).

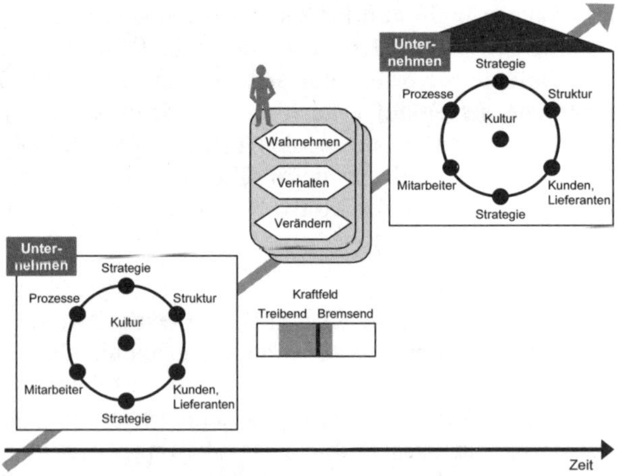


**Abb. 23.** Kraftfelder entstehen durch Personen (Veil 1999)

Ob Prozess-Reengineering, Einführung neuer Entlohnungssysteme, Umstellung auf Internet oder die Realisierung eines neuen SCM-Konzeptes – jeder Veränderungsprozess in einem Unternehmen geschieht letztendlich durch Menschen. Jede Person entwickelt aufgrund ihrer Informationsbasis, ihres Umfeldes, ihrer Wahrnehmung, ihrer persönlichen Ziele und Möglichkeiten eine Einstellung zur angestrebten Veränderung. Ist diese Einstellung *positiv*, dann wird sich diese Person meist unterstützend verhalten. Sie stellt eine treibende Kraft dar. Wie hoch der

Beitrag ist, hängt sowohl vom Grad des unterstützenden Verhaltens als auch vom Einfluss ab, über den sie verfügt. In diesem Zusammenhang spielt die hierarchische Position einer Person eine wesentliche Rolle. Für einen Veränderungsprozess ist die Erkenntnis wichtig, dass der Einfluss einer Person nicht fix gegeben ist, sondern durch die Partizipation an diesem Prozess beeinflusst wird. Auswirkungen hat auch die (zeitliche) Entwicklung des Veränderungsprozesses. In einer Konzeptionsphase kann man beispielsweise durch gezielten Ausschluss den Kreis derer, die Einfluss auf den Veränderungsprozess (und damit auf sein Voranschreiten) haben, klein halten. In einer Umsetzungsphase haben in der Regel sehr viele Akteure Einfluss, egal, ob man dies will oder nicht.

Ein Veränderungsprozess ist ein ständiger Kreislauf, in dem die Beteiligten (z. B. Betroffene, Vorstand, Prozessteam) Dinge wahrnehmen (z. B. eine unbefriedigende Kostensituation) und dadurch Verhalten ausbilden. Durch dieses Formen des Verhaltens entsteht das beschriebene Kraftfeld und es kommt zu materiellen Veränderungen (z. B. Einrichtung einer Projektorganisation, Benchmark). Diese Veränderungen und weitere Aspekte (z. B. die Wettbewerbssituation des Unternehmens) verändern wiederum das Umfeld der Individuen, werden von den Beteiligten beobachtet, wahrgenommen und bewertet. Sie bilden die Grundlage für deren weiteres Verhalten. Diese Darstellung darf allerdings nicht zur Annahme verleiten, dass hier deterministische Zusammenhänge vorliegen. Entscheidungen und Handlungen zu jedem Zeitpunkt werden auch durch unbeeinflussbare Aspekte (z. B. Marktentwicklung, politische Ereignisse, Konjunkturzyklen, Veränderung der Ziele und Inhalte) beeinflusst. Weiterhin sind viele Wirkungen nicht eindeutig vorhersagbar (z. B. die Auswirkungen von Handlungen auf die Motivation von Individuen oder die Entscheidungsprozesse an sich, die zu Handlungen führen). Aufgrund der geringen Deterministik ist eine ständige Überprüfung der tatsächlichen Veränderungen vorzusehen.

**Zwischen Change Agent und Change Client unterscheiden**

Aus diesem Grund muss beim Changemanagement deshalb zwischen Aktorensystem (Change Agent) und Betroffenensystem (Change Client) unterschieden werden. Das Aktorensystem entspricht der Handlungsperspektive als Subjekt der Veränderung. Das Betroffenensystem ist das Objekt der Veränderung. Die jeweiligen Akteure können den Veränderungsprozess durch Handlungen voranbringen oder behindern. Interventionen können unterschiedlichen inhaltlichen (z. B. Information, Qualifikation, Motivation) und zeitlichen Charakter (z. B. Planung, Durchführung, Kontrolle) haben. Ziel dabei ist, eine positive Veränderungsenergie als Voraussetzung für den Erfolg sicherzustellen und dabei den angestrebten Veränderungsinhalt (z. B. Neugestaltung eines Kernprozesses im Rahmen eines SCM-Konzeptes) zu realisieren. Ob und wie eine angestrebte Handlung tatsächlich realisiert wird, hängt vom „Systemzustand" zu jedem Zeitpunkt ab. Die tatsächlich durchgeführte Handlung verändert das System und der Kreislauf beginnt von Neuem.

**Interventionen benötigen Zeit**

Um Veränderungsprozesse zu verstehen und Handlungsalternativen sinnvoll einzusetzen, sollte man immer bedenken, dass Interventionen und insbesondere Auswirkungen von Ereignissen Zeit benötigen. Manche Interventionen wirken sehr träge (z. B. Überzeugung des Gegners einer Veränderung), einige wirken erst zeitversetzt, andere wiederum benötigen eine Mindestdauer, um überhaupt Wirkung zu zeigen. Manchmal „gären" Dinge in Organisationen für einen Zeitraum, um dann erst Auswirkungen zu zeigen. Der Change Agent und der Change Client sollten deshalb nicht nur ihre inhaltlichen Erwartungen, sondern auch ihre zeitlichen Vorstellungen in Bezug auf jede konkrete Maßnahme abgleichen.

## 4.2 Das SCM-System umsetzen

Im Rahmen der Umsetzung im SCM-System wird zunächst noch in der gleichen Zusammensetzung des Kernteams und der einzelnen Aufgabenteams die Eignung der erarbeiteten Reorganisationskonzepte sowie des ausgewählten SCM-Systems schrittweise detaillierter untersucht, wobei gleichzeitig die Konzepte bis auf Anwenderebene detailliert und die notwendigen Konfigurationseinstellungen und Anpassungen vorgenommen und dokumentiert werden. Zum Ende der Realisierungsvorbereitung sollte weitgehende Gewissheit bestehen, dass die erarbeiteten Konzepte realisiert werden können. Die Projektmitarbeiter sollten die Arbeitsweise des Systems verstehen und z. T. bereits in der Lage sein, das SCM-System zu bedienen.

**Die Funktion unabhängig voneinander arbeitender Umsetzungsprojekte**

Bei der konkreten Umsetzung im SCM-System müssen aufgrund der umfangreichen und verschiedenartigen Aufgabenstellungen jedoch noch weitere Mitarbeiter in das Projekt eingebunden werden. Da zu große Teams aufgrund des Abstimmungsbedarfs zwischen den Projektteammitgliedern ineffizient sind und sich viele der anfallenden Aufgaben simultan und weitgehend unabhängig voneinander bearbeiten lassen, bietet sich nach der Realisierungsvorbereitung eine Aufteilung der Aufgaben auf mehrere weitgehend unabhängig voneinander arbeitende Umsetzungsprojekte an. Die Umsetzungsprojekte sollten mindestens einen Mitarbeiter des alten Kernteams sowie die entsprechenden Mitarbeiter des Aufgabenteams beinhalten.

Bildet man Umsetzungsprojekte, ist man gut beraten, den Abstimmungsbedarf bei der Projektarbeit zu berücksichtigen, der aus den vielfältigen Verflechtungen der inner- und überbetrieblichen Prozesse resultiert. Bei der Einführung stellt sich deshalb die Frage, welche Aufgaben sich für eine Zusammenfassung zu Teilprojekten eignen. Diese Frage kann nur unternehmensspezifisch beantwortet werden. Eine geeignete Methode dazu stellt die Identifikation von Beziehungen zwischen den von der SCM-Einführung betroffenen Unternehmensbereichen dar. Bei der Bildung von Projekten, die sich weitgehend unabhängig voneinander mit der Abwicklung bestimmter Teilaufgaben beschäftigen, sollten immer diejenigen Bereiche zusammen betrachtet werden, zwischen denen die intensivsten Beziehungen bestehen.

Bei der Umsetzung des SCM-Konzeptes unterscheidet man allgemein das sogenannte Fachmanagement und das Umsetzungsmanagement. Das Umsetzungsmanagement beinhaltet im Wesentlichen Aufgaben aus dem Bereich des Projektmanagements, auf die hier nicht näher eingegangen werden soll.

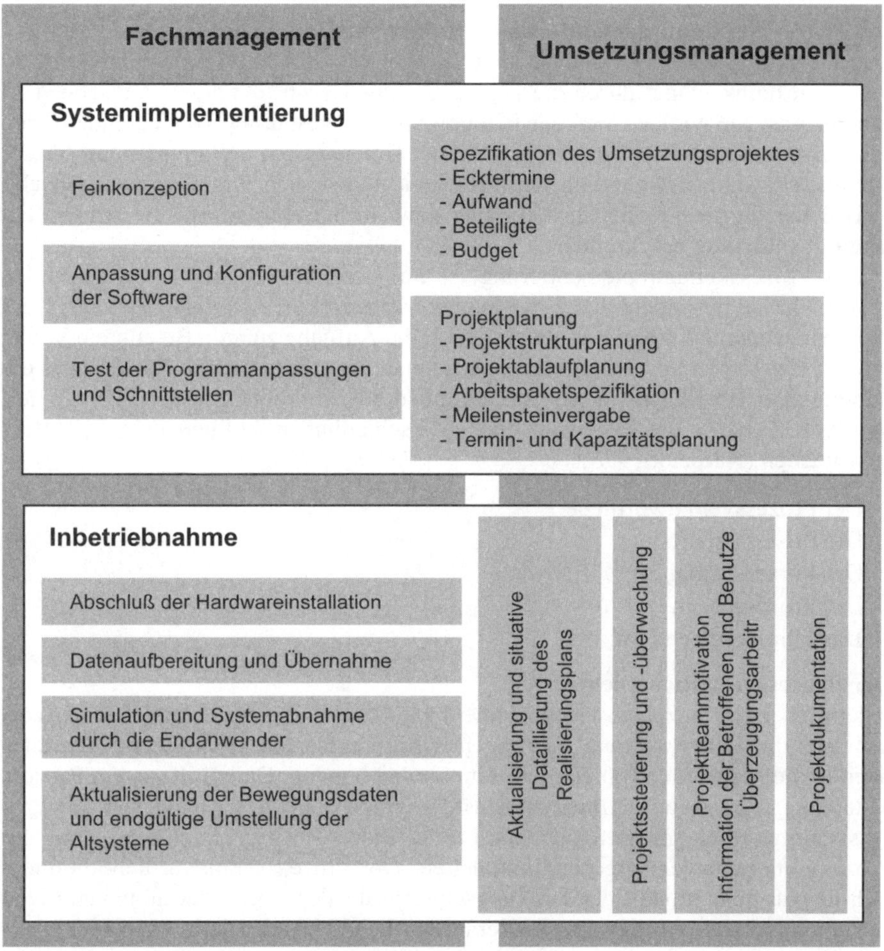


**Abb. 24.** Systemimplementierung und Inbetriebnahme

Die Implementierung der SCM-Software erfordert folgende Schritte, die integriert zur Umsetzung im Change Management durchgeführt werden sollten:

- Hardware- und Softwareinstallation
- Modellierung der Prozesse im ausgewählten System (= fachliche Detailspezifikation des zu realisierenden SCM-Konzeptes im SCM-System)

- Erstellung des Daten-Konzeptes
- Implementierung der Systemschnittstellen
- Datenaufbereitung und -übernahme
- Systemtest und Systemabnahme
- Aktualisierung der Bewegungsdaten
- Training und Coaching der Mitarbeiter

**Die Prozesskettenimplementierung – Rollen und Aufgaben**

Der Übergang von der Analyse und Konzeption hin zur Implementierung ist i. d. R. gekennzeichnet durch die Ergänzung des Kernteams durch spezielle Aufgabenteams. Sie widmen sich der Planung und Ausgestaltung von Veränderungen der Prozessorganisation in ausgewählten Teilbereichen. Weil sich an dieser Schnittstelle eine Erweiterung des Projektes und dessen Organisation vollzieht, wollen wir die maßgeblichen Aufgaben bzw. Rollen derjenigen, die am Projekt beteiligt sind, kurz beschreiben.

Die Prozesskettenimplementierung ist im Vergleich zu den vorausgehenden beiden Phasen besonders durch die Interaktion einzelner Beteiligter geprägt. Dem Projektmanagement kommt in dieser Phase die Aufgabe zu, alle Beteiligten in den Prozess der Implementierung und Inbetriebnahme zu integrieren. Spaltet man die Summe aller Beteiligten in einzelne Gruppen auf, so können nach einer Aufstellung von Kaeseler die folgenden fünf unterschiedlichen Aufgabenträger identifiziert werden (Kaeseler 1998):

- Der Prozessverantwortliche
- Die Prozessmitarbeiter
- Der Prozessbegleiter
- Der Prozesscoach
- Das Führungsgremium

**Der Prozessverantwortliche**

Indem für jeden einzelnen Prozess einem spezifischen Aufgabenträger des Unternehmens die Verantwortung übertragen wird, werden die Mitarbeiter organisatorisch in die bestehende Linienorganisation eingebunden. Da i. d. R. jedem Prozess Mitarbeiter und weitere Unternehmensressourcen zugewiesen sind, hat der Prozessverantwortliche die Aufgabe, den Einsatz dieser Ressourcen zu planen und die Prozessmitarbeiter entsprechend anzuleiten. Der Prozessverantwortliche befindet sich gemäß dem Modell der Lenkungsebenen auf der Ebene der administrativen Gestaltungsebene. An den Prozessverantwortlichen werden hohe Anforderungen bezüglich seiner fachlichen und sozialen Qualifikation gestellt. Zur sozialen Qualifikation gehören: Flexibilität und die Fähigkeit, sich veränderten Situationen anzupassen, Einfühlungsvermögen (Empathie), Konfliktbereitschaft, Frustrationstoleranz (d. h. er muss Misserfolge verarbeiten können) und Fairness gegenüber den Prozessmitarbeitern.

Im Rahmen der Neugestaltung der Geschäftsprozesse liegt der Schwerpunkt seiner Aufgabe darin, gemeinsam mit den Prozessmitarbeitern Ziele zu entwickeln, Ideen zu erzeugen, Maßnahmen zu planen und für deren konsequente Umsetzung zu sorgen. Der Prozessverantwortliche kann eigenverantwortlich entscheiden und wird vom Führungsgremium für diese Aufgabe ausgewählt. Er rechtfertigt seine Entscheidungen gegenüber dem Führungsgremium, wobei dieses keinen direkten Einfluss auf die Entscheidung ausübt. Gegenüber den Prozessmitarbeitern hat er die Aufgabe zu erfüllen, sie für ihre Aufgabe zu begeistern und im Sinne von von Cube dafür zu sorgen, dass „Lust an Leistung" möglich wird (von Cube 1998). Der Prozessverantwortliche hat in diesem Sinne eine Sandwich-Position zwischen den eng gesetzten Zielvorstellungen des Führungsgremiums und der schwer definierbaren Zielsetzung der mündigen Prozessmitarbeiter.

**Die Prozessmitarbeiter**

Die operative Ausführung der Einzelaktivitäten des Prozesses obliegt den Prozessmitarbeitern. Dabei haben sie neben dieser originären Aufgabe auch die Verpflichtung, an einer permanenten Verbesserung „ihrer" Prozesse mitzuarbeiten. Damit die Mitarbeiter diese Aufgabe lösen können, ist eine ständige Qualifizierung in den Techniken und Abläufen eine unabdingbare Voraussetzung. Diese kann auf fachlicher Ebene durch den Prozesscoach und auf der Ebene der Prozessdurchführung durch den Prozessbegleiter sichergestellt werden. Nur wenn eine Unterstützung auf beiden Ebenen gewährleistet ist, kann der Prozessmitarbeiter aus einem Gefühl der Sicherheit die notwendige Courage entwickeln, eigenverantwortlich zu handeln. Ein weiteres Hindernis für die Generierung von Verbesserungspotenzialen aus den Reihen der Prozessmitarbeiter ist ihre Kenntnis von dem Gesamtprozess sowie der fehlende Mut, sich diese Informationen im Bedarfsfall zu beschaffen. Häufig ist das Klagen über einen mangelhaften Zustand ausgeprägter als die Bereitschaft, sich aktiv an der Suche nach Verbesserungen zu beteiligen.

Die größte Herausforderung besteht deshalb bei allen Veränderungsabsichten in der Gewährleistung einer Betriebsatmosphäre, in der die Leute ohne übermäßige und blockierende Angst vor negativen Konsequenzen die ungeschminkte Wahrheit über ihre Wahrnehmung des betrieblichen Geschehens äußern. Die Methode des Prozesskettenmanagements ist besonders für die Stärkung der Mitarbeiterbeteiligung bei der Prozessoptimierung geeignet, weil die wesentlichen Elemente und Techniken auch für die Mitarbeiter auf der operativen Ebene leicht zugänglich sind.

**Der Prozessbegleiter**

Er ist verantwortlich für die prozessbegleitende Qualifizierung und unterstützt den Prozessverantwortlichen. Sein Part ist es, bei den Prozessmitarbeitern das Verständnis für das horizontale Zusammenwirken der Teilprozesse herzustellen. Weiterhin fungiert er als Ansprechpartner für die Kunden, so dass der Prozess permanent auf die Kundenanforderungen hin überprüft und ausgerichtet werden kann. Er steht in Kontakt zum Führungsgremium, um die langfristige Unternehmenszielsetzung mit der Zielsetzung des Prozesses in Einklang zu bringen. Für den Prozess nimmt er demzufolge strategische Aufgaben wahr.

**Der Prozesscoach**

Die Aufgabe des Prozesscoachs liegt in der fachlichen Entwicklung (Qualifizierung) der menschlichen Ressourcen (Hammer u. Champy 1995). Er stellt sicher, dass trotz unterschiedlicher Prozessziele eine einheitliche fachliche Basis gewährleistet werden kann. Beispielsweise können so Aufgaben des Einkaufs dezentralisiert werden, ohne darauf zu verzichten, das Einkaufsfachwissen an einem Unternehmensstandard zu orientieren. Der Prozesscoach sorgt für die Einhaltung von Standards bei der Prozessausführung und organisiert den Kommunikationsprozess der in dem Prozess arbeitenden Mitarbeiter. Der Coach muss über entsprechendes Fachwissen verfügen, um Mitarbeitern Anleitungen und gegebenenfalls in Problemsituationen Hilfestellungen geben zu können. Er hat die Aufgabe, den zukünftigen Bedarf an Fachkenntnissen in Abstimmung mit den Prozessverantwortlichen zu bestimmen und entsprechend qualifizierte Mitarbeiter bereitzustellen (Hammer u. Champy 1995).

**Das Führungsgremium**
Die Aufgabe des Führungsgremiums bezieht sich v. a. auf die Entwicklung einer Vision und deren konsequenten Verfolgung. Auf diese Weise werden den Mitarbeitern Orientierungshilfen für das eigene Handeln vorgelebt. Im Zeitalter des Wandels ist dies die Kernaufgabe der Führung. Das Führungsgremium zieht sich in prozessorientierten Organisationen mehr und mehr aus der operativen Verantwortung zurück und gibt diese an die Prozessverantwortlichen (Prozessdurchführung), die Prozessbegleiter (Kundenausrichtung), und den Prozesscoach (fachliche Qualifizierung). Deshalb wird in prozessorientierten Organisationen zukünftig das Machtverhältnis neu ausgelotet, denn die Prozessgestalter haben direkten Kontakt zu ihrem Unternehmensumfeld.

## 4.3 Die Aufgabenträger trainieren

Nachdem die Feinkonzeption und Abstimmung der beteiligten Kooperationspartner sowie die Implementierung der Systeme bei den einzelnen Kooperationspartnern abgeschlossen sind, müssen alle Aufgabenträger der Kooperation in ihre zukünftigen Aufgabenbereich eingeführt werden. Dabei stehen nicht nur Trainings im Umgang mit den eingesetzten SCM-Systemen auf dem Trainingsplan, sondern auch unternehmensübergreifende, gemeinsame Trainings und Teambildungsmaßnahmen auf den Gebieten der SCM-Methoden, der Kooperation und des Konfliktmanagements.

**Informationstrainings**
dienen dazu, ein allgemeines Grundverständnis des entwickelten SCM-Konzeptes auf breiter Ebene zu erzeugen und ggf. einen Überblick über die Leistungsfähigkeit der neuen Systeme zu vermittelten. Informationstrainings tragen dazu bei, die Mitarbeiter in kurzer Zeit und mit geringem Aufwand auf einen vergleichbaren Wissensstand zu bringen. Insbesondere die Geschäftsleitung sollte mindestens an einem Informationstraining teilnehmen, damit sie die Schwierigkeiten und die Projektergebnisse während des Projektes beurteilen kann.

**Die speziellen, aufgabengebundenen Trainings**
sollten aufgrund der damit verbundenen Kosten auf den notwendigen Teilnehmerkreis beschränkt werden. Bei der Ausarbeitung der Trainingsinhalte sollten auf jeden Fall Mitglieder des Kernteams und ggf. externe Berater hinzugezogen werden.

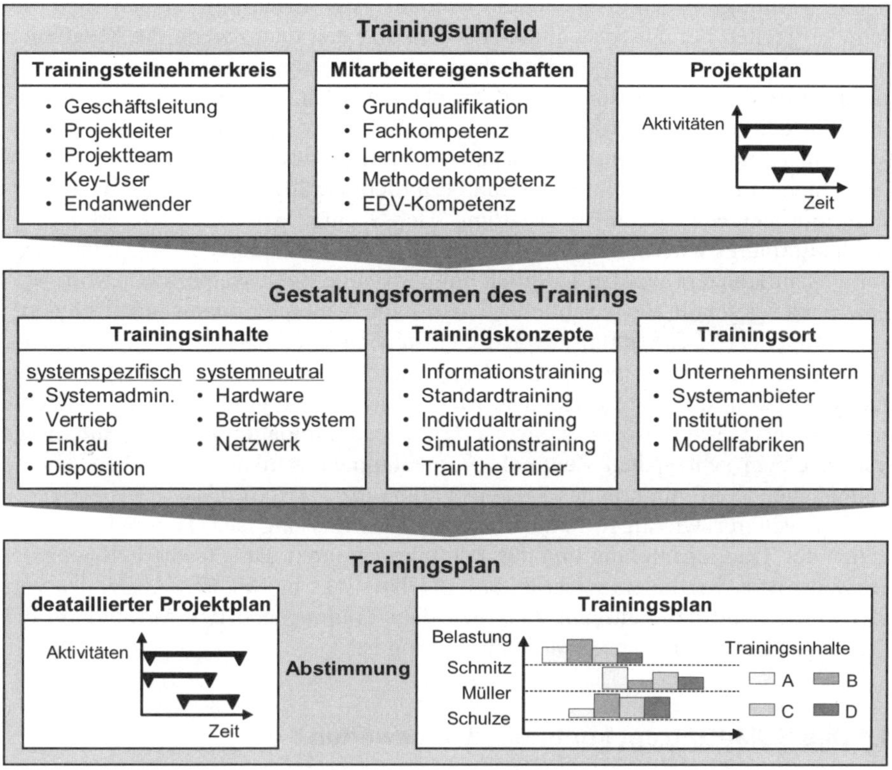


**Abb. 25.** Gestaltungsformen und Umfeld des Trainings

**Unter dem Begriff Standardtrainings**
werden Trainings verstanden, die i. d. R. bei dem Systemanbieter anhand vorgegebener Beispieldaten und einem vorgegebenen Vorgehensschema durchgeführt werden. Bei dieser Form des Trainings werden im allgemeinen Mitarbeiter aus verschiedenen Unternehmen zu einem Themengebiet geschult. Hierdurch lassen sich bei Themengebieten, die nur für eine kleine Anzahl von Mitarbeitern von Bedeutung sind (z. B. Systemadministration), Trainingskosten minimieren. Andererseits können diese Trainings nur in geringem Maße zur Lösung unternehmensspezifischer Probleme beitragen und setzen ein gutes Abstraktionsvermögen der Trainingsteilnehmer voraus.

**Individualtrainings**
werden im Allgemeinen im Unternehmen anhand unternehmensspezifischer Daten und Problemfälle durchgeführt. Dies hat den Vorteil, dass sich auch Mitarbeiter

mit geringem Abstraktionsvermögen in relativ kurzer Zeit in einem fremden System zurechtfinden und während der Trainings bereits Lösungen für bestehende Probleme diskutiert werden können. Um das Verständnis des gesamten Konzeptes zu fördern, sollten anstelle einzelner Funktionen immer kleine Prozessabläufe in einem Trainingsabschnitt behandelt werden. Aus Erfahrung zeigen sich die Schwierigkeiten bei der Systembedienung häufig erst dann, wenn die Mitarbeiter eigenständig mit einem System arbeiten sollen. Bei der Durchführung der Trainings sollte daher zusätzlich darauf geachtet werden, dass die Trainingsinhalte nicht nur demonstriert werden, sondern die Mitarbeiter selbst am System arbeiten. Gegenüber Standardtrainings erweisen sich Individualtrainings bei einer geringen Teilnehmerzahl als kostenintensiver und erfordern darüber hinaus einen Trainingsraum mit geeigneter Rechnerausstattung. Der Nachteil der hohen Kosten von Individualtrainings wird in der Praxis durch das Train-the-Trainer-Konzept behoben. Bei diesem Konzept werden lediglich einige wenige Schlüsselpersonen vom Systemanbieter geschult, die anschließend selbst alle weiteren Endanwender schulen.

Besonders hohe Erkenntniszuwächse entstehen auch dann, wenn ein kompletter Auftragslauf mit firmenspezifischen Daten am System simuliert wird, da die Benutzer nur so in die Lage versetzt werden, angewendete Funktionen des Systems im Sinne des Gesamtprozesses einzusetzen. Diese Simulation kann i. a. allerdings erst zu einem sehr späten Zeitpunkt vorgenommen werden, da sie bereits eine weitgehende Konfiguration des Systems voraussetzt.

Eine weiterer wichtiger Parameter zur Beeinflussung der Trainingseffizienz stellen der Trainingsumfang und der Trainingszeitpunkt dar. Für die Effizienz der Trainings ist es besonders wichtig, dass die Trainings in kürzeren Abständen vertieft werden und der Zeitraum zwischen dem Training und der Anwendung der Trainingsinhalte in der Praxis möglichst gering ist.

## 4.4 Das SCM-Konzept kontinuierlich bewerten

Der letzte Schritt dient dazu, das Ergebnis zu evaluieren und einen kontinuierlichen Verbesserungsprozess zu initiieren. Direkt nach der erstmaligen Umsetzung des SCM-Konzeptes bewertet man an dieser Stelle zunächst der erzielte Umsetzungserfolg und leitet ggf. Maßnahmen zur Korrektur ein. Bei der Evaluation des umgesetzten Konzeptes kommen bereits diejenigen Kennzahlen zum Einsatz, die in Phase 2 definiert wurden und die im späteren Betrieb eine permanente Bewertung und Optimierung der gesamten Supply Chain ermöglichen. In Phase 1 wurden in einem Zielarbeitsprozess messbare Zielvorgaben entwickelt, die in der späteren Ergebnisbetrachtung eine Vergleichbarkeit von Soll- und Ist-Zustand ermöglichen. Diese Ziele berücksichtigen gemäß der SCM-Philosophie die vier Interessengruppen Lieferanten, Unternehmen, Shareholder und Kunden. Nur wenn alle vier Interessengruppen im Zielsystem berücksichtigt werden, besteht die Möglichkeit, die gesamte Supply Chain entlang der verschiedenen Kunden-Lieferanten-Beziehungen zu optimieren und die verschiedenen Interessengruppen auszubalancieren. Um die Zielerreichung sowohl während der Evaluation als auch im laufenden Betrieb des Systems tatsächlich auch feststellen zu können, sollten

Sie geeignete Messgrößen finden und in einem Kennzahlensystem dokumentieren. Dabei sollten Sie darauf achten, dass die gefundenen Kennzahlen sowohl von der Datengrundlage als auch von den entsprechenden Bezugspunkten (Rezipienten und Einflussbereiche) so strukturiert werden, dass eine verursachungsgerechte Ermittlung der Soll-Ist-Abweichungen und damit eine gezielte Einflussnahme auf die betrachtete Supply Chain möglich wird.

Durch die Verknüpfung der einzelnen Kennzahlen mit entsprechenden unternehmensspezifischen Bezugspunkten (Prozesse und Organisationseinheiten) sowie die hierarchische Aufspaltung der Kennzahlen entstehen hierarchische Regelkreise, die im Sinne des SCM-Gedankens eine systematische Gestaltung, Planung, Steuerung und Optimierung der implementierten Supply Chains ermöglichen. Je nachdem, auf welcher Lenkungsebene eines Systems der jeweils betrachtete Regelkreis eingreift, wird so der laufende Betrieb oder die Gestalt des Systems im Sinne eines kontinuierlichen Verbesserungsprozesses permanent überprüft und optimiert.

Wie bereits in Teil 3 erwähnt, hat sich im Zusammenhang mit SCM-Projekten auch bezüglich der Definition und Strukturierung von SCM-Kennzahlen das SCOR-Modell bewährt. Neben der Definition standardisierter Supply Chain-Prozesse beinhaltet dieses Modell einen umfangreichen Katalog an Kennzahlen zur internen und externen Bewertung einzelner Logistikprozesse bis hin zu ganzen Unternehmensnetzen. Diese Kennzahlen orientieren sich in ihrer Struktur und in ihrem Einflussbereich an den definierten Referenzprozessen in den Prozesskategorien „Planungs-", „Liefer-", „Produktions-" und „Distributionsprozesse". Tabelle 15 zeigt einen Auszug relevanter Kennzahlen auf der groben Prozessebene, wie sie in Anlehnung an SCOR-Modell abgeleitet und nach Teilprozessen gegliedert wurden.

Aus dieser Kennzahlentabelle kann man in Verbindung mit den konkreten Prozessen sehr schnell ein unternehmensspezifisches Kennzahlensystem aufbauen. Die Bestimmung der Datenquellen kann dabei genauso wie die genaue Definition der zugrundeliegenden Zielausmaße nur im konkreten Anwendungsfall erfolgen. Sie erfordert eine detaillierte Kenntnis über die Prozesse und Strukturen der jeweils betrachteten Supply Chain. Die Festlegung der Ziele und Kennzahlen sollte deshalb stets im Team und unter Beteiligung der betroffenen Mitarbeiter erfolgen.

**Tabelle 15.** Kennzahlentabelle

| **P1: Planung der gesamten Supply Chain** | |
|---|---|
| **Leistungsmerkmale** | **Kennzahl** |
| Durchlaufzeit | Kumulierte Versorgungs-/Fertigungsdurchlaufzeit<br>Planungsdurchlaufzeit<br>Cash-to-Cash Durchlaufzeit |
| Kosten | Gesamtkosten Auftragsmanagement<br>Planungskosten<br>Kapitalbindungskosten<br>Mehrwertproduktivität<br>veralteter Bestand |
| Service/ Qualität | Prognosegenauigkeit<br>Auslieferungsquote zum Kundenwunschtermin<br>Lagerfüllrate<br>Produkt- und Prozessdatengenauigkeit (Stücklisten, Arbeitsgangfolgen, Planungs-Faktoren usw.) |
| Vermögenswerte | Amortisation von Vermögenswerten<br>Kapazitätsnutzung<br>Gesamter Bestand |
| **P2: Planung der Materialversorgung** | |
| **Performance Attributs** | **Kennzahl** |
| Durchlaufzeit | Kumulierte Beschaffungsdurchlaufzeit<br>Versorgungsflexibilität<br>Lieferantendurchlaufzeit |
| Kosten | Rohmaterialbestandskosten<br>Zahl der Versorgungsquellen<br>Rohmaterialschwund |
| Service / Qualität | Auslieferungsquote des Lieferanten zum Kundenwunschtermin<br>Lagerfüllrate Lieferant |
| Vermögenswerte | gesamter Rohmaterialbestand |
| **P3: Produktionsplanung** | |
| **Leistungsmerkmale** | **Kennzahlen** |
| Durchlaufzeit | Kumulierte Fertigungsdurchlaufzeit<br>Fertigungsflexibilität<br>Zahl der Endprodukte |
| Kosten | Bestandskosten für auftragsbezogenen Werkstattbestand<br>Schwund an auftragsbezogenem Werkstattbestand<br>Materialgemeinkosten pro Euro an Materialaufwand |
| Service / Qualität | Produktionsplaneinhaltung<br>aktuelle zu theoretischer Durchlaufzeit |
| Vermögenswerte | gesamter auftragsbezogener Werkstattbestand<br>Bestandsalterung |

**Tabelle 15.** (Fortsetzung)

| **P4: Distributionsplanung** | |
|---|---|
| **Leistungsmerkmale** | **Kennzahlen** |
| Durchlaufzeit | Auftragsmanagementdurchlaufzeit |
| Kosten | Fertigteilbestandskosten<br>Schwund an Fertigteilen<br>Auftragsmanagementkosten<br>Gesamte Logistikkosten |
| Service / Qualität | Lagerfüllrate<br>Prognosegenauigkeit<br>Auslieferungsquote zum Kundenwunschtermin |
| Vermögenswerte | Gesamter Fertigteilebestand |
| **S1: Materialversorgung** | |
| **Leistungsmerkmale** | **Kennzahlen** |
| Durchlaufzeit | gesamte Beschaffungsdurchlaufzeit |
| Kosten | Materialerwerbskosten |
| Service / Qualität | Prozent mangelhafter Teile |
| Vermögenswerte | Bestand |
| **M1: Lagerfertigung** | |
| **Leistungsmerkmale** | **Kennzahlen** |
| Durchlaufzeit | Durchlaufzeit für Neuplanung<br>Artikel-/Produkt-/Sorten-Umrüstzeit<br>gesamte Artikel-/Produkt-Fertigungszeit |
| Kosten | Mehrwertproduktivität<br>Durchschnittliches werksweites Gehalt<br>Werkskosten pro Stunde<br>indirektes zu direktes Angestelltenverhältnis<br>Kosten/ Einheiten<br>Gemeinkosten |
| Service / Qualität | Gewährleistungskosten<br>Leistung zum Kundenwunschtermin<br>Ausbringung |
| Vermögenswerte | Vermögenswertersatz<br>Kapazitätsnutzung<br>Bestandsalterung<br>Tage der Versorgung mit auftragsbezogenem Werkstattbestand |
| **D1: Lieferung eingelagerter Fertigwaren** | |
| **Leistungsmerkmale** | **Metric** |
| Durchlaufzeit | veröffentlichte Lieferzeit<br>Durchlaufzeit zur Auftragserfüllung |
| Kosten | Auftragsmangementkosten |
| Service / Qualität | Bestandsfüllrate |
| Vermögenswerte | Fertigteilebestand |

Wichtig für den Aufbau eines Ziel- und Kennzahlensystems in Verbindung mit der Initiierung eines kontinuierlichen Verbesserungsprozesses ist jedoch nicht die Definition oder der Wert einer einzelnen Kennzahl, sondern die Stimmigkeit und Akzeptanz des verwendeten Gesamtsystems und der implementierten Regelkreise entlang der gesamten Supply Chain. Die Konzeption und Umsetzung eines solchen Systems erfordert neben einer umfassenden Sachkenntnis viel Fingerspitzengefühl und Berücksichtigung der Interessen der betroffenen Bereiche und Mitarbeiter. Ein Unternehmen ohne Erfahrung auf diesem Gebiet sollte unbedingt die Hilfe von Beratern in Anspruch nehmen, um bei diesem wichtigen Schritt nicht Schiffbruch zu erleiden.

**Noch ein letztes Wort zum Kontinuierlichen Verbessern**
Nach Abschluss des Umsetzungsprojektes empfiehlt es sich, die SCM-Kooperation im laufenden Betrieb ständig anhand der vereinbarten Visionen und Ziele zu überprüfen und ggf. zu modifizieren. Dies erfolgt entweder anhand eines Ziel-Ergebnis-Vergleichs oder anhand von inner- bzw. überbetrieblichen SCM-Benchmarks. Solche Benchmarks ermöglichen den Leistungsvergleich von Prozessen durch eine systematische und methodisch fundierte Vorgehensweise. Leistungsvergleiche lassen sich sowohl zur Projektvorbereitung als auch zur Evaluierung nutzen. Folgende Arten des Benchmarking werden unterschieden:

- internes Benchmarking,
- wettbewerbsorientiertes Benchmarking,
- externes Benchmarking.

Vorteile und Nachteile dieser unterschiedlichen Arten des Benchmarking zeigt Tabelle 16.

Sowohl die von Ihnen umgesetzte Konzeption als auch die implementierten Systeme können von Ihnen in einem ständigen Verbesserungsprozess (KVP) modifiziert werden. Dies können Sie beispielsweise erreichen, indem Sie das Prozesskettenmanagement als eine Methode zur kontinuierlichen Veränderung und Verbesserung in Ihrem Unternehmen institutionalisieren. Ihre Teams bilden Sie dabei aus dem aktuellen Handlungsbedarf heraus, die Moderation übernehmen geschulte Mitarbeiter. Als Vorgehensweise empfehlen wir, einen Beauftragten für das Prozesskettenmanagement zu ernennen, den Prozesskettenplan zentral pflegen zu lassen, die Moderatoren zu trainieren und regelmäßige Moderatorentreffen zu organisieren. Das Ergebnis wird sich sehen lassen: Sie werden die Prozessfähigkeit und den Kundennutzen gesteigert haben, das Qualitätsbewusstsein und die berufliche Handlungskompetenz Ihrer Mitarbeiter und Ihre Unternehmenskultur hin zu einer Lernkultur entwickeln.

**Tabelle 16.** Vor- und Nachteile unterschiedlicher Arten des Benchmarkings

| Art | Vorteile | Nachteile |
|---|---|---|
| Internes Benchmarking (innerhalb eines Unternehmens) | - Datenerfassung relativ einfach<br>- gute Ergebnisse für diversifizierte, „herausragende“ Unternehmen | - begrenzter Blickwinkel<br>- interne Vorurteile |
| Wettbewerbsorientiertes Benchmarking (mit Mitbewerbern) | - geschäftsrelevante Informationen<br>- Produkte/Prozesse vergleichbar<br>- relativ hohe Akzeptanz<br>- eindeutige Positionierung im Wettbewerb | - schwierige Datenerfassung<br>- Gefahr branchenorientierter „Kopien“ |
| Funktionales Benchmarking (mit Branchenexternen) | - relativ hohes Potenzial zum Finden innovativer Lösungen<br>- Vergrößerung des Ideenspektrums | - relativ schwierige Transformation von „anderen“ in ein betriebliches Umfeld<br>- Gegenargument:<br>- Vergleichbarkeit<br>- zeitaufwendige Analyse |

**Geschäftsprozessstabilisierung und Institutionalisierung**
Wollen Sie die Methode des Prozesskettenmanagements in Ihrem Unternehmen institutionalisieren, empfiehlt es sich, die Prozesskettenpläne und die hinterlegten Daten von einer Person bzw. einem kleinen Personenkreis zentral pflegen lassen. Beauftragen sollten Sie Personen, die in ihrer täglichen Arbeit von der Prozesskette direkt unterstützt werden, z. B. die Planer oder die Controller in Ihrem Unternehmen, jemanden aus der Abteilung Qualitätsmanagement, dem Marketing oder den TQM-Beauftragten. Deren Aufgabe ist es, „die Prozesskettenpläne laufend zu aktualisieren, die Teambildung zu unterstützen, die Teams zu vernetzen und den Arbeitsfortschritt aufeinander abzustimmen“ (Winz, Quint, S. 114).

Auf diese Weise können Problemfelder von den Mitarbeitern selbst erkannt und angegangen werden. Die Moderation der Teams übernimmt dabei eine zentral beauftragte Person. In moderierten Workshops können Sie die Prozesskette in dem erkannten oder vermuteten Bereich detaillieren und Verbesserungsmaßnahmen entwickeln. Die Problemlösungsteams bilden sich in einem kontinuierlichen Prozess selbstständig und lösen sich, wenn das Problem gelöst ist, wieder auf. Störgrößen in Prozessen und Prozessketten werden so schrittweise beseitigt. Gleichzeitig steigen Prozessfähigkeit, Prozesseffizienz und die Flexibilität, um auf Kundenwünsche zu reagieren. Müßig zu sagen, dass auch die berufliche Handlungskompetenz der Mitarbeiter, die selbstständig Probleme lösen und an Veränderungsprozessen teilnehmen, steigt.

Thomas Alva Edison hat einmal gesagt: "Erfolg hat nur, wer etwas *tut*, während er auf den Erfolg wartet." Will sagen: Erfolg kommt nicht von alleine. Um Erfolg zu haben, muss man aktiv sein, muss man Dinge in Bewegung versetzen, muss man Dinge ändern. Oder in den Worten von Walter Rathenau, zwar kein Unternehmer, aber dennoch jemand, der es auf den Punkt gebracht hat, wenn er über den Wettbewerb spricht: "Die Klage über die Schärfe des Wettbewerbs ist in Wirklichkeit nur eine Klage über den Mangel an Einfällen."

**Ergebnisse der Phase 4**
Sie haben...

- ... Ihr SCM-Konzept im Change Management (hoffentlich) erfolgreich umgesetzt.
- ... alle Beteiligten in den Prozess der Implementierung und Inbetriebnahme integriert.
- ... unterschieden zwischen dem Fachmanagement und dem Umsetzungsmanagement.
- ... alle Aufgabenträger der Kooperation in ihre zukünftigen Aufgaben eingeführt und im Vorfeld trainiert: sie verstehen die Arbeitsweise des SCM-Systems und sind in der Lage, es zu bedienen.
- ... die SCM-Software implementiert.
- ... einen kontinuierlichen Verbesserungsprozess initiiert und Maßnahmen eingeleitet, um das realisierte Konzept zu evaluieren ggf. Maßnahmen zur Korrektur einzuleiten. Ihr Ziel: im späteren Betrieb eine permanente Bewertung und Optimierung der gesamten Supply Chain zu gewährleisten.

Damit sind wir am Ende unseres Leitfadens angelangt. Lassen Sie uns nun noch einen kurzen Ausblick wagen, einen Blick in die Zukunft gewissermaßen, mit der Fragestellung: Was kommt nach SCM?

# 5 Highlights aus diesem Kapitel – Was uns wichtig erscheint

**SCM-Konzepte realisieren – die vier Phasen**
Bisher ist es in der Fachliteratur noch nicht hinreichend gelungen, den erarbeiteten wissenschaftlichen Kenntnisstand in einer für die Praxis adäquaten Form aufzubereiten. Neben diesem noch unzureichenden Transfer wissenschaftlicher Erkenntnisse in die (Unternehmens-) Praxis werden aber auch umgekehrt dringende Herausforderungen wie die Erarbeitung von umfassenden Vorgehensmodellen bislang nicht hinreichend aufgegriffen und fundiert konzeptualisiert. Die skizzierte Lücke zu füllen ist der Anspruch dieses Kapitels. Unsere Zielsetzung war hierbei, Ihnen ein pragmatisches, praxisgerechte Vorgehensmodell zum SCM zu präsentieren. Von der Vision des Managements über die Analyse der Prozesse, der Ist- und Soll-Modellierung bis zur Umsetzung im Rahmen eines Change Managements haben wir die vier wesentlichen Phasen eines derartigen Projektes diskutiert.

**Bilden Sie unbedingt ein Gründungsteam**
Im Kooperationsgestaltungsprozess sind eine Vielzahl von Hürden zu überwinden, bis aus einer ersten Interessenbekundung eine echte Partnerschaft geworden ist. Misstrauen und die Präferierung persönlicher Interessen können die Kooperationsverhandlungen in die Länge ziehen und ihnen die notwendige Eigendynamik nehmen. Deshalb sollten Sie die nach der gemeinsamen Verabschiedung eines letters of intents (LOI) in der Regel entstandene Euphorie und Motivation für eine rasche Umsetzung der getroffenen Vereinbarungen bündeln und zweckgerichtet einsetzen. Von daher empfiehlt sich zu Beginn der Verhandlungen die Bildung eines Gründungsteams (den Nukleus des späteren Kernteams!). Dessen vorrangige Aufgabe ist einerseits die Lenkung und Umsetzung des Kooperationsgestaltungsprozesses und andererseits die Entwicklung bzw. Förderung eines kooperationsförderlichen Umfelds bei den beteiligten Unternehmen.

**Nehmen Sie Ihre Ziele gemeinsam ins Visier...**
Wenn Sie Ziele fixieren, ermöglichen Sie eine klare Aufgabenstellung und eine faire Bewertung der erbrachten Leistungen bei der Projektrealisierung. Leicht gesagt – häufig aber nicht getan. Außerdem gestattet das Setzen von Zielen eine kooperative und zielgerichtete Projektführung, die schon bei der Zielsuche beginnt. Differenzierte Zielvorstellungen zwingen Ihre Partner zum gründlichen Überdenken der Zielkonsequenzen. Stimmt man die Ziele verschiedener Interessen rechtzeitig ab, so wirkt sich dies in der Regel zum Vorteil des Projektes und dessen Ablauf aus. Bei der Zielabstimmung können die verschiedenen Meinungen häufig sehr hart vertreten werden. Wichtig ist es, dass man sich trotz Meinungsverschiedenheiten zu einer einheitlichen Zielformulierung durchringt, die klar und deutlich ist. Die Zielabstimmung führt zur Zielformulierung und schließlich zur Zielvereinbarung. Diese gestattet eine kooperative Zielüberwachung, d. h. Eigenüberwachung als auch faire Fremdüberwachung (üblich z. B. beim Management by Objectives, MbO).

**... und definieren Sie Messgrößen, um sie überprüfen zu können**
Im Rahmen der eigentlichen Projektarbeit wird nun zwischen den beteiligten Partnern ein gemeinsames Zielsystem ausgearbeitet und verhandelt, auf dessen Basis später die Prozesse definiert werden. Auf diese Weise stellen Sie sicher, dass die Ziele nicht durch einen Kooperationspartner dominiert werden.

**Definieren Sie eine geeignete Projektorganisation**
Zweckmäßigerweise wird für die Reorganisation eine Projektorganisation geschaffen, das für die Dauer des Projekte von der Analyse bis zur Umsetzung Bestand hat. Dies ist schon deshalb erforderlich, weil sich der Untersuchungsbereich häufig auf große Bereiche des Unternehmens, auf Querschnittsfunktionen oder sogar auf unternehmensübergreifende Prozesse bezieht. Stets gelangt deshalb eine große Zahl von Mitarbeitern mit dem Kernteam in Kontakt. Bei eindeutiger Platzierung des Kernteams innerhalb der Unternehmensorganisation kann Vertrauen bei den übrigen Mitarbeitern geschaffen werden, das ja den Untersuchungsbereich darstellt. Die für ein Prozesskettenprojekt bewährte Projektorganisation umfasst

vier zentrale Funktionen: den Lenkungsausschuss, die Projektleitung, das Kernteam und die Aufgabenteams.

**Kommunizieren Sie Ihre (Zwischen-)Ergebnisse**

Um das Risiko von Fehlschlägen bei der Umsetzung anspruchsvoller Konzeptionen zu minimieren, sollten Sie die betroffenen Mitarbeiter möglichst umfassend und frühzeitig informieren und einbinden. Denn damit schaffen Sie optimale Voraussetzungen für das Gelingen Ihres kontinuierlichen Verbesserungsprozesses. Erklären Sie jedem Funktionsbereich die Ablaufänderungen, die aus Ihren Optimierungsmaßnahmen resultieren, und begründen sie diese. Dies kann z. B. mit den in der Analyse- und Konzeptionsphase erstellten Prozessplänen anschaulich praktiziert werden. Darüber hinaus sind die mit dem „neuen" Prozess einhergehenden Anpassungen der Aufgaben, Kompetenzen, Verantwortlichkeiten und erforderlichen Qualifikationen in den individuellen Tätigkeitsbereichen betroffener Mitarbeiter transparent zu machen. Ein derartiges Kommunikationsprogramm, das konstruktiv auf die Befürchtungen der Mitarbeiter eingeht, kann sowohl auf schriftliche Medien (wie z. B. einen „Projekt-Letter") als auch auf interaktive Medien zurückgreifen (wie beispielsweise Workshops und Abteilungsdiskussionen mit den betroffenen Mitarbeitern zu Fach- und Führungsthemen im Zusammenhang mit den neuen Prozessen).

**Leitlinien bei der Einführung der SCM-Software**

Ist in Ihrem Unternehmen die Entscheidung gefallen, auf eine moderne SCM-Lösung umzustellen, dann ist vor allem eine klare und systematische Vorgehensweise bei der Einführung der Software wichtig. Stellen Sie an den Anfang Ihrer Überlegungen eine zielorientierte Gesamtplanung entlang der kompletten Logistikkette. Von besonderer Bedeutung sind dabei die genauen Inhalte und eine Festlegung, wer wann welche Informationen erhalten soll. Wenden Sie moderne Methoden zur Geschäftsprozessanalyse an. Die Palette der verfügbaren Hilfsmittel umfasst Methoden wie die Prozesskettenanalyse, Kommunikationsstruktur-Analyse, Verteiler-Analyse, Durchlaufzeiten-Analyse, Materialfluss- sowie Informationsfluss-Analyse.

Entwickeln Sie ein Stufenkonzept (d. h. eine schrittweise Realisierung). Dieses Stufenkonzept sollte ausreichend strukturiert sein und überschaubare, in sich abgeschlossene Phasen aufweisen. Allerdings muss es auch flexibel sein, um unterschiedliche Einsatzbedingungen berücksichtigen zu können. Bilden Sie unbedingt ein IT-Projektteam, führen Sie ein eine Kosten-Nutzen-Betrachtung durch, definieren Sie Business Cases. Auf diese Weise gelangen Sie, mit allen Informationen, die Sie gesammelt haben, zu einem unternehmensspezifischen, anbieterneutralen Lastenheft. Hier sind die funktionalen Anforderungen an IT-Systeme dokumentiert. Und dies ist schließlich die Basis, um mit Hilfe einer Checkliste Anbietergespräche zu führen, die notwendige IT auszuwählen und Einführungsvorbereitungen zu treffen. In der Praxis hat sich auch bewährt, in eine Prototypen- und eine anschließende Pilotphase einzusteigen, um die Software-Lösung anschließend zu optimieren.

**Veränderungsprozesse professionell planen und realisieren**

Veränderungen durchzuführen ist eine Knochenarbeit. Und häufig wird der Fehler begangen, Veränderungsprojekte als Push-Projekte anstatt als Pull-Projekte aufzulegen. Push meint, man vereinbart keinen Endtermin, sondern man schiebt und schiebt das Projekt - bis es sich u.U. im Sande verläuft. Pull meint: Sie planen auch diese Art von Projekt wie man im Projektmanagement plant, nämlich von hinten nach vorn, von einem gesetzten Endtermin.

Und damit Veränderungen gelingen, konzentrieren sich erfahrene Praktiker auf eine Reihe von Methoden, genannt seien die Stichworte Pflichtenheft, Projektstrukturplan, Phasenmodelle mit Meilensteinen und Frühwarn- und Controllingsysteme. Diese Methoden sind eher technisch orientiert und funktionieren nur dort, wo man sich auch auf den Aspekt Mensch konzentriert. Denn Veränderungen sind nur mit Menschen möglich. Sie gilt es zu überzeugen, zu motivieren, ihnen Sinn und Zweck der geplanten Veränderung zu kommunizieren.

**Die Aufgabenträger trainieren**

Nachdem ein IT-System einmal implementiert ist, gilt es, die Mitarbeiter zu trainieren, zu qualifizieren. Die Trainingsinhalte sind hierbei systemspezifischer, aber auch systemneutraler Natur (Hardware, Betriebssystem, Netzwerk). Man unterscheidet i.d.R. Informations-, Standard-, Individual- und Simulationstrainings.

Und last but not least gilt es, das SCM-Konzept in einem kontinuierlichen Prozess zu bewerten und zu verbessern, ggf. Maßnahmen zur Korrektur einzuleiten.

# Teil 6 Ein Ausblick

## 1 Die Erfolgsfaktoren mobilisieren

Die Logistik ist als Träger der inner- und überbetrieblichen Austauschprozesse von entscheidender Bedeutung für die Wirtschaftlichkeit und Wettbewerbsfähigkeit der Unternehmen. Aus diesem Grund hat das Aufgabenspektrum der Logistik in der Vergangenheit auch stetig zugenommen. Dieser Trend zeichnet sich auch für die Zukunft weiter ab. Um die Anforderungen hinsichtlich des Entwicklungsbedarfs einer zukunftsorientierten Logistik zu strukturieren, empfiehlt es sich, diejenigen Veränderungen in Gesellschaft, Wirtschaft und Technologie aufzugreifen, die bereits einen nachhaltigen Einfluss auf die unternehmensinternen und -übergreifenden logistischen Prozesse ausüben und künftig ausüben werden.

Der Entwicklungsbedarf richtet sich dabei an der Mobilisierung der Erfolgsfaktoren aus. Im Wesentlichen betrifft dies marktfähige Kosten und die Nutzenfaktoren, wie hohe Lieferschnelligkeit, Liefertreue und Lieferänderungsflexibilität. In einer Untersuchung, die eine Gruppe von Wissenschaftlern für das BMBF durchgeführt hat (Klocke 1998), heißt dies beispielsweise konkret, dass eine hocheffiziente Logistik als Träger der Austauschbeziehungen die Marktführerschaft der deutschen Industrie zurückgewinnen und sichern soll. In Abb. 1 sehen Sie ein Strukturierungskonzept, das sich an den ermittelten Veränderungstreibern der Logistik ausrichtet. In diesem Strukturmodell bilden die Veränderungstreiber Ausgangssituation und Motor zugleich für die Entwicklung und Gestaltung von Handlungsbausteinen. Veränderungstreiber sind Entwicklungen in Gesellschaft, Wirtschaft und Technologie, die die Anforderungen an die Logistik nachhaltig beeinflussen und mitgestalten. Sie fungieren damit gleichsam als „Motor“ für Handlungsbausteine entlang eines Migrationspfades vom heutigen Stand hin zur Entwicklung einer zukunftsorientierten Logistik.

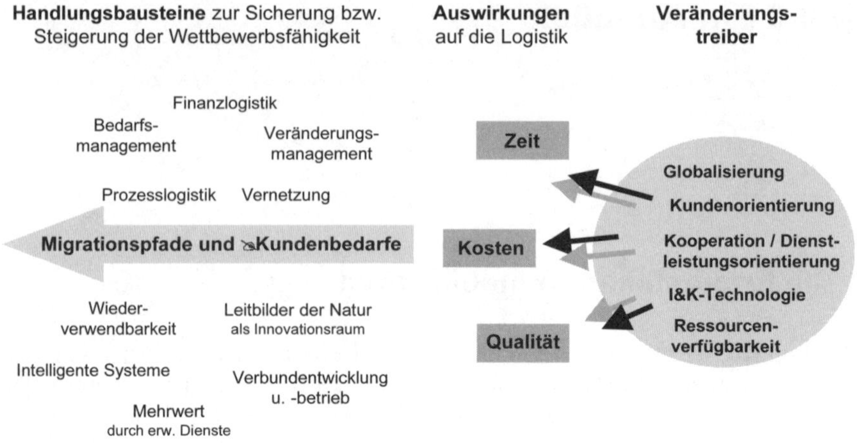


**Abb. 1.** Das Strukturmodell der Veränderungen

Die Begriffe wie Globalisierung, Kundenorientierung, Kooperation/ Dienstleistungsorientierung überschreiben Leitlinien der Veränderungen, die sich mit den I&K-Technologien gemeinsam auf industrielogistische Strukturen auswirken. (Zusätzlich wird man sich mit der zukünftig radikal geänderten Ressourcenverfügbarkeit in der Logistik auseinandersetzen müssen: Denken Sie an Transportwege, Energie, Luft u. a. m.) In dieser Funktion lassen sich aus den Veränderungstreibern folgende Schlussfolgerungen ableiten:

- Veränderungstreiber offenbaren eine zu erwartende Entwicklung, die einen nachhaltigen Einfluss auf die Leistungsfähigkeit der Logistik in einem marktorientierten Anforderungsprofil ausübt. Halten Sie sich z. B. die Anforderungen vor Augen, die durch globales Wirtschaften an die Logistik gestellt werden.
- Veränderungstreiber dienen aber gleichfalls als Motor, mit dem die Entwicklung in bestimmten Bereichen erst eine logistische Leistungsfähigkeit erreicht (z. B.: Entwicklungen in der I&K-Technologie, die neue Verfahren und Instrumente für die operative Logistik ermöglichen).
- Die Logistik selbst übt ihrerseits Einfluss auf die Entwicklung der Veränderungstreiber aus. Hier gilt es, die aus Sicht der Logistik wünschenswerten Entwicklungen zu fördern und negative Einflüsse frühzeitig zu identifizieren und sie möglichst zu vermeiden.

6 Veränderungstreiber wollen wir Ihnen im folgenden darstellen und 10 künftige Handlungsbausteine, die sich hieraus ergeben. Sie sind an einem Migrationspfad auszurichten, der sicherstellt, dass Kundenbedarfe und unternehmerische Ziele der Logistik wie auch volkswirtschaftliche Ziele in Einklang zu bringen sind. Handlungsbausteine sollen in diesem Migrationspfad entsprechend ihrer Wirksamkeit und Dringlichkeit eingesetzt werden

## 2 Veränderungstreiber der Logistik

Sie erinnern sich: wir sind in Teil 1 bereits auf Veränderungen in der Logistik eingegangen. Beim Blick auf das, was in den nächsten Jahren an Herausforderungen auf uns alle zukommen wird, wollen wir uns in den folgenden Abschnitten die wichtigsten Veränderungstreiber ansehen und sie aus unserer Sicht näher kommentieren. Damit schließt sich auch der Kreis.

Das herausragende Ziel der Logistik ist die Mobilisierung der Erfolgsfaktoren Servicezeit, Servicetreue und Änderungsflexibilität. Gesellschaft, Wirtschaft und Technologie fordern und treiben den Veränderungsprozess in Unternehmen auf dieses Ziel hin. Die Veränderungstreiber wirken in zwei Richtungen. Einerseits offenbaren sie eine zu erwartende Entwicklung, die einen nachhaltigen Einfluss auf die Leistungsfähigkeit der Logistik in einem marktorientierten Anforderungsprofil ausübt (zum Beispiel Anforderungen, die durch globales Wirtschaften an die Logistik gestellt werden). Andererseits dienen Veränderungstreiber aber auch als Motor, mit dem die Entwicklung in bestimmten Bereichen erst eine logistische Leistungsfähigkeit erreicht (zum Beispiel Entwicklungen der I&K-Technologie, die neue Verfahren und Instrumente für die operative Logistik ermöglichen). Als wesentliche Veränderungstreiber wurden in der Untersuchung folgende identifiziert (siehe Abb. 1):

**Globalisierung vs. Regionalisierung**

Folgende Tendenzen und Entwicklungen zeichnen sich vor dem Hintergrund einer Globalisierung von Märkten und gleichzeitig zu beobachtenden Regionalisierungsbestrebungen ab. Denken Sie nur an den Slogan „Think global – act local“:

- Die Entwicklung zum „globalen Dorf“ findet nicht nur in der Informationsgesellschaft statt. Sie zeigt sich auch in der Gesamtwirtschaft. Standortentscheidungen von Unternehmen stehen jedoch mehr denn je im Spannungsfeld zwischen Globalisierung und Regionalisierung. Globalen Beschaffungs- und Absatzmärkten steht dabei die Bedeutung regionaler Industrie- und Kompetenzzentren gegenüber.
- Die Konkurrenz mit Niedriglohnländern wächst aufgrund abnehmender Qualitäts- und Innovationsvorsprünge.
- Globale Beschaffungs- und Absatzmärkte bieten aber auch Chancen: Durch Investitionen in Niedriglohnländern und Kooperationen mit Partnern aus diesen Ländern können Arbeitsplätze auch in Deutschland gesichert werden.

Die fortschreitende Globalisierung erfordert neue Organisationsformen, die aufgrund neuer Schnittstellen stärker als bisher prozessorientiert ausgerichtet sein müssen. Neue Themenfelder wie Finanzlogistik oder Fragestellungen der Prozess-Spaltung und Prozess-Verschmelzung sowie eine Neuausrichtung von Kernkompetenzen offenbaren, dass die Grenzen zwischen inner- und überbetrieblicher sowie internationaler Logistik mehr und mehr verschwimmen werden. Hier zeigt sich deutlich ein zunehmender Bedarf an der Theorie einer „globalen Logistik“.

**Kundenorientierung**

Das Kundenverhalten veranlasst Änderungen sowohl im Produkt- wie im Produktionsbereich:

- Das Kundenverhalten verlangt individualisierte Produkte mit hohem Servicegrad (Ersatzteilversorgung, Instandhaltung) und kurzen Lieferzeiten – alles bei kürzeren Produktlebenszyklen. Weltweite Beschaffungsmöglichkeiten gibt es verstärkt auch für Hersteller und Kunden.
- Eine durchgängige Kundenorientierung sorgt dafür, dass sich in Zukunft der Trend vom Push-Prinzip zu einem durchgängigen Pull-Prinzip in Produktionsnetzen weiter fortsetzen wird. Dies verlangt kurze Reaktionszeiten und dafür geeignete Methoden – z. B. für eine diesbezügliche Abstimmung dezentraler Entscheidungen.

Unternehmen benötigen deshalb künftig Modelle des Unternehmensverbundes und seiner Prozessketten sowie Methoden, die die Mitarbeiter in die Lage versetzen, Planung und Betrieb derartiger Netze effizienter zu realisieren. „Zeit als Ressource" lautet hier das Stichwort. Dies kann jedoch nur durch eine modulare Produktion gelingen, bei der die Individualisierungsprozesse näher beim Kunden liegen und Kapazitäten flexibel anpassbar sind. Ferner sind die Produktstrukturen und -varianten kundenflexibel zu gestalten.

**Ressourcenverfügbarkeit**

Aufgrund künftiger Ressourcenverknappung und der damit einhergehenden Verteuerung wird der schonende Umgang mit Ressourcen weiterhin zunehmenden Einfluss auf die Prozessgestaltung und die Logistik nehmen. Der Begriff Ressourcen umfasst dabei gleichermaßen natürliche und humane Ressourcen. Die Verfügbarkeit von Ressourcen bestimmt maßgeblich die zukünftige Logistikstrategie und forciert damit folgende Entwicklungen:

- Produktionsverbünde müssen deshalb sowohl in der Neuproduktion als auch in der Verwertung geschlossene Kreisläufe bilden. Mehr und mehr werden Unternehmen sowohl in der Produktgestaltung als auch der Produktionsgestaltung dem Entsorgungsaspekt Rechnung tragen müssen. Dabei hat die Wiederverwertung auf höchstmöglicher Wertstufe zu geschehen.
- Die stärkere Integration ökonomischer und ökologischer Bewertungsmaßstäbe führt zu einer weitergehenden Dematerialisierung der Logistik: Bestände und Materialfluss werden in immer größerem Maße durch Information ersetzt. In diesem Zusammenhang werden z. B. neue Konzepte bei ladungsbezogenen Steuerungsstrategien, bei Verhandlungsstrategien über Börsen und bei intelligenten Verkehrsmanagementsystemen die Grundlage eines prozessoptimierten Verkehrsträger-Einsatzes bilden.

Die Verringerung negativer Auswirkungen von Logistik-Aktivitäten erfordert ein Wertesystem, das sowohl ökonomische als auch ökologische Maßstäbe berücksichtigt.

**Kooperation und Dienstleistungsorientierung**
Eine verstärkte Ausrichtung auf neue Kooperationsformen und die Weiterentwicklung einer Dienstleistungsgesellschaft üben einen nachhaltigen Einfluss auf die Logistik der Zukunft aus. Eine weiterreichende Kooperation zur Überwindung herkömmlicher Kunden-Lieferanten-Beziehungen führt hin zu einer partnerschaftlichen Zusammenarbeit in kooperativen Wertschöpfungsnetzen, die in Entwicklungs-, Produktions-, Beschaffungs- und Distributionskooperationen Synergieeffekte nutzen und Größenvorteile schaffen. Gleichzeitig wird die notwendige Flexibilität und Individualität gewahrt. Prozessketten entwickeln sich zu wandelnden Prozessnetzen (von bilateralen Beziehungen zu zeitlich befristeten multilateralen Beziehungen). Diese sind sowohl „klein" (im Sinne von flexibel) als auch „groß" (im Sinne von mächtig). Kooperationspartner können dabei sowohl Industrieunternehmen als auch Logistikdienstleister sein.

Die Erweiterung herkömmlicher Geschäftsbeziehungen wird auch zu Kooperationen mit anderen Partnern führen. Neben Kunden und Lieferanten wird es Allianzpartner geben, mit denen sich die Unternehmensverbünde weltweit Funktionen „teilen". Dies führt vermehrt zu Partnerschaften – sogar mit Konkurrenten. In diesen dezentralen, kooperativen Organisationsstrukturen kann der Logistik-Dienstleister zum Global Player mit neuen zentralen Aufgaben werden:

- im Sinne eines Generalunternehmers für Beschaffung und Distribution,
- zur Planung und Gestaltung von Produktionsnetzen und
- als Koordinator des Netzwerkes (Betreiber).

Hierbei definiert erst ein Mehrwert die Wettbewerbsfähigkeit des Logistikdienstleisters. Er muss die Komplexität beherrschbar machen und kann hierzu I&K-Techniken nutzen. Diese erweiterten Aufgaben eines Logistikdienstleisters werden heutzutage häufig unter dem Begriff des 4th Party Logistic Service Providers (4PL) zusammengefasst. Eines ist sicher: Diese Entwicklungen verlangen nach Modellen und Methoden zur Beherrschung der neuen Rollenverteilungen und den damit einher gehenden neuen Aufgaben.

**Informations- und Kommunikationstechnologien**
Die Entwicklung der I&K-Technologien weist, dazu brauchen Sie sich nur in Ihrem Unternehmen umsehen, eine enorme Dynamik auf. Es ist zu erwarten, dass in der Zukunft mit neuen I&K-Technologien Aufgaben abgewickelt werden können, die zur Zeit noch nicht definiert oder gar noch nicht bekannt sind. Dies lässt sich auf eine einfache Formel bringen: Neue Technologien = neue Formen der Zusammenarbeit = neue Organisationsstrukturen. Folgende Zukunftsaspekte der I&K-Technologien sind aus unserer Sicht besonders logistikrelevant:

- Kooperation bei der Planung und Steuerung von Logistiknetzen setzt aufgrund heterogener DV-Landschaften der einzelnen Partner eine I&K-Technologie voraus, die etablierte Standards bzw. kompatible intelligente Schnittstellen verwendet. Dies wird um so dringlicher, als die Kooperationen in Zukunft eher von zeitlich begrenzter Dauer sind und Aufwände für den Angleich heterogener DV-Landschaften für derartige Konstellationen ein erhebliches Hindernis darstellen.

- Die grundlegenden Konzepte des Internets (gezielter standardisierter Zugriff, Ausfallsicherheit durch Redundanzen, dezentrale Steuerungen bis hin zu selbstregulierenden Systemen) werden auch auf die Prozessgestaltung übertragen werden – insbesondere wenn sie stark von Informationsflüssen abhängig sind.
- Die Informationstechnologie der Logistik wird verstärkt als Träger der gesamten Geschäftsprozessabwicklung Einsatz finden. Denken Sie nur an das weite Feld des E-Commerce. Hierzu wird ein vorauseilender, begleitender und rückgekoppelter Informationsfluss gefordert. Und es zeichnen sich neue Anwendungsfelder ab wie beispielsweise Digital-Broadcasting, Identifizierungstechniken, Mobilkommunikation, Telematik oder Visualisierungstechniken.

Derzeit leidet die Logistik v. a. unter einer EDV-Unterstützung, die nur unzureichend an den spezifischen Bedürfnissen ausgerichtet ist. Mangelnde Anwenderakzeptanz ist die Folge. Dies ist der Status Quo. Kommende Entwicklungen werden in die folgende Richtung gehen: Akzeptanzsteigerung der Nutzer durch einfache und intuitive Bedienbarkeit, Verarbeitung unsicheren Prozesswissens und unsicherer Prozessvariablen, Nachvollziehbarkeit der Ergebnisse, Ergebnisse in Bandbreiten und Eingriffsmöglichkeiten durch den Benutzer, um nur einige Stichworte zu nennen.

Unserer Ansicht nach ist die Informationstechnologie der initiierende und auch dominierende Veränderungstreiber für logistische Strukturen. Genauso richtig ist die Aussage, dass das Zeitziel herausragt. Das damit identifizierte Handlungsfeld kann man mit der Überschrift „Wiederbeschaffungszeit“ kennzeichnen. Die Wiederbeschaffungszeit ist die vom Lieferanten garantierte Zeit zwischen Bestellinformation und Anlieferung am Gebrauchsort. Je kürzer diese Zeit ist, um so geringer ist der Lagerbestand und der Logistikaufwand beim Verbraucher bei gleicher Prozess-Sicherheit in der Produktion. Die Informationstechnik ist in der Lage, die Prozesskette zwischen Bestellauslösung und Warenbereitstellung extrem zu reduzieren (s. u.). Diese Lösungsmöglichkeiten lösen einen Wettbewerb aus: Immer kürzere Wiederbeschaffungszeiten werden gefordert. Dies führt zu neuen Entwicklungen in der Informationsverarbeitung für die Logistik.

Wenn man die Logistik-Hauptaufgabe „Wiederbeschaffungszeiten verkürzen“ umsetzen will, wird man mit den Basistechnologien der Informations- und Kommunikationstechniken sogenannte „Enabler“ (Befähiger) schaffen. Damit sind Systeme gemeint, die entscheidende Vorteile schaffen können, wie es unter dem Begriff „e-Procurement“ bereits für die C-Teile-Beschaffung eindrucksvoll nachgewiesen wird. Diese Beschaffung über das Internet bringt echten Mehrwert und Wettbewerbsvorteile nur dann, wenn man die unternehmenseigenen Prozessketten den neuen Möglichkeiten anpasst – wenn man alle Geschäftsprozesse radikal verändert. Mit den schlanken, verkürzten Prozessketten werden fundamentale betriebswirtschaftliche Gesetzmäßigkeiten außer Kraft gesetzt. So gelten die Losgrößenberechnungsformeln nicht mehr, die das Gleichgewicht von Bestellkosten und Lagerkosten in der Beschaffungslogistik als Zielfunktion hatten oder das der Lagerkosten und der Arbeitsvorbereitungskosten in der Produktionslogistik. Sie gelten deshalb nicht mehr, weil die Bestellkosten oder Arbeitsvorbereitungskosten kaum noch anfallen, weil eine schlanke Logistik mit konsequenter Nutzung der Informations- und Kommunikationstechnik die entsprechenden Geschäftsprozesse auf ein Minimum reduziert. Logistik-Dienstleister oder neuartige Steuerungssysteme bündeln die verbleibenden Prozesse. Kleinstmengen zu produzieren oder zu distribuieren, nur weil man eine Zielfunktion nicht aufgeben will, wird man nicht tun. Als Folge davon wird man sich mit neuen Rahmenbedingungen, gewandelten Optimierungszielen und mit geänderten organisatorischen Abläufen im eigenen Unternehmen auseinandersetzen müssen. Völlig neue Organisationsformen benötigen ebenso neue Steuerungsregeln, die mit viel mehr Parametern funktionieren und optimale Abläufe in komplexeren Logistik-Netzen sicherstellen müssen. Abbildung 2 dokumentiert diese Argumentationskette praxisnah am Beispiel des e-Procurement.

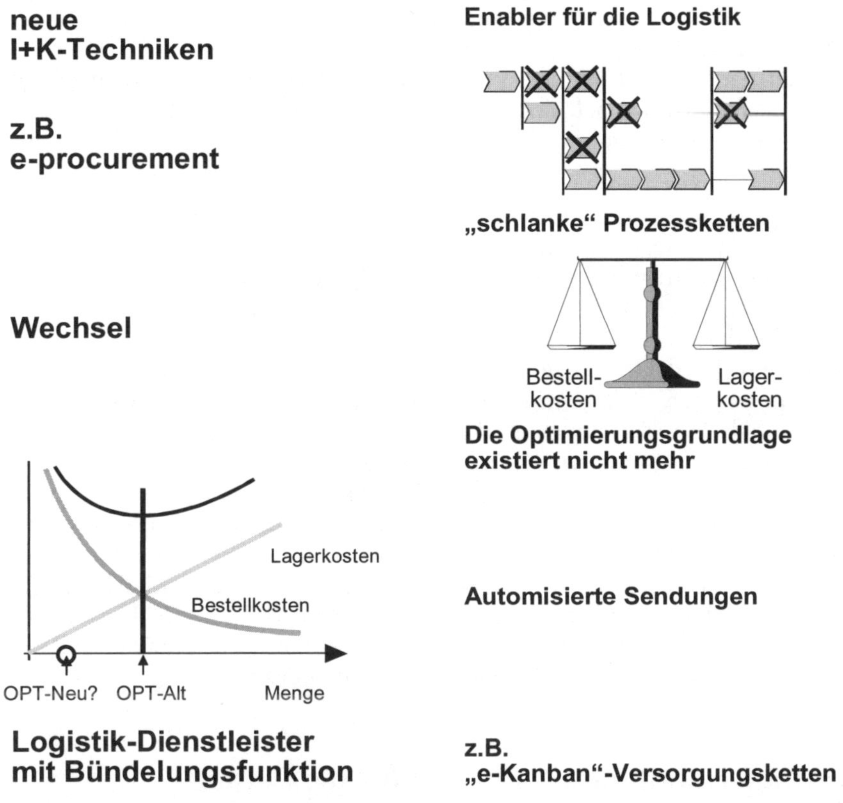


**Abb. 2.** Veränderungsprozesse in der Logistik – ausgelöst durch die IT

Wie wir in Teil 4 schon dargestellt haben, werden z. Zt. in den Systemen des Supply Chain Management neue Optimierungsverfahren und -algorithmen eingesetzt. Erstmals schaffen heuristische Verfahren eine synchrone optimierte Kapazitäts- und Terminplanung für alle praktisch existierenden Mengen von Arbeitsvorgangsfolgen und Aufträgen. Jetzt sind Schlüsseltechnologien angesprochen, die in Zukunft Logistik-Netze mit einer neuen Qualität beherrschbar machen. Eine vor kurzem erschienene Untersuchung (Bandow 2001), die sich mit Mehrwertdiensten für die Logistik befasst, benennt mehr als 40 solcher Schlüsseltechnologien (Enabling-Technologien). Hieraus entstehen Systeme, sog. Enabler, die den Betreibern von Logistiksystemen maßgebliche Unterstützung liefern werden. Man kann diese Enabler in drei Kategorien einteilen und erhält praxisrelevante Handlungsfelder:

1. Enabler, die eine bedarfsgerechte Zustandsüberwachung leisten (sog. Monitoring-Systeme = Cockpits),
2. Kombinierte Optimierungsverfahren und Simulationstechniken, die solche Zustände in die Zukunft prognostizieren und Entscheidungsunterstützung liefern (sog. Assistenzsysteme, in denen aufwändige Visualisierungstechniken bei der Ergebnisinterpretation helfen. Assistenzsysteme werden bereits in der Netzwerkplanung genutzt).
3. Netzweit wirksame Steuerungssysteme, in denen Assistenzsysteme oder Planungssysteme so gekoppelt sind, dass sie miteinander in „Verhandlungen" über die für das Netzwerk optimalen Teillösungen in den Partnersystemen eintreten können.

An der prototypischen Verbesserung dieser Enabler wird bereits in Forschung und Praxis intensiv gearbeitet. In der Automobilzulieferindustrie entstehen Monitoringsysteme, die Kapazitäten und Servicegrade in vielstufigen Lieferketten überwachen. Die gewonnene Transparenz ermöglicht erhebliche Bestandsreduzierungen bei verbesserten Servicegraden auch mit einfachen organisatorischen Maßnahmen (oft in der Verantwortung von Logistik-Dienstleistern).

Ein weiteres Beispiel für einen derartigen Enabler ist ein sog. OTD-Simulator (Order to Delivery), der für einen Automobilkonzern den gesamten Auftragsdurchlauf vom Kunden bis zum Kunden (Bestellung bis Auslieferung) für jedes Produkt abbildet (Hellingrath et al. 2000). Er befähigt das Management, fundierte Aussagen über Durchlaufzeiten, Bestände und Servicegrade bei schwankenden Produktionsprogrammen zu machen. Dieses Modell unterstützt mittlerweile vielfältige Entscheidungen. Zur Zeit wird er dazu genutzt, um herauszufinden, in welchem Umfang die Geschäftsprozesse des Unternehmens internetfähig sind oder gemacht werden müssten – ein erster Schritt in Richtung neue Aufbau- und Ablaufstrukturen dieses Unternehmens im e-Commerce-Zeitalter.

## 3 Künftige Handlungsbausteine für die Logistik

In Abb. 1 sehen Sie über und unter dem dicken Pfeil zehn Bausteine, bei denen in naher Zukunft eindeutiger Handlungsbedarf gesehen wird (Klocke 1998). Dies gilt nicht nur für den Bereich von Forschungsprojekten, sondern auch für konkrete Schritte in Ihrem eigenen Unternehmen. (Auf diese Weise wurde gewissermaßen die Vogelsperspektive eingenommen und eine Antwort auf die Frage gesucht, in welchen Bereichen KMU schon bald vor neuen Herausforderungen stehen werden.) Jedem dieser Bausteine ist eine These vorangestellt – ob wir damit richtig liegen, werden die nächsten Monate und Jahre zeigen.

**Handlungsbaustein Finanzlogistik**

**These 1:** Die zusätzlichen Rahmenbedingungen der internationalen Wirtschaft (Zoll, Währung, Inflation) können durch neue Dimensionen herkömmlicher Organisationsformen und Optimierungsverfahren abgedeckt werden.

Bisherige Optimierungen (beispielsweise hinsichtlich von Zeitkriterien) müssen allerdings um finanzwirtschaftliche Kriterien ergänzt werden. Dabei wird die Einführung von multi-nationalen Logistikinformationssystemen eine Voraussetzung für die Abwicklung einer effizienten Finanzlogistik darstellen.

**Handlungsbaustein Prozesslogistik**

**These 2:** Geschäfts- und Logistikprozesse, die nicht mehr in einer Hand liegen, müssen die Unternehmensgrenzen öfter „überwinden".

Die Grenzen zwischen inner- und überbetrieblicher Logistik sind fließend. Durch eine Verteilung auf immer mehr Partner wird dies künftig noch erschwert. Hier sind neue Theorien, Modelle und Methoden, die Prozesse zwischen inner- und überbetrieblicher Logistik, vor allem unter Berücksichtigung einer zeitlichen Befristung und hoher Dynamik gestalten helfen, gefragt. Denken Sie nur an die Neuausrichtung von Kernkompetenzen oder an Themen wie Prozessspaltung, -verschmelzung oder Prozesssynchronisation. In diesem Zusammenhang spielt der Mensch eine wichtige Rolle. Und der Bedarf an „neu motivierten" und qualifizierten Mitarbeitern erfordert ebenfalls neue Managementmethoden.

**Handlungsbaustein Veränderungsmanagement**

**These 3:** Methoden eines übergreifenden Veränderungsmanagements müssen dafür Sorge tragen, dass ein Unternehmensverbund eine flexible Produktion und „intelligente Produkte" auf die sich ändernden, individuellen Kundenanforderungen zuschneiden kann.

Aus dieser Anforderung resultiert die Strategie eines integrierten Veränderungsmanagements, das Produktsicht, Produktions- bzw. Logistiksystemsicht und (Veränderungs-) Projektsicht umfasst. Diese Methoden analysieren und erschließen Veränderungspotenziale, die sich insbesondere durch die zunehmende Dynamisierung der Prozesse in kurzen Zyklen ergeben. Wesentliche Lösungselemente sind hierbei geeignete „Frühwarnsysteme", um Veränderungsbedarf und -richtung für Logistiksysteme innerhalb möglicher Reaktionszeiträume zu erkennen. Außerdem sind Methoden und Hilfsmittel zum Monitoring und Controlling (z. B. der Zielerreichung) des Veränderungsprozesses sowie zur Bewertung der geplanten Veränderungsergebnisse erforderlich. Ein Veränderungsmanagement muss außerdem die Produktdefinition über den gesamten Lebenszyklus mit allen Beteiligten als einen permanenten Planungsprozess innerhalb eines Unternehmensverbundes einrichten. Auch hier sind Veränderungen und Wandel unmittelbar verknüpft, mit der Herausforderung nach einem lebenslangen Lernen. Wichtiger Erfolgsfaktor ist ein effizientes Wissensmanagement der Logistik, das verstärkt neue Medien der Informations- und Kommunikationstechnologie nutzt.

**Handlungsbaustein Bedarfsmanagement**

**These 4:** Die zunehmende Komplexität (z. B. hervorgerufen durch vielfältige Kombinationsmöglichkeiten der zahlreichen Varianten eines Produktes) lässt sich nicht nur durch eine Beeinflussung des Kunden bei der Variantenzusammenstellung regulieren, sondern muss in der Produktion und Logistik aufgefangen werden.

Dazu werden bessere Prognoseverfahren zur Bedarfsabschätzung benötigt, die auf die einzelnen Produktionsstufen zu übertragen sind. D. h., auch hier muss eine Flexibilisierung in den Fertigungsbereichen ausgelöst werden.

**Handlungsbaustein Partnerauswahl, Verbundentwicklung und -betrieb**

**These 5:** Die Partner passen sich wechselnden Anforderungen dynamisch an.

Diese Anpassungen werden allerdings nur gelingen, wenn es unternehmensübergreifendes Vertrauen, eine hinreichende Transparenz der Prozesse und geeignete Methoden für ein Monitoring, Controlling sowie für die Planung und Steuerung im Netz gibt. Insbesondere die operative Ebene in diesen Kooperationen sollte sich nicht mehr an den jeweiligen unternehmensinternen Organisationsstrukturen orientieren. Sie muss sich vielmehr an neu zu gestaltenden partizipativen Prozessstrukturen ausrichten. Die technologische Basis für diese Kooperationen bilden vernetzte I&K-Systeme (z. B. für Stücklisten), Produktionsmanagement- und Logistiknetzwerkmanagementsysteme, Agentensysteme und Börsen.

**Handlungsbaustein Mehrwert durch erweiterte Dienste**

**These 6:** Kooperationen, die sich von herkömmlichen Kunden-Lieferanten-Beziehungen zu Wertschöpfungspartnerschaften wandeln, leben von einer neuen Dienstleistungsmentalität.

Die neuen bzw. erweiterten Dienstleistungen zeigen sich in Form neuer Aufgaben und Rollen, die die Beteiligten der Kooperation ausüben. Hier kommt insbesondere den Logistikdienstleistern eine hervorgehobene Bedeutung zu. Sie sind überall eingeschaltet, besitzen zuvorderst das Know-how für die Optimierung überbetrieblicher Logistikprozesse und sind darüber hinaus aufgrund ihrer „außenstehenden, objektiven“ Position in der Lage, als Lenker und Schlichter in Produktionsverbünden zu fungieren. Ansätze hierzu bestehen in der Formulierung eines Rollen- und Aufgabenmodells, in dem beispielsweise verbundintern Koordinationsaufgaben (überbetriebliche Optimierung und Abstimmung) oder verbundextern Makler-Aufgaben (Lieferant von Informationen: Sammlung, Aufbereitung und Bereitstellung) als Mehrwertdienste (d. h. zum Nutzen aller Partner) definiert werden. Das interne Controlling wird dabei ausgedehnt, um den Mehrwertnutzen von erweiterten Dienstleistungen bewerten zu können.

**Handlungsbaustein Vernetzung**

**These 7:** Der zunehmenden Vernetzung der Unternehmen in Transport-, Produktions- und Handelsverbünden muss eine geeignete Infrastruktur von Netzwerken der I&K-Technologie zugrunde liegen.

Auf dieser Basis sind Modelle gefragt, die einen dem Materialfluss vorauseilenden überbetrieblichen Informationsfluss und damit die gesamte Geschäftsprozessabwicklung unterstützen. In diesem Zusammenhang werden auch sicherlich neue Formen des Netzwerkbetriebes benötigt werden, die fähig sind, eine Auftragsabwicklung in offenen Netzen zu unterstützen. Bereits vorhandene Systeme, wie z. B. aus dem Umfeld des CSCW (Computer Supported Cooperative Work), müssen um zusätzliche Funktionalitäten ergänzt werden. Das eigentlich Heikle dabei ist: Im Gegensatz zu intra-organisatorischen Abläufen müssen die Modelle bei diesen Unternehmensverbünden unbedingt die Sensibilität unternehmensinterner Daten gegenüber Partnern oder Dritten berücksichtigen. Neben Vereinbarungen auf organisatorischer Ebene sind hier vor allen Dingen Mechanismen zu entwerfen, die eine geeignete Kapselung und Filterung derartiger Informationen bei gleichzeitiger Bereitstellung benötigter Informationen realisieren. Mit der Existenz dieser Infrastruktur lassen sich dann Funktionen für weitere Tele-Dienstleistungen aufbauen (wie Börsen, Online-Monitoring und -wartung) sowie Dienstleistungen, die heute noch weitgehend unbekannt sind und die als Stütze für neue Kooperationsmodelle dienen.

**Handlungsbaustein „Intelligente“ Systeme**

**These 8:** Mit steigender Leistungsfähigkeit der Hardware findet die I&K-Technologie immer mehr Einsatzgebiete, v. a. in hochkomplexen Aufgabenstellungen, die weiteren Einfluss auf den Ablauf ganzer Netze haben.

Die Menschen, die mit der Bewältigung dieser Aufgaben beauftragt werden, müssen sich auf die Softwaresysteme verlassen und damit die Ergebnisse verantwortungsvoll mittragen können. Sogenannte Assistenzsysteme, die auf die Bedürfnisse des Nutzers zugeschnitten sind, können hier zu einer deutlichen Akzeptanzsteigerung (easy-to-use) beitragen. Im Umfeld vernetzter Systeme und verteilter Kooperationen sind Aufgabenstellungen vermehrt mit Eingangsdaten zu bearbeiten, deren Qualität nicht zu 100 Prozent zu bestimmen ist. Hier sind u. E. intelligente Systeme zu entwickeln, die einen Übergang von determinierten zu entdeterminierten Verhalten aufweisen und damit den Umgang mit unvollständigem, unsicherem Prozesswissen und unsicheren Prozessvariablen ermöglichen.

**Handlungsbaustein Wiederverwendbarkeit und Harmonisierung**

**These 9:** Verfahren und Methoden, die Einzug in Softwaresysteme gefunden haben, müssen aufwandsarm wiederverwendbar und trotz Standardisierung an geänderte Rahmenbedingungen anpassbar sein.

Dies bedeutet nichts anderes, als dass individuelle Betriebserfahrungen softwaretechnisch umgesetzt und dokumentiert werden müssen. Aber gerade KMU werden eine ganzheitliche Erneuerung ihrer Software finanziell kaum realisieren können – insofern sollten Systeme der Zukunft offen und kompatibel zu Systemen der Partner sein.

**Handlungsbaustein Leitbilder der Natur als Innovationsraum für die Logistik**

**These 10:** Die Berücksichtigung ökologischer Wertmaßstäbe für eine nachhaltige Logistik bedarf zunächst einer angemessenen Modellierung.

Eine notwendige Quantifizierung dieser Wertmaßstäbe ist derzeit allerdings noch nicht hinreichend etabliert. Für Planung und Betrieb wäre das Verursacherprinzip die durchgängige Bewertungsgrundlage der Logistik. Die Entwicklung neuer Methoden könnte sich dabei an den Leitbildern der Natur orientieren. Zielsetzung wären hier intelligente Produkte und Ressourcen, die um ihren Wert und ihre Kosten „wissen", so dass eine Steuerung auf Produkt- und Ressourceninformationen für die Entsorgung bzw. Wiederverwertung zurückgreifen kann. Derartige Steuerungsmethoden veranlassen eine Selbstoptimierung in vernetzten Kreisläufen, in der lokale Kreisläufe und globale Kreisläufe ineinandergreifen. Denken Sie beispielsweise an die Kopplung von Produktionslogistik in Stadtregionen mit globalem Wirtschaften.

# 4 Erfolgsfaktoren, Veränderungstreiber und Handlungsbausteine vernetzen

Veränderungstreiber und Handlungsbausteine sind nicht nur in ihrer bilateralen Beziehung zu sehen, sondern auch vor der Zielsetzung von Erfolgsfaktoren. Alle diese Einflussfaktoren sind über die Geschäftsstrategie miteinander verknüpft.

**Wechselwirkungen zwischen Veränderungstreibern und Handlungsbausteinen**

Es empfiehlt sich, besonders die Einflussgrößen „Veränderungstreiber" und „Handlungsbausteine" nicht einzeln, sondern in ihren Wechselwirkungen zu betrachten. Es gibt Wirkzusammenhänge zwischen den Veränderungstreibern, zwischen den Handlungsbausteinen sowie zwischen Veränderungstreibern und Handlungsbausteinen. Diese Wirkzusammenhänge können mehr oder weniger stark ausgeprägt sein. Verfahren einer methodischen Analyse dieser Wirkzusammenhänge fehlen jedoch bislang und müssen künftig noch detaillierter untersucht werden. Die in Abb. 1 aufgeführten fünf Veränderungstreiber haben wir wegen ihrer besonderen Relevanz ausgewählt. Dabei sollte aber nicht vergessen werden, dass es selbstverständlich auch noch andere Veränderungstreiber wie „Wertewandel" oder „Arbeitskosten" gibt, um nur zwei weitere zu nennen. Fakt ist jedenfalls, dass bis dato eine Methodik fehlt, um die Einflussstärke der Veränderungstreiber auf die Marktposition der Deutschen Industrie zu ermitteln. In Abb. 3 werden einige dieser Wechselwirkungen herausgegriffen und in Zusammenhang mit dem Migrationspfad dargestellt.

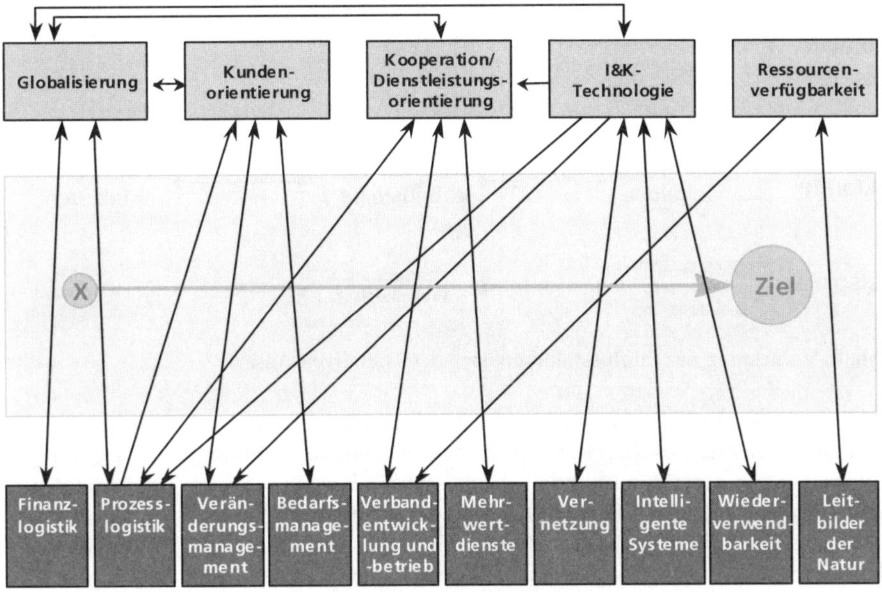


**Abb. 3.** Beziehung zwischen Veränderungstreibern und Handlungsbausteinen

## Die Einflussfaktoren über die Geschäftsstrategie koordinieren

Veränderungstreiber, Handlungsbausteine und Erfolgsfaktoren kann man bezüglich Zuordnung und Vernetzung z. B. über den sog. „situativen Ansatz" bzw. über den sog. „konfigurativen Ansatz" der Betriebswirtschaftslehre (Woodward 1965; Kieser u. Kubicek 1992) weiter untersuchen. Der situative Ansatz (siehe Abb. 4) nimmt eine wechselseitige Beeinflussung zwischen Umfeldveränderungen, Strukturveränderungen und Erfolgsfaktoren an. Alle diese Einflussfaktoren sind koordiniert über die Geschäftsstrategie eines Unternehmens. Diese könnte z. B. lauten: „Qualitätsführerschaft", „Kostenführerschaft" und für die Logistik zumeist „Zeitführerschaft". Wenn Sie sich die Abbildung genau ansehen, werden Sie feststellen, dass man Veränderungstreibern „Ressourcenverfügbarkeit" und „Globalisierung" mit den Handlungsbausteinen „Vernetzung" und „Prozesslogistik" so begegnen kann, dass Erfolgspotenziale der Logistik wie „Lieferzeit, Liefertreue und -flexibilität" mobilisiert werden. Dies entspricht genau der Geschäftsstrategie „Zeitführerschaft".

**Abb. 4.** Vernetzung der Einflussfaktoren nach dem situativen Ansatz

Unser Fazit: Bei allen konkreten SCM-Umsetzungen in den Unternehmen, die wir kennen, handelt es sich nur um die ersten Schritte, um den neuen, gewaltigen Anforderungen gerecht zu werden. Vieles wurde bereits realisiert (mehr oder weniger erfolgreich). Viele Bemühungen sind aber noch immer eher im Bereich der Vision anzusiedeln. Die Unternehmen, die beim Thema Supply Chain Management bereits Erfahrungen gesammelt haben, können es sicherlich bestätigen: Die Veränderungstreiber sind der Grund, dass einmal konzipierte und realisierte Prozesse/ Prozessketten immer wieder und unaufhörlich anzupassen sind. Es handelt sich also bei der Implementierung unternehmensübergreifender Prozesse nicht um einen Punkt, an dem man sich – ist dieser einmal erreicht – ausruhen könnte. Vielmehr handelt sich um eine dauerhafte, kontinuierliche Aufgabe. Wir sind aber ebenso überzeugt davon, dass nur diejenigen Unternehmen sich den überlebensnotwendigen Wettbewerbsvorteil verschaffen werden, die sich an diese Aufgabe heranwagen.

# Literaturhinweise


Ahlemeyer HW, Königwieser R (Hrsg) 1998 Komplexität managen. Strategien, Konzepte und Fallbeispiele. FAZ, Frankfurt am Main & Gabler Verlag, Wiesbaden 1998

Bandow G (2001) Mehrwert und Mehrwertdienste – Identifizierung, Systematisierung, Realisierung am Beispiel logistischer Arbeitsmittel. Dissertation. Praxiswissen Verlag, Dortmund

Baumgarten H (10/ 2000) Trends und Strategien in Logistik und E-Business, Technische Universität Berlin, Logistik im Unternehmen. Springer, Düsseldorf

Baumgarten H, Walter S (2000) Trends und Strategien in Logistik 2000+, Studie des Bereichs Logistik der Technischen Universität Berlin und der Bundesvereinigung Logistik e.V. Bremen

Becker J, Rosemann M, Schütte R (Hrsg) (1999) Referenzmodellierung: State-of-the-Art und Entwicklungsperspektiven. Physica-Verlag, Wien, Würzburg

Beckmann H (1996) Theorie einer evolutionären Logistikplanung: Basiskonzepte der Unternehmensentwicklung in Zeiten zunehmender Turbulenz unter Berücksichtigung des Prototypingansatzes. Dissertation. Praxiswissen Verlag, Dortmund

Beckmann H (1997) Neue prozessuale Organisationsstrukturen in der Logistik. Handbuch für Logistik. WEKA-Verlag, Zürich

Bierhoff HW (1991) Soziale Motivation kooperativen Verhaltens. In: Wunderer R (Hrsg) Kooperation. Gestaltungsprinzipien und Steuerung der Zusammenarbeit zwischen Organisationseinheiten. Stuttgart

Bleicher K (1989) Kritische Aspekte des Managements zwischenbetrieblicher Kooperation. Thexis 3/1: 4-8

Bullinger HJ, Ohlhausen P, Hoffmann M (1997) Kooperation von mittelständischen Unternehmen. Stuttgart

Burbidge JL (1996) Period Batch Control. Oxford University Press, Oxford

Copacino WC (1997) Supply Chain Management. The Basics and Beyond. CRC Press

Cube F von (1998) Lust an Leistung: Die Naturgesetze der Führung. Piper Verlag, München

Dichtl E (1983) Die Idee der Partnerschaft zwischen Herstellern und Handel. In: Küting K, Zink KJ (Hrsg) Unternehmerische Zusammenarbeit. Beiträge zu Grundsatzfragen bei Kooperation und Zusammenschluss. Berlin: 111-135.

Diebold Deutschland GmbH (2000) E-Procurement – Worum geht es?

Drucker P (1999) Management im 21. Jhd. ECON (Verlagshaus Goethestraße), München

Egli J (2001) Transportkennlinien: Ein Ansatz zur Analyse von Materialflusssystemen. Dissertation. Praxiswissen Verlag, Dortmund

Forrester JW (1958) Industrial Dynamics. A Major Breakthrough for Decision Makers. Harvard Business Review 08/58: 23-52

Fraunhofer-Gesellschaft, Institut Materialfluss und Logistik (1999) Marktstudie Supply Chain Management Software. Planungssysteme im Überblick. Ergebnisse einer Gemeinschaftsaktivität der Fraunhofer Institute Produktionstechnik und Automatisierung (IPA), Stuttgart, und Materialfluss und Logistik (IML). Dortmund

Gausemeier J (1999) Führung im Wandel. Ein ganzheitliches Modell zur zukunftsorientierten Unternehmensgestaltung. Hanser, München /Wien

Gibson R (Hrsg) (1997) Rethinking the future. MI Verlag, Landsberg/Lech

Goldmann SL, Nagel RN, Preiss K, Warnecke HJ (1996) Agil im Wettbewerb. Springer, Berlin, Heidelberg u.a.

Grochla E (1959) Betriebsverband und Verbandbetrieb. Wesen, Formen und Organisation der Verbände aus betriebswirtschaftlicher Sicht. Berlin: S 59.

Grochla E (1972) Die Kooperation von Unternehmungen aus organisationstheoretischer Sicht. In: Boettcher, E (Hrsg) Theorie und Praxis der Kooperation. Tübingen: 1- 18.

Hammer M, Champy J (1995) Business Reengineering: Die Radikalkur für das Unternehmen. 5. Aufl. Campus, Frankfurt/ Main

Handfield RB, Nichols EL (1999) Introduction to Supply Chain Management. Prentice Hall, New Jersey

Hellingrath B, SCOR, CPFR (1999) Standards für die Supply Chain. In: Logistik heute 21.1999, 7/8: 77-85.

Hirschmann P (1998) Kooperative Gestaltung unternehmensübergeifender Geschäftsprozesse. Gabler Verlag, Wiesbaden

Hoffmann W, Hirschmann P, Scheer AW (1996) Die Initiierung virtueller Unternehmen: Leisten Kooperationsbörsen Unterstützung? Industrie Management 12/4:10-14

Hughes J, Ralf M, Michels B (2000) Supply Chain Management. So steigern Sie die Effizienz Ihres Unternehmens durch perfekte Organisation der Wertschöpfungskette

Kaeseler J 1998 Geschäftsprozeßgestaltung unter Berücksichtigung verhaltenswissenschaftlicher Ansätze. Praxiswissen Verlag, Dortmund

Kaiser S, Kaiser W (2000) Chance Kooperation. Ein Leitfaden für kleine und mittlere Unternehmen. LOG_X, Stuttgart

Kieser A, Kubicek H (1992) Organisation (3. Aufl). De Gruyter, Berlin/New York

Klocke F (Hrsg) (1998) Produktion 2000plus –Visionen und Forschungsfelder für die Produktion in Deutschland. Freundeskreis des Laboratoriums für Werkzeugmaschinen und Betriebslehre (WZL) der RWTH Aachen

Kronen J (1994) Computergestützte Unternehmungskooperation. Potentiale – Strategien – Planungsmodelle. Wiesbaden

Krüger W (1993) Projektmanagement. In: Wittmann W et al. (Hrsg) Handwörterbuch der Betriebswirtschaft. Bd 2, 5. Aufl, Stuttgart: 3559-3570.

Kuglin FA (1998) Customer-Centered Supply Chain Management. A link-by-link guide. Amacom, New York, Atlanta, Boston

Kuhn A (1995) Prozessketten in der Logistik: Entwicklungstrends und Umsetzungsstrategien. In Zusammenarbeit mit Baron, C, Bernemann S, Kaeseler J, Manthey C, Winz G. Praxiswissen Verlag, Dortmund

Kuhn A (2000) Zukünftige Vernetzungsaufgaben bestimmen die Entwicklung der Logistik. MM 106, 1/ 2: 28-33.

Küpper HU, Helber S (1995) Ablauforganisation in Produktion und Logistik. Schäffer-Poeschel, Stuttgart

Küting K (1983) Der Entscheidungsrahmen einer unternehmerischen Zusammenarbeit. In: Küting K, Zink KJ (Hrsg) Unternehmerische Zusammenarbeit. Beiträge zu Grundsatzfragen bei Kooperation und Zusammenschluß. Berlin: 1-35.

Kutschker M (1998) Integration in der internationalen Unternehmung. Gabler Verlag, Wiesbaden

Lawrenz O, Hildebrand K, Nenninger M (2000) Supply Chain Management. Strategien, Konzepte und Erfahrungen auf dem Weg zu E-Business Networks. Vieweg/ Gabler, Braunschweig/ Wiesbaden

Lawrenz O, Hildebrand K, Nenninger M (2000) Supply Chain Management. Strategien, Konzepte und Erfahrungen auf dem Weg zu E-Business Networks. Vieweg/ Gabler, Braunschweig/ Wiesbaden

Leder M (1990) Innovationsmanagement –Ein Überblick, in: Albach H (Hrsg) Innovationsmanagement. Zeitschrift für Betriebswirtschaft Ergänzungsheft. Nr. 1: 1-54

Lee HL, Padmanabhan P, Whang S (1997) Information distortion in a supply chain: the Bullwhip Effect, Management Science, Vol. 43, 543-558

Luczak H, Eversheim W (Hrsg) (1998) Produktionsplanung und Steuerung. Springer Verlag, Berlin, Heidelberg, New York

Mende W, Biete V (1997) Projektmanagement – Praktischer Leitfaden. München

Mummert&Partner (08/ 2000) E-Business: Manager überfordern IT-Abteilungen. Internet-World, Neue Medien Gesellschaft Ulm mbH. München

Oetinger B v. (2000) Das Boston Consulting Group Strategie-Buch. Econ, Düsseldorf

Osterloh M, Frost J (1998) So wird Reengineering zum Erfolg. In: Gablers Magazin 98/05

Pielok T (1995) Prozesskettenmodulation – Management von Prozessketten mittels Logistik Function Deployment. Dissertation. Praxiswissen Verlag, Dortmund

Pohlmann M, Kuhn A (Hrsg) (2000) Etablierung horizontaler Kooperationen für die Distributionslogistik. Praxiswissen Verlag, Dortmund

Poirier CH, Reiter SE (1997) Die optimale Wertschöpfungskette. Wie Lieferanten, Produzenten und Handel bestens zusammenarbeiten. Campus, Frankfurt/ New York

Porter ME (1987) From Competitive Advantage to Corporate Strategy. In: Harvard Business Review, 43-59

Reck M, Kuhn A (Hrsg) (2000) Logistik-Referenzprozessketten für die Materialwirtschaft von Energieversorgungsunternehmen. Praxiswissen Verlag, Dortmund

Riggs DA, Robbins SL (1997) The executive's guide to Supply Management Strategies. Building Supply Chain Thinking into all Business Processes. Amacom, New York, Atlanta, Boston

Rohe C (1998) Risiko- und Erfolgsfaktor Nr. 1: Implementierung. In: Spalink H (Hrsg) Werkzeuge für das Change-Management. Frankfurter Allgemeine Zeitung, Frankfurt a. M.

Ross DF (1997) Competing through Supply Chain Management. Creating Market-Winning Stratgies through Supply Chain Partnerships. Chapman & Hall, New York

Rotering J (1993) Zwischenbetriebliche Kooperation als alternative Organisationsform. Schäffer-Poeschel, Stuttgart

Rother M, Shook J (2000) Sehen Lernen. Mit Wertstromdesign die Wertschöpfung erhöhen und Verschwendung beseitigen. LOG_X, Stuttgart

Rühle von Lilienstein H (1972) Planung und Organisation der Kooperation. In: Boettcher E (Hrsg) Theorie und Praxis der Kooperation. Tübingen: 19-33

Scheer AW (1998) Wirtschaftsinformatik – Referenzmodelle für industrielle Geschäftsprozesse. Zweite durchgesehene Auflage. Springer Verlag, Berlin, Heidelberg, New York

Stadtler H, Kilger C (Hrsg) (2000) Supply Chain Management and Advanced Planning Concepts, Models, Software and Case Studies. Springer, Heidelberg

Stuhldreier F, Ellerkmann F (2000) Cooperate to compete: Ein Kooperationsgestaltungsleitfaden für den Großhandel im Produktionsverbindungshandel. Praxiswissen Verlag, Dortmund

Thaler K (2001) Supply Chain Management. Prozessoptimierung in der logistischen Kette. Fortis, Köln/ Wien

Tröndle D (1987) Kooperationsmanagement – Steuerung interaktioneller Prozesse bei Unternehmungskooperationen. Eul, Bergisch Gladbach/ Köln

Tyndall G, Gopal CH, Partsch W, Kamauff J (1998) Supercharging Supply Chains. Wiley & Sons, New York

Veil P (1999) Der Zeitfaktor im Change Management. Hampp Verlag, Stuttgart

Walther J, Bund M (2001) Supply Chain Management. Neue Instrumente zur kundenorientierten Gestaltung integrierter Lieferketten. FAZ Verlagsbereich Buch, Frankfurt/ Main

Warnecke HJ, Braun (1999) Vom Fraktal zum Produktionsnetzwerk. Springer, Berlin, Heidelberg u. a.

Werner H (2000) Supply Chain Management. Grundlagen, Strategien, Instrumente und Controlling. Gabler, Wiesbaden

Wildemann H (1995) Kooperationen über die Wertschöpfungskette. In: Corsten H, Reiß M (Hrsg) Handbuch Unternehmensführung. Konzepte – Instrumente – Schnittstellen. Wiesbaden

Winz G (1996) Methodik zur kontinuierlichen Verbesserung der logistischen Qualität. Dissertation. Praxiswissen Verlag, Dortmund

Winz G, Quint M (1997) Prozesskettenmanagement. In: Kuhn A (Hrsg) Prozesskettenmanagement. Leitfaden für die Praxis. Praxiswissen Verlag, Dortmund

Woodward J (1965) Industrial Organization: Theory and Practice. Oxford University Press, London

Zantow D, Kuhn A (Hrsg) (2000) Prozessorientierte Bewertung von Produktionsstandorten in Produktionsnetzwerken. Praxiswissen Verlag, Dortmund

Druck: Druckhaus Berlin-Mitte
Verarbeitung: Buchbinderei Stein & Lehmann